GIS 空间分析基础教程

田永中　吴文戬　盛耀彬
徐永进　周文佐　朱莉芬　编著

科学出版社
北　京

内 容 简 介

本书是作者在长期从事GIS及空间分析等领域的教学和科研基础之上，根据人才需求的社会调研成果，结合学科发展特点和教学改革研究，编写的一本以介绍GIS空间分析基本原理、方法和应用实践等为主线的空间分析理论课程教材。书中主要内容包括空间分析的基本知识、空间分析的数据基础、矢量数据的空间分析方法、栅格数据的空间分析方法、空间分析建模、空间分析综合应用实践等。为易于读者理解，同时也为了将理论与实践结合，本书结合ArcGIS中的相关工具来介绍空间分析的理论知识。为方便教师教学和学生学习，本书还配有教学用的课件、课后练习及大量的配套数据，读者可以根据这些数据加深对基础理论知识的理解。为加强实践技能培养，本书还配套有实验教材——《GIS空间分析实验教程》。

本书可以作为高等院校地理信息科学、人文地理与城乡规划、自然地理与资源环境、土地管理、测绘、生态学、环境保护、土壤学、水土保持等专业本科生、研究生的地理信息系统和空间分析课程的基础理论教材，也可供其他领域的师生、专业技术人员和科研人员参考使用。

审图号：GS（2018）726号

图书在版编目（CIP）数据

GIS空间分析基础教程/田永中等编著. —北京：科学出版社，2018.3

ISBN 978-7-03-056329-3

Ⅰ. ①G… Ⅱ. ①田… Ⅲ. ①地理信息系统–高等学校–教材 Ⅳ. ①P208.2

中国版本图书馆CIP数据核字（2018）第008487号

责任编辑：杨 红 程雷星/责任校对：何艳萍
责任印制：赵 博/封面设计：迷底书装

科学出版社出版
北京东黄城根北街16号
邮政编码：100717
http://www.sciencep.com
北京凌奇印刷有限责任公司印刷
科学出版社发行 各地新华书店经销
*
2018年3月第 一 版 开本：787×1092 1/16
2025年1月第七次印刷 印张：20
字数：511 000

定价：59.00元

（如有印装质量问题，我社负责调换）

序

地理信息系统（GIS），以其对空间数据的采集、存储、管理、分析等功能，在众多领域都展现出了强大的生命力，其发展方兴未艾。GIS 的优势与特色是空间分析。通过空间分析，人们才能把空间信息挖掘出来，把空间数据的价值发挥出来。特别是在当前国家大力提倡大数据应用的时代，GIS 迫切需要通过对时空大数据的分析，解决国家经济、社会、生态等方面发展中的空间决策问题。从 GIS 功能的角度看，空间分析是 GIS 的核心功能，是 GIS 区别于其他管理信息系统的根本标志。从 GIS 应用的角度看，空间分析能够解决众多的空间问题，是 GIS 的核心价值所在。从 GIS 专业课程设置来看，空间分析是 GIS 及相关专业的核心课程。教材是开展课程教学的重要载体，因此编写一本好的空间分析教材对提升 GIS 教育质量具有重要作用。

前些年，有幸拜读了田永中老师主编的《地理信息系统基础与实验教程》并为其作序。如今，田永中老师的教学团队再次出发，在总结十几年的 GIS 基本原理、空间分析等课程教学经验的基础上，广泛调研 GIS 人才的社会需求和国内外的相关教学成果，结合自身所从事的科学研究和教学研究，历时数年编写了《GIS 空间分析基础教程》，并配套编写了《GIS 空间分析实验教程》。可以看出，作者十分重视空间分析教学的理论与实践的结合，注重学生实践技能的培养和锻炼。《GIS 空间分析基础教程》深入浅出，系统归纳了空间分析的基本理论和方法。它从空间分析的基本概念和发展历程入手，阐明了空间分析的任务、内容、方法和过程；以空间数据为切入点，阐述了空间分析前的各项数据准备工作；以矢量数据及栅格数据为重点，详细介绍了各类常见的空间分析方法；以模型和应用为落脚点，阐述了如何综合应用空间分析方法解决各类空间问题。《GIS 空间分析实验教程》精心筛选了 20 个实验，内容涵盖了从数据处理、分析方法到综合应用的各方面。每个实验都对实验原理和方法进行了准确透彻的解释，实验步骤条理清晰、解释清楚、便于操作，对实验中可能出现的问题也进行了补充说明。读者通过这些实验，能够加深对空间分析原理的理解，提高自己通过空间分析解决空间问题的技能。总体上来说，这套教材是我国 GIS 教育界近年来很有特色的教学成果，相信能够很好地指导老师教学和学生学习。

教学是人才培养的必要手段，教材建设是任何一个专业发展的重要基础性工作。长期以来，我们一直鼓励和支持广大教师积极编写更多更优秀的 GIS 专业教材用于 GIS 教育和行业应用。我们也相信，这套教材的出版，必将为促进我国 GIS 教育事业的健康发展锦上添花。

中国地理信息产业协会教育与科普专业工作委员会主任

汤国安

2018 年 2 月 26 日

前　言

正如空间分析是地理信息系统的核心功能一样，空间分析课程在高校地理信息科学专业的课程体系中也处于核心地位。近年来，随着GIS技术的发展和应用领域的拓宽，空间分析技术的巨大应用价值越来越得到社会的认可，建设好空间分析课程也成为高校GIS及相关专业建设的重要内容。

编写一本面向本科和研究生空间分析课程、适应社会对GIS人才的技能需求、既有一定理论基础又能兼顾学生实践能力培养的教材，是作者长期以来的愿望。在深入分析近20年来有关空间分析的相关教材，充分调查我国高校空间分析课程的教学现状与需求、空间分析技术的社会需求等基础上，2014年年初，作者组织长期从事地理信息系统和空间分析等课程教学的老师，经过精心设计和资料整理编写了本教材的初稿，并在本科生和研究生中进行了广泛试用，经过不断的修改完善最终形成本书。

整体上看，本书的内容按照空间分析前的数据准备、空间分析方法、专题应用三大板块进行组织，共5章。第1章为绪论，介绍空间分析的基本概念和知识；第2章介绍空间分析的数据基础，包括空间数据的组织与管理，以及数据结构、格式、坐标、处理、可视化等内容；第3章介绍矢量数据的分析方法，涉及空间量算、查询与统计、邻近性、叠加、空间网络、追踪等分析内容；第4章介绍栅格数据的分析方法，包括栅格运算模式、表面分析、距离分析、空间插值与地统计分析、三维分析与水文分析；第5章介绍了空间分析建模与空间分析方法在选址、动态变化、自然资源统计与分析、元胞自动机、灾害评估分析等方面的应用。每一章都设置了复习思考题，并提供了部分正文和练习中用到的数据（读者可通过http://www.ecsponline. com网站检索图书名称，在图书详情页“资源下载”栏目中获取，如有问题可发邮件到dx@mail.sciencep.com咨询），便于读者边学边做。为加强实践能力培养，作者还另外编写了与本书配套的实验教程，包括空间数据准备、矢量数据分析、栅格数据分析、空间分析方法的应用等20个实验，读者可根据该书及配套数据开展实验。

为便于读者能够有效地理解空间分析的方法并进行实践操作，本书在编写时对空间分析技术的介绍紧密结合了ArcGIS软件。该软件空间分析功能强大，在国内外有着较高的市场普及率，适宜作为支撑空间分析教学的GIS软件。

本书在编写过程中，得到了江汶静、吴晶晶、许文轩、肖悦、田林、刘瑾、刘旭东、张雪倩、万祖毅、叶胜、陶媛、唐君桃等的大力支持，他们在数据收集整理及文稿校正等方面做了大量的工作，在此一并感谢！同时也要感谢中国科学院地理科学与资源研究所、重庆市气象科学研究所、西南大学教务处和研究生院等单位相关人员在本书编写中给予的帮助！

由于编者水平有限，书中难免存在不足之处，敬请读者不吝指正！

田永中

2017 年 10 月

目　　录

第1章 绪 论

1.1 什么是空间分析

什么是空间分析？不同的学者对此有不同的看法。

陈述彭等（1999）认为，空间分析是用模型等分析解释地理特征之间的相互关系及空间模式，它包括空间检索、空间拓扑叠加分析、空间模拟分析等三个不同层次。邬伦等（2001）认为，空间分析是对分析空间数据有关技术的总称。Demers（2009）认为，空间分析是对空间数据所含性质的认知，常用于空间决策。黄杏元和马劲松（2010）认为空间分析是基于空间数据的分析技术，它以地学原理为依托，通过分析算法，从空间数据中获得有关地理对象的空间位置、空间分布、空间形态、空间形式、空间演变等信息。郭仁忠（2001）认为，空间分析是基于地理对象的位置和形态特征的空间数据分析技术，其目的在于提取和传输空间信息。Haining（2003）认为，空间分析是一类对空间信息、属性信息或二者共同信息统计描述或说明的方法和模型的集合。陆守一（2004）认为，空间分析是借助计算机技术，利用特定的原理和算法，对空间数据进行操作、处理、分析、模拟、决策的功能。王劲峰（2006）认为，空间分析是指分析、模拟、预测和调控空间过程的一系列理论和技术。汤国安等（2007）认为，空间分析是从空间数据中获取有关地理对象的空间位置、分布、形态和演变等信息的分析技术。崔铁军（2016）和邓敏等（2015）都认为，空间分析是人类空间认知的重要环节，是人类认识自然能力的一种延伸。朱长青（2006）、毛先成等（2015）对国内外学者有关空间分析的论述进行了分析，认为各类定义的侧重点各不相同，有的侧重于统计分析与建模，有的侧重于空间信息的提取和空间信息的传输，有的侧重于地理学，有的侧重于地图学，但都从不同方面对空间分析的内涵进行了阐释。

从以上分析可以看出，尽管各位学者对空间分析的具体定义有所不同，但有一点是共同的，即空间分析是对空间信息的获取。事实上，空间分析就是对空间问题的求解过程，获取空间信息是解决空间问题的必要手段。现代意义的空间分析是指在计算机技术的支撑下，提取地理对象在位置、属性、关系等方面的信息，以支持特定的空间决策问题。

1.2 空间分析的发展

关于空间分析的起源与发展，也存在多种不同的看法。有人认为，从地图产生以后就有了空间分析，因为人们在地图上进行的各种量测及相关分析，都是对空间问题的求解；也有人认为，空间分析源于地理学的计量革命，即在地理学中引入了数学方法以后产生的；还有人认为，空间分析是地理信息系统出现以后产生的，即地理学的思想与方法同计算机技术相结合之后才出现并得到大量应用的。有人从学科发展的角度出发，认为统计学、几何学、统筹学、拓扑学等与地理学的结合，催生并推动了空间分析的发展。事实上，自从有了人类，空间分析就已经在不自觉的状态下产生了。例如，在原始社会，人们为了生存，需要解决在什么地方（距离、方向、高度等）易于获取食物的问题，这其实就是空间分析。从以上这些认知中不难发现空间分析的发展历程，即从原始的空间问题求解，到地图的应用、计量地理的出现，再到 GIS 的产生，空间分析逐渐发展和完善，并得到大量应用。

1.2.1　早期的空间分析

1. 地图与空间分析

虽然空间分析早已存在于人类长期的实践活动中，但真正为大家所认知还是在地图广泛应用之后。一个至今仍被人们津津乐道的著名案例就是“斯诺的霍乱地图”。1854 年，英国伦敦霍乱病流行，参与病源调查的医生约翰·斯诺，将每个霍乱病死者的居住位置，标注在一张具有道路、房屋、饮水井等内容的地图上（图 1.1），他发现死者的位置几乎都在某一口水井周围，于是他让政府关闭了这口水井，此后再无新增霍乱病例，从而得出了霍乱病是通过水源传播的这一重要结论。斯诺的发现实际上是一次多要素的空间叠加过程，通过要素间的空间关系找出了答案，这是地图应用的经典成果，也是空间分析在地图上的具体实践。

图 1.1　空间分析经典案例

（霍乱病与水源分布）

自从有了地图，空间分析就有了图形基础。事实上，地图从制图到应用的整个信息传输过程，就是空间分析的过程。在制图过程中，制图者将自己对自然和社会经济要素的认知，在一定的数学基础上，通过分类、选择、简化和夸张等地图概括方法，采用一定的符号进行图形表达。该过程不仅有数据的处理与可视化，更体现了制图者对现实世界的分析和理解。在地图应用过程中，从简单的量算到复杂的分析，也都体现出空间分析的存在。简单的空间分析包括坐标量算、高程量算、长度量算、方向量算、面积量算、表面积与体积的量算、坡度的量算、汇水区域的勾绘等。复杂的地图分析包括：研究各种现象的分布特点和规律；研究各种现象的相互联系；研究各种现象的动态变化，进行预测预报、开展综合评价、编制区划和规划等。

2. 计量地理与空间分析

计量地理学的出现，使人们将数学方法引入地理研究之中，从而可以更多地从定量角度来开展空间分析。也正是因为计量地理为现代空间分析奠定了坚实的理论基础，空间分析这一概念才真正进入人们的视野。诞生于 20 世纪 50 年代末的计量地理学，把统计学方法引入地理学研究领域，构造了一系列统计计量来定量地描述地理要素的分布特征，如地理要素的分布中心、区域形状、集中度和离散度等，甚至要素之间的相关关系，都可以定量地表示。它给长期以来只是定性描述的地理学带来了革命性的变化。20 世纪 70 年代，计算机技术和多元统计分析方法在地理研究中得到广泛应用，从而可以分析一些复杂的地理问题。到 20 世纪 80 年代末，计量地理学的分析方法不仅包括概率论与数理统计方法，还包括运筹学中的规划、决策、网络分析等方法，以及数学物理、模糊数学、分形几何、非线性分析等方法，此外还包括了计量经济学中的投入产出分析方法。这一阶段更重要的是，计量地理与现代系统科学、地理信息系统等紧密结合，不仅理论和方法逐渐走向成熟和完善，而且研究手段也更加先进，从而使空间分析的应用领域更加广阔。空间分析这一概念也正是在这一阶段被提出并为人们所广泛应用的。20世纪90年代后，计量地理学步入了计算地理学的新阶段，高性能的计算技术，结合新的分析模型和方法，如神经网络、遗传算法、元胞自动机、模式参数随机取样、模糊逻辑、地理加权回归等，广泛应用于“整体”“大容量”等数据之中，解决一些模拟、预测等空间分析问题。

3. 统计学与空间分析

统计学融入计量地理学后，间接解决了很多空间分析问题，而统计学家直接加入地理研究之中，则进一步推动了空间分析的深入发展。可以这样认为，计量地理学中的统计方法，主要是由地理学家被动引入的，而空间统计学的诞生，则表明统计学家开始主动参与地理问题的分析和研究。20世纪60年代，法国统计学家Matheron通过大量的理论研究，开创了空间统计学这门新的统计学分支。其后，空间统计分析方法在生物学、空间计量经济学、图像处理、环境学和地球科学、生态学、地理学、流行病学、农学、森林和矿产勘探等领域得到广泛的应用。

因为空间现象之间的相互作用在不同方向、不同距离上是不相同的，描述地理对象或现象的空间数据不再满足传统统计分析方法对数据的基本假设，如对数据的正态分布假设等，所以传统的数理统计方法无法很好地解决空间样本点的选取、空间估值和两组以上空间数据的关系等问题，空间统计分析方法应运而生。空间统计学的主要思想就在于空间中距离较近的数据通常比距离较远的数据具有更高的相似性。因此，空间统计分析中的一个重要任务就是研究空间数据点的分布具有怎样的规律，并利用这种规律来对未知的数据点进行预测。这一思想在空间分析中的最典型应用就是地统计分析与空间插值。

空间统计学与经典统计学有很密切的联系，同时也有一些区别。经典统计学中研究的数据一般都是截面数据和时间序列数据，以概率论与数理统计为基础，利用回归分析、多元统计分析、时间序列分析等统计分析方法，研究数据的内在规律。而空间统计学需要处理具有地理位置属性的空间数据，且观测值来自一个空间过程，与随机过程有一定的相似之处。但大多数空间问题的观测资料只有一组，无法得到重复观测的资料。另外，空间资料间往往具有某种空间相关性，并且在不同的解析度下会呈现不同的相关程度。

1.2.2 基于地理信息系统的空间分析

1. 空间分析成就了地理信息系统

空间分析为地理信息系统（geographic information system, GIS）提供了思想精髓，它使GIS从最初的计算机辅助制图阶段发展成真正的信息系统，地图制图不再是GIS的主要功能，空间分析功能成为了GIS的核心功能。正是有了空间分析功能才使GIS成为一种独特的信息系统。GIS出现以后，迅速吸收了空间分析的方法和手段，将它们融入GIS之中，利用各种计算机技术，使复杂的传统空间分析任务变得简单易行，并能方便地应用几何、逻辑、代数等运算，以及各种数理统计方法，更科学、高效地分析和解释地理特征间的相互关系及空间模式。目前，空间分析功能的强弱已经成为衡量GIS软件产品性能的主要指标。

2. GIS推动了空间分析的发展和应用

GIS为空间分析提供了良好的支撑平台，空间分析也因为有了GIS而得到更加广泛的应用。基于GIS的空间分析，体现在从数据输入到数据输出的整个过程之中。

GIS为空间分析获取与编辑数据。在图形方面，GIS通过跟踪数字化、扫描矢量化、外部数据转换等方式，将空间分析的图形要素输入计算机中并进行必要的编辑，如结点不达、结点超出、碎多边形等。在属性方面，GIS 通过逐要素输入、计算输入、条件输入、外部表格链接等方式，为各要素输入或编辑属性数据。

GIS 为空间分析处理数据。空间分析的数据来源多样，常常需要借助 GIS 进行数据的结构转换、坐标转换、格式转换、裁切、拼接、提取等处理后，才能用于空间分析。

GIS 为空间分析进行数据存储与管理。空间分析需要大量数据，而 GIS 具有灵活高效的空间数据组织能力，可以将不同类型的空间数据、空间数据的不同属性特征进行合理组织、编码，建立空间数据库，以满足多种类型的空间分析的需要。

GIS 为空间分析提供工具。GIS 平台软件中，不仅提供了常用的空间分析工具，还提供了用于解决特定问题的扩展功能模块，用户甚至还可以轻松构建自己的分析模型。以 ArcGIS 软件为例，它的空间分析工具不仅包括叠加分析、邻近性分析、统计分析等常用工具，还包括三维分析、地统计分析、网络分析、空间分析、追踪分析等扩展工具；用户借助模型构建器，还能以图解模型的形式搭建自己的模型进行空间分析。

GIS 为空间分析结果的呈现与输出提供平台。一般来说，空间分析的结果往往需要借助 GIS，以地图制图、报表输出等方式呈现出来，从而用于空间决策实践。

正是有了 GIS，空间分析的一切过程才变得简单（如叠加分析、缓冲区分析等），空间分析人员才可以将主要精力用于空间分析方法或模型本身的研究，其他的事都可交给 GIS 来完成。因此，基于 GIS，空间分析才真正进入了快速发展和应用阶段。

1.3　空间分析的基本任务

空间分析的基本任务是通过获取空间信息，解决空间问题。这些空间问题概括起来包括以下五个方面：位置、条件、变化趋势、模式和模拟与预测。它也是 GIS 从功能角度上所能回答的 5 类问题。

（1）位置分析。位置是地理学领域最基本的问题。通过空间分析，可以解决某一事物或现象在什么位置、在特定的位置有什么和是什么等问题。例如，沙尘暴的源头在什么地方？受其影响的区域有哪些？离事故现场最近的医院在什么地方？哪些地方适宜城市建设？将超市开设在什么地方？银行在哪里布设网点合适？通过查询分析、适宜性分析等方式，可以实现位置查询或选址分析。

（2）条件分析。解决符合某些条件的地理对象是什么、在哪里等问题。例如，“一带一路”上有哪些国家？“长江经济带”有哪些城市？陡坡耕地有哪些？在 GIS 中，可以根据地理对象的属性信息、空间位置、相互关系等特征，采用一个条件或多个条件组合进行查询，从而获取满足条件的地理对象。

（3）变化趋势分析。解决某一地理对象随时间变化而变化的问题，其根本目的是预测该对象在未来的可能状况，从而做出科学的决策。通常，它需要根据研究对象的发生机理，结合影响该对象发生和变化的因子，对未来做出判断。例如，在森林防火中，当发现火源时，需要根据风向、植被、地形等因素，确定火灾的蔓延趋势，从而采取适当的抗灾措施；在暴雨之后，需要根据降水量、地形、植被等因素，确定河流水位在未来 6 小时、12 小时等的变化情况，从而进行洪灾预警，减少人员和财产损失。在 GIS 中，可以根据趋势因子的相关数据，采用叠加分析、缓冲区分析、模型分析等方法来解决此类问题。

（4）模式认知。模式是解决某一类问题的方法论。GIS 空间分析所能解决的模式问题主要是指地理对象实体或现象之间的空间关系模式、地球系统内部各要素之间或各子系统之间的关系模式等，如河流产沙模式、全球变化与温室效应模式、城市扩张与耕地保护模式、交通网络模式等。模式的确定通常需要长期的观察，熟悉现有各种数据，分析已经发生或正在发生事件的相关因素，通过地理信息系统将现有数据整合在一起，了解数据之间的潜在关系，找出事件发生与哪些因素有关，并建立关系模型，最终获得解决问题的方法。

（5）模拟与预测。模拟主要解决某个系统如果具备某种条件，就会发生什么相关地理事件等问题。通过模拟，可以对高度复杂的地球系统进行研究和实验；可以设定不同方案，观察这些方案对系统结构和行为的影响；可以反映变量间的相互关系，说明哪些变量更重要，它们是如何影响其他变量和整个系统的；可以研究不同时期系统要素之间的动态联系，反映系统行为随时间变化而变化的情况；可以检验模型的假设，改进模型的结构。GIS 可以结合元胞自动机、多智能体系统等技术，创建一个虚拟实验环境，通过模型分析，给定模型参数或条件，对未发生或已经发生的地理事件、现象、规律进行演变和反演，为复杂地理现象的模拟、预测、调控等提供有效手段，解决诸如城市扩展、土地变化、气候变化、疾病扩散、火灾蔓延、沙漠化、洪水淹没、人口迁移、交通控制、紧急事件的人口疏散、环境资源管理、生态安全、公共设施动态选址、城市规划及可持续发展等问题。

1.4 空间分析的主要内容

（1）要素特征与空间关系分析。要素特征包括要素自身的形态特征（如多边形的形状系数、线的曲率与伸长度等）和属性特征（如数量与结构等），以及要素的群体特征（如质心位置、分布状态和分布模式等）。不同地理要素之间往往相互作用和影响，如土壤与植被的演替与进化关系，土地利用格局与自然、社会经济、政策等因素之间的驱动关系，气候变化与人类活动的相互作用关系等。要素特征与空间关系的分析有助于对空间要素的认知和理解，有利于对生态系统、人地系统等进行模拟、调控和有效管理。

（2）选址分析。空间选址是指在一定地理区域内为一个或多个选址对象确定合适位置，使某一指标或综合指标达到最优的过程。空间选址问题在生产生活、经济发展及军事中有着非常广泛的应用，如超市、银行、工厂、仓库、急救中心、消防站、垃圾处理中心、物流中心、导弹仓库的空间选址等。空间选址是最重要的长期决策之一，选址的好坏直接影响服务方式、服务质量、服务效率、服务成本等，从而影响企业利润和市场竞争力，甚至决定企业的命运。好的选址会给人民的生活带来便利，降低成本，扩大利润和市场份额，提高服务效率和竞争力；差的选址往往会带来很大的不便和损失，甚至是灾难。所以，选址问题的研究有着重大的经济、社会和军事意义。

（3）时空动态变化分析。空间数据的一个最重要组成部分是时间。不同时间，空间要素具有不同的属性，甚至不同的空间位置。研究空间要素随时间变化而发生的变化，揭示事物或现象的动态变化过程和特征，分析其驱动因素及作用关系，进一步对未来进行模拟和预测，是地理研究中的永恒主题。城市扩展、区域土地利用变化、植被的演化、交通流量的变化、台风过程追踪、森林火灾的蔓延、洪水淹没区的扩大、经济中心或人口中心的移动等，都需要探讨动态变化问题。

（4）空间网络分析。空间网络有很多，如路网、管网、水网、电网、通信网、物流网等，这些网络中存在物质、能量、信息的传输。空间网络分析主要研究如何配置一个空间网络，使其运行效果最佳。最常见的网络分析是最佳路径选择问题。各种类型的地图导航，其核心是以不同标准（如时间、距离、费用等）计算的最低成本路径问题。此外，水资源分配、电力分配、物资调配等资源配置问题，都需要通过网络分析来实现。

（5）邻近性分析与距离分析。相邻地理要素间往往具有相互作用。邻近性反映要素之间的相邻关系，是要素作用的水平拓展。邻近性分析主要探讨地理要素之间的距离关系，以及要素对周边区域随着距离变化而产生的不同程度的影响。例如，商业中心对周边的地价会产生影响、道路周边会有噪声污染、水库有利于周边及其下游土地的灌溉等，这些影响的程度往往会随着距离的增加而衰减。此外，学校招生的片区划分、超市服务范围的确定、生态保护区的划定、寻找离家最近的医院和车站等，均是邻近性与距离问题。

（6）表面生成与表面分析。地理观察中，很多采用的是点观察模式，如气象观察、地形特征点的测绘、土壤调查等。这与遥感等的面观察有显著的不同，它不能直接生成面数据，无法得到每个位置的数据，而很多研究和分析中常常需要面数据以覆盖整个区域。为此，空间分析需要解决由点到面的表面生成问题。空间插值是生成表面的主要方法，它根据相近相关的基本思想，对每一个未知点（待插值点）的值，采用邻近点的观察值并考虑距离等因素来估算，从而得到区域内所有点的值（面数据）。此外，采用三角剖分法、面数据衍生法等也可以生成面数据。有了表面数据，即可开展表面分析。表面分析主要研究地表或其他表面的形态特征，如坡度与坡向、地表曲率与起伏度、等值线与剖面线、可视性等。基于表面，还可以开展三维分析、水文分析等多种表面特征分析。

1.5 空间分析的常用方法

基于 GIS 的空间分析方法有很多，常用的包括以下几类。

（1）量算分析。它是最基本的空间分析方法，也是进行其他高层次分析的基础。通过量算，可以了解一些空间特征的几何参数，如位置坐标、距离、长度、面积等。

（2）统计分析。它对空间数据进行分类、统计、综合评价，是探索地理信息的最简单方法，其中包括统计图表分析、描述统计分析、回归分析、趋势面分析等。基于栅格的统计还包括像元统计、邻域统计、分区统计等。

（3）空间查询分析。它是按照一定的条件，寻找符合条件的空间实体及其相应的属性。查询的方法很多，可以基于空间要素、空间属性、图形关系、空间位置等进行查询。

（4）叠加分析。它将同一地区不同地理对象的图层在同一空间参照系下进行叠加，对多个数据图层进行逻辑运算，产生空间区域属性特征，建立空间对应关系。矢量数据的叠加往往通过图形的切割和属性的继承来体现叠加后要素的空间和属性特征。栅格数据的叠加往往将同一位置不同图层的像元进行运算，包括从简单的算术运算到复杂的模型运算等，生成新的像元值。

（5）缓冲区分析。它是对一个、一组或一类空间对象（点、线、面等实体）依据一定的缓冲区距离建立邻近区域的过程。其目的是便于为某项分析或决策提供依据，用以识别这些实体或主体对邻域所产生的辐射度或影响度。

（6）网络分析，是指优化网状事物（如地理网络、城市基础设施网络等）的建立、运行、资源分配、路径选择等的分析过程，且对它们的相关关系、内在关系进行地理分析和模型化。

（7）其他分析方法。除以上分析方法外，还包括空间插值、地统计分析、表面分析、三维分析、水文分析、聚合聚类分析、模型建立与模型分析等。

1.6 空间分析的一般过程

空间分析的目的是解决某类与地理空间有关的问题。良好的空间分析过程设计将十分有利于问题的解决。由于分析问题的不同，空间分析的过程有所差异，但其基本过程一般包括以下几个阶段。

（1）明确分析目标与方法。首先要明确分析的目标，即明确通过空间分析所要解决的问题、要达到的预期结果。其次，需要明确解决该问题的过程与方法，包括有哪些步骤、各个步骤中需要用到哪些分析方法、这些方法需要什么软硬件支撑、分析所用的数据是什么、各个阶段如何衔接等。

（2）准备空间数据。空间数据准备是空间分析的必备条件，它包括空间位置数据准备、属性数据准备等内容。前者包括空间几何数据的输入（如扫描矢量化）、编辑、处理（如坐标转换、裁切、拼接、多源数据融合）等，后者是指属性数据的输入与校验。在很多情况下，空间位置数据是现有的，而属性数据则需要在应用中添加。例如，在基于行政区的研究中，行政区的多边形数据往往是现成的，各行政单元的社会经济数据可能源于统计年鉴，需要在分析前进行属性的添加。

（3）进行空间分析操作。基于 GIS 软硬件系统，采用合适的方法对空间数据进行分析，获取相应的空间信息。必要时，可以建立相关的数学模型、图解模型进行模型分析。

（4）分析结果的解释与评价。对分析结果进行评价和解释，以确定运算结果是否符合原有要求、是否具有实际意义、是否与预期结果相符。如果分析的结果不能被接受，则需要分析产生问题的原因，是分析过程引起的还是分析方法、分析数据等方面的不合理引起的。必要时应返回前面的相应步骤，在补充适当的条件或调整相关数据与方法之后，重新进行分析操作。

（5）结果输出。对于最终的分析结果，往往需要以专题图或报表的形式输出。两种形式的输出对应不同的分析问题：专题图形式对于表达空间关系具有直观性、简明性、易懂性；而报表形式则可以用表格数据显示计算结果，并根据实际情况对最终的数据进行分析，检验其合理性。

1.7 常用 GIS 平台软件的空间分析功能

国内外目前常用的 GIS 平台软件包括美国环境系统研究所（Environmental Systems Research Institute, ESRI）公司的 ArcGIS 和 ArcView、美国 Intergraph 公司的 MGE、美国 MapInfo 公司的 MapInfo、中地公司的 MapGIS、超图公司的 SuperMap 等。这些 GIS 平台软件都具有空间分析功能，但强弱差别较大（表 1.1）。

表 1.1　GIS 软件空间分析功能比较（张刚等，2013）

空间分析功能		主流的 GIS 软件					
		ArcGIS	MGE	ArcView	MapInfo	MapGIS	SuperMap
空间查询与量算	空间查询	★	★	☆	☆	☆	☆
	空间量算	★	★	☆	☆	☆	☆
缓冲区分析	围绕点	★	★	★	★	☆	☆
	围绕线/弧	★	★	★	★	☆	☆
	围绕面/多边形	★	★	★	★	☆	☆
	加权	★	★	★	★	☆	☆
叠加分析	点与多边形	★	★	★	★	☆	☆
	线与多边形	★	★	★	★	☆	☆
	面与多边形	★	★	★	★	☆	☆
网络分析	路径分析	★	★	★	○	◆	★
	资源分配	★	★	★	○	◆	★
	最佳选址	★	★	★	○	◆	★
	地址匹配	★	★	★	◆	◆	★
栅格数据分析	聚类聚合分析	★	★	★	◆	☆	☆
	复合分析	★	★	★	◆	☆	☆
	邻域分析	★	★	★	◆	☆	★
	追踪分析	★	◆	◆	◆	◆	★
空间统计分析	基本统计量	☆	◆	◆	☆	◆	★
	探索性数据分析	☆	◆	◆	◆	◆	☆
	分级统计分析	★	◆	◆	☆	◆	☆
	空间插值	★	◆	◆	◆	◆	☆
	空间回归分析	☆	◆	◆	◆	◆	☆
三维空间分析	表面分析	★	☆	★	◆	★	★
	三维要素分析	★	☆	★	◆	★	★
	三维可视化	★	☆	★	◆	★	★
二次开发能力	基于二次开发的空间分析	★	◆	◆	☆	◆	★

注：★表示强；☆表示较强；◆表示较弱；○表示无。

MapInfo 对矢量数据的空间分析支撑较好，能够很好完成缓冲区分析、叠加分析，具有较强的量算和查询分析功能，在栅格数据分析、三维空间分析、空间统计等方面相对较弱，但因 MapInfo 不具备拓扑关系的数据结构，它的拓扑分析能力受到限制，网络分析的能力不足。ArcView 是 ESRI 公司的一个轻量级桌面 GIS 系统，除了在空间统计分析及二次开发方面较弱外，其余空间分析功能均较为强大。MGE 的空间分析功能整体不错，但空间统计分析较弱。MapGIS 具有较强的制图能力，提供了包括数字地面模型（digital terrain model, DTM）分析、空间叠加分析等一系列空间分析功能，但网络分析、空间统计分析等方面相对较弱。SuperMap 能完成数据管理、地图编辑、拓扑处理、空间分析和三维建模等任务，具有较强的叠加分析、缓冲区分析、空间查询与量算、拓扑分析、邻近分析、复合分析等功能；ArcGIS不仅能够满足数据库日益增长的多用户分布式数据管理的需求，更可取的是它在叠加分析、网络分析、缓冲区分析、统计与量算等众多方面都具有很强的空间分析能力，能帮助用户轻松完成许多从低级到高级的空间分析，其空间处理的主要内容包括分析工具、数据管理、转换工具、空间分析工具（如缓冲区分析、叠加分析、网络分析、距离制图、表面分析、密度制图、统计分析、重分类、空间插值、创建统计表面、水文分析、地下水分析、多变量分析等）、3D 分析工具、地理编码工具、线性参考工具等。ArcGIS 强大而全面的空间分析能力，使它成为当前最受欢迎的 GIS 综合平台系统。

1.8 空间分析与 ArcGIS 地理处理

地理处理（geoprocessing，简称 GP）是 ArcGIS 软件的重要组成部分，使用 ArcGIS 软件来执行空间分析任务离不开地理处理。地理处理的基本目的是为用户提供用于执行空间分析和管理地理数据的工具和框架。地理处理中有大量成套的工具，用于执行从简单的缓冲区和面叠加到复杂的回归分析及影像分类等各项 GIS 任务。执行自动操作的任务可以是如数据格式转换那样的普通任务，也可以是很有创造性的任务，这些任务使用一系列操作实现对复杂的空间关系进行建模和分析，如通过交通网络计算最佳路径、预测火势路径、分析和寻找犯罪地点的模式、预测哪些地区容易发生山体滑坡或预测暴雨事件造成的洪水影响。

地理处理以数据变换的框架为基础。典型的地理处理工具会针对某一数据（如要素类、栅格或表）执行操作，并最终生成一个新的数据。图 1.2 是 ArcGIS 的地理处理工具箱 ArcToolbox，该工具箱包含了三维分析、叠加分析、邻近性分析、制图、数据互操作、数据管理、编辑、地理编码、地统计、线性参考、网络分析、空间分析、空间统计、追踪分析等众多数据处理工具，能够实现多种从简单到复杂的地理处理功能。每个工具箱中含有不同的工具集，工具集中包含了不同的内置工具、脚本工具、模型工具或特殊工具。内置工具是由使用 ArcObjects 和像 .NET 这样的编译型编程语言构建的；模型工具是使用模型构建器生成的；脚本工具是使用脚本工具向导创建的，如 Python 文件（.py）、AML 文件（.aml）或可执行文件（.exe 或.bat）；特殊工具往往由系统开发人员构建，有自己独特的用户界面。ArcGIS Data Interoperability 扩展模块中具有一些特殊的地理处理工具。每个工具都有一个对话框，而且执行工具的最常用方法就是使用它们的对话框。对话框中常常需要设置输入数据、输出数据及相关的参数。当工具执行完毕后，执行情况的相关信息将显示在“结果”窗口中。

通过 ArcGIS 地理处理中的模型构建器，可以将一系列工具按顺序串联在一起，以其中一个工具的输出作为下一个工具的输入，如图 1.3 所示，将缓冲区工具、叠加工具、数据提取工具串联起来，组成一个工作流。利用模型构建器，可以以图解建模的方式，将多个地理处理工具有机组合在一起，从而帮助用户自动执行任务和解决一些非常复杂的问题。例如，在选址分析、森林火灾扩散模型分析时，都需要用到大量的空间分析步骤和数据，将整个过程通过地理处理可视化建模，不仅方便快捷、便于理解，还能提高自动化水平（批处理或加入循环）和工作的可靠性。通过将工作流打包成一个易于共享的地理处理包，可以与他人共享工作，还可以从地理处理工作流中创建 Web 服务。此外，地理处理也可以通过脚本、命令窗口来实现，从而可以有更多的途径来执行数据处理和空间分析。

图 1.2　ArcGIS 的地理处理工具箱 ArcToolbox

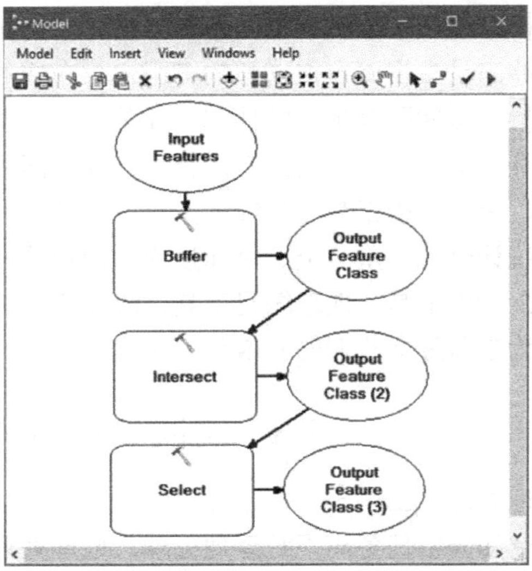

图 1.3　ArcGIS 的模型构建器

复习思考题

1. 谈谈你对空间分析内涵的认识。
2. 空间分析的发展经历了哪些阶段？是什么推动了空间分析的发展？
3. 基于 GIS 的空间分析与早期的空间分析相比，有什么不同？未来空间分析还可能有什么样的发展变化？
4. 结合自己的认知，举例谈谈空间分析的任务。
5. 空间分析有哪些主要内容？
6. 空间分析的常用方法有哪些？这些方法可以解决哪些空间问题？
7. 举例说明：面对一个空间问题，你该如何开展空间分析。
8. 查询不同 GIS 平台软件的相关资料，了解这些软件的空间分析功能。
9. ArcGIS 地理处理 Geoprocessing 中有哪些途径可以执行空间分析？
10. 请结合空间分析的定义、内容及方法，谈谈空间分析的特征。

第2章　空间分析的数据基础

2.1　空 间 数 据

2.1.1　空间数据基础

1. 空间数据的概念

数据是在定性、定量地描述、记录、表达某一目标时获取的原始资料，是一种抽象的、可识别的物理符号及其组合，可以运用文字、数字、图形、图像、声音等多种形式来表示。空间数据是用来表示地理空间系统中诸要素的数量、质量、分布、相互联系、变化规律等特征的数据。空间数据都源于一定的地理对象，因此可以简单地认为空间数据就是与地理位置相关的数据。事实上，空间数据有时也被称为地理数据。

2. 空间数据的组成

空间数据由位置、属性、时间三部分组成，缺一不可。位置是空间数据的根本，没有位置的数据不是空间数据。位置可以用点、线、面等几何要素的空间坐标来直观表达，也可以采用多个栅格像元的位置来间接确定。属性是空间数据的核心，用以反映地理要素的基本特征，如城市（点要素）的代码、名称、人口等，公路（线要素）的等级、宽度、长度、路面材料等，湖泊（面要素）的面积、周长、水深、水质、水量等，都是要素的属性数据。时间是空间数据的关键，反映获取地理位置和属性数据的时间点或时段。同一要素在不同的时间上，其属性数据（如河流的水深、流量，公路的车流量，城市的人口等）往往是不一样的，甚至其位置（如河流的摆动、台风的移动等）也有可能发生变化。明确要素的数据时间，对于研究事物的动态变化至关重要。可以说，没有时间的空间数据是毫无价值的。

3. 空间数据的基本特征

空间数据与其他数据相比，具有以下几个主要的特征。

（1）空间性。空间性是空间数据所特有的特征，它源于空间数据组成部分中的空间位置。也就是说，空间数据总是反映一定空间位置上要素的数据，与位置息息相关。

（2）时序性。它源于空间数据组成部分中的时间。空间数据是经常随时间变化而发生变化的。主观方面，用户也经常需要了解事物的发展变化过程。通过依次记录要素在不同时间上的数据，可以反映要素的动态变化特征。

（3）专题性。专题性源于空间数据的属性部分，它反映要素除了时间和空间位置以外的空间现象的专门特征，如地形的坡度、坡向、某地的年降水量、土地酸碱度、土地覆盖类型、人口密度、交通流量、空气污染程度等。

（4）数据量大。空间数据除了需要存储与非空间数据一样的属性值外，还需要存储要素的地理位置，特别是当使用较小像元的栅格数据（高分辨率）时，数据量将更加庞大。

4. 空间数据的数据源

空间分析必须要有空间数据。获取空间数据的渠道多种多样，但主要包括以下几种。

1）地图数据

地图是地理数据的传统描述形式，由具有共同参考坐标系统的点、线、面的二维平面来表示，内容丰富、直观，且精度较高，同时实体的类别或属性可以用不同的符号清晰地表达出来。各种类型的普通地图和专题地图都可以成为 GIS 空间数据的重要来源。我国早期大多数空间数据的图形部分都来自于地图，如各种等级的地形图、行政区划图。以地图作为数据源时，需要注意以下几个问题：一是地图的现势性较差；二是位置精度往往受存储介质的影响；三是使用前需要进行扫描、投影检查与校正等处理。

2）遥感数据

遥感影像数据具有周期短、速度快、准确性高、内容全面、覆盖范围广等特点。随着遥感技术的发展，通过遥感手段来获取空间数据变得越来越普遍。

目前，卫星遥感、航空航天遥感等已经获取了大量有效的数据，尤其在地理信息系统数据库多时相更新、大范围的信息获取方面显示出巨大的优点。随着各项技术的不断改进，遥感影像分辨率越来越高，数据产品也越来越多样化。图 2.1 为河南某地的 QuickBird 遥感影像，图 2.2 为我国自主研制的 0.5m 高分辨率商业卫星“高景一号”传回的香港会议展览中心影像。这些遥感影像，已成为空间数据获取的重要手段。近年来蓬勃发展的无人机技术，克服了传统航测只能从垂直角度拍摄获取正射影像的局限，实现了在同一台飞行器上搭载多台传感器，同时从垂直和倾斜的方向采集影像，有效地解决了拍摄遮挡和死角的问题。无人机技术的快速发展，是环境保护、资源监测、灾害评估、城市管理等领域发展的又一重要技术支撑，成为遥感数据获取的另一重要手段。

如今，遥感影像俨然已经成为空间数据获取和更新的最重要途径之一。但需要注意的是，每一幅遥感影像都有各自的成像规律、变形规律，因此在应用前都需要进行图像的相关处理。

图 2.1　遥感影像（源于 Google Earth）

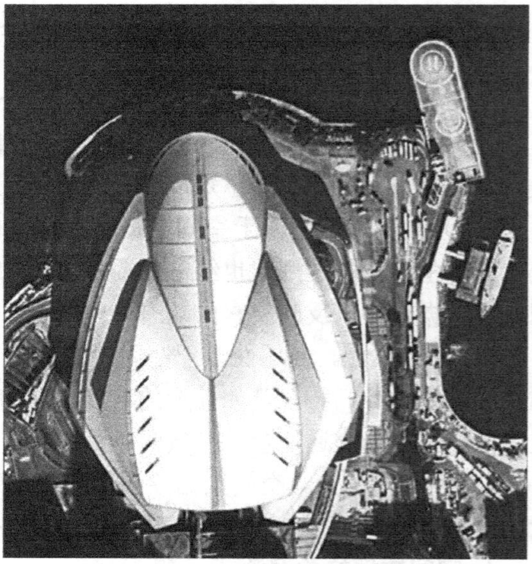

图 2.2　遥感影像（源于“高景一号”）

3）实测数据

通过野外试验、实地测量等方式获取的数据也可以成为空间数据。同时，随着测绘技术、计算机技术等的发展，数字测绘逐渐代替了传统的测绘技术，如 GPS 定位技术、全站仪野外实测、全数字摄影测量等。这些测量数据可以形成高精度的地形、地籍和其他专题电子地图，成为 GIS 中准确性高、现势性强的空间数据。图 2.3 为常见的测绘仪器。

(a) 全站仪　　　　(b) 自动安平水准仪　　　　(c) GPS接收机

图 2.3　几类常见的测绘仪器

4）统计数据

有关自然资源、国民经济和社会发展等方面的各种统计数据，因其反映了不同地区空间要素的属性信息，也往往成为空间分析的重要数据源，常常在空间要素的属性分析中起着重要的作用。最常见的统计数据为每年全国各级行政区、各行业部门发布的统计年鉴数据，如中国统计年鉴、中国城市统计年鉴、上海市统计年鉴等。图 2.4 为源自《重庆市统计年鉴》中重庆主城九区的部分统计数据，包括人口和经济等方面的信息，可以用于区域经济对比分析。

id	区　县	人口密度（人/Km^2）	年末总人口（万人）	非农业人口（万人）	女　性（万人）	常住人口（万人）	地区生产总值（万元）	第一产业（万元）	第二产业（万元）	第三产业（万元）	人均国内生产总值（元）
1	巴南区	482.43	88.30	35.95	42.77	91.87	3087180	275082	1605832	1206266	34962
2	北碚区	840.59	63.50	32.24	31.54	68.04	2323726	94727	1470654	758345	36594
3	大渡口区	2509.8	23.69	19.86	11.89	30.10	1772136	14320	1219516	538300	74805
4	江北区	2557.61	54.61	49.18	27.16	73.80	3913947	26778	1549581	2337588	71671
5	九龙坡区	1856.31	82.24	62.48	40.83	108.44	5895846	71627	2924487	2899732	71691
6	沙坪坝区	2062.33	79.08	63.44	39.42	100.00	4195406	47793	2153720	1993893	53053
7	渝北区	705.7	102.47	53.41	50.60	134.54	5736350	185211	3385053	2166086	55981
8	渝中区	26146.12	57.26	57.26	28.87	63.01	5530269	0	286247	5244022	96582
9	江北区	2557.61	54.61	49.18	27.16	73.80	3913947	26778	1549581	2337588	71671

图 2.4　社会经济统计数据

5）文字数据

各种有关空间要素的文字报告、行业规程与标准、法律法规、各类政府通知和文件等文字数据，在某一些管理类的 GIS 中有很大的应用。例如，各地区“十三五”社会经济发展规划、城市规划、土地利用总体规划、旅游发展规划等的规划文本，国家基本比例尺地形图分幅编号标准、城镇土地分等定级规程、土地利用数据库标准等，这些文字数据具有信息的权威性和可靠性，以及内容的完整性等特征，是进行相关空间分析不可缺少的空间数据。例如，在土地规划管理信息系统中，各种相关的土地管理法规、报告、规程和标准等在规划数据库的建设、规划软件编制、规划数据分析和规划行业应用等方面中都起着重要的作用。

6）已生成的数据产品

空间分析中，除以上数据源外，还可以利用已经形成的空间数据库或空间数据生产部门和企业完成的数据。例如，测绘部门已经生成的数字栅格地图（digital raster graphic, DRG）、数字线划地图（digital line graphic, DLG）、数字正射影像图（digital orthophoto map, DOM）、数字高程模型（digital elevation model, DEM）等，都可以直接作为空间数据的来源，但往往需要购买或取得许可后才能使用。

5. 空间数据的获取方式

根据以上空间数据的数据源，结合数据特征，可以将空间数据的获取方式归为以下几类。

1）地图数字化

地图数字化是获取空间数据最基本的方法，它将传统纸质或其他材料上的地图转换成计算机可以识别的图形数据，并能够在计算机中进行存储，以便分析与输出。常用的数字化方法有手扶跟踪数字化和扫描矢量化两种。扫描矢量化方法先将地图通过扫描仪扫描生成栅格图片，然后将图片中的要素矢量化从而获取空间数据。该方法具有输入速度快、操作简单、工作强度低等特点，受到广泛欢迎，加之计算机运算速度、存储容量的提高等，使得扫描输入已经成为图形数据获取的主要方法之一。早期的空间数据，往往是以地图的形式存在的，因此需要使用这些历史数据时，往往采用地图数字化方式来获取。

2）野外测量

野外测量是采用不同的测绘仪器，在野外现场直接测量地形、地物等空间要素而获得空间数据。野外实测获取的空间数据虽然精度较高，但是效率比较低。因此，这种方式往往适用于小范围、大比例尺空间数据的采集或局部数据的更新。随着勘测技术及测量仪器的进步，野外测量的工作强度逐渐降低，效率也得到较大的提高，并逐步发展成为局部地区空间数据获取的重要途径。

3）摄影测量与遥感

摄影测量在我国的基本比例尺测图生产中起到了关键的作用。我国大部分 1∶1 万、1∶5 万地形图的生产都使用这种方法。从平台上看，摄影测量可分为地面摄影测量、无人机倾斜摄影测量、航空摄影测量、卫星摄影测量。从技术手段上看，它又可以分为模拟摄影测量、解析摄影测量和数字摄影测量。由于计算机技术的发展，现在摄影测量都采用数字摄影测量方式来获取空间数据。数字摄影测量将摄影测量的基本原理与计算机视觉相结合，从数字影像中自动或半自动提取所摄对象用数字方式表达的几何与物理信息，已成为目前大范围地形数据获取的主要技术。

与摄影测量侧重于提取几何信息不同，遥感侧重于提取物理信息。遥感通过搭载在不同平台（飞机、卫星等）的传感器，主动或被动获取地物的电磁波数据，卫星地面站接收和处理来自卫星的数据，用户进一步对数据进行解译与分析，从而将所获信息应用于众多的领域。

4）文字报告与统计数据的获取

政府各级部门相关规划文本、政策文件、行业标准与规程等文字数据往往是公开的，因此可以按规定程序直接从这些部门获取。

统计数据主要来自于各级统计部门或相关机构，最重要的是各类统计年鉴。这些统计年鉴，除了可以获取纸质版外，往往还提供电子数据，因此可以通过外部表格连接的属性输入方法，将这些数据在 GIS 中与各行政区的几何数据通过公共字段（如编码）进行连接，从而方便快捷地为空间要素输入属性数据，并存储在属性库中，与其他形式的数据一起参与空间分析。

5）数据转换

数据转换是对在格式、结构、坐标等方面不符合要求的数据，基于一定的规则变换而得到新数据的过程，是获取空间数据、实现数据共享的常用手段。通常情况下，不同的软件对数据的保存都会有自己相应的格式，想要实现不同软件之间数据的流通，就要对数据进行格式转换。例如，在 Google Earth 中获取的数据保存为 KML 格式后，在 ArcGIS 中使用时，就要通过格式转换工具（KML to layer）将其转换成 ArcGIS 的 Geodatabase 格式。此外，矢量、栅格等不同结构的数据，以及不同坐标的数据，在空间分析前也往往需要进行数据转换。

6）共享数据与购买数据

随着各种专题电子图件的制作和各种空间数据库的建立，以及网络信息技术的发展，直接获取已生成的数据产品（包括数字图形数据和属性数据）的可能性越来越大，而且可以极大地节约 GIS 项目开发和空间分析的时间、费用等。特别是在开展动态变化分析需要使用历史数据时，采用这种数据方式来获取数据则变得很有必要。事实上，一个 GIS 项目或分析，不可能由自己来生产全部数据，充分利用已有的数据产品不失为一种明智的方法。这些已有的空间数据中，一部分可以免费在网站上直接下载，还有一部分是需要进行购买的。

6. 空间数据的质量控制

衡量空间数据质量的主要指标包括定位精度、属性精度、时间精度（更新频率及现势性）、逻辑一致性、完备性、相容性等。空间数据质量问题不可避免，一方面源于空间事物或现象自身存在的复杂性、模糊性和不稳定性；另一方面源于空间数据获取和表达、数据处理和使用过程。但是，空间数据质量问题是可以控制的，通过分析空间数据质量问题的来源，采用一些质量控制方法，可以消除或降低质量问题的影响。

2.1.2　空间数据与 GIS

空间数据是 GIS 的核心。地理信息系统（GIS）由计算机硬件、软件、空间数据和 GIS 人员四个部分组成。这四个组成部分中，硬件、软件和人员，都是围绕着空间数据来工作的。换句话说，空间数据是 GIS 的操作对象和管理内容，缺少空间数据，GIS 将变成“无米之炊”，硬件、软件、人员就缺乏着力的对象。从价值构成上看，数据的价值远高于软硬件。有人认为 GIS 硬件、软件和数据的造价比约为 1∶10∶100。从 GIS 的功能实现过程来看，可以认为空间数据是 GIS 的血液，它贯穿于从数据获取与采集、数据处理、数据存储与管理，到数据分析、数据输出的整个流程，是在 GIS 各环节中流动的血液。设计和使用 GIS 的首要工作就是根据需求，获取所需要的空间数据并建立空间数据库。

2.1.3　空间数据与空间分析

空间分析是基于地理对象的位置和形态特征的空间数据分析技术。空间分析离不开空间数据。

（1）空间数据是空间分析的前提和基础。空间分析实际上是对地理空间数据一系列的分析、计算、表达，与一般的数据分析方法不同，空间分析强调事件（如泥石流发生）或参数（如堰塞湖水位和水量的监测）的时空变化。因此，拥有足够的空间数据是空间分析得以进行的必要条件。

（2）空间数据的表示形式影响空间分析方法的选择。例如，在地形分析时，采用栅格形式的 DEM 数据，比采用矢量形式的等高线数据更有优势；在最佳路径选择时，矢量数据比栅格数据更有优势；在分析工厂的污染影响时，若源数据是矢量数据，则可以采用缓冲区分析法，若是栅格数据，则可以采用欧氏距离法。

（3）空间数据的质量影响分析结果的准确性。空间数据质量是保证分析结果可靠性的首要前提。空间数据位置不准确、属性有偏差、时间不正确、逻辑不一致等质量问题，都可能从根本上推翻分析结果的正确性。空间分析时，要从源头开始就重视数据质量问题，分析质量问题产生的原因并做好质量监控。

（4）空间分析的结果是产生新价值的空间数据。用户利用空间分析技术，通过对原始数据的观察与实验，提取和传输空间信息，一方面可以直接作为决策等参考依据，另一方面可以作为下一次分析过程的输入数据，从而创造新的价值。

2.2　空间数据的组织与管理

空间数据是一定空间范围（区域）内的数据，因此空间范围是空间数据的一个重要属性。在全球、全国，以及各地区等不同尺度的区域内，空间数据的量往往非常庞大，需要按一定的空间范围进行划分和数据组织。常见的空间范围可按行政区、经纬格网、公里格网、流域、自然区域、经济区域等单元来进行划分。在同一空间范围内，又可以按空间要素的特征来进一步进行分类组织。一般来说，空间数据先按区域进行组织，在区域内再按要素进行组织。

2.2.1　基于行政单元的组织

按行政单元来组织空间数据是国际上一种通用的空间数据组织方式，它根据各级行政区范围，将空间数据按行政区进行切分，便于行政管理和空间数据的应用。例如，全球数据可按各个国家或地区进行划分，国家数据可按下一级行政单元进行划分……这样层层细分，直至最小的行政地域单元。以《中华人民共和国行政区划图集》（2006 年发行）中的数据为例，该图集中除了全国的政区图外，其主体部分为省级政区图。省级政区图按省级政区分为 34 个单元，详细反映了我国各省级行政区划的现状；每一单元自成体系，包括政区略图和文字说明、省级政区全图和扩大图、市辖区图和城市图四部分内容。该图集准确、系统地反映了我国省、县两级法定的陆地行政区域界线和省、市（地）、县、乡四级行政区的全部标准名称和政府驻地。

图 2.5 是《重庆市地图册》中按行政区组织的地图目录（部分）。图 2.6 是我国乡级土地利用总体规划数据库中，按乡镇组织的各类空间数据。我国的土地管理是以行政区为单位的，因此这种数据组织方式更有利于土地规划的实施和规划业务的管理。

1-1 重庆政区	3-1 万州区
1-2 重庆地势	3-2 黔江区
1-3 重庆交通	3-3 涪陵区
1-4 重庆旅游	3-4 长寿区
…………………	3-5 江津区
2-1主城九区	3-6 合川区
2-1-1 渝中区	3-7 永川区
2-1-2 大渡口区	3-8 南川区
2-1-3 江北区	3-9 綦江区
2-1-4 沙坪坝区	3-10 大足区
2-1-5 九龙坡区	3-11 铜梁区
……………… …	…………… .

图 2.5　按行政区组织地图

图 2.6　按乡镇组织的数据库

2.2.2　基于地图分幅的组织

1. 地图的分幅方法

地图分幅是指将广大地区的地图按一定方式与规格的图廓分割成若干单幅地图，以保证地图尺寸的操作适宜性，便于地图的制作和使用。在同一比例尺下，地图的分幅组织可以克服按行政区组织时，由于面积过大或过小所造成的图幅太大和太小而不便于使用的问题。

常见的分幅形式有矩形分幅和经纬线分幅：①矩形分幅利用矩形图廓线对图幅进行分割，所以相邻图幅间的图廓线都是直线。这种分幅形式常用于局部地区的大比例尺平面图、中小比例尺挂图和地图集。在矩形分幅中，矩形的大小多由纸张和印刷机的规格（8 开、4 开、对开、全开等）而定，又根据拼接和不拼接的性质，可以划分为内分幅地图（拼接）和地图集（不拼接）。矩形分幅的优点很多，如便于拼接使用、避免分割重要地物、各图幅印刷面积相对平衡从而充分利用纸张和印刷机的版面等，但也存在如图廓线没有明确坐标、地理位置不易精确描绘、制图区域只能一次投影、投影变形较大等缺点。②经纬线分幅利用经线和纬线对图幅进行分割，即经过经纬线分幅的地图的图廓线由经线和纬线组成，其地图的内图廓大多数情况下近似梯形。这种分幅形式常用于基本比例尺地形图，是当前世界各国地形图和大区域的小比例尺分幅地图采用的主要分幅形式，如我国的 8 种基本比例尺地形图均采用经纬线分幅。经纬线分幅的优点在于它的投影变形较小（使用分带或分块投影），同时，因为经纬度是全球性的统一系统，所以经纬线分幅使得每个图幅都有明确的地理位置概念，便于用户检索。但它也有一定缺陷，如不便于拼接（经纬线被投影成了曲线）、不能充分利用纸张（因经线的收敛，图幅尺寸随纬度的升高不断缩小）及重要地物的完整性无法保障等。

2. 地图的编号方式

常见的编号方式有自然序数编号和行列式编号。如图 2.7 所示，自然序数编号是将分幅地图从左到右、从上到下（或其他顺序）统一为整体，在每一个图幅上顺序编写自然序数作为此图幅的编号，因此，这种方式也可以称为流水编号法。行列式编号（图 2.8）是将制图区域划分成若干行和列，然后按照序数或字母顺序对行、列分别编上号码，即经过行列式编号的地图图幅，其编号是由行号和列号以某种形式共同组成的。行列式编号在我国的应用非常广泛。

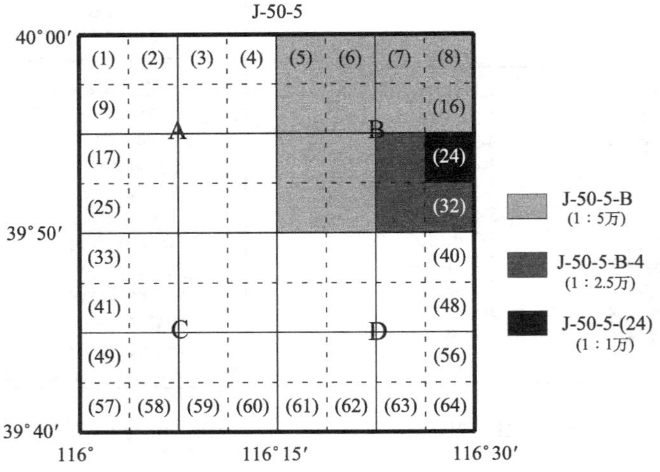

图 2.7　自然序数编号

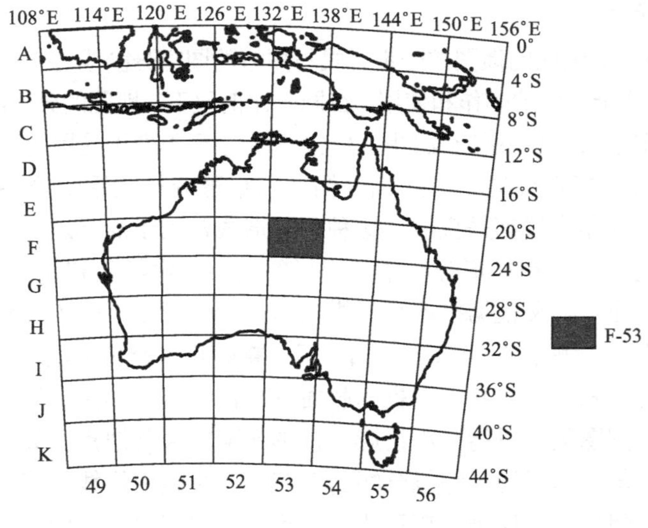

图 2.8　行列式编号

3. 我国国家基本比例尺地形图的分幅与编号

自 1991 年起，我国新测或更新的地形图均按照新制定的国家标准《国家基本比例尺地形图分幅和编号》(GB/T 13989-1992）进行分幅与编号。虽然 20 世纪 70~80 年代所用的基本比例尺地形图的分幅编号方式在一些老的纸质地形图中依然可见，但现在所用的绝大多数地形图都采用的是新编号方式。新旧对比来看，新编号方式在分幅未变的基础上，加入了 1∶5000 基本地形图系列，且“行列”认知方式与旧编号方式相反。下面主要介绍我国现行的基本比例尺地形图分幅编号方式。

我国基本比例尺地形图均以 1∶100 万地形图为基础，按规定的经差和纬差划分图幅。

1∶100 万地形图的分幅采用了国际 1∶100 万地形图分幅标准（可简单理解为经差 6°、纬差 4°），1∶50 万、1∶25 万、1∶10 万、1∶5 万、1∶2.5 万、1∶1 万、1∶5000 各级比例尺地形图的行列数和图幅数呈简单的倍数关系。也由此可以推算出各级比例尺地形图的经纬差（表 2.1）。

表 2.1　各级比例尺地形图的经纬差和图幅数量

比例尺	1∶100 万	1∶50 万	1∶25 万	1∶10 万	1∶5 万	1∶2.5 万	1∶1 万	1∶5000
经差	6°	3°	1°30′	30′	15′	7′30″	3′45″	1′52.5″
纬差	4°	2°	1°	20′	10′	5′	2′30″	1′15″
行数	1	2	4	12	24	48	96	192
列数	1	2	4	12	24	48	96	192
图幅数量关系	1	4	16	144	576	2304	9216	36864
		1	4	36	144	576	2304	9216
			1	9	36	144	576	2304
				1	4	16	64	256
					1	4	16	64
						1	4	16
							1	4

图幅的编号方法如图 2.9 所示。它分为五个部分，处于中间位置的字母为比例尺代码，1∶50 万~1∶5000 分别对应 B、C、D、E、F、G、H。比例尺代码的前后均为行列号，前两部分为 1∶100 万分幅在全球的行列号，后两部分为在 1∶100 万图幅内部的行列号。1∶100 万分幅的编号只需要前两部分的三位码，它从赤道起算，每纬差 4°为一行，至南、北纬各分为 22 行，依次用大写拉丁字母 A、B、C、…、V 表示相应行号（一位字符码）；从 180°经线起算，自西向东，每经差 6°为一列，共分为 60 列，依次用阿拉伯数字 1、2、3、…、60 表示相应列号（二位数字码，不足两位在前面补 0）。图 2.10 中，由经线和纬线所围成的每一个近梯形小格为一个 1∶100 万地形图幅，其编号由该小格所在的行号与列号组成，如北京所在的 1∶100 万地形图图幅号为 J50。对于其他比例尺（1∶50 万~1∶5000）地形图来说，其在 1∶100 万地形图幅内的行列号，需要采用分幅的经纬差来计算。行从上到下、列从左到右，按顺序分别用阿拉伯数字编号，行列号均是三位的数字码，当行列数不足三位时，在数字前用 0 补齐。从以上可以看到，1∶100 万图幅的行与其他比例尺图幅的行的划分方向和表示方法是不同的，前者从赤道往南北极划分，用字母顺序编号，后者从上往下分，用三位数字编号。

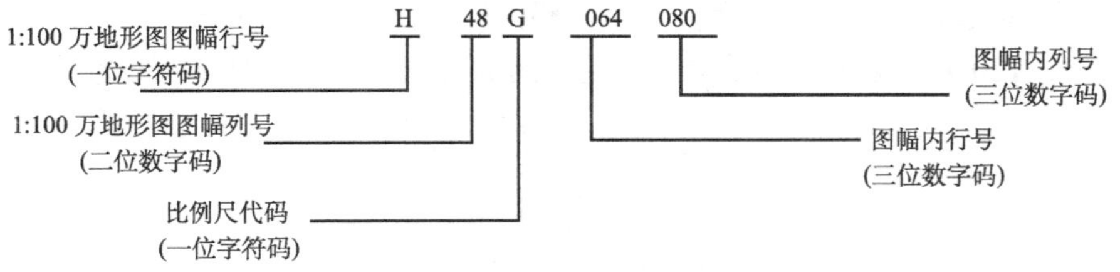

图 2.9　基本比例尺地形图的编号示例

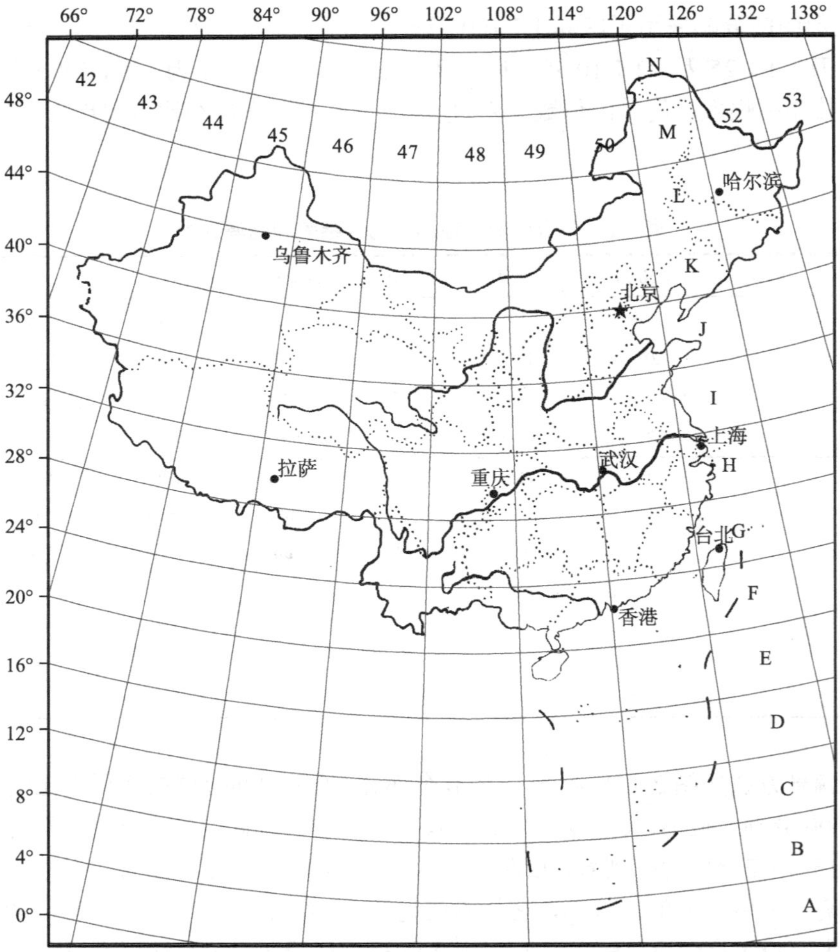

图 2.10　1∶100 万地形图的分幅编号示意图

了解了地图分幅编号的方法后，可以根据某地的地理坐标，结合以下公式计算出该区域所在图幅的编号。

若某地的纬度和经度分别为φ和ω，则该点所在的 1∶100 万地形图的图幅行列号为

$$a=\left[\frac{\varphi}{4^\circ}\right]+1 \tag{2.1}$$

$$b=\left[\frac{\omega}{6^\circ}\right]+31 \tag{2.2}$$

式中，[ ]表示商取整；a 为行号，用大写字母码；b 为列号，用两位数字码。

在以上 1∶100 万图幅内，该地的其他基本比例尺地形图图幅的行列号为

$$c=\frac{4^\circ}{\Delta\varphi}-\left[\left(\frac{\varphi}{4^\circ}\right)\div\Delta\varphi\right] \tag{2.3}$$

$$d=\left[\left(\frac{\omega}{6^\circ}\right)\div\Delta\omega\right]+1 \tag{2.4}$$

式中，[ ]表示商取整；( ) 表示商取余；c 、d 分别为行、列号；$\Delta\varphi$和$\Delta\omega$ 分别为所求比例尺

地形图分幅的纬差和经差。

例如，某一研究区介于 106.982°E～107.061°E、29.27°N～29.33°N，则该区域涉及的 1∶1 万地形图图幅号的计算过程如下。

（1）计算研究区所在的 1∶100 万地形图的行列号。

行号：$a=\left[\dfrac{\varphi}{4^\circ}\right]+1=\left[\dfrac{29^\circ}{4^\circ}\right]+1=7+1=8$（对应字母为 H）

列号：$b=\left[\dfrac{\omega}{6^\circ}\right]+31=\left[\dfrac{106^\circ}{6^\circ}\right]+31=17+31=48$

因此，该区域在 1∶100 万分幅中的图幅号为 H48。

（2）计算研究区涉及的 1∶1 万地形图的行列号范围。

以位于右上角的点为例，

行号：$c=\dfrac{4^\circ}{\Delta\varphi}-\left[\left(\dfrac{\varphi}{4^\circ}\right)\div\Delta\varphi\right]=\dfrac{4^\circ}{2'30''}-\left[\left(\dfrac{29.33^\circ}{4^\circ}\right)\div 2'30''\right]=96-31=65$

列号：$d=\left[\left(\dfrac{\omega}{6^\circ}\right)\div\Delta\omega\right]+1=\left[\left(\dfrac{107.061^\circ}{6^\circ}\right)\div 3'45''\right]+1=80+1=81$

同样的办法，可以算出左下角点的行号为 66、列号为 80，因此该区域的行范围为 65~66，列范围为 80~81，共 4 个图幅。因为 1∶1 万地图的比例尺编号为 G，所以四个图幅的编号分别为 H48G065080、H48G065081、H48G066080、H48G066081。

图 2.11 是采用分幅形式组织的 1∶5 万的重庆市 DEM 数据。

图 2.11　按图幅组织空间数据

2.2.3　基于要素特征的组织

按空间要素之间的不同特征、相似特征及组合特征，也可以对地理要素进行有效的分类组织。通过分类，可以按照专题来理解和描述要素在分类分级中的隶属关系。例如，公路、铁路因其均具有运输能力，可以组织在交通类；湖泊、河流、沟渠等均与水有关，可以组织在水系类。表 2.2 是我国土地利

表 2.2　基于要素特征的空间数据组织

序号	层名	层要素	几何特征	属性表名	约束条件	说明
1	行政区划	行政区	Polygon	XZQ	M	
		行政区界线	Line	XZQJX	M	
		行政要素注记	Annotation	ZJ	O	
2	地貌	等高线	Line	DGX	O	
		高程注记点	Point	GCZJD	O	
		坡度图	Polygon	PDT	M	
3	土地利用	地类图斑	Polygon	DLTB	M	
		线状地物	Line	XZDW	M	
		零星地物	Point	LXDW	O	
		地类界线	Line	DLJX	M	
		土地利用要素注记	Annotation	ZJ	O	

用数据库标准中规定的几类基于要素特征的数据组织。从表中可以看出，因为行政区多边形、行政界线、行政要素的注记都与行政区划有关，所以可以将其归入行政区划数据集中。

以上介绍的基于行政区、基于地图分幅的组织方式，可以认为是按地域进行的组织；而基于要素特征的组织，则可以认为是按属性进行的组织。事实上，实际工作中的空间数据组织，则可以在不同级别上既按地域，又按属性同时组织。例如，先按国家、省（自治区、直辖市）、县、乡镇，层层以文件夹的形式组织；然后在行政区内，按图幅以地理数据库（geodatabase）的形式组织；最后在 geodatabase 中，按属性以要素数据集（feature dataset）的形式来组织各要素类（feature class）。

2.2.4　空间数据的管理机构

1. 行政管理

随着现代地理信息产业的高速发展，空间数据的安全性、规范性等问题越来越受到重视。为了有效地防止类似数据泄露、标准混乱等问题，形成科学合理的数据规范体系，使空间数据成为真正有价值的资产，促进测绘与地理信息行业的健康发展，我国专门成立了自上而下的测绘与空间数据管理机构。

国家测绘地理信息局（http://www.sbsm.gov.cn/）隶属国土资源部，主管全国测绘事业。其前身是国家测绘局，2011 年为顺应发展需求，强化责任，国家测绘局更名为国家测绘地理信息局。

国家测绘地理信息局除内设国土测绘司、地理信息与地图司等机构外，还有众多的直属单位、测绘地理社团组织、地方测绘地理信息主管部门。

直属单位包括国家基础地理信息中心、中国测绘科学研究院、四川省测绘地理信息局、重庆测绘院等。国家基础地理信息中心负责国家基础地理信息系统的建设、维护、更新、开发，专题数据库的建库及重大的测绘项目等。

测绘地理社团组织主要有：①中国测绘地理信息学会，主要负责开展测绘与地理信息相关的学术交流、促进成果转化、传播学术信息等。②中国地理信息产业协会，主要负责开展 GIS 产业统计与发展报告编制，GIS 技术奖的评选，GIS 软件测评和认证；技术标准化研究、GIS 学术交流与人员培训等。③中国卫星导航定位协会，其主要职责是促进全球导航卫星系统和位置服务技术在我国的应用和产业化发展，积极推进以北斗系统为核心的中国卫星导航与位置服务产业发展。

国家层面下，在各地方的政府组织中，也成立了相应主管各地区测绘地理信息工作的行政机构。以重庆市为例，重庆市规划局是国家测绘地理信息局的地方机构。其主要职责除了规划编制与管理外，还负责贯彻执行测绘法律法规，起草测绘地方性法规规章；拟订测绘事业发展规划；组织编制基础测绘规划；负责重大测绘项目的组织和管理，组织指导地籍测绘工作，建立健全国家和地方测绘基准和测量控制系统，负责测量标志保护；指导地理信息应用服务，审核重要地理信息数据，管理地理信息成果，组织协调地理信息安全监管工作；承担规范测绘市场秩序的责任；负责测绘单位资质管理；承担测绘成果质量的监督工作；承办地图审查工作；承办注册测绘师执业管理工作；承担测绘人员业务培训工作等。其派出机构包括主城各区的规划分局，如渝中区分局、江北区分局、南岸区分局等，负责各自辖区的规划与测绘地理信息管理工作；其下属事业单位包括重庆市勘测院（重庆市地图编制中心）、重庆市地理信息中心（重庆市遥感中心、重庆市测绘产品质量检验测试中心）等。

表 2.3 列举了部分国家和地方的测绘地理信息相关单位。

表 2.3　测绘与地理信息相关单位

项	单位	内设业务机构	直属单位	地方机构	测绘社团
国家级	国家测绘地理信息局	国土测绘司、地理信息与地图司等	国家基础地理信息中心、国家测绘地理信息局重庆测绘院等	重庆市规划局、山西省测绘地理信息局、山东省国土资源厅等	中国卫星定位导航学会、中国测绘地理信息学会等
地方层	重庆市规划局	测绘管理处、地理国情监测应用处等	重庆市勘测院、重庆市地理信息中心等	渝中区分局、江北区分局等	重庆市测绘学会、重庆市地理空间信息工程技术研究中心等
	山西省测绘地理信息局	基础测绘处、地理信息发展处等	省遥感中心、省基础地理信息院等	太原市测绘管理办公室、大同市测绘管理办公室等	省测绘行业协会、省地理信息系统协会等
	山东省国土资源厅	国土测绘处、地质勘查处等	国土资源信息中心、国土测绘院等	济南市规划局、烟台市国土资源局等	山东测绘学会、省测绘行业协会等
	其他				

空间数据管理机构的设立，为空间数据的发展指明了方向，同时提供了制度保障、完善的监督体系，使得空间数据的采集和应用向着规范化的方向发展。

2. 资质管理

为规范测绘资质行政许可行为，进一步激发市场活力，维护市场秩序，促进地理信息产业发展，国家测绘地理信息局于 2014 年 7 月印发了修订后的《测绘资质管理规定》和《测绘资质分级标准》。

《测绘资质管理规定》的总则中，明确了从事测绘活动的单位，应当依法取得测绘资质证书，并在测绘资质等级许可的范围内从事测绘活动。规定了国家测绘地理信息局负责全国测绘资质的统一监督管理工作，县级以上地方人民政府测绘地理信息行政主管部门负责本行政区域内测绘资质的监督管理工作；将测绘资质分为甲、乙、丙、丁四级，测绘资质的专业范围划分为大地测量、测绘航空摄影、摄影测量与遥感、地理信息系统工程、工程测量、不动产测绘、海洋测绘、地图编制、导航电子地图制作、互联网地图服务等。该规定中，还对资质申请与受理、审查与决定、变更与延续、监督管理、罚则等进行了明确的要求。

《测绘资质分级标准》中规定了通用标准和专业标准两部分内容。通用标准是指对各专业范围统一适用的标准，它对申请单位的主体资格、专业技术人员、仪器设备、办公场所、质量管理、档案和保密管理、测绘业绩等方面作出了具体的要求。专业标准按专业范围划分。凡申请测绘资质的单位，应当同时达到通用标准和相应的专业标准要求。

表 2.4 列举了地理信息系统工程专业的资质分级标准。

表 2.4　地理信息系统工程专业的资质分级标准

<table>
<tr><th rowspan="2">专业
子项</th><th rowspan="2">考核
指标</th><th rowspan="2" colspan="2">考核内容</th><th colspan="3">考核标准</th></tr>
<tr><th>甲级</th><th>乙级</th><th>丙级</th></tr>
<tr><td rowspan="6">1. 地理信息数据采集
2. 地理信息数据处理
3. 地理信息系统及数据库建设
4. 地面移动测量
5. 地理信息软件开发
6. 地理信息系统工程监理</td><td>人员
规模</td><td colspan="2">测绘及相关专业技术人员</td><td>60 人（含注册测绘师 2 人），其中高级 8 人、中级 17 人</td><td>25 人（含注册测绘师 1 人），其中高级 2 人、中级 8 人</td><td>8 人，其中中级 3 人</td></tr>
<tr><td rowspan="5">仪器
设备</td><td>1. 地理信息数据采集</td><td>全球导航卫星系统接收机</td><td>6 台（略）</td><td>3 台（略）</td><td>2 台</td></tr>
<tr><td>2. 地理信息数据处理</td><td>地理信息处理软件</td><td>10 套</td><td>5 套</td><td>1 套</td></tr>
<tr><td>3. 地理信息系统及数据库建设</td><td>地理信息系统平台软件</td><td>10 套</td><td>5 套</td><td>1 套</td></tr>
<tr><td rowspan="2">4. 地面移动测量</td><td>地面移动测量系统</td><td>2 套（GNSS+INS+LiDAR）或者 6 套（GNSS+INS+影像获取设备）（略）</td><td>1 套（GNSS+INS+LiDAR）或者 3 套（GNSS+INS+影像获取设备）（略）</td><td>1 套（GNSS+影像获取设备）（略）</td></tr>
<tr><td>系统标定场</td><td>1 个</td><td>1 个</td><td>—</td></tr>
<tr><td colspan="3">作业限额</td><td>无限额限制</td><td>1~3：设区的市级行政区域以下。4~5：无限额限制。6：相应于上述限额</td><td>略</td></tr>
</table>

2.3　空间数据的结构

空间数据结构（spatial data structure）是指适合于计算机存储、管理和处理的，用于表达和描述空间对象的数据的逻辑结构。它是空间数据在计算机内的组织和编码形式，是地理实体的空间排列和相互关系的抽象描述，有时也称空间数据模型。在地理信息系统中，主要有矢量（vector）数据、栅格（raster）数据及不规则三角网（triangulated irregular network, TIN）等几种基本的数据结构。

2.3.1　矢量数据结构

1. 矢量数据结构的概念

矢量数据结构是利用欧几里得几何学中的点、线、面及其组合体来表示现实世界中地理实体或现象的空间分布，通过记录空间对象的坐标及空间关系来表达空间对象位置的数据结构（图 2.12）。例如，可以用点来表达一口水井、一棵大树、一个景点、一个城市等，用线来表达河流、铁路、公路等，用面来表达房屋、森林、耕地、湖泊等。这些点、线、面的属性数据往往记录在属性表中，位置数据与属性数据之间通过标识符来连接。

2. 矢量数据结构的类型

1）简单数据结构

简单数据结构又称面条（spaghetti）结构，是指只以基本的空间对象（点、线、多边形）为单元进行单独组织，记录空间对象的位置坐标和属性信息，不记录拓扑关系的一种矢量数据结构（图 2.13）。比较典型的简单数据结构有 ESRI 的 Shapefile 文件和 MapInfo 的 Tab 文件等。这种数据结构的主要特点是：①数据按点、线或多边形为单元进行组织，数据结构直观

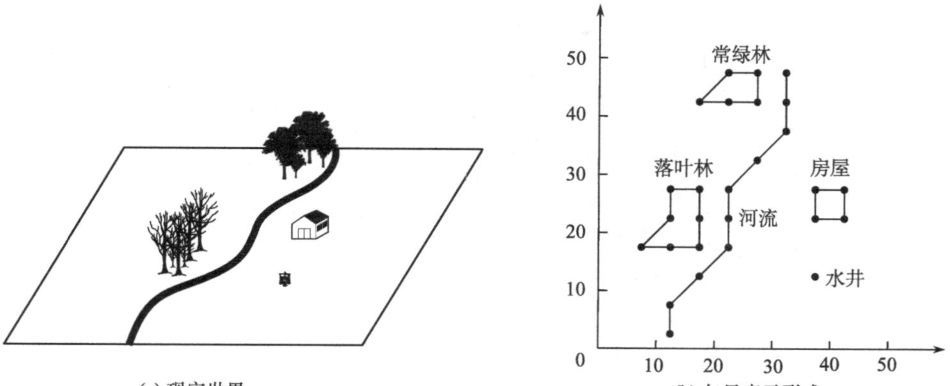

(a) 现实世界　　(b) 矢量表示形式

图 2.12　矢量数据结构

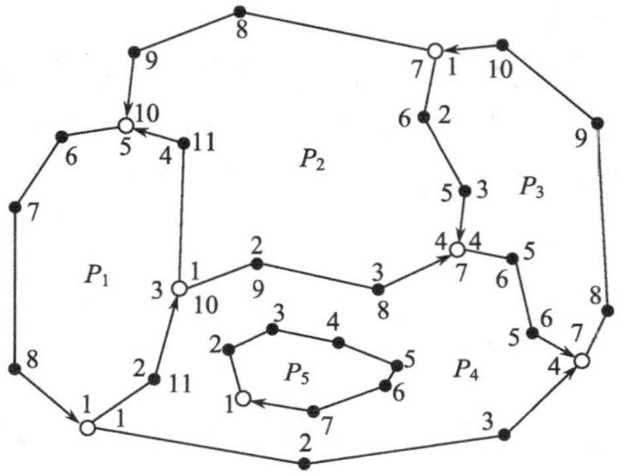

多边形	数据项			
P_1	x_1y_1	x_2y_2	…	x_iy_i
P_2	x_1y_1	x_2y_2	…	x_jy_j
⋮	⋮	⋮	⋮	⋮
P_n	x_1y_1	x_2y_2	…	x_ky_k

图 2.13　简单矢量数据结构

简单。②每个多边形都以闭合线段的形式存储，多边形的公共边界被数字化两次和存储两次，容易造成数据冗余和公共边的不一致。当对公共边进行修改时，需要对相邻的多边形也进行修改。③点、线和多边形有各自的坐标数据，但没有拓扑数据，彼此互不关联，这在处理如水管与水阀、电线与开关等之间的关联关系时存在问题。④岛或洞（如图 2.13 中多边形 P_5）只作为一个单独的图形，与外界多边形没有联系。

2）拓扑数据结构

拓扑（topology）是对空间结构关系进行明确定义的数学方法，具有拓扑关系的矢量数据结构就是拓扑数据结构。它包括索引式数据结构、双重独立编码结构和链状双重独立编码结构等。其共同的特点是：①点是相对独立的，点连成线，线构成面。②每条线始于起始结点，止于终止结点，并与左右多边形相邻接。③构成多边形的线又称为弧段，两条以上的弧段相交的点称为结点。④由一条弧段组成的多边形称为岛或洞。不含岛的多边形称为简单多边形，含岛的多边形称为复合多边形。在复合多边形中含有外边界和内边界，岛看做是复合多边形的内边界。

图 2.14 反映了拓扑数据结构的基本元素。

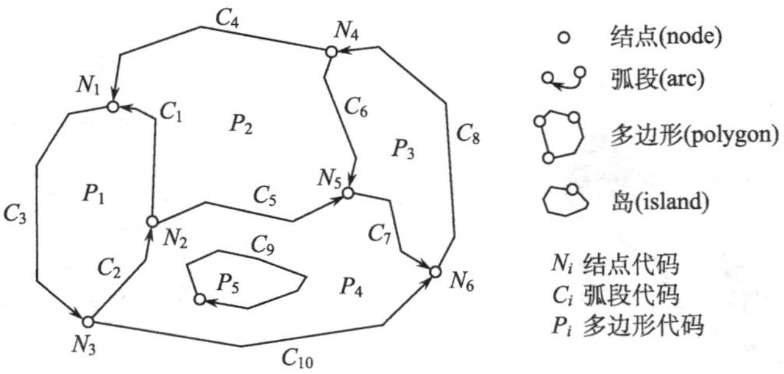

图 2.14　矢量拓扑数据结构

空间分析时，常常需要考虑拓扑数据结构的以下三种空间连接关系。

（1）拓扑邻接关系：反映同类空间图形元素之间的邻接关系，如图 2.14 中多边形 P_1 与 P_2 之间的邻接关系、结点 N_1 和 N_2 之间的邻接关系等。

（2）拓扑关联关系：反映不同类别的空间图形元素之间的关联关系，如图 2.14 中结点 N_1 与弧段 C_1、C_3、C_4 之间的关联关系，多边形 P_1 与弧段 C_1、C_2、C_3 之间的关联关系等。

（3）拓扑包含关系：反映同类但不同级别的空间图形元素之间的包含关系，如图 2.14 中多边形 P_4 与多边形 P_5 之间的包含关系。

2.3.2　栅格数据结构

1. 栅格数据结构的概念

栅格数据结构用规则排列的像元阵列来表达空间要素的位置和属性。它将现实世界中的空间分割成大小均匀、紧密相邻的网格阵列，每个网格作为一个像元，因此栅格数据结构又被称为网格结构或像元结构。在确定了栅格数据原点及像元大小后，栅格的空间划分就确定了。像元可具有不同的形状，如正方形、长方形，甚至正六边形。为了使用方便，一般采用正方形的像元。像元的中心表示要素所在的位置，像元的值代表其所在空间位置的某些属性，如地物类型、温度、降水、高程、光谱值等（图 2.15）。

在栅格数据结构中，点实体表示为一个像元，如图 2.15 中属性值为 W 的像元代表水井；线实体表示为属性值相同且空间连接的一条像元链，如图 2.15 中属性值为 R 的连续像元代表河流；面实体由聚集在一起的多个相邻像元的集合来表示，如图 2.15 中属性值为 E 和 B 的像元分别代表不同的森林类型。

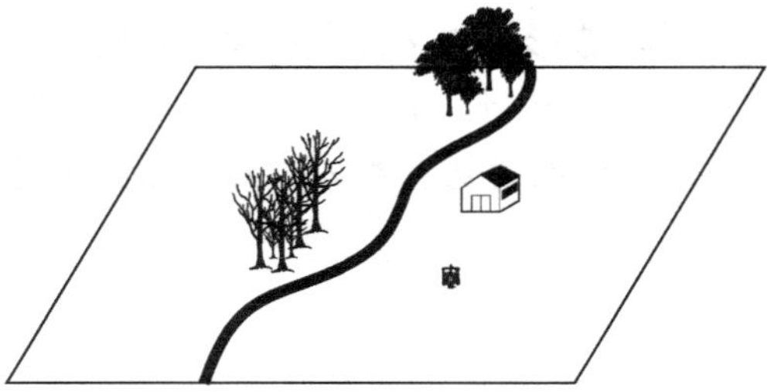

(a) 现实世界

	1	2	3	4	5	6	7	8	9	10
1					E	E	R			
2				E	E	E	R			
3							R			
4						R				
5			B	B	R			H	H	
6			B	B	R			H	H	
7		B	B	B	R					
8				R				W		
9			R							
10			R							

R代表河流
H代表房屋
W代表水井
E代表常绿林
B代表落叶林

(b) 栅格表示形式

图 2.15　栅格数据结构

2. 栅格像元大小的影响及选择

栅格数据结构中，像元的大小是一个非常关键的指标，它直接影响着空间数据在位置、属性等方面的精度，也影响着数据处理的时间和存储的空间。像元大小代表数据的空间分辨率，决定了栅格所表示的内容的详细程度（图 2.16）。像元越小，虽然空间分辨率越高，所描述的空间信息越详细，数据的位置与属性信息越准确，但是存储栅格数据所需的磁盘空间越大、处理栅格数据所需要的计算时间也越长。理论上，处理时间和存储空间会随像元的变小而呈几何级数的增加。例如，像元缩小 1 半（如从 4m 变为 2m）后，处理时间和存储空间会变为原来的 4 倍。反之，像元越大，空间分辨率越低，所描述的空间信息越粗略，但处理时间和存储空间都会降低。

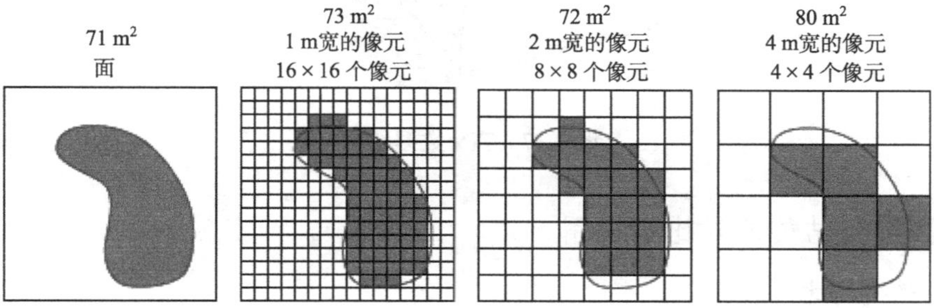

图 2.16　栅格数据的不同空间分辨率

因为像元大小所起的作用非常关键，所以在进行基于栅格的空间分析时，确定像元大小常常是一个首先需要关注的问题。一般来说，像元大小的确定需要考虑以下几个方面的因素：①输入数据的精度，即要考虑原始数据的像元大小。例如，当 30m 和 10m 分辨率的栅格一起进行分析时，宜选择 30m。②应用目标的精度要求，即考虑进行分析和应用所需的数据精度。例如，要研究丘陵山地区的居民点、坑塘等的分布，就不宜选择大于 10m 的像元。③期望的响应时间，即计算所需要的时间。④结果数据库的大小与磁盘容量。⑤要注意空间数据的尺度效应。

2.3.3　不规则三角网

不规则三角网（TIN）是将一系列点组成若干个三角形，形成一个相互连接的三角形网络，并由此拟合地表或其他不规则表面的一种空间数据结构（图 2.17）。TIN 数据结构由结点（node）、边（edge）、三角形（triangle）、包面（hull）和拓扑（topology）组成。初始的 TIN 可以由高程点和等高线来构造，可以与线要素（如河流、山脊线、道路）、面要素（如湖泊、水库）相结合，以提高地表拟合精度。TIN 常用来构造数字地面模型（DTM），特别是数字高程模型（DEM）。

在 TIN 模型中，采样点的位置控制着三角形的顶点，这些三角形尽可能地接近等边三角形。结点可以不规则地放置在表面上，使得三角形大小随点的密度变化而变化，因此在表面起伏变化较大或需要更多细节的区域，TIN 可具有较高的分辨率，而在表面起伏变化较小的区域，则可具有较低的分辨率。例如，由等高线数字化得到点时，等高线的密度越高，采样点的密度也相应提高。一个典型的特征是，陡坡上的三角形比缓坡上的三角形小且密。在表示不连续对象如悬崖、断层、海岸线等时，TIN 也比较方便。当需要把 TIN 转化为栅格（如栅格 DEM）时，可以通过线性或非线性内插的方法，生成平滑的平面来消除三角面之间的不连续性。

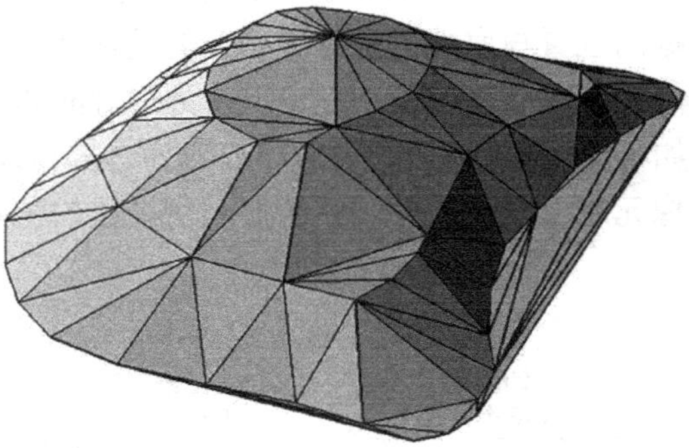

图 2.17　TIN 数据结构

2.3.4　不同数据结构的对比与应用

1. 数据结构对比

栅格结构以规则排列的像元阵列来表达空间对象，矢量结构通过记录坐标对的方式尽可能精确地表示点、线、多边形等地理实体。栅格数据结构具有"属性明显、定位隐含"的特点，而矢量结构具有"位置明显、属性隐含"的特点。矢量数据是面向实体的，实体都直接赋有位置和属性信息，以及目标之间的拓扑关系说明。与此相反，栅格数据是面向位置的，平面空间上的任意一点都直接联系到某一个或某一类实体，但对于某一个具体的实体没有直接聚集所有信息，只能通过遍历栅格矩阵逐一寻找，同时它也不能完整地建立实体之间的拓扑关系。

栅格结构在某些操作上较矢量结构更为高效、更易于实现。例如，某地政府需要统计指定区域内的土地形状、面积、公路密度、建筑密度等，利用栅格结构可以很快得到计算结果，采用矢量结构则由于所在区域的边界限制条件难以提取而降低效率。不过，矢量结构用于拓扑关系的搜索则更为有效，拓扑关系可以为数据的错误检查、空间数据编辑、属性数据输入、空间分析功能的实现等提供方便；同时对于空间网络信息，只有矢量结构才能完全描述；并且矢量结构在计算精度与数据存储方面优于栅格结构。

表 2.5 对矢量和栅格两种数据结构的优缺点进行了比较。

表 2.5　矢量数据结构与栅格数据结构的比较

	优点	缺点
矢量	1.数据结构紧凑、冗余度低 2.有利于网络和检索分析 3.图形显示质量好、精度高	1.数据结构较复杂 2.软件实现的技术要求比较高 3.多边形叠合等分析比较困难
栅格	1.数据结构简单 2.便于空间分析和地表模拟 3.有利于遥感数据的匹配应用和分析 4.现势性较强	1.数据量较大、冗余度高、需要压缩处理 2.定位精度比矢量低 3.拓扑关系难以表达

2. 数据结构的选择策略

数据结构的选择主要取决于数据的性质和使用的方式。因为矢量数据结构和栅格数据结构各具有不同的优缺点，所以在使用时要根据应用的要求及数据的特征合理选择不同结构的空间数据。从技术层面上看，栅格数据在空间叠加分析、空间数据共享等方面比矢量数据更有优势，而矢量数据在网络分析、数据存储、数据精度等方面比栅格数据更有优势。一般来说，研究区域为空间尺度较大的自然资源分布、农业区分布、林业区分布等，使用栅格数据结构比较合适，而研究区域为空间尺度较小的城市分区或详细规划、土地管理、公用事业管理等，使用矢量数据结构比较合适。从应用层面上看，数据采集时采用矢量数据结构，有利于保证空间实体的几何精度和拓扑特性的描述；而空间分析则主要采用栅格数据结构，有利于加快系统数据的运行速度和分析应用的进程。

3. 矢量数据的应用案例

1）矢量数据用于土地管理

矢量数据往往记录了大量的属性值。例如，土地利用数据库中，需要记录每个地块的面积、周长、类型、权属等。在土地利用变更调查中，通过叠加两个时期的土地利用数据判断发生变化的地块，并制作土地转移矩阵，可以给政府相关部门决策提供参考。

2）矢量数据用于网络构建

矢量数据非常适合描述空间的网络信息，通过矢量数据构建空间网络可以实现对网络结构及其资源等的优化。例如，通过矢量数据构建城市交通网络、城市基础设施网络（各种电缆线、电话线、地下管道等），经过分析可以解决资源的最佳分配，以及最佳路径的查找等实际问题。

3）矢量数据用于专题制图

目前常见的专题地图大部分是基于矢量数据绘制的。例如，不同范围的行政区划地图（世界行政区划地图、中国行政区划地图等）都是基于现有的行政区矢量数据、河流矢量数据、道路矢量数据、湖泊矢量数据等通过不同的符号化得到的。

4. 栅格数据的应用案例

1）将栅格数据用作底图

在GIS地图制图中，栅格数据通常用来作为其他要素图层的背景显示画面。例如，在其他图层下显示正射影像，不仅可提供附加的信息，还可使地图用户更加确信地图图层在空间上已经对齐并代表着实际的对象。栅格底图共有三种主要来源，分别为正射航空摄影、正射卫星影像和正射扫描地图。图2.18为一个用于道路数据底图的栅格数据。

图2.18　栅格数据用作底图

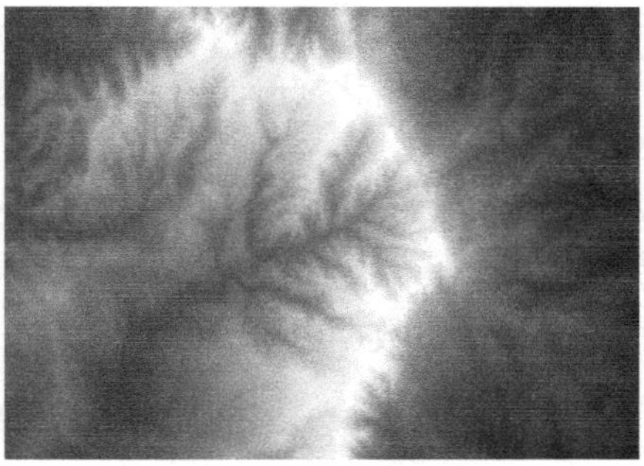

图2.19　栅格数据用作表面地图

2）将栅格数据用于表面地图

栅格非常适合表示沿地表连续变化的数据，是一种将连续的数据存储为表面的有效方法。例如，从地表测得的高程值是表面地图的最常见应用，当将高程值替换为其他值（如降水量、温度、密度和人口密度等）时，则可定义为可进行空间分析的其他表面。图 2.19 是高程栅格，颜色越深代表栅格的高程值越小，颜色越浅代表栅格的高程值越大。

3）将栅格数据用作专题地图

表示专题数据的栅格数据可通过对其他数据的分析而获得。例如，对卫星影像进行土地覆盖类型的划分，同时可以进一步根据多光谱卫星影像数据对类型进行细分，如将植被覆盖类型继续划分为针叶林、阔叶林、针阔混交林等。图 2.20 是利用栅格数据制作的土地覆盖分类专题地图。

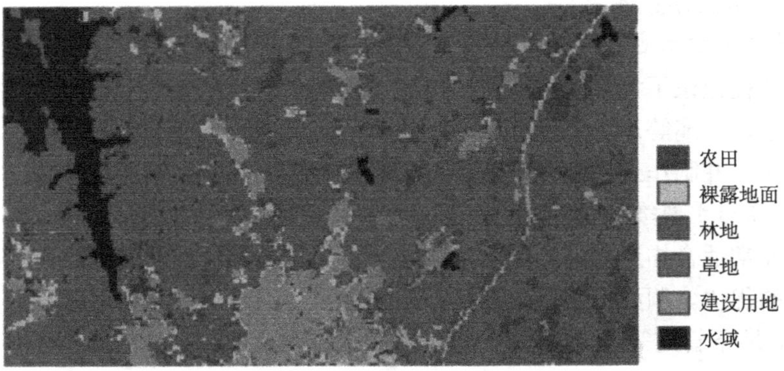

图 2.20　栅格数据用作专题地图

2.3.5　数据结构的转换

不同结构的数据具有不同的性质和适用范围，因此在空间分析中往往需要对数据结构进行转换。常用的数据结构转换是指矢量数据和栅格数据之间的相互转换。

1. 矢量结构向栅格结构转换

许多数据，如行政边界、交通干线、土地利用类型、土壤类型等都是用矢量数字化的方法输入计算机或以矢量的方式存在计算机中，表现为点、线、多边形数据。然而，矢量数据直接用于多种数据的复合分析时处理比较复杂，特别是不同数据要在位置上一一配准，难以寻找交点并进行分析。相比之下利用栅格数据结构进行处理则容易得多。加之土地覆盖和土地利用等数据常常从遥感图像中获得，这些数据都是栅格数据，因此矢量数据与它们的叠置复合分析更需要把它从矢量数据结构转变为栅格数据结构。这种矢量数据到栅格数据的转换过程，称为矢量栅格化（rasterization）。栅格化包括点的栅格化、线的栅格化和面的栅格化。

1）点的栅格化

如图 2.21 所示，矢量数据中的点坐标用 (x,y) 来表示，而在栅格数据中，点要素用像元的行列号 I、J 来表示，D_X 和 D_Y 分别表示一个栅格的宽和高。设 A 为矢量坐标空间的任一点，该点在矢量和栅格数据中可分别表示为 (x,y) 和 (I,J)，则有

$$\begin{cases} I = 1 + \mathrm{INT}\left[\left(Y_{\max} - y\right) / D_Y\right] \\ J = 1 + \mathrm{INT}\left[\left(x - X_{\min}\right) / D_X\right] \end{cases} \tag{2.5}$$

式中，INT[ ]为取整函数。

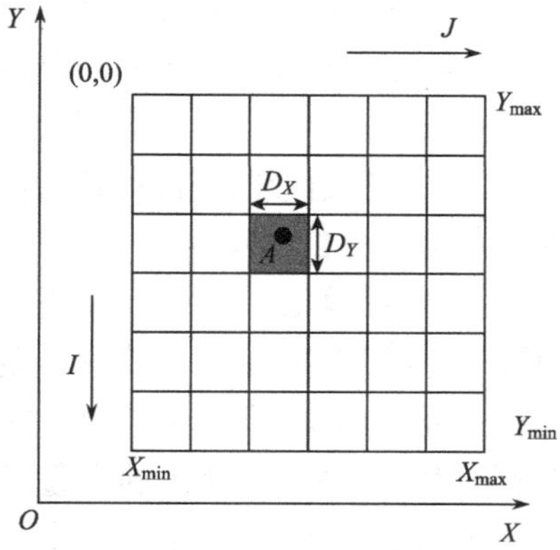

图 2.21　点的栅格化

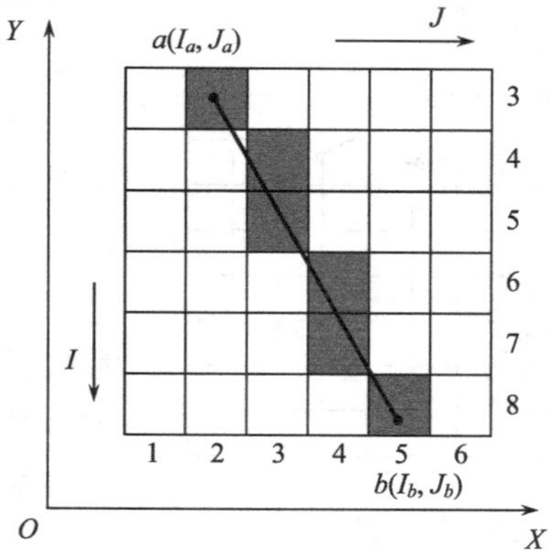

图 2.22　线的栅格化

2）线的栅格化

线的栅格化可以对成对组成的折线进行分解，然后对每个线段进行栅格化。如图 2.22 所示，首先用点栅格化方法求得线段的两端点 a 和 b 的行列值为（I_a, J_a）和（I_b, J_b），这里的端点 a 为(3,2)，b 为(8,5)；然后求出线段所对应的栅格单元的行列值范围，行范围为(I_a–I_b)，列范围为（J_a–J_b），这里的行范围为 6，列范围为 4；因为栅格数据中的线段由相邻的栅格单元组成，所以当已知线段对应的栅格单元行列值范围后，可利用连续的行列值，根据直线方程求线段中间栅格的行列值。

3）面的栅格化

面的栅格化就是在矢量表示的多边形边界内部的所有栅格上赋予相应的多边形的属性（如编号、类型等），从而形成栅格数据阵列。面数据栅格化的主要方法有内部点扩散算法、射线算法、扫描算法和边界代数算法。

（1）内部点扩散算法。从每个多边形的任意一个内部点（或称种子点）开始，向其八个方向的邻点扩散，判断各个新加入点是否在多边形边界上，如果是边界点，则新加入的点不作为种子点，否则把非边界点的邻点作为新的种子点与原有种子点一起进行新的扩散运算，并将该种子点赋予多边形的属性。重复上述过程，直到所有种子点填满该多边形并遇到边界为止（图 2.23）。

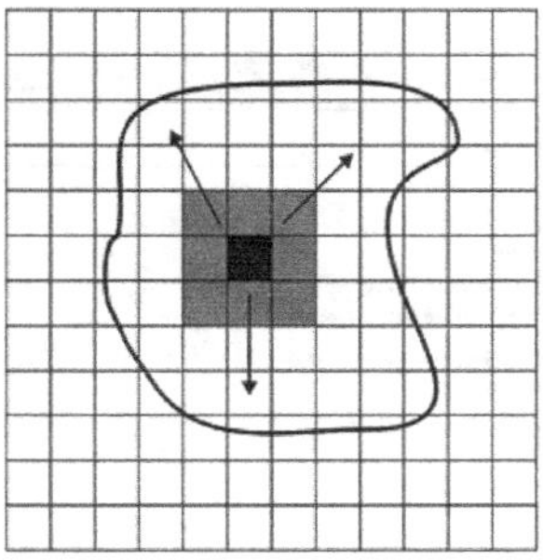

图 2.23　内部点扩散算法

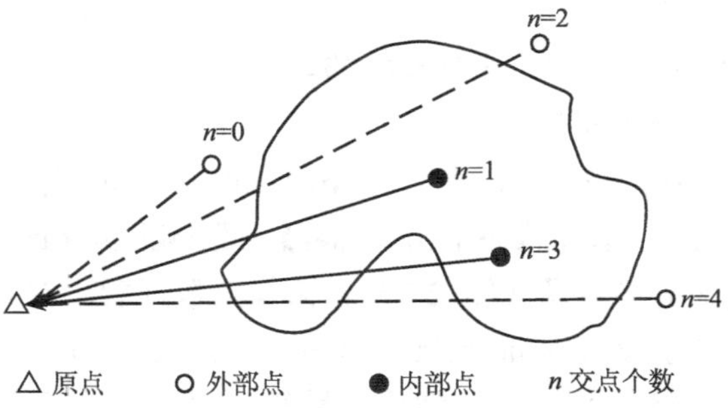

图 2.24　射线算法

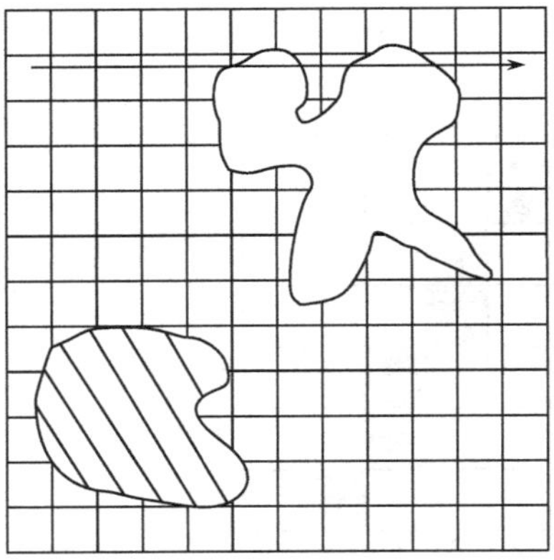

图 2.25　扫描算法

（2）射线算法。首先在多边形外选取任意一个点作为原点，将每个栅格作为待判点，从待判点向原点引一条射线，确定该射线与多边形所有边界相交的总次数，通过判断总次数的奇偶性来确定待判点是否在多边形内。若相交偶数次，则待判点在该多边形的外部；若为奇数次，则待判点在该多边形内部（图 2.24）。

（3）扫描算法。扫描算法是对射线算法的改进，通常情况下，沿栅格阵列的行方向扫描，在每两次遇到多边形边界点的两个位置之间的栅格，属于该多边形（图 2.25）。扫描算法省去了计算射线与多边形交点的大量运算，大大提高了效率，但一般需要预留一个较大的数组以存放边界点。

（4）边界代数算法（boundary algebra filling，BAF）。它是一种基于积分思想的多边形填充算法，适合于将记录有拓扑关系的多边形矢量结构转换为栅格结构。边界代数法与其他算法的不同之处在于它不是逐点搜寻判别边界，而是根据边界的拓扑信息，通过简单的加减代数运算将拓扑信息动态地赋予各栅格像元。它先将栅格所有像元的值设为某一初始值（如 0），然后从多边形边界上的某一像元开始，按顺时针方向搜索边界线，上行时边界左侧像元减去某值（如 1），下行时边界左侧像元加上该值（图 2.26）（上下行及左侧均相对于读者）。因为不需考虑边界与搜索轨迹之间的关系，所以该算法较为简单，而且仅采用加减代数运算，每条边界仅计算一次，免去了公共边界重复运算，又可不考虑边界存放的顺序，因此运算速度较快，占用计算机资源较少，是一种较为优秀的多边形填充算法，被大多数 GIS 软件所采用。

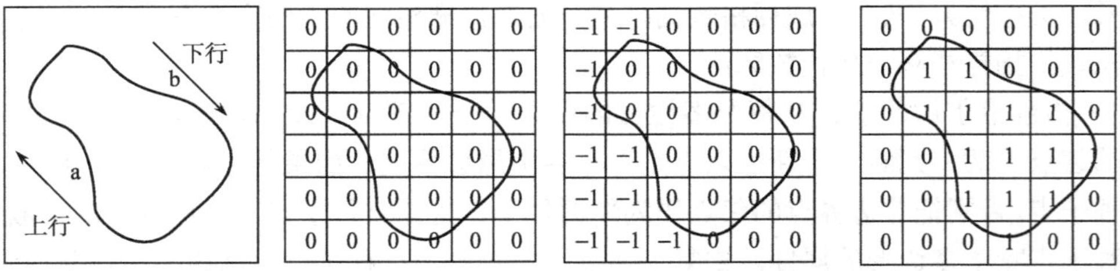

(a) 矢量多边形　(b) 栅格初始为0　(c) 向上环绕左边减去属性值　(d) 向下环绕左边加上属性值

图 2.26　边界代数算法

4）ArcGIS 中矢量转栅格的工具

a. 点转栅格工具

在 ArcGIS 中，打开 ArcToolbox，依次双击【Conversion Tools】→【To Raster】→【Point to Raster】，打开点转栅格工具（图 2.27）。输入点数据后，首先要设置值域字段（Value field），即采用点的哪一项属性作为输出栅格的属性值。然后设置输出栅格的保存位置（建议保存在某一 Geodatabase 中），最后还可以设置像元赋值方法（Cell assignment type）、优先字段（Priority

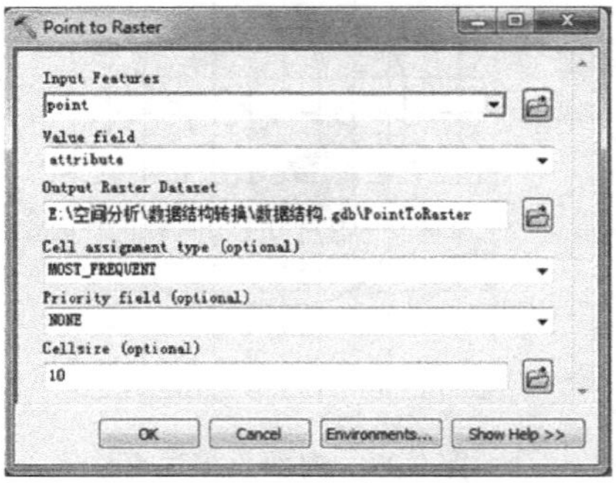

图 2.27　Point to Raster 工具

field）及像元大小（Cellsize）。

【Point to Raster】提供了多种不同的像元赋值方法，用以解决一个栅格像元中存在多个矢量点时，如何决定栅格像元的属性的问题（图 2.28）。

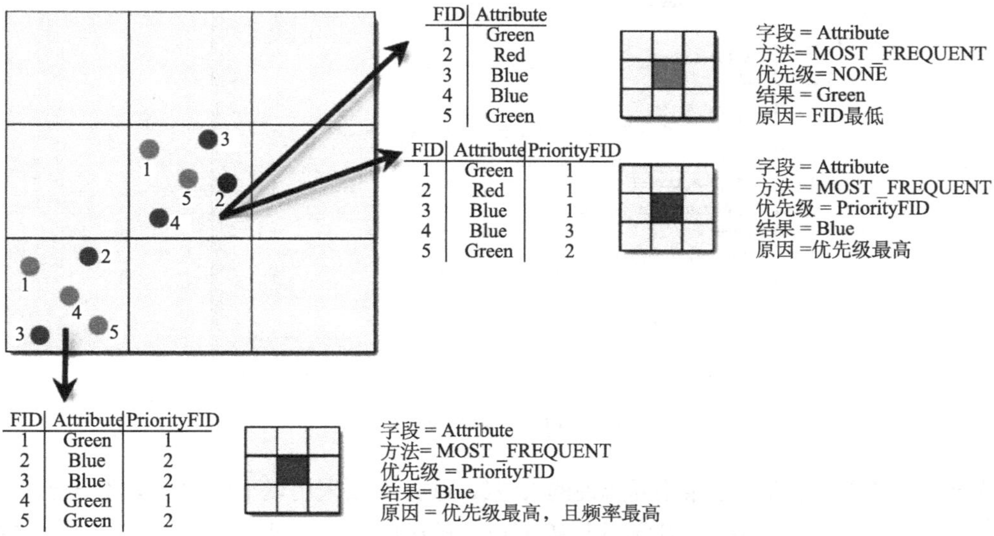

图 2.28　Point to Raster 栅格像元属性的决定方式

（1）频率最高（MOST_FREQUENT）：将像元中出现频率最高的点要素的属性赋予像元，如果出现频率相同，则使用最低 FID 的要素的属性。

当采用 MOST_FREQUENT 的赋值方法时，用户可设置优先字段（Priority field）此时 Point to Raster 工具将根据优先字段（前提是点的属性表中拥有该字段，如图 2.28 中的 PriorityFID 字段）中值较高（即优先级最高）的那个要素的属性值来赋予像元。优先级的设置，可以避免数据转换时丢失用户认为重要的信息。优先级相同时，考虑频率最高，频率又相同时，再考虑 FID 最小。

（2）求和（SUM）：将像元中所有点的属性值之和赋予像元（对字符串数据无效）。例如，有两个城市（点）在同一像元中时，若输出栅格的人口属性，则可以采用 SUM 将两个城市的人口相加后赋值给本像元。

（3）平均值（MEAN）：将像元中所有点属性的平均值赋予像元（对字符串数据无效）。

（4）标准差（STANDARD_DEVIATION）：将像元中所有点的属性的标准差赋予像元（如果像元中少于两个点，则将“NoData”赋予像元）。

（5）最大值（MAXIMUM）：将像元范围内所有点的属性的最大值赋予像元（对字符串数据无效）。

（6）最小值（MINIMUM）：将像元范围内所有点的属性的最小值赋予像元（对字符串数据无效）。

（7）范围（RANGE）：将像元范围内所有点的属性的范围值（最大值–最小值）赋予像元（对字符串数据无效）。

（8）数量（COUNT）：将像元范围内点的个数赋予像元。

b. 线转栅格工具

在 ArcGIS 中，打开 ArcToolbox，依次双击【Conversion Tools】→【To Raster】→【Polyline to Raster】，打开线转栅格工具（图 2.29）。

图 2.29　Polyline to Raster 工具

当一个栅格像元中存在多条不同属性的矢量线段时，需要采用以下两种方法之一给该像元赋值（图 2.30）：①最长（MAXIMUM_LENGTH）。它将长度最长的那条线的属性值赋予像元。②合并最长（MAXIMUM_COMBINED_LENGTH）。它先将具有相同属性值的线的长度进行合并（相加），然后比较不同属性值的线的总长度，将总长度最长的那类线的属性值赋予像元。

当设置了优先字段（前提是线要素的属性表中拥有该字段）时，无论选择以上哪种赋值方法，只要优先字段中的值最高，则将该要素的属性赋予栅格像元（图 2.30）。

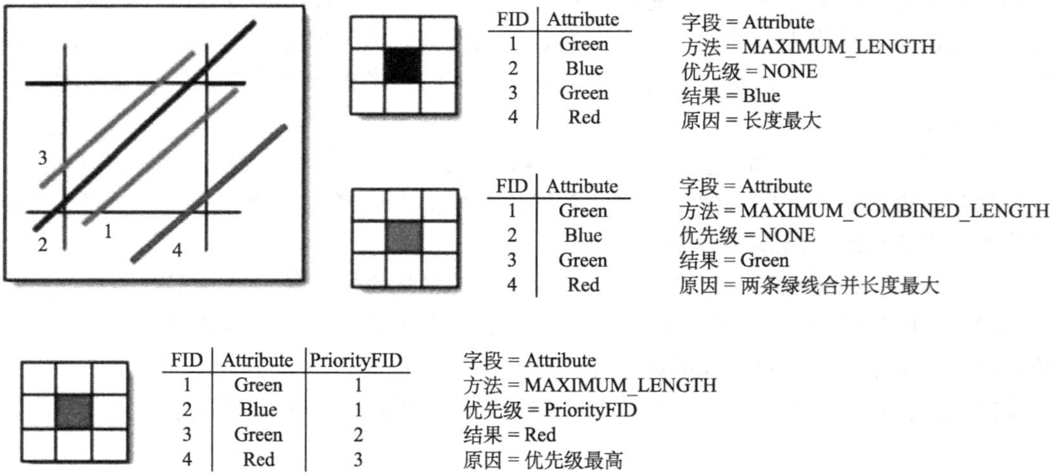

图 2.30　Polyline to Raster 的栅格像元属性决定方式

c. 面转栅格工具

在 ArcGIS 中，打开 ArcToolbox，依次双击【Conversion Tools】→【To Raster】→【Polygon to Raster】，打开面转栅格工具（图 2.31）。

当一个栅格像元中存在多个不同属性的多边形时，可以采用以下三种方法之一给该像元赋值：①像元中心（CELL_CENTER）。它将像元中心所在位置的那个多边形的属性赋予像元。

②面积最大（MAXIMUM_AREA）。将像元中面积最大的那个多边形的属性赋予像元。③合并面积最大（MAXIMUM_ COMBINED_AREA）。先将像元中同一类型的多边形的面积进行合并，然后比较各种类型的面积，将面积最大的那种类型的属性值赋予像元。

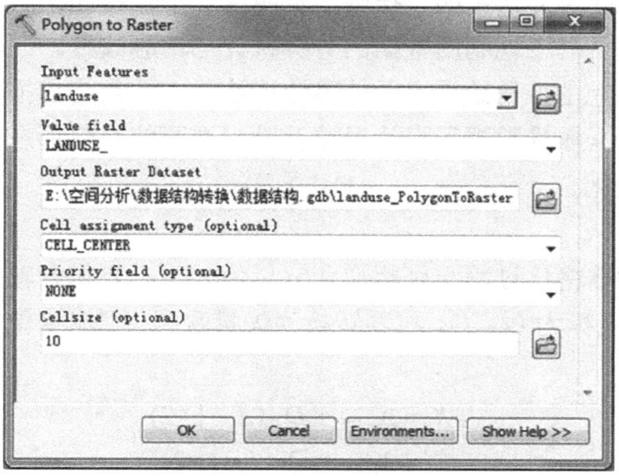

图 2.31　Polygon to Raster 工具

Polygon to Raster 工具中优先字段的使用与 Polyline to Raster 的相同，即无论选择哪种赋值方法，都将优先字段中值最高的要素的属性赋予栅格像元（图 2.32）。

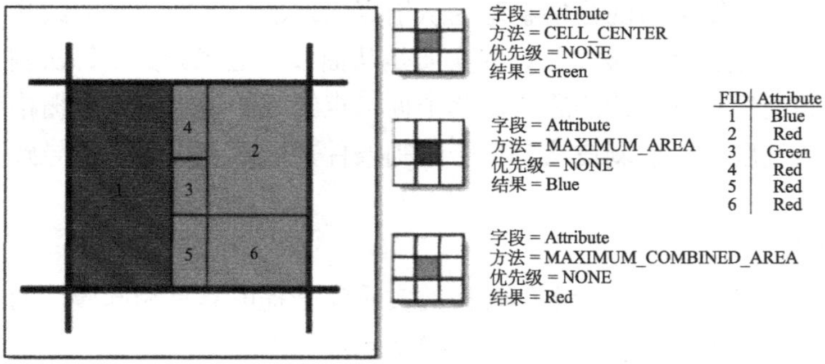

图 2.32　Polygon to Raster 的栅格像元属性决定方式

d. 要素转栅格工具

在 ArcGIS 中，打开 ArcToolbox，依次双击【Conversion Tools】→【To Raster】→【Feature to Raster】，打开要素转栅格工具（图 2.33）。矢量中的点、线、多边形要素都可以通过该工具转换为栅格数据，并始终使用像元中心法来确定栅格要素的值。该工具在转换为栅格数据时，输入的要素既可以是点，也可以是线或面。若矢量转换栅格过程中需要设置更多的参数，则应根据要素的类型（点、线、面），采用前述三种转换工具之一独立进行转换。

图 2.33　Feature to Raster 工具

2. 栅格结构向矢量结构转换

由栅格像元转换到几何图形的过程称为矢量化。栅格向矢量转换处理的目的主要有四个：一是将栅格数据分析的结果，通过矢量绘图装置输出。二是获取空间实体的拓扑信息，方便定义和操作单个空间实体。例如，在国土资源管理中，将遥感解译得到的土地利用栅格数据转为矢量数据，便于对土地利用数据的分类统计与增删改查。三是数据压缩的需要，将大量面状栅格数据转换为由少量数据表示的多边形边界。四是将扫描仪获取的栅格数据加入矢量形式的数据库。根据栅格数据所表达对象及输出要素的几何形态，矢量化可分为点状、线状和面状要素的矢量化。

1）点的矢量化

点的矢量化与点的栅格化过程正好相逆，它以像元中心点作为输出要素的位置。对任意栅格点数据 P，假设其坐标为（I，J），将其转换为矢量数据，则栅格像元 P 的中心点坐标（X，Y）的计算公式为

$$\begin{cases} X = X_{\min} + D_X(J - 1/2) \\ Y = Y_{\max} - D_Y(I - 1/2) \end{cases} \tag{2.6}$$

式中，$X_{\min}$、$Y_{\max}$ 分别为矢量数据坐标系的 X 轴最小值、Y 轴最大值；D_X、D_Y 为每个栅格像元对应的边长。

2）线的矢量化

线栅格数据向矢量数据转换的实质是将具有相同属性值的连续的单元格搜索出来，并对栅格进行细化，然后将细化后的栅格整理为从结点出发的线段或闭合的线条。对于栅格线段的细化（Thin），常用的是“剥皮法”，其实质是从曲线的边缘开始，每次剥掉等于一个栅格宽度的一层，直到最后留下彼此连通的由单个栅格点组成的线形。因为栅格线段在不同的位置可能存在不同的宽度，所以剥皮法有一个限制条件，即不允许剥去会导致曲线不连通的栅格。

3）面的矢量化

面（多边形）栅格数据向矢量数据转换的实质就是提取具有相同属性的栅格像元集合表示的多边形区域的边界和边界的拓扑关系。通常包括以下四个步骤。

（1）多边形边界提取：将栅格图像二值化或者以特殊数值表示边界点和结点。

（2）边界线追踪：对每个边界弧段由一个结点向另一个结点搜索，通常对每个已知边界点需沿除了进入方向的其他 7 个方向搜索下一个边界点，直到连成边界弧段。

（3）拓扑关系生成：对于矢量边界弧段，判断其与原图上各多边形的空间关系，形成完整的拓扑结构并建立与属性数据的联系。

（4）去除多余点及曲线圆滑：因为搜索是逐个栅格进行的，所以必须去除由此造成的多余点记录，以减少数据冗余；搜索结果中曲线由于栅格精度的限制可能不够圆滑，需要采用一定的插补算法进行光滑处理，常用的算法有线形迭代法、分段三次多项式插值法、正轴抛物线平均加权法、斜轴抛物线平均加权法、样条函数插值法等。

4）ArcGIS 中栅格转矢量的工具

a. 栅格转点工具

在 ArcGIS 中，打开 ArcToolbox，依次双击【Conversion Tools】→【From Raster】→【Raster to Point】，打开栅格转点工具（图 2.34）。该工具将在输入数据中的每个像元的中心位置生成一个点，并把所选字段（Field 选项中设置的字段）内的属性值赋给输出的点。当栅格形式的点要素位置上有多个像元时，一般先要将栅格图像进行细化处理，仅保留一个像元，然后用这个工具转换为点要素。

图 2.34　Raster to Point 工具

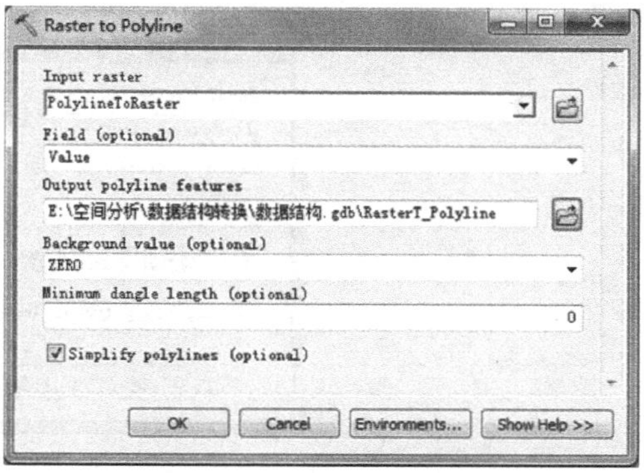

图 2.35　Raster to Polyline 工具

b. 栅格转线工具

在 ArcGIS 中，打开 ArcToolbox，依次双击【Conversion Tools】→【From Raster】→【Raster to Polyline】，打开栅格转线工具（图 2.35）。

Raster to Polyline 工具中的背景值（Background value）选项用于设置栅格转线的背景值，其他值被当做前景值用于转换为线要素。它有以下两个选项：

（1）零（ZERO）。背景值由小于等于 0 的值，以及空值（NODATA）组成，而所有大于零的像元均将视为前景值（当转换所依据的字段中属性全部为零时，该工具不可用）。

（2）空值（NODATA）。背景值由 NODATA 的像元组成，所有有值的像元为前景像元被转换成线要素。

Raster to Polyline 工具中的最小悬挂长度（Minimum dangle length）的输入值用于设定允许保留的最小长度的悬挂线，默认值为零。勾选简化线（Simplify polylines）选项，将在保持线的基本形状不变的前提下，通过移除其中小的凹进和凸起或无关紧要的折弯来简化线条（图 2.36）。

(a) 输入栅格　　(b) 未简化的线　　(c) 简化后的线

图 2.36　栅格转线中线的简化

c. 栅格转多边形工具

在 ArcGIS 中，打开 ArcToolbox，依次双击【Conversion Tools】→【From Raster】→【Raster to Polygon】，打开栅格转多边形工具（图 2.37）。该工具会将每组具有相同值的连续像元转换为一个多边形要素，并且基于栅格中的像元边界创建每个多边形的弧段。多边形的属性由 Field 选项中设定的字段来输出。勾选简化多边形（Simplify polygons）选项，可以对输出的多边形边界进行简化处理（图 2.38）。

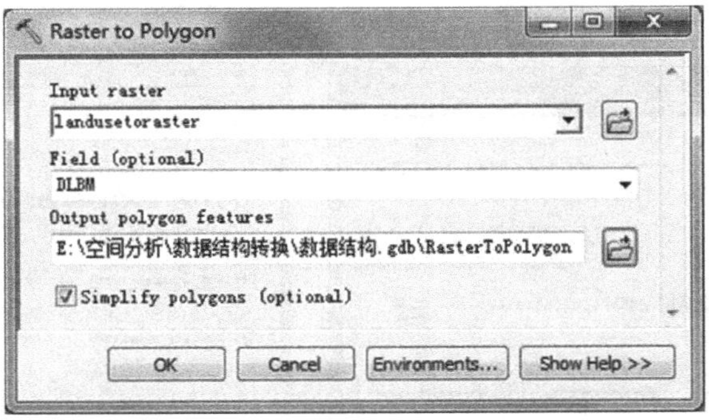

图 2.37　Raster to Polygon 工具

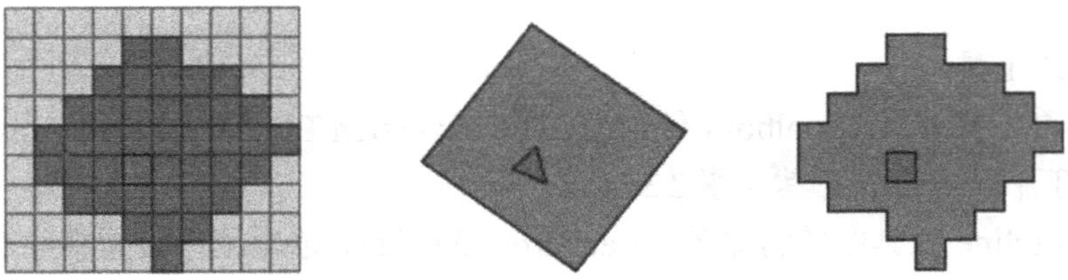

(a) 输入栅格　(b) 简化后的多边形　(c) 未简化的多边形

图 2.38　栅格转多边形中多边形的简化

2.4　空间数据的格式

不同的数据生产者获取空间数据时采用的数据采集平台不同，对空间位置数据和属性数据的存储方式和表现方法也各不相同，因此空间数据有多种格式。不同的 GIS 软件在记录空间数据时，往往会采用不同的数据格式。即使同一种软件，在其不同的发展阶段或基于不同的目的，也可能会有不同的空间数据格式。认识和了解空间数据格式，有助于空间数据的采集、处理和分析。

2.4.1　与 ArcGIS 相关的几种主要格式

1. Shapefile 格式

Shapefile 格式最早出现于 ESRI 公司的 ArcView GIS 软件，现在也是 ArcGIS 软件中常常使用的一种基础软件格式。它属于简单要素类，用点、线、多边形存储要素的形状，却不能存储拓扑关系，具有简单、快速显示的优点。它采用基于文件的方式来存储空间数据的不同信息。一个 Shapefile 数据至少包括*.shp、*.shx、*.dbf 三个必需的文件。其中，*.shp 是主文件，用于存储要素的几何数据；*.shx 是索引文件，用于存储要素的几何索引；*.dbf 是属性表文件，用于存储要素的属性信息。如果 Shapefile 数据有坐标系统，则还会有投影文件*.prj；

若对 Shapefile 进行元数据浏览，则还会产生以 xml 格式保存的元数据文件*.shp.xml；当 Shapefile 正在使用时，还会产生锁定文件*.lock。此外，还可能会有*.sbn 和*.sbx、*.fbn 和*.fbx、*.ain 和*.aih、*.atx、*.ixs、*.mxs、*.cpg 等文件，这些文件的详细信息可参阅 ArcGIS 的帮助文档。虽然对 Shapefile 数据文件总的大小没有限制，但组成 Shapefile 的每个文件均不能超过 2GB。除*.dbf 和*.shp 之外的文件往往都不可能很大，因此这种限制主要是针对要素的几何数据和属性数据。

当采用 ArcCatalog（或其他任何 ArcGIS 的应用程序）来浏览 Shapefile 时，用户只能看到一个表示该数据的文件。但当采用 Windows 的资源管理器（Explorer）来浏览时，会发现至少三个具有相同前缀（数据名称）、不同后缀（扩展名）的文件（图 2.39）。因此，当需要复制或删除 Shapefile 数据时，建议采用 ArcCatalog 或其他地学处理工具（Geoprocessing tool）来执行。但若想在 ArcGIS 以外来执行，则务必将组成这个 Shapefile 的所有文件（相同前缀）全部复制或删除，否则将遗失部分信息或造成该数据无法使用。

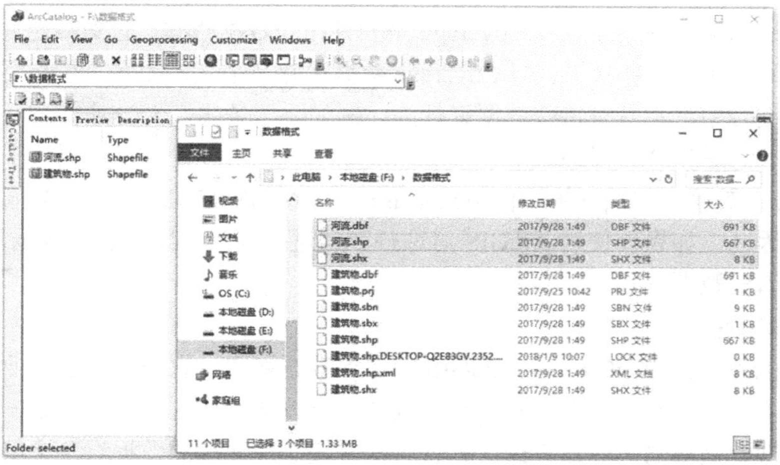

图 2.39　Shapefile 格式的数据在 ArcCatalog 与 Windows 资源管理器中的体现

目前 Shapefile 格式仍然是 GIS 行业通用的矢量数据格式，几乎所有的商业 GIS 平台软件都支持该格式的读写。但因为 Shapefile 在拓扑关系、数据大小、几何属性的生成等方面的缺点，很难进行一些高级的编辑和复杂完整的空间分析，因此往往需要将其转换为其他数据格式（如后文中介绍的 File Geodatabase）。

2. Coverage 格式

Coverage 是 ArcInfo 的一种原生矢量数据格式。它是一个非常成功的地理数据模型，很多早期的数据都是 Coverage 格式的。它与 Shapefile 一样，都是地理关系数据模型，利用分离的系统来存储空间数据和属性数据。Coverage 是一个集合，可以包含一个或多个要素类，每个要素类存储一组点、线（弧）、多边形或注记（文本）。例如，在多边形的 Coverage 数据中，它的要素类除了多边形 polygon 本身外，还包括组成多边形的弧段 arc、多边形的质心点 label、控制点 tic。Coverage 采用“基于文件夹”的方式来存储，空间信息和属性信息分别存放在两个文件夹里。空间信息以二进制文件的形式（以 adf 文件为主）存储在独立的文件夹中，文件夹名称即为该 Coverage 的名称；属性信息和拓扑数据则以 INFO 表的形式存储在

INFO 文件夹中。同一个工作空间（文件夹）中的所有 Coverage 共用一个 INFO 文件夹。也就是说，它们都将属性信息放在同一个 INFO 文件夹中。因此，若工作空间中有 n 个 Coverage，则有 n+1 个文件夹（图 2.40）。

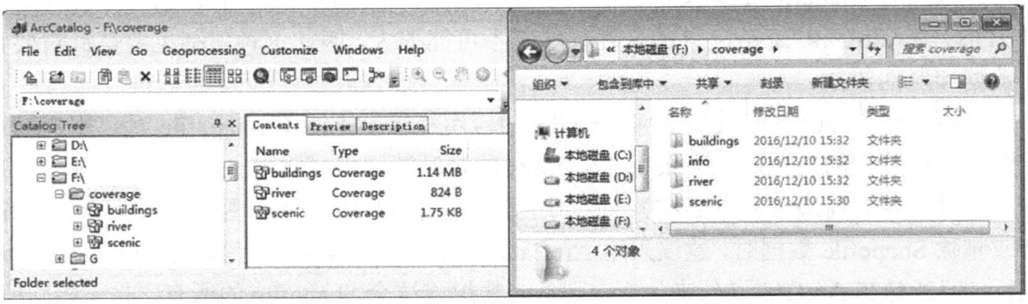

图 2.40　Coverage 数据在 ArcCatalog 和 Windows 资源管理器中的体现

不同于 Shapefile 的非拓扑性，Coverage 是一种拓扑数据格式，它支持连通性、区域定义和邻接性等三种基本的拓扑关系。但 Coverage 数据也存在很大的不足，它的要素聚集在类似点、线、面的集合中，不具有特殊的要素行为。例如，一条线，无论是代表一条路还是一条河，它具有的行为是完全一样的。

ESRI 为推广其第三代数据模型 Geodatabase，从 ArcGIS 8.3 版本开始，屏蔽了对 Coverage 的编辑功能。因此，如果要使用 ArcGIS 对这些数据进行编辑，则需要将数据从 Coverage 转换为其他可编辑的数据格式。

3. Geodatabase 格式

Geodatabase 为地理数据库，是 ArcGIS 的原生数据格式。它利用基于工业标准建立的关系型数据库技术，可以高效安全地管理地理数据。可以认为 Geodatabase 是一个用于存放大量不同类型地理数据集的“容器”或“集合”，它按照层次性的数据对象来组织地理数据，不仅可以存储类似 Shapefile 的简单要素类，还可以存储类似 Coverage 的要素集；不仅可以存储矢量数据，还可以存储栅格数据，并且支持一系列的行为规则。Geodatabase 由系统表格及用户数据组成，用户数据可以存储下列形式的数据集：①要素类（Feature class）；②要素数据集（Feature dataset）；③镶嵌数据集（Mosaic dataset）；④栅格目录（Raster catalog）；⑤栅格数据集（Raster dataset）；⑥逻辑示意图数据集（Schematic dataset）；⑦表格（Table）（非空间数据）；⑧工具箱（Toolboxes）。

要素数据集中不仅可以包括要素类，还可以包括以下数据：①附件（Attachments）；②要素链接注记（Feature-linked annotation）；③几何网络（Geometric networks）；④网络数据集（Network datasets）；⑤宗地结构（Parcel fabrics）；⑥关系类（Relationship classes）；⑦地形（Terrains）；⑧拓扑（Topologies）。

对于常用的要素类（Feature class）来说，它既可以直接存放于 Geodatabase 之中，又可以存放于 Geodatabase 的要素数据集之中。例如，用户可以将铁路、公路等作为要素类放在 Geodatabase 内，也可以将铁路、公路、水运、航空等要素类整合为一个“交通”数据集存放在 Geodatabase 中。有时为了某些特殊目的，如拓扑查错、建立几何网络等，则必须将要素放入数据集中。

目前，ArcGIS 中有以下三大类 Geodatabase（图 2.41）。

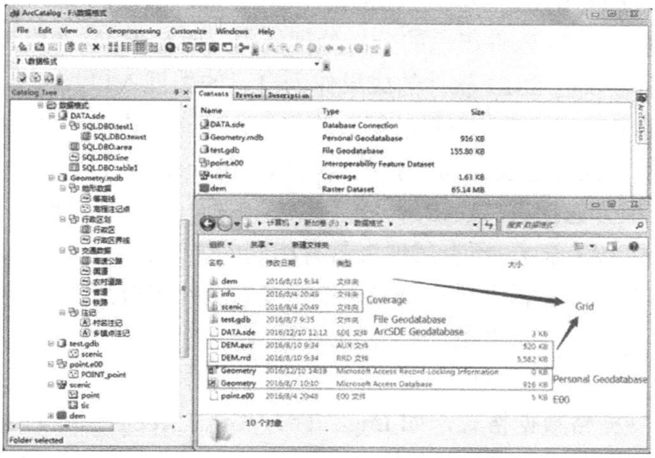

图 2.41　多种格式的数据在 ArcCatalog 与 Windows 资源管理器中的体现

（1）Personal Geodatabase（PGDB）是一种早期的 Geodatabase，从 ArcGIS8.0 开始使用，其数据的存储和管理采用的是 Microsoft 的 Access 软件，所有的数据都存储在一个 Access 的 mdb 文件中。受此影响，它有平台和容量的限制，即仅支持 Windows 操作平台，每个 PGDB 的容量限制为 2GB，其中有效数据库的大小一般在 500M 之下，超过这个范围之后，其数据库性能将大大降低。PGDB 仅支持单个用户编辑，无法满足企业级的海量地理数据的存储需求。

（2）File Geodatabase（FGDB）是从 ArcGIS9.2 开始发布的一种新 Geodatabase 类型，能在 Windows、Solaris 和 Linux 系统上使用（跨平台）。每个 FGDB 采用一个文件夹来存储其所有的数据。FGDB 中的每个数据集以一个独立的文件来存储，存储容量可达到 TB（1TB=1024GB）级，对特别大的影像数据集，可以通过关键词配置（configuration keyword）将其容量从 1TB 提高到 256TB。因为每个 FGDB 可以包含多个数据集，因此 FGDB 的容量可以不只 1TB，并可采用只读压缩模式来减小空间。FGDB 能够被多个用户同时使用，但若是要进行编辑，则不同的用户必须编辑不同的数据集。与 PGDB 相比，FGDB 有很好的效能及可延展性，更值得推荐使用。

（3）ArcSDE Geodatabase（ArcSDE GDB）是一种基于 Oracle、Microsoft SQL Server、IBM Informix、IBM DB2、PostgreSQL 等多种 DBMS 存储模型的关系数据库。这种 Geodatabase 需要 ArcSDE 的支持才能使用，能够存储近乎“无限”的海量数据（仅受 DBMS 的限制），可在多个操作平台上使用，支持多用户同时读写。ArcSDE GDB 支持版本（versioning）和长事务（long transaction）处理。

4. E00 格式

在进行动态分析或历史变化分析中，往往会使用较早的空间数据，这时可能会遇到 E00 文件（图 2.41）。E00 是 ArcInfo Workstation 的一种交换文件，它以“e00”为文件的扩展名，主要用于 ArcInfo 软件内部或者与其他软件进行数据的交换。在内部，E00 文件用于转换 Coverage、INFO 表、文本文件（如 AML 宏），以及其他的 ArcInfo 文件。对于 Coverage、

Grid 和 Tin，E00 文件包含所有信息，包括相应的 INFO 表信息。由于 E00 文件是 ASCII 明码格式（文本）的，因此早期许多其他 GIS 软件都把 E00 文件作为与 ESRI 系列软件的数据接口，一方面可以利用 ESRI 软件出色的分析处理能力，把 ESRI 软件作为自己产品的后续深加工平台；另一方面可以把 ESRI 软件的成果作为自己的数据入口。

E00 格式文件是 ESRI 早期最完整最复杂的文件之一。标准的 E00 文件记录了空间要素的空间坐标、所有的属性信息及空间拓扑关系信息。E00 数据文件包含两大组分：ARC 和 INFO。其中，ARC 组分包括点（LAB）、线（ARC）、面（PAL）等部分；INFO 组分包括线（AAT 表）、点和面（PAT 表），所有属性表具有相同的表达式，包含表头、字段定义和属性内容三部分。此外，E00 数据涉及精度问题，单精度数据在组分后添加标记“2”，双精度数据在组分后添加标记“3”，如“ARC2”“AAT3”。

5. Grid 格式

ArcGIS 支持多种栅格数据格式，如 Img、Tiff、Grid、Jpeg、Jp2、Bmp、Gif、Png 等，其中 Grid 是 ESRI 栅格数据的原生数据格式（图 2.41）。Grid 通常包括整型和浮点型两种类型的栅格。整型栅格多用于表示离散数据，浮点型栅格多用于表示连续数据。整型栅格的属性存储在它的值属性表（VAT）中，栅格中的每个唯一值对应于属性表中的一条记录，存储特定值（VALUE）和它所表示的栅格像元数量（COUNT）。例如，如果栅格中共有 50 个代表森林的值为 1 的像元，则在 VAT 中，这些像元将显示为一条 VALUE=1 和 COUNT=50 的记录。通过像元数量及每个像元的面积，可以计算出栅格中该值的像元总面积。浮点型栅格因为其像元值可以是某一范围内的任意值，因此没有 VAT，像元值描述其所在位置的属性。例如，在 DEM 数据中，像元值 10.6678 代表的是海拔 10.6678m。栅格中的每个像元都会被分配一个值；但是，系统会在表示该主题的栅格上为没有实际值的像元分配 NoData（空值）。NoData 与 0（零）不同；0 是一个有效值。因此，在对栅格的像元进行各种统计时，往往不能使用 NoData 的像元（图 2.42）。

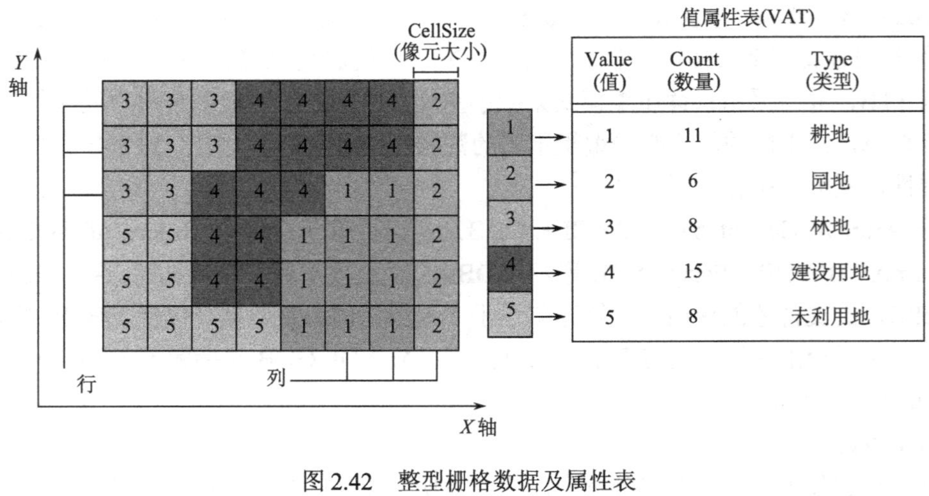

图 2.42　整型栅格数据及属性表

Grid 数据在存储中，其基本单位为块，可使用不同的压缩编码方式存储在磁盘上，浮点型栅格可存储值的范围为 -3.4×10^{38}~3.4×10^{38}，整型栅格可存储值的范围为−2147483648~2147483647（-2^{31}~$2^{31}-1$）。在 Grid 数据的存储目录中通常可找到以下表和文件（以整形栅格为例)：BND 表（存储栅格边界），HDR 文件（描述栅格的特定信息，如像元分辨率和分块系数），STA 表（栅格的统计数据），VAT 表（属性数据），LOG（日志文件），以及分块文件 w001001.adf（q0x1y1），其存储像元数据和随附的索引文件 w001001x.adf（q0x1y1x），该索引文件可为分块和 LOG 中的块建立索引。如果使用 ArcGIS 运算符进行创建，则有些文件（如日志文件）可能不存在。

2.4.2　其他 GIS 软件中的主要格式

除 ArcGIS 外，其他 GIS 软件，如 MapInfo、SuperMap、MapGIS、GoogleEarth、AutoCAD 等，都有自己的空间数据格式。在空间分析中，往往需要使用多源的数据，不同来源的数据之间也经常需要进行格式转换，因此，认识不同软件的数据格式是很有必要的。

1. MapInfo 的数据格式

1）TAB 格式

MapInfo 以表（Table）的形式存储信息，每个表由一组 MapInfo 文件组成，包括属性数据的表结构文件（*.tab）、属性数据文件（*.dat）、空间数据文件（*.map）、交叉索引文件（*.id）、索引文件（*.ind）。一个 MapInfo 表至少应该包括一个 TAB 文件和一个 DAT 文件。MAP 和 ID 文件不是必须有的，但是如果有了 MAP 文件，那么 ID 文件也必须存在（通过它实现图形与属性的连接）。

2）MIF（MID）格式

MIF（MID）是 MapInfo 用来与外部进行格式转入、转出的一种交换数据。当用户在 MapInfo 中将一张地图表以 MIF 格式转出后，会同时生成两个文件（*.mif，*.mid）。其中，MIF 文件保存了该 MapInfo 表的表结构及表中所有空间对象的空间信息：每个点对象的点位坐标、符号样式；每个线对象的节点个数、节点坐标、线样式；每个区域对象的子区域个数、每个子区域的节点数、节点坐标、填充模式等。而 MID 文件则按记录顺序保存了每个空间对象的所有属性信息。这两个文件都为文本性质的文件，用户可以通过相应的文件读写方法实现对文件内容的读写。

2. SuperMap 的数据格式

SuperMap 提供了多种空间数据存储格式，不同的数据存储方式由不同的空间数据引擎负责维护。这些引擎包括 SDB、DGN、DWG、MDB、SDX 和 SDXPlus 等。

SDB 是 SuperMap Objects 自有的一种基于文件和数据库方式混合的空间数据组织方式。一个 SDB 数据工程包括 SDB 和 SDD 两个文件。SDB 文件存储空间数据，采用了 OLE 复合文档技术；SDD 文件存储属性数据，采用 Access 的 mdb 数据库格式。SDB 主要面向中、小型系统和桌面应用，支持多用户读访问，但只支持单用户写操作。

DGN 也是一个基于文件的空间数据引擎，提供了直接访问 MicroStation DGN 数据文件的能力。DGN 引擎是一个只读引擎，用户可以使用 DGN 数据源中的数据，但不能编辑。

DWG 与 DGN 类似，但它提供了直接访问 AutoCAD 的 DWG 数据文件的能力。DWG 引擎也是只读引擎。

MDB 引擎是一种纯数据库引擎，采用 Access 的.mdb 数据库作为数据存储容器，基于 Microsoft 的 Jet 数据引擎实现。MDB 把空间数据和非空间数据存储在一个 MDB 中，实现了空间数据与非空间数据的无缝组织，同时便于维护数据。它的最大空间容量仅为 1G，支持多用户并发读写操作。

SDX 是基于大型数据库的纯关系数据库引擎，实现空间数据与属性数据的无缝组织，支持大数据量管理，支持多用户共享读写访问，支持短事务和长事务管理，有严格的管理权限。SDX 引擎适合建立大型空间数据应用。

SDXPlus 是 SuperMap 公司的第三代数据库引擎，相对于 SDX 引擎来讲，各方面性能更加优化。

SuperMap 还提供了 D-Builder 来支持空间数据格式转换。

3. MapGIS 的数据格式

MapGIS 6 系列版本中，数据文件主要包括工程文件和工程内各工作区的文件。工作区相当于一个数据池，存放实体的空间数据、拓扑数据、图形数据和属性数据，每个工作区都对应一个 MapGIS 数据文件。数据文件主要有以下几种：①工程文件（*.mpj 文件），存放工程中所有的工作区文件，类似于 ArcGIS 中的地图文档*.mxd；②点文件（*.wt）；③线文件（*.wl）；④区（面）文件（*.wp）；⑤网文件（*.wn）；⑥表文件（*.wb），无空间实体，仅有表格记录。

MapGIS 的 K9 版本中，地图编辑器的工程文件扩展名为*.map，数据库工程文件扩展名为*.hdf。K9 版本里的单文件不能单独保存在盘里，必须存在数据库（*.hdf）里。同时，K9 版本也支持 6.7 以前版本的 WP、WL、WT 等文件。

4. Google Earth 的数据格式

谷歌地球（Google Earth，GE）是一款 Google 公司开发的虚拟地球仪软件，它把卫星照片、航空照相和 GIS 布置在一个地球的三维模型上。GE 有两种类型的地标文件，一种是 KML（keyhole markup language）文件，一种是 KMZ 文件。KML 是原先的 Keyhole 客户端进行读写的文件格式，是一种 XML 描述语言，并且是文本格式，用来描述和保存地理信息（如点、线、图像、多边形和模型等），可以被 GE 和 Google Maps 识别并在 GE 客户端显示。KMZ 是经过 ZIP 格式压缩过的 KML 文件，不仅能包含 KML 文本，也能包含其他类型的文件，如影像等，是 Google Earth 默认的地标存储与交换格式。

5. AutoCAD 的数据格式

AutoCAD 是由美国 Autodesk 公司出品的一款计算机辅助设计软件，可以用于绘制二维图件和进行三维设计，在全球广泛应用于土木建筑、装饰装潢、工业制图、工程制图等众多领域。严格意义上讲，AutoCAD 不是一款 GIS 软件，但因为许多地理数据，特别是测绘产生的地形数据，通常都是采用 AutoCAD 或以其为基础开发的其他相关软件（如 CASS）来制图的，因此它的数据往往成为 GIS 的重要数据源。AutoCAD 中最常用的两种数据格式是 DXF 和 DWG。

DXF 是 AutoCAD 的图形交换文件，用于 AutoCAD 与其他软件之间进行 CAD 数据交换。它是一种开放的矢量数据格式，分为 ASCII 格式和二进制格式。其中，ASCII 格式可读性好、占用空间较大；二进制格式占用空间小、读取速度快。因为 AutoCAD 是现在最流行的 CAD 系统，DXF 也因此被广泛使用，成为事实上的标准。绝大多数 CAD 及相关系统都能读入或输出 DXF 文件。DXF 文件可以用记事本直接打开，编辑相应的图元数据。换句话说，如果用户对 DXF 文件格式有足够的了解，就可以在记事本里直接画图。

DWG 是 AutoCAD 的图形文件，是 AutoCAD 的标准格式，文件结构与 DXF 基本相同。DWG 采用了二进制格式的文件形式，一方面可以节省文件占用的空间，另一方面可以提高读写文件的效率。DWG 格式只对少数合作伙伴公开，不能很好地被其他软件兼容，非合作伙伴的软件读取 DWG 文件需要用 ODA 提供的兼容技术。

除 DXF 和 DWG 外，还有一种 DWT 格式，它是 AutoCAD 的样板文件。

2.4.3　空间数据格式的转换

空间数据格式转换是 GIS 获取空间数据、实现数据共享的常用方法。因为空间数据的多源性和格式的多样性，一个 GIS 软件在进行空间分析时不可能同时识别所有的空间数据格式，因此为了实现数据共享和多种目的的应用，在空间分析前常常需要对不同格式的空间数据进行相互转换。转换的方法通常有以下三种。

（1）利用 GIS 软件中的数据格式转换工具。一般的 GIS 平台软件，都提供了数据格式转换工具，可以利用这些转换工具实现数据格式转换，如 ArcGIS 中的空间数据转换工具（图 2.43），可以实现 Shapefile、Coverage、Geodatabase、GPS、KML、CAD 等多种 GIS 数据格式的直接转换。此外，目前多数商用 GIS 软件，都提供了实现其自身数据格式与行业公开数据交换格式（如 Shapefile、E00、MIF、DXF 等）之间的转换，因此在不能直接进行格式转换时，可以通过这些数据格式进行间接转换。采用 GIS 软件中的转换工具进行数据格式转换通常有一定的局限性：一是只适用于某几种数据格式转换；二是采用常见公开数据交换格式转换通常会丢失一些图形或属性信息，转换完成后需要进一步处理，如符号设置、区域填充、图形颜色设置等。

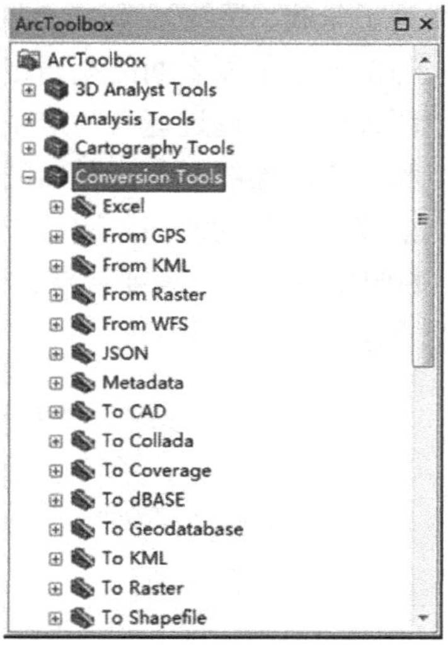

图 2.43　ArcGIS 中的数据转换工具

（2）编写程序实现数据格式转化。编程读取源数据文件中的图形数据和属性数据，按照目标文件数据格式写入目标文件，实现数据格式转换。采用该方法进行数据格式转换，需要编程人员同时熟悉两种数据文件的内容格式，对编程人员要求较高。

（3）利用第三方商业工具软件进行数据格式转换，如 FME、Map2Shp/Shp2Map 等。FME（Feature Manipulate Engine）是加拿大 Safe Software 公司开发的空间数据转换处理系统。它基于 OpenGIS 组织提出的新的数据转换理念“语义转换”，在转换过程中提供重构数据功能，可以实现超过 250 种不同空间数据格式（模型）之间的转换，为进行快速、高质量、多需求的数据转换应用提供了高效、可靠的手段。Map2Shp/Shp2Map 是两款能够将中地公司 MapGIS 图形文件与 ESRI 公司 Shapefile 格式进行相互转换的工具，专门针对 MapGIS 转换中存在的投影信息丢失、图元丢失、属性字段遗漏、属性乱码等问题，能够有效解决转换过程中的信息丢失与破坏。

需要注意的是，不管采用以上哪种方式，转换中都有可能造成包括空间位置、属性数据、拓扑关系、元数据等方面的信息丢失。因此，在实际使用中，一方面要尽量避免不必要的数据转换；另一方面需要在数据转换后，对数据进行及时检查，了解信息丢失情况，做出合理的评估及补救方案。

2.5　空间数据的坐标

2.5.1　坐标系统

要确定地面点的位置，必须建立空间坐标系统。因为坐标系统必须首先依托于地球，因此必须确定地球的形状。由于地球的自然表面十分复杂，无法用数学模型表达，即使采用通过平均海水面的重力等位面（即大地水准面）来逼近地球表面时，也因为地球内部质量不均，造成该面仍然是一个复杂的曲面(所围起来的球体称为大地球体)，所以为了方便测量和计算，采用很接近大地球体、绕地球自转轴旋转的椭球体，作为地球参考椭球体。参考椭球体往往采用三要素来确定地球的形状，即长半径 a、短半径 b、扁率 f（$f=(a-b)/b$）。

1. 地理坐标系

地理坐标系是为了确定地面点在地球参考椭球体表面的位置而定义的空间参照系，常用经纬度来定义其位置。椭球表面某点与地轴形成的面称为子午面，它与椭球表面相交形成的线为子午线（经线），其中通过英国格林尼治天文台旧址的子午线为本初子午线。某点的子午面与本初子午面之间的夹角定义为经度，向东、向西各分为 180°。本初子午线之东为东经，之西为西经。通过球心与地轴垂直的面为赤道面，它与椭球表面的交线为赤道。椭球表面某点和球心的连线，与赤道面的交角为该点的纬度。以赤道为 0°，向北、向南各分 90°，之南为南纬，之北为北纬。图 2.44 显示了地球椭球面的地理坐标系统，图中 P 点的地理坐标为（60°E，55°N）。需要注意的是，地球表面同一地点，在不同的参考椭球体下，其地理坐标是不同的。

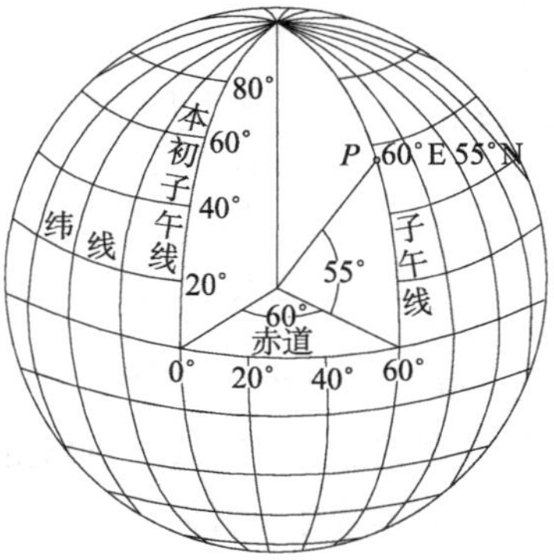

图 2.44　地理坐标系

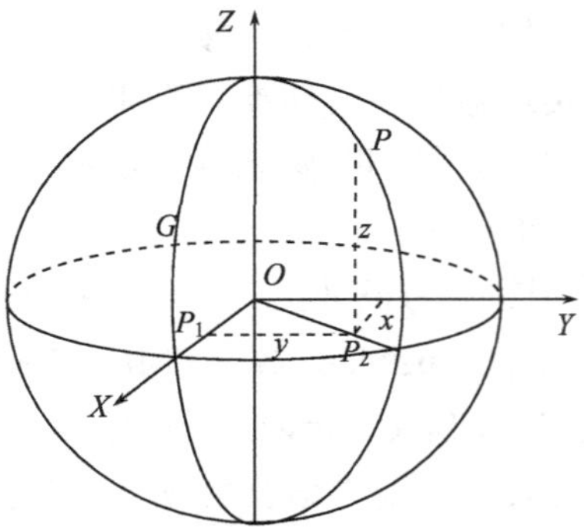

图 2.45　空间直角坐标系

2. 空间直角坐标系

空间直角坐标系以旋转椭球体中心 O 为原点，以本初子午面与赤道面的交线为 X 轴，以赤道面上过原点与 X 轴垂直的线为 Y 轴，以旋转椭球体的旋转轴为 Z 轴，构成右手直角坐标系 $O\text{-}XYZ$。某一点 P 在该坐标系的位置，采用 P 点在三个轴上的投影长度来定义（x，y，z）（图 2.45）。因为空间直角坐标系与地理坐标系都是基于旋转椭球体，因此地面上任意一点的地理坐标与空间直角坐标之间可以采用一定的数学公式进行相互转换。

3. 平面直角坐标系

实际应用中，特别是在面积不大的情况下，采用地理坐标和空间直角坐标进行长度、面积等方面的量算很不方便，往往需要使用平面直角坐标。

依据旋转椭球体参数，采用一定的地图投影变换方法，可以将球面空间转换成平面空间，建立平面坐标系，形成球面上点与平面上点的一一对应关系。尽管从球面到平面的转换存在着长度变形、面积变形或角度变形，但是通过一定的方式，可以将这种变形限制在一定的范围之内，更为重要的是，平面坐标有良好的视觉感，并易于进行距离、方向、面积等空间参数的量算，以及进一步的空间数据处理和分析。以下主要介绍我国常用的高斯-克吕格（Gauss-Kruger）投影中平面直角坐标体系的构建。

我国国家基本比例尺地形图中的大中比例尺地图（1∶1 万、1∶2.5 万、1∶5 万、1∶10 万、1∶25 万、1∶50 万），一律采用高斯-克吕格投影，即横轴等角切椭圆柱投影（图 2.46）。其中，1∶1 万比例尺的地形图采用经差 3°分带，1∶2.5 万～1∶50 万采用经差 6°分带。3°分带从 1.5°E开始，每 3°一带，从西向东依次编号，每一带的中央经线（CM）与带号（N）之间是 3 倍关系（CM=3N）。6°分带从 0°开始，每 6°一带，从西向东依次编号，每一带的中央经线与带号之间的关系是 CM=6N–3（图 2.47）。每一个投影带内布置了平面直角坐标系统，该系统以赤道为横轴，以中央经线为纵轴。在我国，为避免横坐标为负值，规定将中央经线西移 500km 作为纵轴（图 2.48）。此外，为便于区别某点位于哪一个投影带内，还需要在横坐标值前面加上所在的带号。

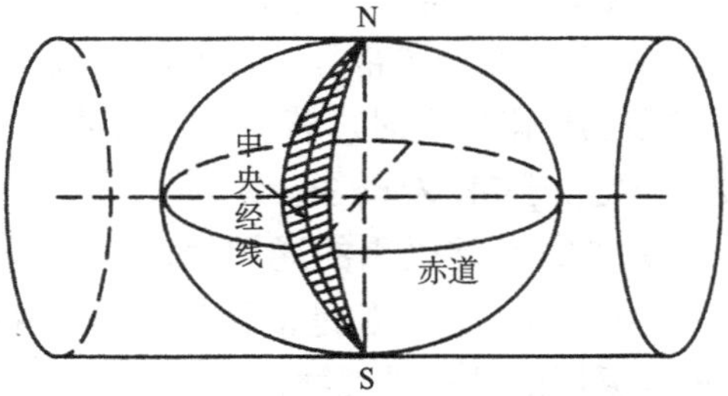

图 2.46　高斯-克吕格投影

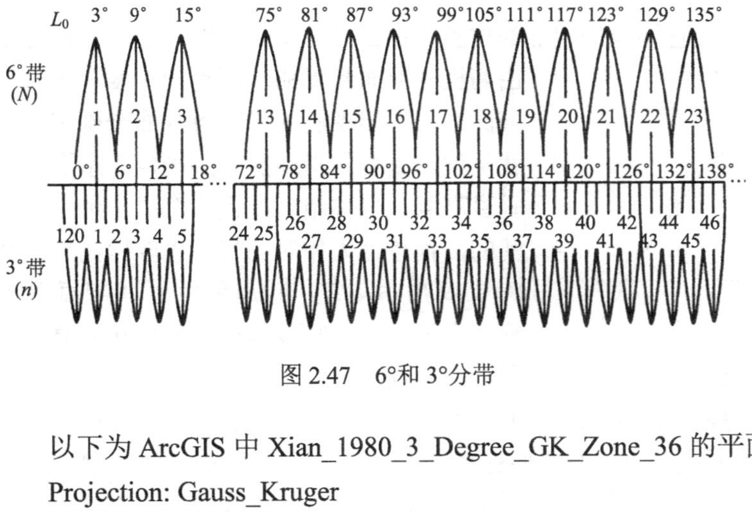

图 2.47　6°和 3°分带

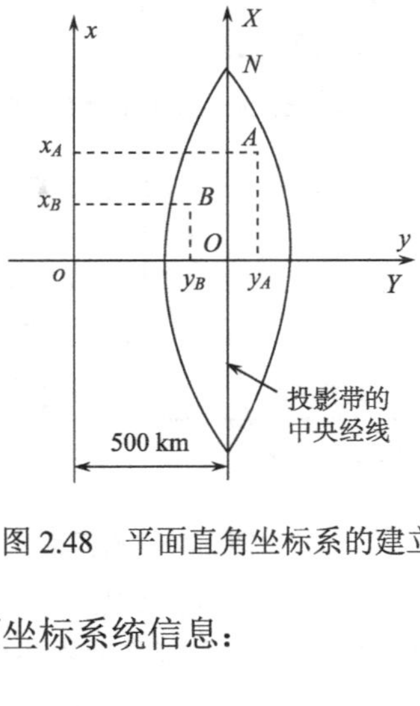

图 2.48　平面直角坐标系的建立

以下为 ArcGIS 中 Xian_1980_3_Degree_GK_Zone_36 的平面坐标系统信息：

Projection: Gauss_Kruger

False_Easting: 36500000.0

False_Northing: 0.0
Central_Meridian: 108.0
Scale_Factor: 1.0
Latitude_Of_Origin: 0.0
Linear Unit: Meter（1.0）
Geographic Coordinate System: GCS_Xian_1980
Angular Unit: Degree（0.0174532925199433）
Prime Meridian: Greenwich（0.0）
Datum: D_Xian_1980
　Spheroid: Xian_1980
　　Semimajor Axis: 6378140.0
　　Semiminor Axis: 6356755.288157528
　　Inverse Flattening: 298.257

在 ArcGIS 的高斯-克吕格投影坐标系统文件中，涉及我国的三种坐标系（Beijing 1954、Xian 1980、CGCS 2000），无论是在 3°分带还是 6°分带下，同一带的直角坐标系统都有两种投影文件：一种是以带号命名；另一种是以中央经线命名。例如，Xian 1980 3 Degree GK Zone 36 和 Xian 1980 3 Degree GK CM 108E，两者均是 1980 年西安坐标系高斯-克吕格 3°分带投影下的第 36 带，但前者的横坐标中前面加了带号（如伪东移 False_Easting 前的 36），后者则没有加。因此，在进行这些类型的投影定义时，若横坐标的数字前有带号，则应选择名称中有带号的投影，如 Xian 1980 3 Degree GK Zone 36。

高斯-克吕格投影与英美等国家经常采用的通用横轴墨卡托投影（universal transverse Mercator projection，UTM）极其相似。它们都是横轴等角椭圆柱投影，但高斯-克吕格投影采用的是切圆柱，而 UTM 投影采用的是割椭圆柱投影，椭圆柱割地球于 80°S、84°N两条等高圈，投影后两条相割的纬线上没有变形，而中央经线上长度比为 0.9996，且分带的起点也不相同。

4. 高程系

仅根据某地的经纬度或平面位置不能确定点的位置，还必须知道该点的高程。高程是指由高程基准面起算的地面点的高度。高程基准面根据多年观测的平均海水面来确定。也就是说，高程是指地面点到平均海水面间的垂直高度，也称绝对高程或海拔。地面点之间的高程差称为相对高程，也叫做高差。如图 2.49 所示，H_A与H_B表示点 A 与点 B 的绝对高程，h_{AB}则表示点 A 与点 B 的高差，即相对高程。

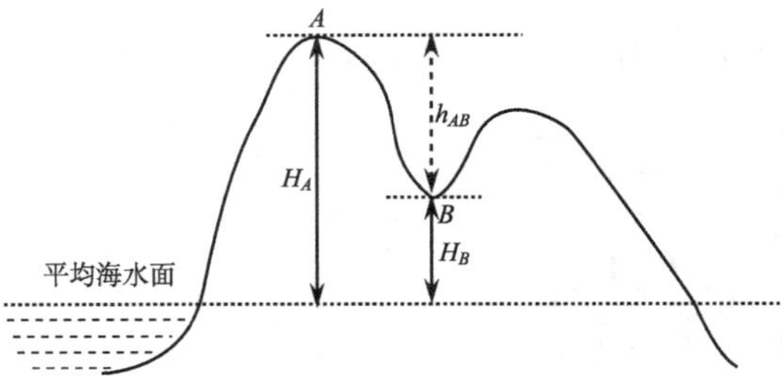

图 2.49　高程系统示意图

因为不同地点的验潮站所得的平均海水面之间存在着差异，所以，选用不同的基准面就有不同的高程系统。世界各国采用的高程系统主要有两类：一类是正常高系统，另一类是正高系统。正常高系统与正高系统的主要差别在于受重力场影响所产生的重力线的偏移不同，前者以大地水准面为高程基准面，后者以似大地水准面为高程基准面。我国采用的是正常高系统。

中华人民共和国成立之初，我国利用青岛验潮站 1950～1956 年的观测记录，确定黄海平均海水面为全国统一的高程基准面，并且在青岛观象山埋设了永久性的水准原点，以黄海平均海水面建立起高程控制系统，称为“1956 年黄海高程系”，水准原点的高程为 72.289m。因为观测数据的积累，1952～1979 年的潮汐观测数据显示黄海平均海水面发生了微小的变化。因此，1987 年国家决定启用新的高程基准面，即“1985 国家高程基准”。因为水准原点的新高程为 72.260m，所以，新的高程基准面比原基准面上升了 29mm（图 2.50）。除此之外，我国还存在一些地方高程，如新疆的波罗的海高程、广州高程及珠江高程、上海的吴淞口高程系统等。其中，波罗的海高程比黄海高程低 0.374m，广州高程比黄海高程高 4.41m，珠江高程比黄海高程低 0.59m，吴淞口高程比黄海高程低 1.6297m。

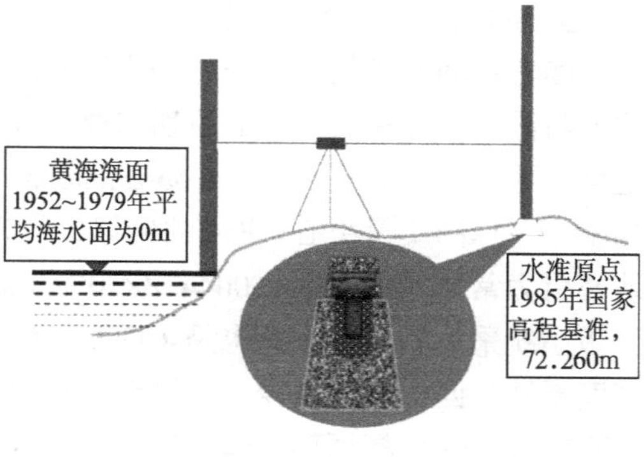

图 2.50　青岛验潮站示意图

2.5.2　我国常用的坐标系统

世界各国采用的坐标系各不相同，即使同一个国家或地区，在不同的时期、针对不同的应用目的，也可能采用不同的坐标系。目前，我国使用的坐标系主要包括“1954 年北京坐标系”“1980 西安坐标系”“2000 国家大地坐标系”和“WGS-84”，其中，前两种属于参心大地坐标系，后两种属于地心大地坐标系。

1. 1954 年北京坐标系

我国于 1954 年建立了“1954 年北京坐标系”，该坐标系统引进苏联的克拉索夫斯基（Krasovsky）椭球体为参考椭球（长半径 a=6378245m，扁率 f=1/298.3），其大地原点在苏联的普尔科沃。实际上该坐标是通过我国东北与苏联远东大地控制网相连接，后传算至我国西北、西南地区建立起来的。由于当时条件的限制，该坐标系存在诸多缺陷：①Krasovsky 椭球与现代椭球相比，长半轴大了 108m，扁率倒数大了 0.04；②采用多点定位法进行椭球定位，有较大偏差，与我国水准面存在西高东低的系统性倾斜；③由于采用分区局部平差法，系统误差累积明显，导致大地网产生扭曲和变形，各区之间产生裂隙；④坐标系的高程异常和高程未基于同一水准面测算。尽管如此，在该坐标系下依然完成了大量的大地测量和基础系列地图绘制工作，仍有着巨大的价值。

2. 1980 西安坐标系

1980 年，我国决定采用 1975 年第 16 届国际大地测量及地球物理联合会（IUGG/IAG）推荐的 IAG75 椭球体（长半径 a=6378140m，扁率 f=1/298.257，短半轴平行于地球自转轴），建立中国国家大地坐标系，坐标原点位于陕西省西安市以北的泾阳县永乐镇，称为“1980 西安坐标系”。其参考椭球坐标轴的指向明确，椭球面与我国大地水准面吻合较好，椭球定位比较符合中国的实际。但在技术和应用方面，该坐标系还存在以下几个问题：①任何对象的三维坐标在 1980 西安坐标系中只表现为平面二维坐标；②坐标定位未考虑中国的海域国土；③椭球的长半轴比国际公认或卫星定位技术所采用的相应值要大 3m 左右；④椭球短轴指向 JYD1968.0 地极原点，与国际上通用的椭球短轴指向不一致。

3. 2000 国家大地坐标系

随着空间技术的发展成熟与广泛应用，高精度、地心、动态、实用、统一的大地坐标系成为我国测绘及相关行业的迫切需要。因此，我国自 2008 年 7 月 1 日起启用“2000 国家大地坐标系”（China geodetic coordinate system 2000，CGCS2000），其原点为包括海洋和大气的整个地球的质量中心，采用的椭球参数为：长半轴 a=6378137m、扁率 f=1/298.257222101、地心引力常数 GM=3.986004418×$10^{14}$$m^3/s^2$、自转角速度 ω=7.292115×10^{-5}rad/s。我国的北斗卫星系统采用的坐标系统也是 CGCS2000。目前，CGCS2000 还存在如下问题：①坐标框架密度不够，西部控制点少，观测精度相对较差；②坐标框架广度不够，广大海洋和岛礁几乎没有控制；③坐标框架总体精度仍然偏低，尚不能提供点位的三维变化信息，不能满足减灾防灾和地球动力学研究的需要；④点位归算十分困难。

4. WGS-84

因为 GPS 在国内的广泛使用，采用 GPS 获得空间数据也成为常态，所以 GPS 采用的 WGS-84 坐标系统在国内也得到广泛应用。WGS 系统采用的是 1979 年第 17 届国际大地测量及地球物理联合会推荐的 IAG79 椭球体，其原点为地球质心，长半径 a=6378137m，扁率 f=1/298.257223563，地心引力常数 GM=3.986004418×$10^{14}$$m^3/s^2$，自转角速度 ω=7.292115×10^{-5}rad/s。可以看出，WGS-84 的长半径、地心引力常数和自转角速度与 CGCS2000 的一致，扁率稍有差异，但差异较小，在赤道上仅相差 1mm，因此可以认为 GPS 定位成果也属于 CGCS2000 坐标系成果。WGS-84 坐标系先后经历过 3 次精化，前两次分别发生在 1994 年和 1996 年，经过这两次精化，WGS 与国际地球参考框架（International Terrestrial Reference Frame，ITRF）的符合精度（RMS）在 5cm 以内。经过 2001 年的第三次精化，WGS-84 坐标系和 ITRF2000 每一坐标分量的符合精度已达 1cm。

2.5.3　坐标的调整与转换

空间数据的坐标转换是空间数据处理的基本内容之一，其实质是建立两个空间上点之间的一一对应关系，主要包括几何纠正和投影变换。

1. 几何纠正

空间数据经编辑处理后，一般只能消除或减少数字化过程中产生的明显错误或局部误差，保证实体数据的逻辑关系；但还可能存在其他的问题，如扫描输入时图纸未被压紧而产生的倾斜、遥感影像本身的几何变形、地形图由于介质及存放条件等的因素而使实际尺寸发生几何变形等，这类问题必须通过几何纠正来解决。

目前，几何纠正的变换函数主要有仿射变换、相似性变换、橡皮筋变换、多项式变换等。仿射变换可以使数据在不同的方向上进行不同程度的压缩和扩张。相似性变换往往通过平移、旋转、缩放等方式对图形进行变换，在变换过程中保持图形的形状不发生改变（大小可以改变）。橡皮筋变换也称样条变换，它通过一个样条函数来确定转换前后的空间关系，相当于拉伸一块橡皮，使其通过所有的目标点，并且曲率最小。该方法至少需要 10 个控制点，其局域精度较高，要提高整体精度，必须增加控制点。多项式变换是通过控制点和最小二乘法来构建一个多项式方程实现转换，其整体精度高于局域精度。一次多项式即仿射变换，需要 3 个控制点，二次多项式需要 6 个控制点，三次多项式需要 10 个控制点。具体采用哪一种交换函数，则要根据待纠正图形的变形情况、所在区域的地理特征及所选点数来确定。为实现各种变换，首先要确定变换方程的类型，然后通过输入多个控制点的当前坐标和理论坐标，求出方程的待定系数，从而建立起转换方程，并据此实现整个数据的几何纠正。

ArcGIS 中的 Georeferencing 工具可以对栅格数据，特别是扫描地图、航空或卫星影像进行自动纠正，也可以手工输入控制点的源坐标与目标坐标，将一个栅格数据与另一个栅格数据或矢量数据进行匹配，从而给原栅格数据赋予正确的坐标值。ArcGIS 中的 Spatial Adjustment 工具可以实现矢量数据的几何纠正。

（1）地形图的纠正。纠正地形图常用的方法有四点纠正法和逐网格纠正法。采用四点纠正法时，首先选定数学变换函数，再根据需纠正地形图的图幅行列号、地形图的比例尺、图幅名称等，生成标准图廓，分别采集四个图廓点作为控制点来进行纠正。图 2.51 显示的是采用 ArcGIS 中的 Georeferencing 工具按地形图中的方里网进行四点纠正的过程。逐网格纠正法往往是在四点纠正法不能满足精度要求的情况下采用的。逐网格纠正法与四点纠正法的区别就在于它是逐个方里网进行的，采样点数量较多，即对地形图中每一个方里网都要采点。具体采点时，一般要先采集源点（需纠正的地形图），后采集目标点（标准图廓点或方里网点）；先采集图廓点，后采集方里网点。

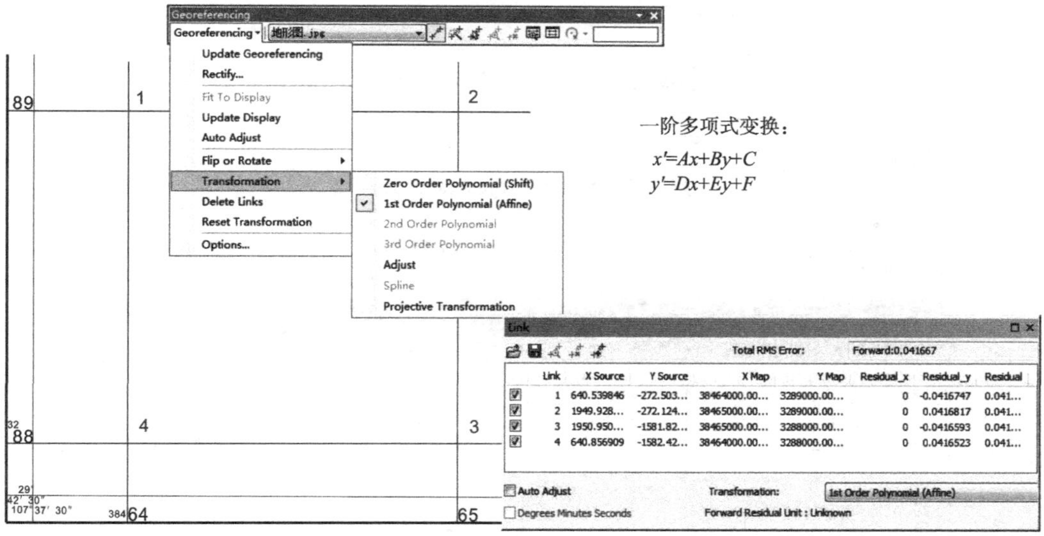

图 2.51 四点纠正法示例

（2）遥感影像的纠正。遥感影像的纠正，一般选用和遥感影像比例尺相近的地形图或正射影像图作为变换标准，选用合适的变换函数，分别在要纠正的遥感影像和标准地形图或正射影像图上采集同名地物点，从而确定变换前后的数学关系。选点时应注意以下几个问题：一是选点不能太少；二是点在图上应尽量均匀分布；三是对特征变化较大的区域可适当多选点；四是图像边缘部分一定要选取控制点，以避免外推；五是所选特征点要易于分辨且比较精细，如道路交叉点、河流与道路交叉点（桥梁）等这些由人工建筑构成的并且不会移动的地物点，尽量不要选择河床易变动的河流交叉点，以免点的移位影响配准精度。在遥感影像的空间位置纠正后，还需要对其像元的亮度值进行重采样，常用的重采样方法有最近邻法、双线性内插法、三次卷积内插法等。

（3）矢量数据的纠正。空间分析的数据通常来自多个源。当数据源之间出现不一致时，有时需要执行额外的工作以将新数据集与其余数据进行整合。相对于基础数据而言，一些数据会在几何上发生变形或旋转。空间校正包括多种校正方法，如仿射变换、相似变换、投影变换等，可校正所有可编辑的数据源。ArcGIS 中的 Spatial Adjustment 工具可以提供矢量校正功能和属性传递功能，即将数据从一个坐标系中转换到另一个坐标系中、纠正几何变形、将某一图层边上的要素与邻接图层的对应要素对齐，以及在图层之间复制属性（图 2.52）。需要注意的是：Spatial Adjustment 工具只有在启动编辑的状态下才可以使用，而两个图层之间属性的传递依赖于两个图层之间匹配的公用字段。特别是，CAD 数据的校正既可以利用 Georeferencing 工具实现（图 2.53），又可以利用 Spatial Adjustment 工具实现。

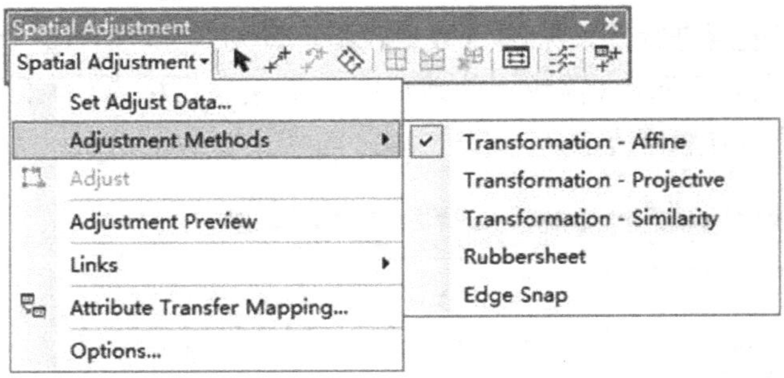

图 2.52　Spatial Adjustment 工具

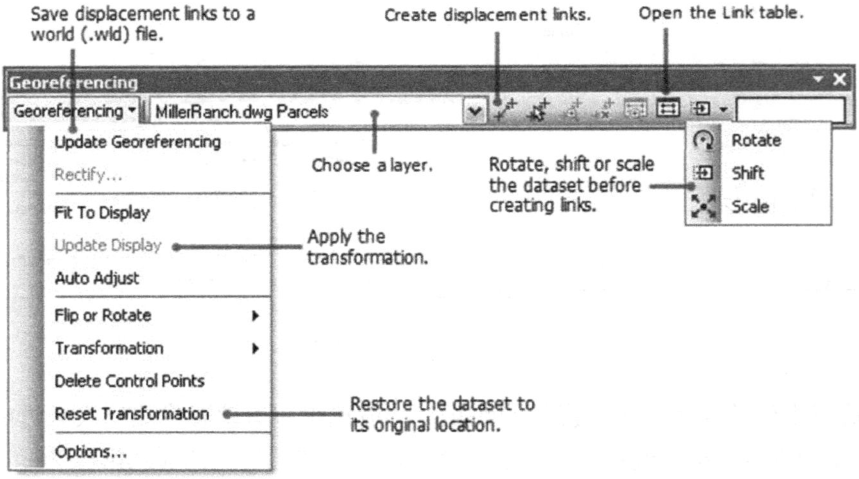

图 2.53　Georeferencing 工具对 CAD 数据的校正

2. 投影变换

空间数据与地球上的某个位置相对应。对空间数据进行定位，必须将其嵌入一个空间参照系中。因为 GIS 描述的是位于地球表面的信息，所以根据参考椭球体建立的地理坐标（经纬网）可以作为空间数据的参照系统。而地理坐标系统是一个球面坐标系统，为了能够将球面的内容显示在平面上，必须将球面的地理坐标系统变换成平面的投影坐标系统。因此，运用地图投影的方法，建立地球表面和平面上点的函数关系，可以完成球面坐标到平面坐标的转换。地图投影的使用，保证了空间信息在地域上的联系和完整性。

由于数据源的多样性，当数据与研究、分析问题的空间参考系统（坐标系统、投影方式）不一致时，就需要对数据进行投影变换。地图的投影变换实际上是地理坐标系的转换和投影两个过程，只有确定了地理实体的地理坐标才能进行投影坐标的转换。同样，在对本身有投影信息的数据采集完成时，为了保证数据的完整性和易交换性，也要对数据定义投影。

投影转换的方法有以下几种。

（1）正解变换：通过建立一种投影变换为另一种投影的严密或近似的解析关系式，直接由一种投影的数字化坐标 x、y 变换到另一种投影的直角坐标 X、Y。

（2）反解变换，即由一种投影的坐标反解出地理坐标（x、y>B、L），然后将地理坐标代入另一种投影的坐标公式中（B、L>X、Y），从而实现由一种投影坐标到另一种投影坐标的变换（x、y>X、Y）。

（3）数值变换：根据两种投影在变换区内的若干同名数字化点，采用插值法、有限差分法、最小二乘法、有限元法、待定系数法等，建立起两个区域之间的转换关系，从而实现由一种投影的坐标到另一种投影坐标的变换。

在进行空间分析前，由于不同数据的坐标差异，经常面临对数据的坐标进行变换。例如，高斯投影的换带、1954 年北京坐标系与 1980 西安坐标系之间的转换、WGS-84 与 1954 年北京坐标系或 1980 西安坐标系之间的转换等。关于坐标转换，涉及转换的严密性问题，即在同一个椭球里的坐标转换都是严密的，而在不同的椭球之间的转换却是不严密的。例如，由 1954 年北京坐标系的大地坐标转换到 1954 年北京坐标系的高斯平面直角坐标是在同一参考椭球体范畴内的坐标转换，其转换过程是严密的。由 1954 年北京坐标系的大地坐标转换到 WGS-84 的大地坐标，就属于不同椭球体间的转换，转换过程不严密。不同椭球体间的坐标转换在局部地区常采用的方法是相似变换法，即利用部分分布相对合理的高等级公共点求出相应的转换参数。一般而言，比较严密的是用七参数的相似变换法，即 X 平移、Y 平移、Z 平移、X 旋转、Y 旋转、Z 旋转、尺度变化 K。要求得七参数就需要在一个地区有 3 个以上的已知点，如果区域范围不大，最远点间的距离不大于 30km（经验值），这时可以用三参数，即 X 平移、Y 平移、Z 平移，而将 X 旋转、Y 旋转、Z 旋转，尺度变化 K 视为 0，所以三参数只是七参数的一种特例。

目前，大多数 GIS 软件采用正解变换法来完成不同投影之间的转换，并直接在 GIS 软件中提供常见投影之间的转换。然而，在转换过程中也有很多坐标系之间不存在明确的函数关系（如 1954 年北京坐标系与 1980 西安坐标系），这就需要采用三参数、四参数或七参数等转换模型来加以实现。由于保密等原因，一个地区的这些模型参数往往是十分难以获取的，这也给数据的使用带来了困难。在范围不太大、精度要求不是很高、无法获取当地的七（三、四）参数的情况下，可以通过合理选择控制点，采用前述的几何纠正方法直接进行坐标转

图 2.54　ArcToolbox 中的投影转换工具

换，转换完成后重新定义数据的投影。目前也有众多基于不同坐标系下控制点坐标数据求取参数的研究，并开发了一些软件，但所求取的参数只能适用于小范围内，除控制点外都存在不同程度的误差。图 2.54 所示的是 ArcGIS 中的 Projections and Transformations 工具集。通过该工具集中的投影管理工具，可以实现创建空间参考系统、定义数据的空间参照系统、进行投影转换等操作。当前，一些 GIS 软件（如 ArcGIS）具有动态投影技术（On-The-Fly）。该技术允许具有不同投影的数据在一起“工作”，在同一数据框中的数据统一采用数据框的投影方式进行显示，对数据本身的投影不作改变。这种技术可以保持数据的独立性，减少投影转换带来的工作量。

除了几何纠正、投影变换之外，一般 GIS 软件还提供了对空间数据进行翻转（Flip）、镜像（Mirror）、缩放（Rescale）、旋转（Rotate）、平移（Shift）、扭曲（Warp）等简单的坐标转换方法，但这些转换方法往往不用于大范围的、精确的坐标调整。

2.6　空间数据的处理

原始数据由于空间范围、属性值域、时空尺度等方面与用户需求不一致，常常需要对其进行必要的裁切、拼接、提取、概括等处理。

2.6.1　空间数据的裁切

数据裁切是从原始数据中裁切出用户感兴趣区域（area of interest，AOI）的部分，从而获取用户真正需要的研究区域内的数据，以减少不必要的数据参与运算，降低对存储空间和处理时间的“开销”。在实际应用研究中，研究区域往往具有不规则的形状，如行政区、流域、自然保护区等，而空间数据往往是按照图幅或其他方式进行组织的，其范围常常与研究区域不一致，因此，为获取所需空间范围的数据，需要对原始数据进行一定的裁切操作（图 2.55）。图 2.56 是 ArcGIS 中对矢量数据进行裁切的 Clip 工具（【ArcToolbox】→【Analysis Tools】→【Extract】→【Clip】）。图 2.57 是 ArcGIS 中对栅格数据进行裁切的 Extract by Mask 工具

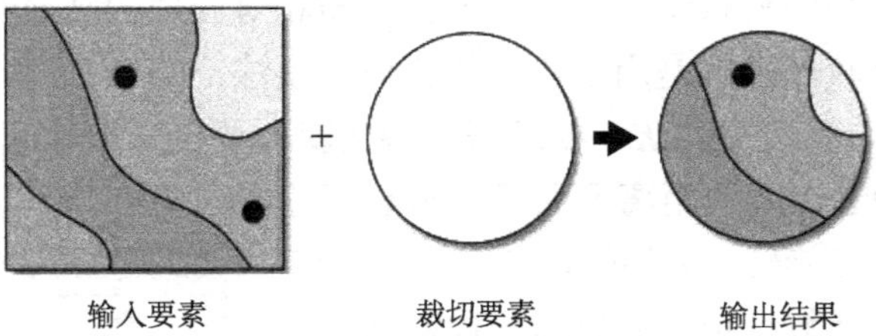

图 2.55　空间数据裁切图解

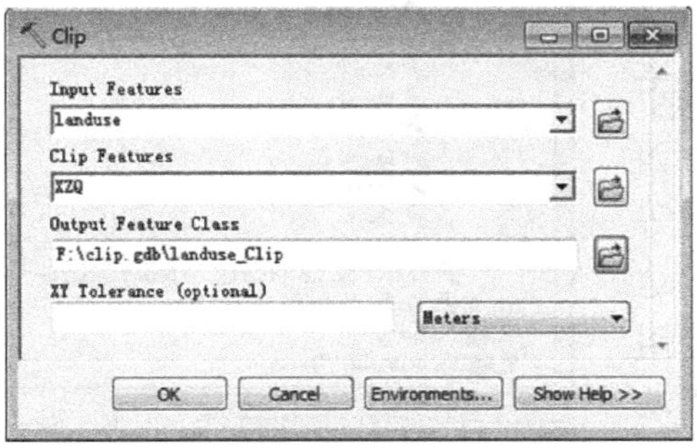

图 2.56　ArcGIS 中的矢量数据裁切工具（Clip）

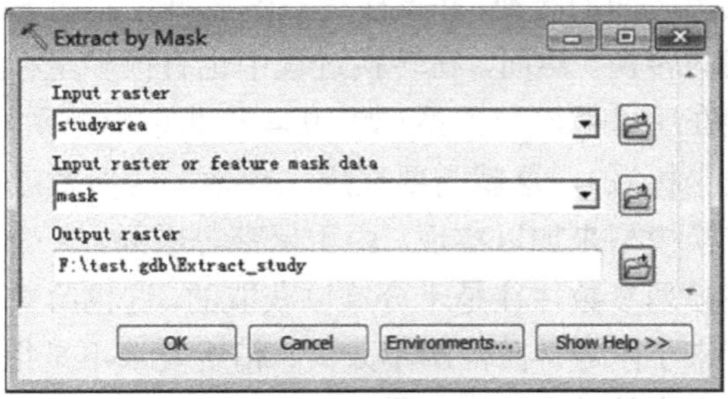

图 2.57　ArcGIS 中的栅格数据裁切工具（Extract by Mask）

（【ArcToolbox】→【Spatial Analysis Tools】→【Extraction】→【Extract by Mask】），它采用掩膜（Mask）（任意多边形）去裁切栅格数据。

2.6.2　空间数据的拼接

数据拼接是指将多个空间相邻的数据拼接成为一个完整的目标数据。通常情况下，研究区域与原始数据的范围是不一致的，特别是当研究区域范围较大，需要使用若干相邻的数据（如分幅的地形图）时，必须进行数据的拼接。在相邻数据的边缘部分，一方面，原数据本身的数字化误差或坐标系统不统一等，使得接合处邻接点的空间位置不匹配，存在裂隙或重叠；另一方面，相邻的要素可能存在逻辑上的不一致。例如，一侧的图斑为耕地，另一侧的图斑为林地；一侧的线为公路，而另一侧相连的线为河流。因此，在进行空间数据拼接时，还必须进行边缘匹配处理。

矢量数据拼接一般需要以下几个过程。

（1）数据准备：将待拼接的两个或多个数据进行几何纠正或投影变换等空间坐标调整，使其具有正确的空间坐标。若有必要，还需进行投影定义。

（2）数据合并：将相邻的数据合并成一个数据。合并的方式很多，可以采用复制粘贴的方式，也可以采用添加（Append）的方式（若要保持相邻数据的独立性，仅仅需要接边处理时，可以不对数据进行合并）。

（3）边缘匹配：首先，对接合处邻接点的空间坐标进行调整（一般需要进行端点捕捉）。当邻接的同名点位置差异较小时，可以以一侧的邻接点为基准，调整另一侧邻接点的坐标；若位置差异较大，则将两侧的点都往其中间位置上进行调整。必要时还需要对邻接点两侧一定范围的坐标作适当调整，以使相连的线能够过渡自然。然后，对接合处同一要素的属性进行检查，确保其逻辑一致性。最后，对相邻的要素进行合并，使其成为一个整体。具有相同属性的邻接多边形在合并后将删除公共边界。

栅格数据的拼接与矢量拼接的过程基本一致，不同的是接边或重叠部分的处理，它往往采用某些图像处理工具或根据一定的算法（如重叠部分求均值），使接边过渡自然。

图 2.58 是 ArcGIS 中用于矢量数据拼接的 Append 工具(【ArcToolbox】→【Data Management Tools】→【General】→【Append】）它可以将一个或多个数据拼接到另一个目标数据之中。图 2.59 是 ArcGIS 中用于栅格数据拼接的 Mosaic To New Raster 工具（【ArcToolbox】→【Data Management Tools】→【Raster】→【Raster Dataset】→【Mosaic to New Raster】），它可以将多个输入的栅格数据拼接成一个新的栅格数据。

2.6.3　空间数据的提取

数据提取是根据一定的属性条件，从已有的数据中选取部分要素，输出为一个新的数据。它相当于在原数据中提取出符合某些条件的子集，如从城市数据中提取出人口数量大于 100 万的城市、从土地利用数据中提取农用地等。

与数据裁切相似的是，空间数据提取也是从原数据中求得一个子集，但不同的是，空间数据裁切的是特定空间范围内的子集，而空间数据提取的是满足一定属性要求的子集。

图 2.60 是 ArcGIS 中对矢量数据进行提取的 Select 工具（【ArcToolbox】→【Analysis Tools】→【Extract】→【Select】），图 2.61 是 ArcGIS 中对栅格数据进行提取的 Extract by Attributes 工具（【ArcToolbox】→【Spatial Analysis Tools】→【Extraction】→【Extract by Attributes】）。

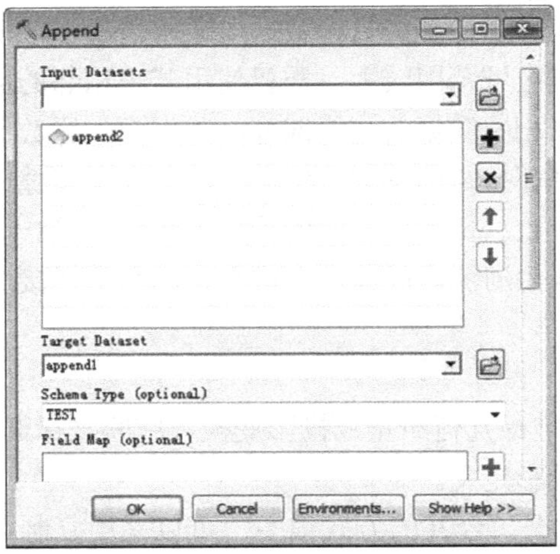

图 2.58　ArcGIS 中的 Append 工具

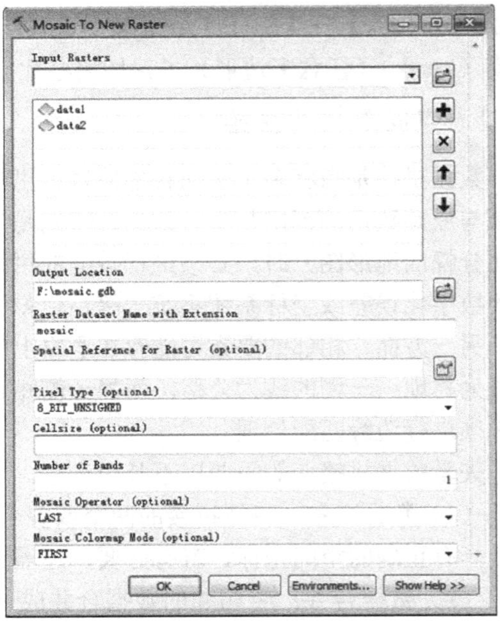

图 2.59　ArcGIS 中的 Mosaic To New Raster 工具

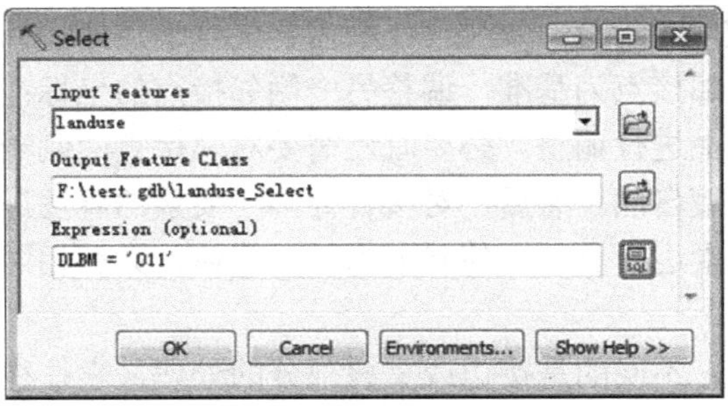

图 2.60　矢量数据的提取

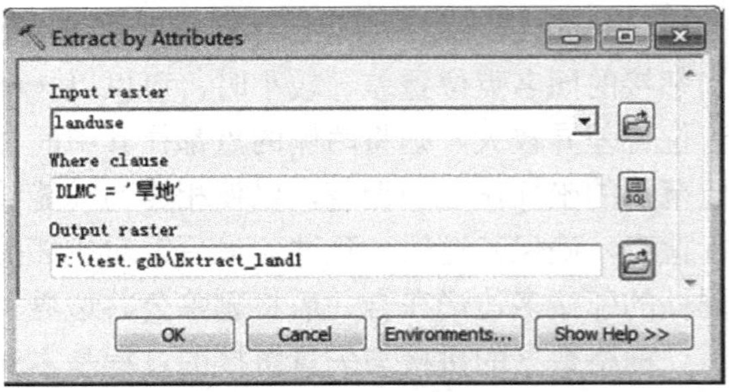

图 2.61　栅格数据的提取

2.6.4　空间数据的概括

数据概括（generalization）也称数据综合，它是根据一定的规则对要素进行概括或取舍，保留数据的宏观特征。常见的概括方法有数据平滑、简化、融合、特征集结等。在地图学中，类似的概念为地图概括或制图综合。在空间数据处理过程中，对数据的概括往往基于以下几个方面的目的。

（1）尺度变化。尺度变化主要体现在地图编制过程中。地图制图者往往需要将大比例尺地图数据缩编至小比例尺地图上。在此过程中，需要根据制图区域的特点、成图后的用途等，对要素加以概括、抽象，以反映制图对象的带有规律性的类型特征和典型特点，对那些次要的、非本质的、不能反映要素主要特征的地物舍去，这个过程就是制图综合。例如，编制全国 400 万分之一的地图时，若利用 100 万分之一的河流数据来生成新的河流数据，则需要将一些细小的支流舍去，将干流中的细小弯曲进行概括，保留其主体特征和宏观结构。

（2）细碎要素的处理。在空间数据建库过程中，往往需要对细碎的要素进行处理，如长度小于制图规范的线条（碎线）、面积小于最小上图要求的图斑（碎多边形）等。在第二次全国土地调查中（简称“二调”），最小上图图斑面积的规定是：城镇村及工矿为图上 4mm^2，耕地、园地为 6mm^2，林地、草地为 15mm^2。因此在土地利用数据建库时，需要依据比例尺（万分之一），对小于该面积（实地面积分别为 400m^2、600m^2、1500m^2）的图斑进行处理。

（3）图像处理。栅格图像处理中，往往也需要进行数据概括。栅格数据的概括主要是为了清除小块的错误数据或者为了反映栅格中的宏观特征而清除不必要的细节。常见的栅格错误有以下三类：①影像分类时产生的许多小块的错误分类像元；②纸质图扫描过程中产生的许多不必要的线条或文本；③不同格式、不同分辨率或不同投影的栅格数据在转换过程中产生的问题。栅格的综合一般有三类：①区域边界平滑，如 Boundary Clean 工具、Majority Filter 工具；②区域综合，如 Nibble、Shrink、Expand、Region Group、Thin 等工具；③区域聚合工具，如 Aggregate 工具。

以下结合 ArcGIS，分别介绍几种对矢量数据和栅格数据进行数据概括的工具。

1）融合（Dissolve）

该工具用于矢量数据，根据要素的某项属性，将属性值相同的要素聚合为同一要素。对属性值相同，且空间上相邻（具有公共边）的多边形来说，融合后将生成一个多边形，原有的公共边将被删除（图 2.62）。例如，将同属于耕地的相邻水田、旱地图斑，融合为耕地。对首尾相接的线来说，若用于融合的属性值相同，则融合后会变成一条线。对属性值相同，空间不相邻（或相连）的要素来说，将生成一个多部分的要素（multipart features）。例如，可以将同属于浙江省的沿海各个岛屿，与大陆上的多边形融合为一个多部分要素（基于它们相同的省份名称或省份代码）。多部分要素不需融合时，可以使用高级编辑（Advanced Editing）工具中的 Explode 将其分成独立要素。

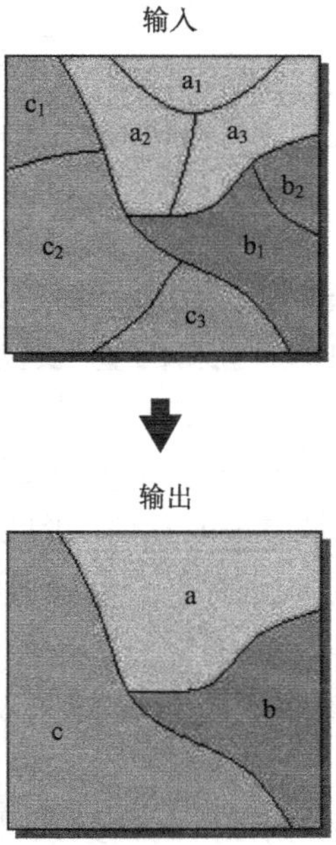

图 2.62　空间数据融合（Dissolve）图解

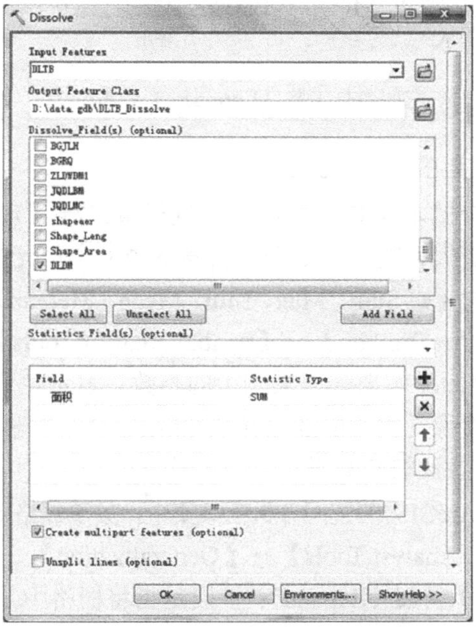

图 2.63　ArcGIS 中的 Dissolve 工具

图 2.63 是 ArcGIS 中的 Dissolve 工具（【ArcToolbox】→【Data Management Tools】→【Generalization】→【Dissolve】）。该工具将所选字段中具有相同属性值（或属性值组合）的要素进行融合，同时，它还可以进行字段统计，将统计结果输出给新生成的数据。例如，在融合某一销售员所负责的区域时，可以对这些区域的销售额进行汇总（求和）。

2）消除（Eliminate）

该工具也用于矢量数据，可以将碎多边形合并到相邻的多边形中，从而消除碎多边形。碎多边形通常是在空间叠加过程中产生的。在多边形输入过程中，由于公共边重复输入，也会产生大量的碎多边形。此外，土地变更调查中变更图斑与原图斑之间也常常会有碎多边形的存在。与碎多边形相邻的多边形往往不止一个，消除时，可以按边长最长或面积最大方式，合并到与之有最长边界或面积最大的那一个相邻多边形中（图 2.64）。需要注意的是，只有被选中的多边形才能被消除。因此，在具体操作中，首先要将不符合要求的图斑通过 Select by attributes 选择出来，然后才能采用 Eliminate 工具进行碎多边形的消除。图 2.65 是 ArcGIS 中用于消除要素的 Eliminate 工具（【ArcToolbox】→【Data Management Tools】→【Generalization】→【Eliminate】）。

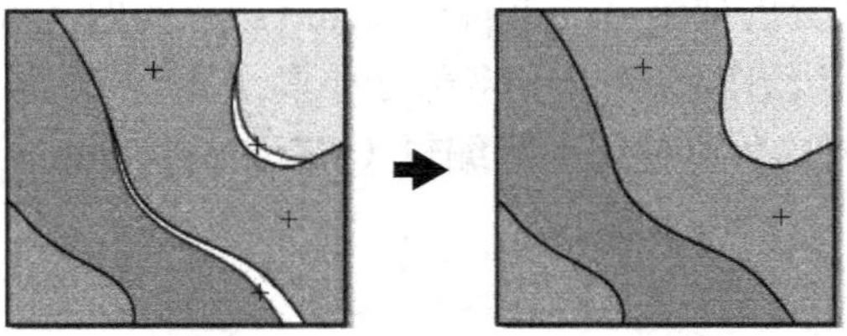

图 2.64　空间数据消除（Eliminate）图解

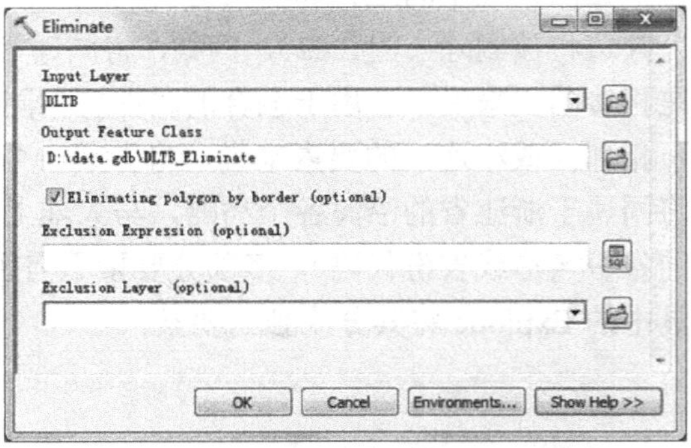

图 2.65　ArcGIS 中的 Eliminate 工具

3）聚合（Aggregate）

聚合的本质是对栅格数据进行重采样。它在原栅格数据的基础上生成一个更低分辨率（像元更大）的栅格数据。新栅格中每个像元的值是将该范围内原有栅格的值，通过一定的聚合方式（如 Sum、Max、Min、Mean、Median）而产生的。图 2.66 是 ArcGIS 中的 Aggregate 工具（【ArcToolbox】→【Spatial Analyst Tools】→【Generalization】→【Aggregate】）。其中的 Cell factor 需要一个大于 1 的整数，表示生成栅格的像元大小是原来的几倍。图 2.67 是以输入栅格像元大小的 3 倍（Cell factor=3）对输入栅格按最大值方式进行聚合后所得的结果。

4）其他栅格数据综合的工具

在 ArcGIS 的空间分析工具集中，关于栅格数据综合的工具还有以下几个（【ArcToolbox】→【Spatial Analyst Tools】→【Generalization】→……）。

（1）扩展（Expand）：扩展是指将栅格中某一类型的区域向外按指定的像元数目（宽度）进行延展，延展区内的像元取该类型区的值。该工具将使得指定类型的要素得到突出显示（或作为前景）。

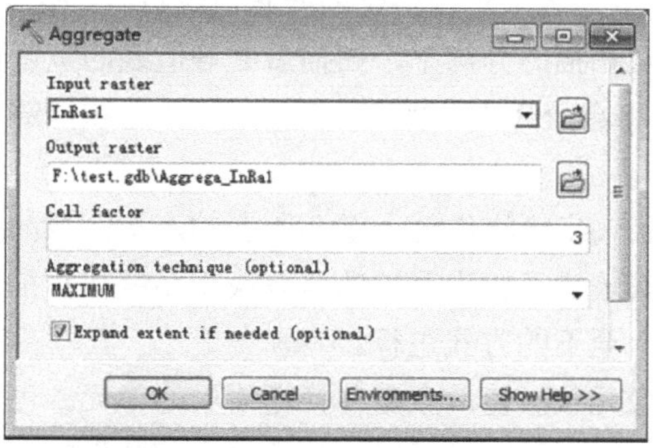

图 2.66　ArcGIS 中的 Aggregate 工具

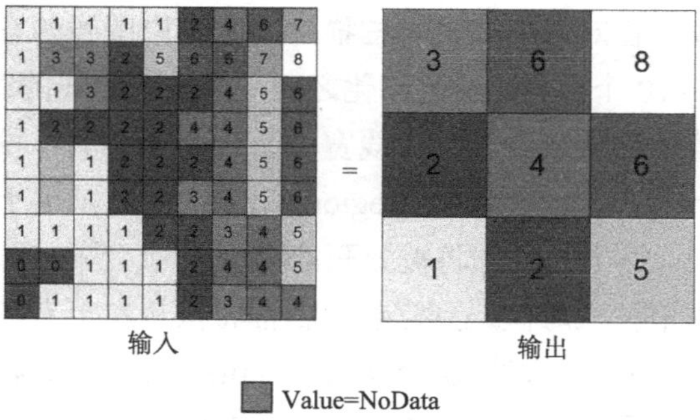

图 2.67　空间数据聚合（Aggregate）图解

（2）收缩（Shrink）：收缩与扩展相反，它是按指定像元数目收缩所选择的区域，方法是用邻域中出现最频繁的像元值替换该区域的值。

（3）蚕食（Nibble）：用最邻近点的值替换掩膜范围内的栅格像元的值。该算法将确定掩膜栅格中具有 NoData 值的所有区域，输入栅格中的对应区域将被一点点地除去。然后执行内部欧氏分配，从而根据欧氏距离对各个被掩膜的像元进行最近邻域值的分配。需要注意的是，Nibble 仅适用于掩膜栅格中的 NoData 值，对所有非 NoData 像元均会接收输入栅格中的值。Nibble 工具非常适用于编辑某栅格中已知数据存在错误的区域，例如，将条带噪声像元处理为 NoData，使用 Nibble 工具可对遥感影像进行去条带噪声处理。图 2.68 为 Nibble 工具图解表达，图 2.69 为使用 Nibble 工具去条带噪声处理。

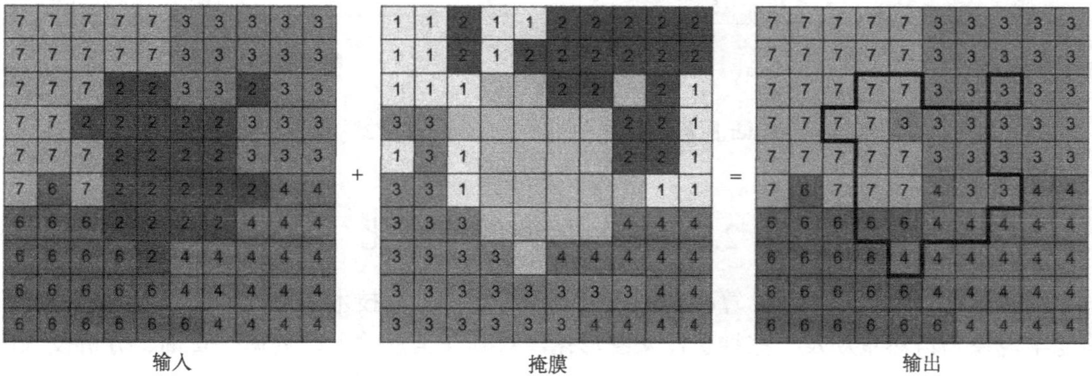

图 2.68　空间数据蚕食（Nibble）图解

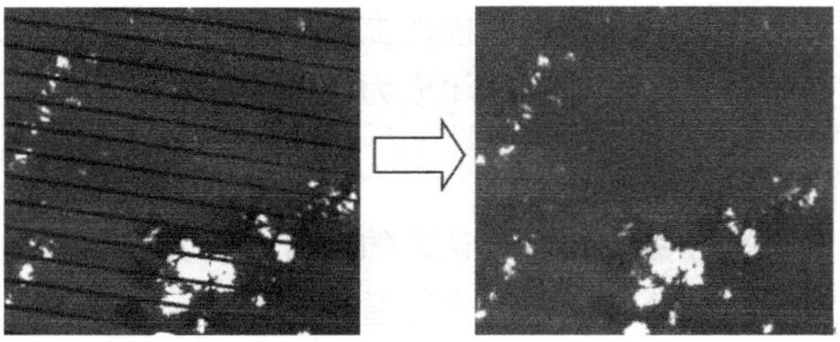

图 2.69　Nibble 去条带噪声

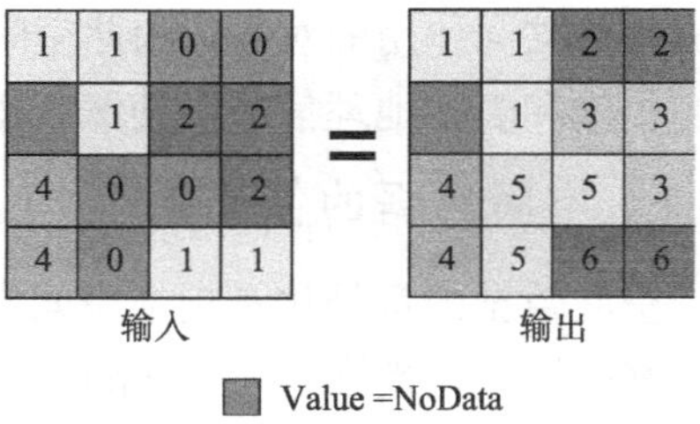

图 2.70　Region Group 图解

（4）细化（Thin）：它通过减少表示要素宽度的像元数来对栅格化的线状对象进行细化。例如，在对等值线进行扫描时，由于原图线的宽度及扫描的分辨率，扫描后的等值线的宽度为 5~10 个像素，经过细化之后，每条等值线的线宽将会变为 1 个像元。其 FILTER 选项能够过滤掉那些线段较短或线宽小于 3 个像素的线段。

（5）区域合并（Region Group）：它是用于记录输出栅格中每个像元所属的连接区域的标识，每个区域都将被分配给唯一编号（图 2.70）。其被赋予输出区域的值取决于系统在扫描过程中什么时候遇到它们。扫描将按从左至右、从上至下的方式进行。

（6）众数滤波（Majority Filter）：它根据相邻像元数据值的众数替换栅格中的像元。可以认为是“少数服从多数”，太突兀的像元会被周围的大部队“干掉”。其中“大部队”的参数可设置，相邻像元可以为 4 邻域或者 8 邻域。众数阈值类型可选择“大部分（3/4、5/8）”或者“过半数（half）”（图 2.71）。

（7）边界清理（Boundary Clean）：它通过扩展和收缩，在一个较大的尺度上清除区域之间的锯齿状边界，达到平滑区域间边界的目的，它要求栅格数据必须为整形。该工具运行后，会更改 *X* 或 *Y* 方向上少于三个像元的所有区域（图 2.72）。

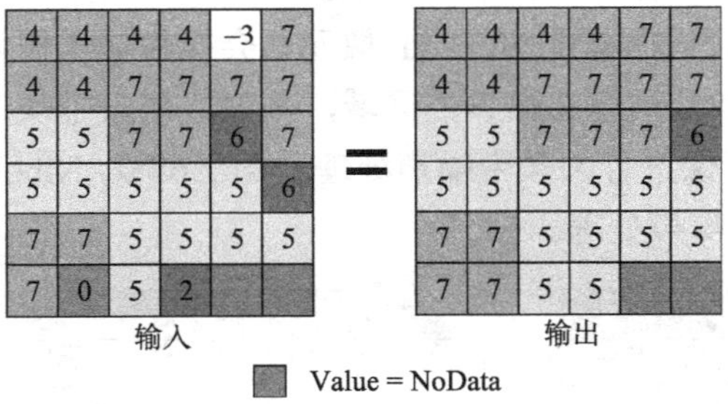

图 2.71　Majority Filter 图解

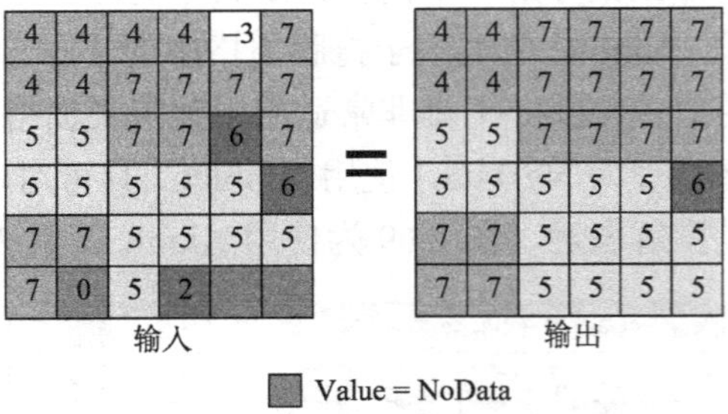

图 2.72　Boundary Clean 图解

2.7　空间数据的可视化

空间数据可视化指运用计算机制图技术、图形图像处理技术、地图制图技术等，将复杂的地学现象和自然景观及一些抽象概念图形化，对其在信息输入、处理、查询、分析及预测中产生的数据结果采用符号、图形、图像等形式表示出来，同时结合图表、文字、视频、动画等可视化形式进行交互处理的理论、方法或技术。因为空间数据是 GIS 核心，是 GIS 其他组成部分共同作用的对象，因此空间数据可视化是 GIS 基本功能的立足点，它能够有效地向人们传输和表达地理信息，使深入挖掘空间数据并揭示地理规律成为可能。

2.7.1　空间数据的符号化

空间数据的符号化是指把空间数据用人们比较熟悉或普遍认可的符号，将其在地图中表达出来的过程。地图符号（symbol）是地图的图解语言，是用来沟通客观世界、制图者、用图者的桥梁，是传输地图信息的媒介，是表达地图内容的基本手段。在 GIS 中，地图符号以图形的方式对地图中的地理要素进行描述、分类或排列，以表达地理要素的定性和定量特征及要素间的相互关系。因为地图符号由不同形状、大小和色彩的图形和文字组成，因此比单纯的文字语言更能直观和形象地表达地理事物和现象的空间位置、分布特点等。地图符号包括点状符号、线状符号和面状符号。注记是一种特殊的符号，直接说明这些点、线、面的某些属性。

1. 地图符号的构成和分类

地图符号的构成要素主要有三个：形状、尺寸、颜色。

（1）符号的形状：地图符号的形状主要用来表示地物的外形和特征。点状符号的形状与地物外部特征相联系，线状符号的形状是各种形式的线条，面状符号的形状是由其表示的地物平面图形来决定的。

（2）符号的尺寸：符号的大小与地图内容、用途、比例尺等均有关系，符号的尺寸要与地图大小相符合。

（3）符号的颜色：颜色可以用来增强图面要素的分类、分级概念，简化符号的形状差别，减少符号数量，提高地图的表现能力。使用颜色能够更为形象地反映地理事物或现象的质量、数量和等级特征。

地图符号可按不同的方法进行分类。按照定位情况可以将地图符号分为定位符号和说明符号；按照符号所代表的客观事物的分布状况，可以分为点、线、面状符号（图 2.73~图 2.75）。此外，还可以按照地图符号的结构分为矢量符号和栅格符号；根据符号的图形特征可分为几何符号、文字符号、象形符号和透视符号等；根据符号所表示的制图对象的地理特征量度可分为定性符号、定量符号和等级符号等。

由形状、尺寸和颜色变化组成的各种地图符号并不是孤立存在的，它们具有内在的联系。通过符号的变化可以把地图内容的分类、分级关系及重要程度等表达出来。因此，在使用地图符号时，还必须注意符号的系统化。

图 2.73　点状符号

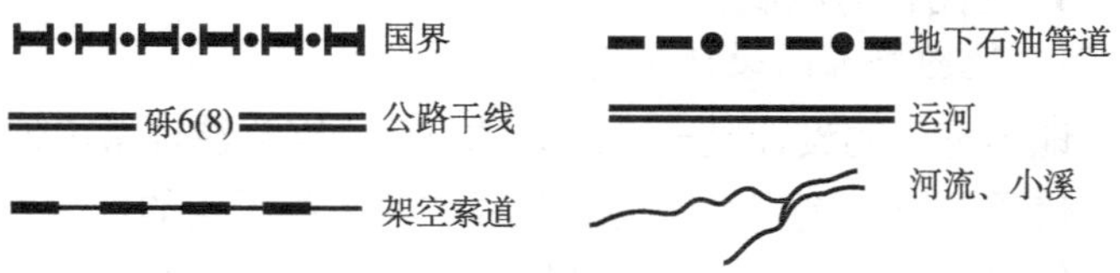

图 2.74　线状符号

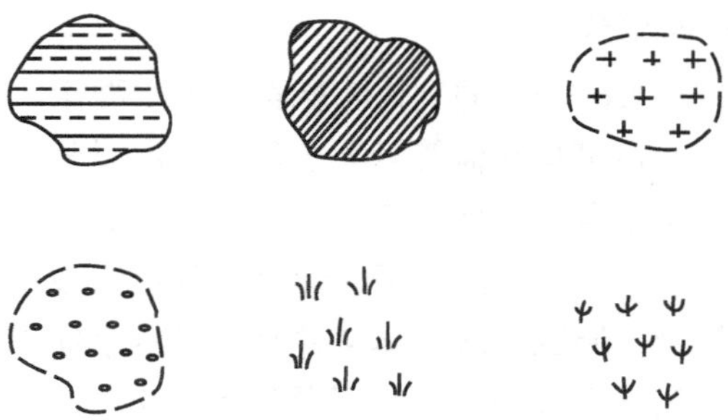

图 2.75　面状符号

2. 地图符号与空间要素

空间要素具有位置和属性两大特征，为了在地图上表示某一空间要素，可通过地图符号的位置来表达该要素的空间位置，并用该符号与视觉变量的组合来显示要素的属性信息。例如，在对某乡镇的地图进行编制中（图 2.76），用不同颜色的面状符号来表示不同行政村的范围，用点状符号来表示村庄所在地，用线状符号来表示公路，其中黑色粗线表示国道，黑色细线表示乡道。图 2.76 中线状符号均代表公路的位置，而线的宽度作为视觉变量与线状符号一起将国道和乡道进行区分。由此可见，合理的地图符号和视觉变量的选择在数据显示和地图制作中起着重要的作用。

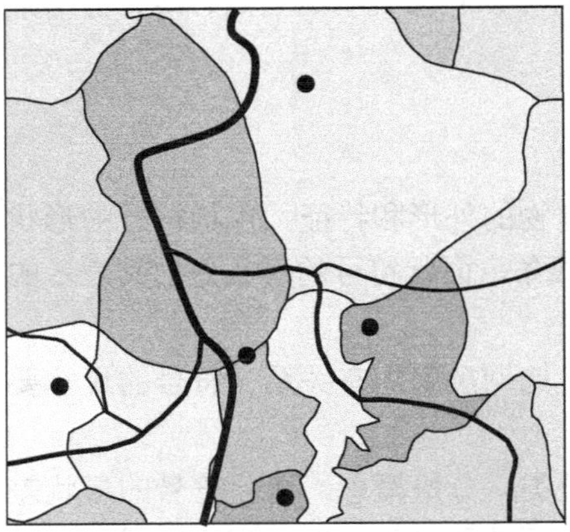

图 2.76　地图符号与空间要素

数据显示的视觉变量包括色相、明度、大小、纹理、形状和图案。视觉变量的选择取决于数据的类型。大小和纹理适用于显示排序、区间和比率数据。例如，可以使用大小不同的圆形表示城市的人口规模。形状和图案适用于显示标称数据。例如，可以使用不同的图案代表不同的土地利用类型。色相和明度适用于显示分类数据。例如，可以使用由浅到深的明度变化来表示 GDP 的等级。

矢量数据通过视觉变量和地图符号的组合能够很好地表达地理要素的属性，但对于栅格数据，视觉变量的选择有一定的局限性，这是因为栅格数据由相同大小的规则像元组成，形状和大小这两个视觉变量不适于栅格数据。当像元很小时，纹理和图案也很难使用，因此栅格数据的显示通常局限于不同色彩及亮度的选择。

3. 地图符号的制作

1）地图符号的设计原则

地图符号的设计是一个复杂的过程，需要综合考虑地图内容、区域特征、用户视觉要求、用户使用要求、制作地图的生产成本等多种因素的影响。不同影响因素对地图符号的设计有不同的要求，但总的说来，地图符号设计应当遵循以下基本原则：符号形状图案化、符号种类简化、符号具有对比协调性、符号具有逻辑系统性、图形色彩具有象征性、总体具有艺术性等。

2）ArcGIS 中地图符号的制作

（1）标记符号（Marker Symbol）的制作。标记符号主要用于绘制点要素和点图形。它们也可与其他符号配合使用，用以整饰线符号或创建填充模式和文本背景。标记符号可分为四种类型（图 2.77）：①简单标记符号，由一组具有可选形状和颜色组成的标记符号；②字符标记符号，通过系统字体文件夹中显示字体创建而成的标记符号；③箭头标记符号，具有可调节尺寸和图形属性的简单三角形符号；④图片标记符号，由单个 PNG（*.png）、JPEG（*.jpg）、GIF（*.gif）、Windows 位图（*.bmp）或 Windows

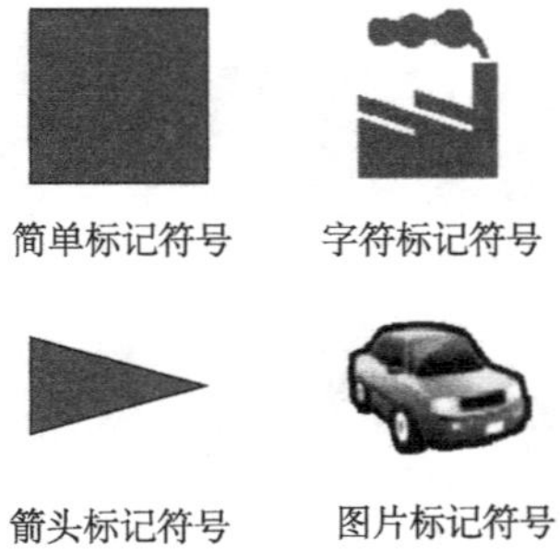

图 2.77　标记符号的类型

增强型图元文件（*.emf）等格式的图形文件组成的标记符号。

ArcMap 中，在样式管理器菜单（【Customize】→【Style Manager…】）中新建一个样式文件，并在样式文件的 Marker Symbols 文件夹中新建标记符号，然后在符号属性编辑器（Symbol Property Editor）中选择上述不同的标记符号类型进行组合，可以制作满足不同需求的标记符号（图 2.78）。

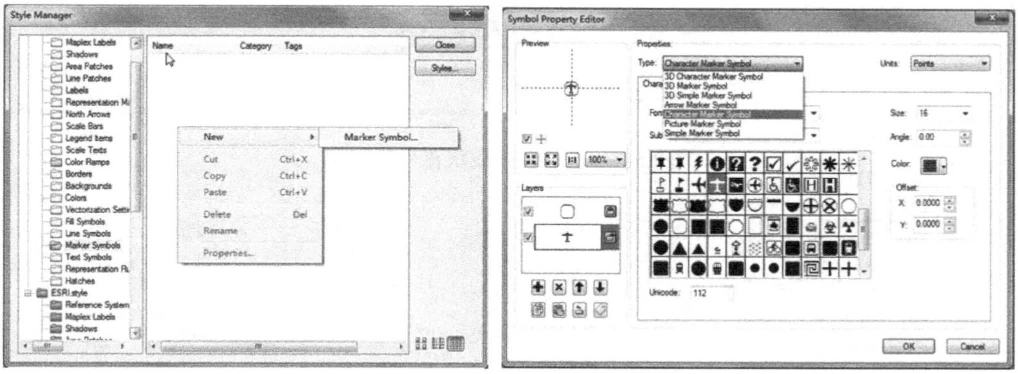

图 2.78　ArcGIS 中标记符号的制作

（2）线状符号的制作。线状符号是长度依比例尺表示而宽度不依比例尺表示的符号，用于表示呈线状或细条带状延伸的地物，如海岸线，河流，国界、省界、县界等境界线，铁路、公路、航空等交通线等。线状符号分为五种类型（图 2.79）：①简单线状符号，是指简单的实线或带有预定义样式且宽度为一个像素的线；②制图线状符号，是指可以通过调整属性来控制重复虚线式样、线段间连接点和线段端头的线符号；③混列线状符号，是指由重复的线符号片段组成的线状符号；④标记线状符号，是指由沿着线的几何方向采用重复标记模式绘制的线状符号；⑤图片线状符号，是指由多个 PNG（*.png）、JPEG（*.jpg）、GIF（*.gif）等格式的图形在沿线的几何方向连续平铺所形成的符号。

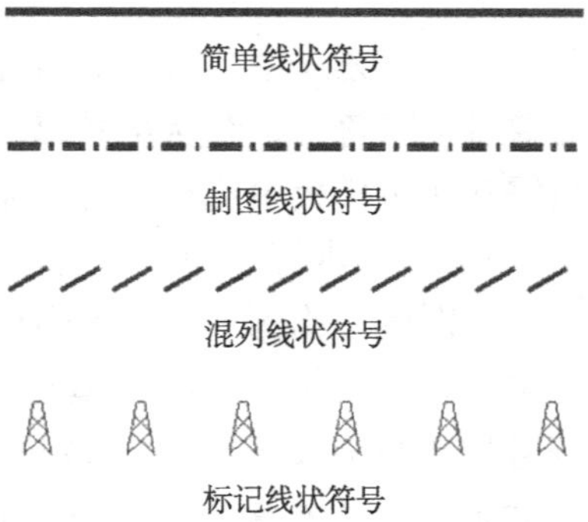

图 2.79　线状符号的几种类型

ArcMap 中，在样式管理器（Style Manager）中新建一个样式文件，并在样式文件的 Line Symbols 文件夹中新建线状符号，然后在符号属性编辑器中选择上述不同的线状符号类型进行组合，同时可以根据要求调整线条的宽度、偏移量和周期性重复符号之间的间隔等（图 2.80）。

（3）面状符号的制作。面状符号是指在二维平面上表示面状分布的地理要素或现象的符号，它通常有一条封闭的轮廓线，如国家、省、土地利用区域、宗地等。面状符号填充图案分为三种类型（图 2.81）：①线填充图案，指在轮廓线范围内以不同的倾角、不同的间距、实部虚部相结合的平行线簇构成的不同图案；②点符号填充图案，指在轮廓范围线内以不同的间距、不同的布点形式（“井”字形或“品”字形）、不同的旋转角绘制点状符号构成的填充图案；③颜色填充图案，指在轮廓线范围内直接填充颜色所构成的图案。

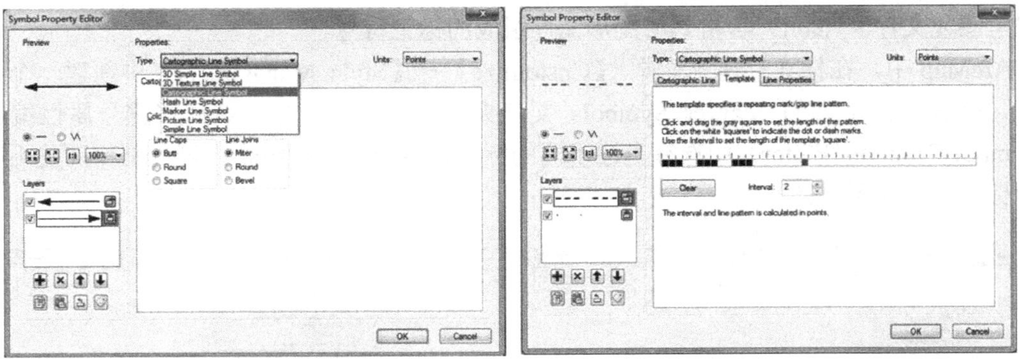

图 2.80　ArcGIS 中线状符号的制作

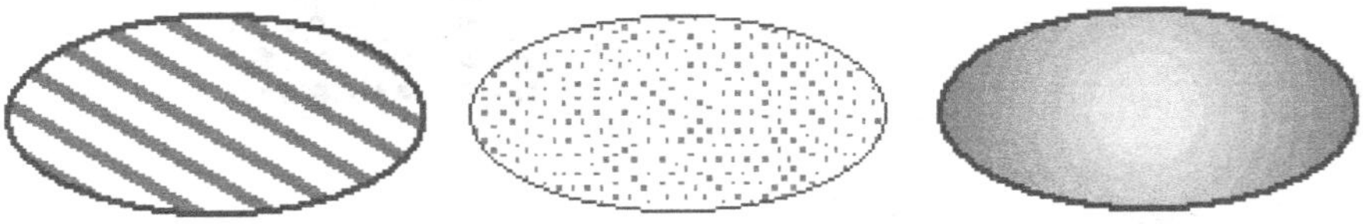

(a) 线填充图案　　(b) 点符号填充图案　　(c) 颜色填充图案

图 2.81　面状符号的几种填充图案

在 ArcMap 中，对于前两种类型填充图案的面状符号的制作，同线状符号的制作相似，即通过点状符号、线状符号或面状符号组合而成；第三种类型填充图案的面状符号的制作，只需从颜色模板中选择自己所需要的颜色即可。

（4）文本符号制作。文本符号用于绘制地图上的标注、注记、标题、动态文本、描述、注释、图例、比例尺、经纬网标注、表格及其他文本信息和表格信息。文本符号与其他类型的常用符号（标记、线和填充符号）的关键区别在于，文本符号只能具有一个图层。文本符号用于控制文本的显示效果，并可用于对已经命名的要素进行分类。例如，可使用不同的文本符号大小来表示不同行政级别的城市，省级城市文本符号大于地级城市文本符号，这样就可以直观地反映出城市之间的等级关系。另外，还可以通过选择字体、字号和颜色等简单地设置文本符号，也可使用更高级的文本符号属性获得多种效果。例如，气球注释、线注释（带牵引线或不带牵引线）、高速公路盾形路牌或其他标记内的文本、填充文本、晕圈及下拉阴影等（图 2.82）。

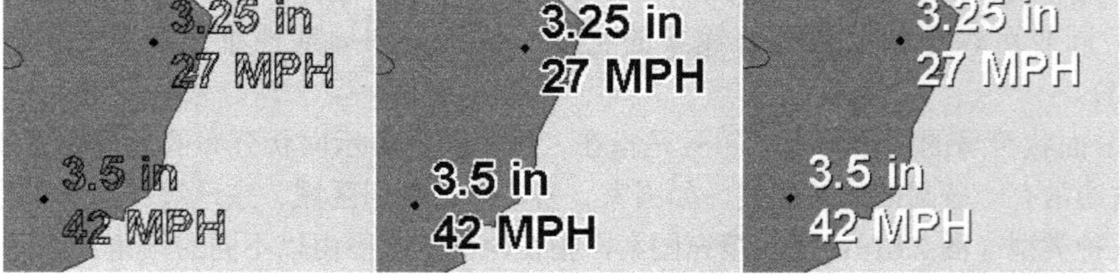

(a) 填充文本　　(b) 晕圈　　(c) 下拉阴影

图 2.82　几种不同的文本符号

4. 地图注记

地图注记是指地图上所有的文字（汉字及其他文字）和数字的总称，它是地图内容的重要组成部分，用来表示事物的名称、质量、数量等属性特征，或者对制图对象进行文字说明。注记并不是自然界中的一种要素，但它们与地图上表示的地物有关，没有注记的地图只能表达事物的空间概念，而不能表示事物的名称和某些质量及数量特征。地图注记作为一种人工的语言符号，弥补了地图符号的不足，是地图的可阅读性、可翻译性和信息传输的基础。

地图注记数量众多，遍布地图的任何位置，其排列和配置是否恰当，常常会影响读图的效果。注记应与其所说明的事物关系明确。对于点状地物，应以点状符号为中心，在其上下左右四个方向中的任一适当位置配置注记，注记呈水平方向排列；对于线状事物，注记沿线状符号延伸方向从左向右或从上向下排列，字的间隔均匀一致，特别长的线状地物，名称注记可重复出现；对于面状事物，注记一般置于面状符号之内，沿面状符号最大延伸方向配置，字的间隔均匀一致（图 2.83）。

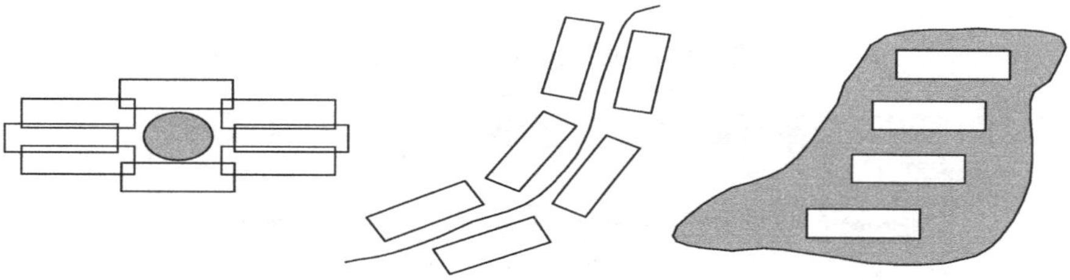

图 2.83　注记配置的几种方式

在 ArcGIS 中，可通过图层属性中的标注功能（Label Features），将图层要素中的全部或部分要素，采用属性表中的一个字段的属性值或多个字段的属性组合值来进行标注。因此，标注可分为全部要素标注、部分要素标注、多种属性标注等多种类型。若要对多种属性进行标注（如同时标注水准点的名称和高程），则需要通过 SQL 建立一个表达式来进行标注格式和内容的设置。注记除了字体设置外，还要注意字号的大小。默认状态下，ArcMap 中的注记大小并不随地图的缩放而变化的。如果需要在屏幕缩放时相应变化注记，就必须设置数据框的相对比例尺（Reference Scale）。

ArcGIS 中还存在另一种标注方式，即 Annotation。为了与 Label 区别，在 ArcGIS 中，Label 一般称作标注，而 Annotation 称作标记。Label 和 Annotation 都是用来识别要素的，它们最大的差别在于，Annotation 不像 Label 一样依赖于属性要素层显示，它是一个独立的要素层，可以单独进行编辑，并可移动其位置。Annotation 也可以通过 Label 进行转换得来（图 2.84）。

ArcMap 还同时提供了一个管理标注的工具，即“标注管理器”。通过标注管理器可以创建和管理地图中的标注分类，查看和修改地图中所有标注分类的标注属性，而无需反复访问图层的属性对话框。在 ArcMap 中右键点击菜单栏或任何工具条，在弹出的浮动菜单中选择标注（Labeling），打开标注工具条，然后点击 Label Manager 按钮 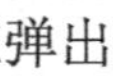，打开标注管理器（图 2.85）。在 Label Classes 列表中可以通过右键点击该列表中的标注分类，使用弹出菜单中的相关命令，隐藏、删除或重命名标注分类，还可以复制标注分类的参数并将其粘贴到另一个分类中，实现标注的方便快捷管理。

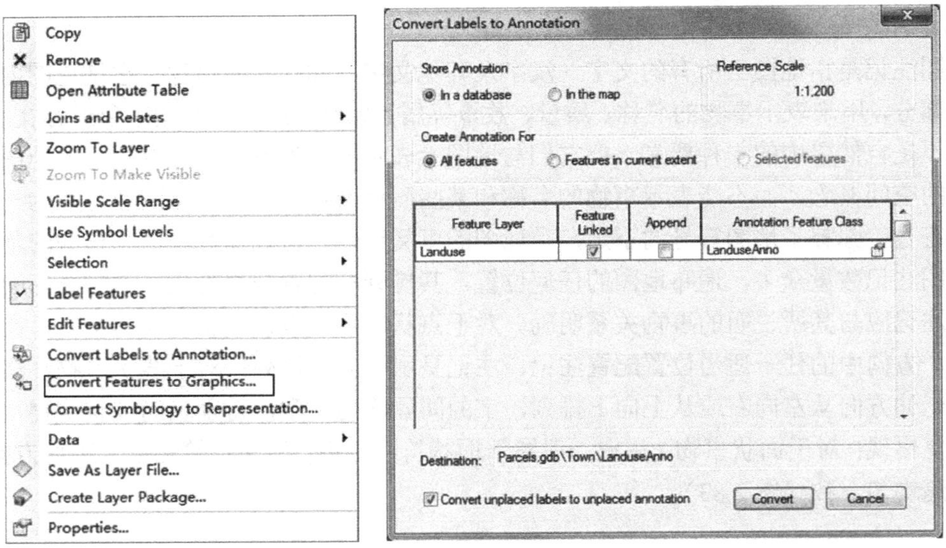

图 2.84　Label 转换为 Annotation

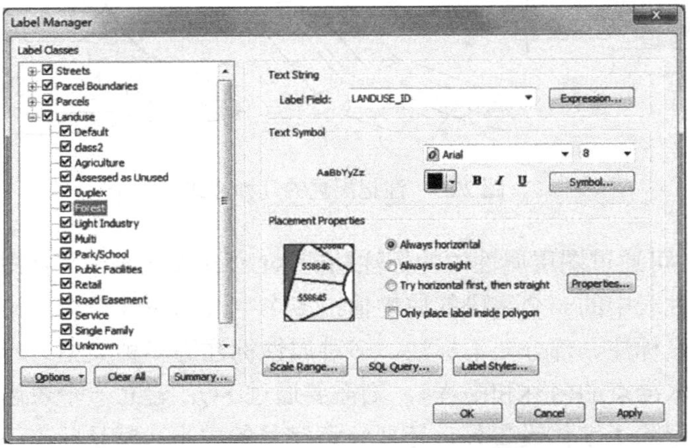

图 2.85　ArcMap 中的标注管理器

2.7.2　空间数据的制图

1. 制图概述

地图按照一定的数学法则，将空间数据进行科学的概括，并采用符号系统将其缩小表达在一定载体上，从而可以传递地理环境的信息，反映各种自然和社会现象的空间分布、组合、联系和制约及其在时空中的变化与发展。与其他图形相比，地图具有可量测性、一览性和直观性等特点。一幅完整的地图至少应当包括以下三个方面的要素。

（1）图形要素：它是地图的主体，也是地图的核心内容，表现为各种地理要素的符号化表达（符号、注记等）。对于专题地图来说，其图形要素又分为两类：一是专题要素图；二是基础地理底图。例如，森林资源分布图中，除了反映森林资源不同类型的图斑这一专题要素外，还必须要有河流、行政区界线、主要公路等基础地理要素。

（2）数学要素：它是根据一定的数学法则所构成的地图要素，包括地图投影、坐标系统（经纬网、公里网等）、比例尺、测量控制点等内容。它是保证地图具有可量测性的基础。

（3）辅助要素：辅助要素是为便于读图和用图而在图形外侧设置的要素，包括图名、图例、图号、接图表、图廓线与坐标注记、坡度尺、制图时间、制图单位、密级等内容。

此外，有些地图上还有说明要素，如通过添加统计图表、照片、文字、甚至音频与视频等内容补充和丰富地图的内容。

2. 专题地图

专题地图是根据专业需要，突出反映一种或多种主题要素或现象，用以表示特定专题信息的地图。它着重反映自然和社会经济现象中某一方面或某几方面的特征，是满足专业部门特殊需要的地图。

1）专题地图的特征

（1）内容主题化：专题地图只将一种或者几种与地图主题有关联的要素特别完整地表现出来，对其他要素的表示则较为概略甚至不表示。例如，交通旅游图上详细表示各级道路网及相连通的旅游景点等，而地貌、植被、土壤、河流等要素则不予显示或简略显示。

（2）内容前沿化：专题地图取材广泛，且多由科研成果、论文报告等构成，能反映学科内容的最新前沿信息与成果。

（3）功能多元化：专题地图不仅能如普通地图一样表示制图对象的空间分布规律和相互关系，还能反映制图对象的动态发展变化，如气候变化、土地利用变化等。

（4）表达形式多样化：由于用途及编制特点等的不同，专题地图可以采用多种多样的图型。此外，专题地图大多没有专门规定的符号系统，表达方式多样，地图符号可根据主题内容自主创建。

2）专题地图的表达方法

（1）分级统计图和图表统计图。分级统计图主要用来反映统计资料的分布特性，指出某种现象分布的强弱，使用相对值的指标，通常用颜色深浅变化来反映该现象的强弱差异和分布。在 ArcGIS 中，往往采用要素图层中某一个属性字段中的数值来进行分级统计并赋予不同的颜色明度（Graduated colors），从而得到专题图。

图表统计图采用直方图、饼状图、柱状图等统计图的形式来表示要素图层中某一或某些属性的数量结构特征。统计图的符号位置不表示地物的位置，它只反映每个区域单元内统计数量的差异，使地图看起来对比明显。在 ArcGIS 中，通常采用某几个属性字段的数值来进行分类统计，以饼状图（Pie）、柱状图（Bar）和堆积图（Stacked）等形式来反映制图对象的结构差异及对比情况。

有时为了突出专题效果，往往将分级统计和图表统计结合起来使用。图 2.86 是一个反映上海市人口信息的专题图。图中的人口密度信息采用分级统计的方法，而出生率和死亡率则采用图表统计的方法。

（2）定位统计图。定位统计图把某些地点的统计资料用图表的形式绘制在地图的相应位置上，用以表示该地点上某种专题要素的变化情况。它通常用来表示周期性发生的专题要素。在 GIS 中，一般采用柱状图表中的符号高度（长短）或者曲线图表来表示该专题要素的数量变化，如各个月份或各年份风力、风向、降水量、气温、湿度、日照等均可采用这种图表（图 2.87）。

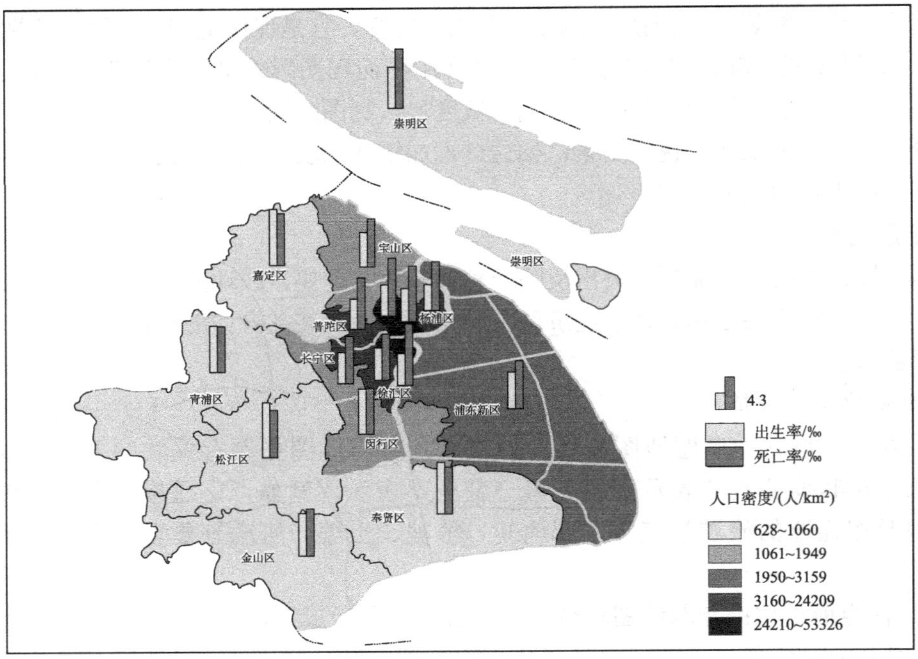

图 2.86　分级统计和图表统计相结合的地图表示

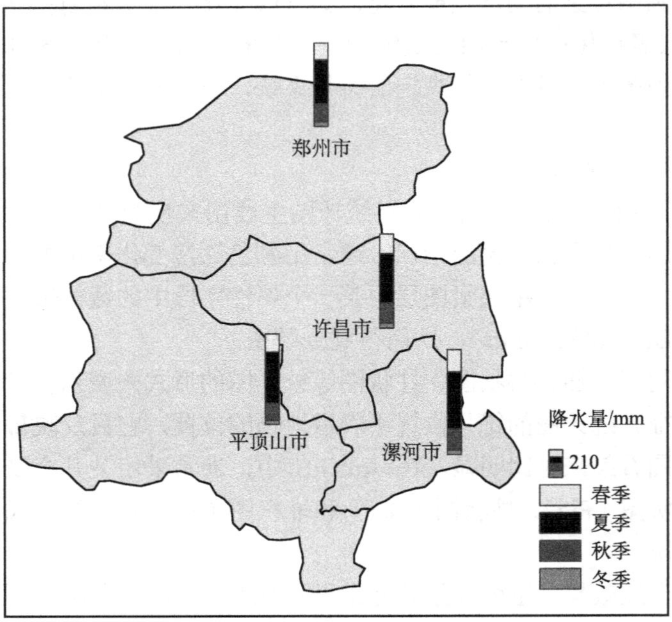

图 2.87　定位统计图

（3）质底图。质底专题地图也叫色底专题图，它反映制图区域分布现象的质量属性特征，是一种符号化的定性数据专题地图。该专题地图采用不同颜色、不同面状符号或不同的晕线等来表示区域内有差异性质的不同类型对象。在 GIS 中，通常根据图层中某项属性或与其有关联的不同字符类型得到。图 2.88 是采用质底法制作的土地利用现状图。

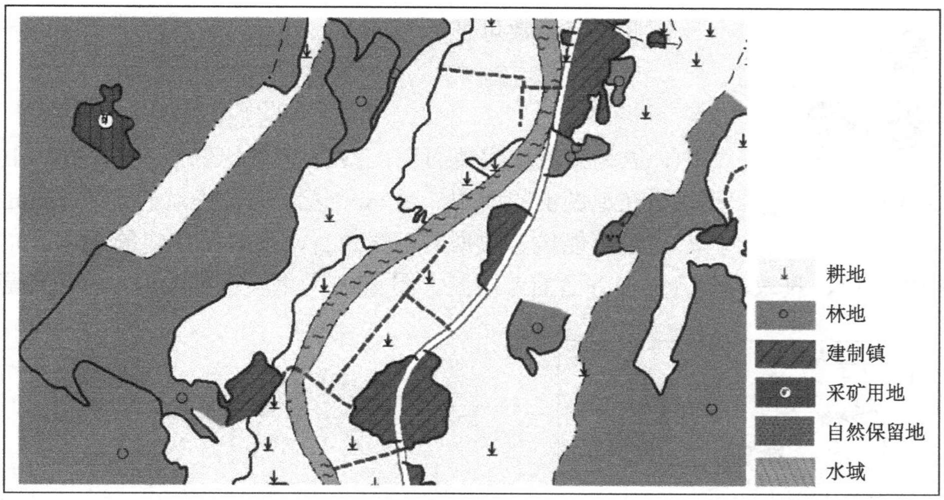

图 2.88　质底图

（4）等级符号图。等级符号图采用大小不同的点符号来表示某种专题属性的强弱。它往往先根据属性数据表中字段的数值，按照某种运算法则来计算与字段值相对应的点符号的大小。图 2.89 是根据冬季某日山东部分城市空气质量等级数据得到的等级符号图（Graduated symbols）。

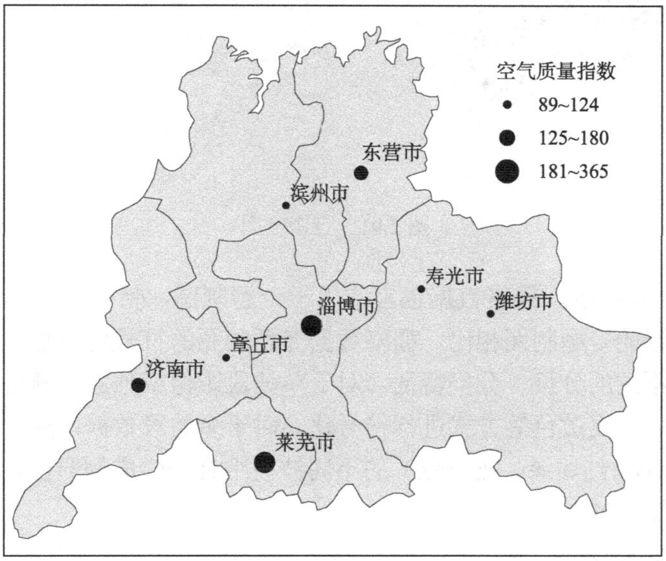

图 2.89　城市空气质量等级符号图

（5）点密度图。点密度图使用点来表示与目标范围或区域相关联的数据值。点密度图中每一个点代表一定数量的单元，即点值，用点值乘以区域中的点数，其结果就等于该区域的数据总值。点密度图中点值的确定：$S = A / N$。式中，S 为点值；A 为数据总值；N 为地图区域中能安置的点子数。点子数等于地图上的面积除以点的面积。考虑地图的整洁性，每点之间应保留 0.2mm 的间隙，即每点四周各有 0.1mm 的空白（图 2.90）。

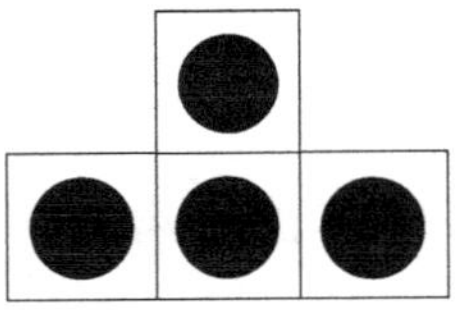

图 2.90　地图中点的分布

因此，点子数可表示为

$$N=\frac{P\times M^{2}\times 10^{12}}{(d+0.2)^{2}} \tag{2.7}$$

式中，P 为某区域实地面积；M 为地图比例尺；$P\times M^{2}\times 10^{12}$ 表示该区域在地图上的面积，用 mm^2 表示；d 为点的直径（mm）。

点值图能检查数据的粗略数目，反映统计值的离散分布特征，适合于创建人口、收入、车流量等方面的专题图。图 2.91 为重庆市的人口点密度专题图。

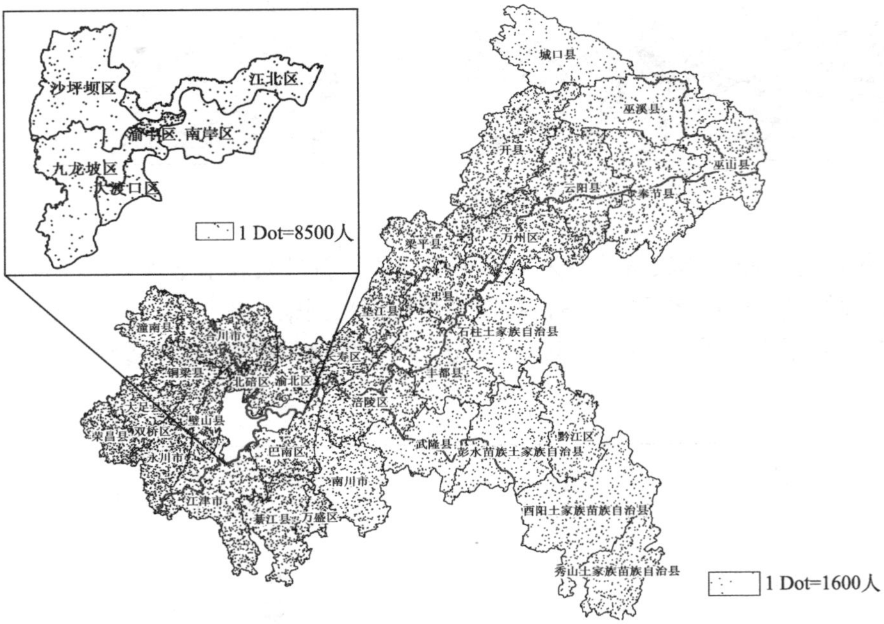

图 2.91　点密度图

（6）栅格数据专题图。栅格数据也常常用于专题制图，特别是遥感影像的专题制图较为多见。与矢量数据的专题制图相比，栅格数据专题制图的符号化方法并不多，它主要通过不同的颜色来表示不同的分级、分类特征。对于单波段影像或独立的栅格数据，可采用唯一值、分类、灰度拉伸、离散色等方式进行符号化。对于多波段数据，除了可以采用灰度拉伸外，还可以通过 RGB（红、绿、蓝三色）的不同波段组合来生成假彩色，表示不同像元的波段信息组合特征（图 2.92）。

2.7.3　时态数据的可视化

时态数据可视化是采用一系列随时间推移而变化的数据，通过构建时间动画来展示空间事物或现象的时空变化。它有助于更好地观察数据随着时间推移而逐渐呈现出的模式或趋势。例如，对海水温度随时间推移而变化的情形进行可视化、观察随时间推移的人口增长模式、对飓风进行追踪分析。

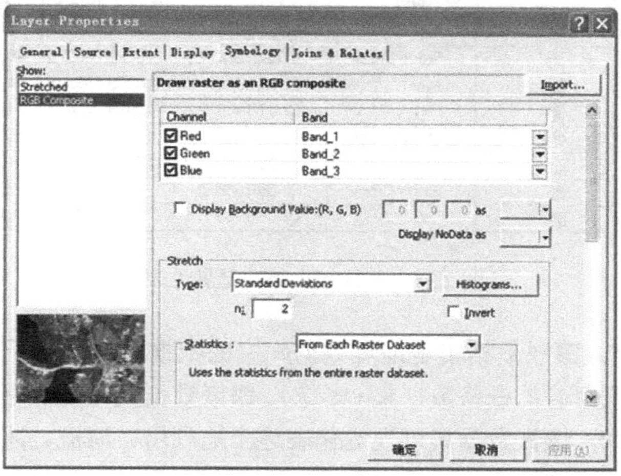

图 2.92　栅格数据的符号化

1. 时态数据

时态数据是表示某类属性在某个时间点（段）的数据，如 2016 年中国的土地利用数据、2017 年 2 月 28 日北京的降水量、上午 11 点 33 分 55 秒的风云四号卫星气象观测数据等。在 ArcGIS 中，可以使用不同格式（如要素类、镶嵌数据集、栅格目录等）来存储和管理时态数据，格式的选择取决于时态数据的属性及显示方式。例如，通过要素类格式储存时态数据，可以记录移动要素，显示海洋哺乳动物或其他生物的点位置，以便了解它们的运动模式；还可以更改要素的大小或形状，方便了解每个城市的人口增长或了解宗地边界的变化。通过栅格目录格式存储时态数据，可以观测较大尺度的海洋温度或天气的变化。

2. 时态数据的管理

1）空间数据中时间的支持方式

有许多种方式可支持管理空间数据中的时间。时间信息可存储为属性（要素类、镶嵌数据集、栅格目录、图表等），也可存储在内部（如 NetCDF 数据或追踪图层）。以下介绍几种可在 ArcGIS 中反映随时间变化而变化的数据。

（1）要素图层。对于要素图层，可用两种方式来显示随时间推移产生的变化：一是每个要素的形状和位置保持不变，但属性值随时间推移而发生变化。例如，城市的行政区和位置不发生变化，但人口随时间发生了变化（图 2.93）。二是每个要素的形状和位置随时间的推移而发生变化，形状或位置会随时间推移而发生变化的要素必须存储为独立的要素。例如，对于随时间推移而变化的火势蔓延轨迹，如果用面要素来表示火势在特定时间所处的位置，则必须将面要素存储为单独的要素，每个要素均具有不同的日期（图 2.94）。

OBJECTID*	Shape*	Name	State_Name	POP	DATE_ST	DATE_END	Shape_Length	Shape_Area
2698	面	Abbeville	South Carolina	33400	01/01/1900	01/01/1910	162402.504779	1339524251.7354
5944	面	Abbeville	South Carolina	34804	01/01/1910	01/01/1920	162402.504779	1339524251.7354
8975	面	Abbeville	South Carolina	27139	01/01/1920	01/01/1930	162402.504779	1339524251.7354
12185	面	Abbeville	South Carolina	23323	01/01/1930	01/01/1940	162402.504779	1339524251.7354
15135	面	Abbeville	South Carolina	22931	01/01/1940	01/01/1950	162402.504779	1339524251.7354
18243	面	Abbeville	South Carolina	22456	01/01/1950	01/01/1960	162402.504779	1339524251.7354
21371	面	Abbeville	South Carolina	21417	01/01/1960	01/01/1970	162402.504779	1339524251.7354
24464	面	Abbeville	South Carolina	21112	01/01/1970	01/01/1980	162402.504779	1339524251.7354

图 2.93　某城市要素图层的时态数据

OBJECTID*	Shape*	FIRE	Date_	Shape_Length	Shape_Area
328	面	Fan	06/30/1988	2294.649455	217872.243312
3	面	Storm Creek	07/02/1988	10191.773276	4604722.684947
5	面	Mist	07/02/1988	10550.858045	4491388.674216
279	面	Fan	07/02/1988	12985.272888	7460252.205611
2	面	Storm Creek	07/03/1988	13076.352703	1565919.089657
1	面	Red	07/05/1988	17739.963328	2189696.846135
6	面	Storm Creek	07/06/1988	4207.373773	782002.481009
262	面	Fan	07/05/1988	4682.455312	847521.689984

图 2.94　某区域火势蔓延属性表

（2）镶嵌数据集。镶嵌数据集是地理数据库中的数据模型，用于管理一组以目录形式存储并以镶嵌影像方式查看的栅格数据集（影像）。镶嵌数据集可用于存储表示随时间推移而发生变化的栅格。例如，镶嵌数据集可视觉化表达土地利用、河流、冰川、森林等随时间变化而变化的影像。与要素图层相同，镶嵌数据集的属性表中需要包含一个时间字段，用来指示每个栅格数据所反映的时间。

（3）栅格目录图层。栅格目录可用于存储表示随时间推移而发生变化的栅格。例如，表示海洋温度随时间变化的栅格可存储在栅格目录中。与要素图层和镶嵌数据集相同，栅格目录属性表中也需要一个时间字段，用来指示每个栅格的时间。将栅格目录以图层形式添加到应用程序时，如果栅格目录中存在九个以上的栅格时，就可以使用时间滑块，形象地显示出栅格随时间变更而产生的变化（图 2.95）。

OBJECTID*	NAME	Shape*	Raster	Date_Time	SHAPE_Length	SHAPE_Area
1	Image1.gif	面	Raster	1998-10-14 12:00:00	3068	522753
2	Image2.gif	面	Raster	1998-10-15	3068	522753
3	Image3.gif	面	Raster	1998-10-15 12:00:00	3068	522753
4	Image4.gif	面	Raster	1998-10-16	3068	522753
5	Image5.gif	面	Raster	1998-10-16 12:00:00	3068	522753
6	Image6.gif	面	Raster	1998-10-17	3068	522753
7	Image7.gif	面	Raster	1998-10-17 12:00:00	3068	522753

图 2.95　栅格目录时态数据

（4）图表。通过对图表进行可视化，可以显示随时间推移存储在表中的数据的变化。支持的表包括 dBASE 表、（个人、文件、ArcSDE）地理数据库中的表格，以及 netCDF 表。要在图表中可视化的表至少需要包含以下两个字段（图 2.96）：包含时间值的字段，以及其值要作为生成动画时所依据的字段，如温度值。如果图表中包含多个随时间可视化的实体，如多个气象站，则可将图表中的 ID 值与随时间可视化的值一同绘制。

OBJECTID*	FeatureID*	DateTime	Value
1	1	8/1/1998	453
2	1	8/2/1998	411
3	1	8/3/1998	389
4	1	8/4/1998	389
5	1	8/5/1998	569
6	1	8/6/1998	515

图 2.96　图表的时态数据

2）存储时态数据的方式

根据实际需要，存储时态数据的方式有多种。以下介绍几种 ArcGIS 中存储时态数据的方式。

（1）以行格式存储时态数据。在 ArcGIS 中使用时态数据，可以以行格式存储与各要素相关联的时间值。表中的每个要素或行可以只有一个表示时间的字段值，也可分别拥有表示观测开始和结束两个时刻的字段值。属性表是按列来存储时间的，例如，对于每个县的 2012 年、2013 年和 2014 年的医疗成本，若要将数据按时间变化来显示，必须将表进行重新格式化，以使时间值采用行格式。

（2）在日期字段中存储时间值。ArcGIS 中，日期字段是一个专门用于存储时间和日期信息的特殊数据库字段类型。在对时态数据进行存储时，一般将时态数据的时间值存储在日期字段中。与在数值或字符串字段中存储时间相比，日期字段的查询效率更高，且支持更加复杂的数据库查询。如果有时间值存储在字符串或数值字段中，可通过数据管理工具中的转换时间字段工具（Convert Time Field）将时间字符串或数值字段转为日期字段。

图 2.97 中，Input_Time 字段以字符串形式存储时间，它采用“mm dd, yyyy hh:mm:ss”格式，Output_Time 字段是将 Input_Time 字段中的字符串时间转换成以日期字段形式存储的时间。

OBJECTID *	Shape *	Input_Time	Output_Time
1	面	January 21, 1988 17:12:57	1/21/1988 5:12:57 PM
2	面	August 28, 1998 00:01:01	8/28/1998 12:01:01 AM
3	面	August 10, 2001 19:56:30	8/10/2001 7:56:30 PM
4	面	September 7, 2002 5:00:00	9/7/2002 5:00:00 AM
5	面	July 31, 2003 13:45:00	7/31/2003 1:45:00 PM
6	面	August 23, 2009 17:30:00	8/23/2009 5:30:00 PM
7	面	July 18, 2010 11:00:00	7/18/2010 11:00:00 AM

图 2.97　ArcGIS 中的不同时间字段

（3）使用标准时间。对于在按夏令时调整时间的区域采集的时态数据，应将时间值存储在采用标准时间的数据中。因为各区域之间的夏令时可能会不同，并且定义夏令时调整的规则也会随着时间的推移而发生更改。如果以标准时间存储时间值，则可避免在数据编译期间发生数据缺失或叠置的情况，使时间不会发生混淆。

3. 时态数据的显示

对时态数据进行可视化表达，按照某种时间序列浏览数据，可以分析事物或现象随时间推移而呈现出的模式或趋势，如研究某地区人口或土地利用的变化、研究飓风路径或其他气象事件、研究野火或洪水势头的推进态势等。时态数据可视化分析可以找出要素变化的潜在态势和规律，为相关的决策提供支持。

ArcGIS 中添加时态数据集后，必须先设置其时间属性，才能在 ArcMap、ArcGlobe 或 ArcScene 中使用时间滑块来显示随时间的变化。在图层属性对话框中的时间选项卡（Time）上选中“在此图层中启用时间”（Enable time on this layer），即可在该图层中启用时间属性，并通过设置时间字段和其他参数，实现时态数据的可视化（图 2.98）。对于每个启用时间的图层，都需要指定数据中存储时间值的方式并指定一个用于记录数据时间值之间的频率间隔，还可以为数据设置一个时态参考。时态参考用于在同一时间显示来自不同时区的图层。

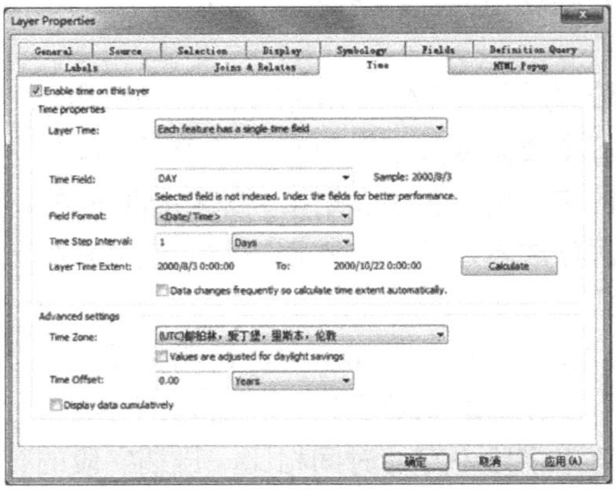

图 2.98　在图层中启用时间属性

4. 创建时间动画

时间动画可以将时态数据以动画的形式表现出来。在 ArcGIS 中创建时间动画的前提是加载了时态数据集并在其图层属性中启用了图层时间（图 2.98），启用后工具栏会出现时间滑块图标，点击图标出现时间滑块窗口（图 2.99）。使用该控件可以以动画形式将时态数据展现出来。图 2.100 是使用时间滑块来展现的北大西洋飓风路径的动画。相关的操作也可参见下一章追踪分析的相关内容。

图 2.99　时间滑块

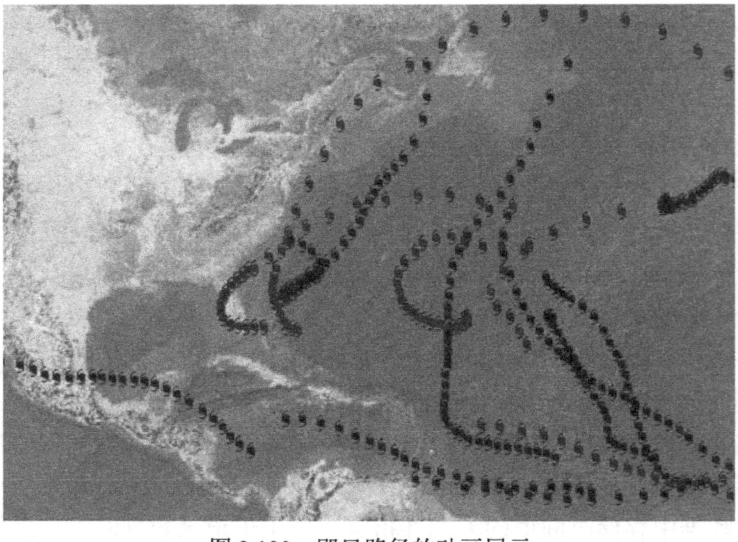

图 2.100　飓风路径的动画展示

复习思考题

1. 什么是空间数据？它由哪些部分组成？具有哪些特征？
2. 空间数据主要有哪些数据源？获取空间数据有哪些方式？
3. 简述空间数据、空间分析与地理信息系统三者之间的关系。
4. 访问谷歌地球、地理空间数据云等网络资源，了解或获取你家乡及学校所在地的遥感数据、高程数据等空间数据。
5. 空间数据有哪些组织形式？请举例说明。
6. 我国国家基本比例尺地形图是怎样进行分幅和编号的？
7. 在谷歌地球或其他任意地图中，查找你所在地的经纬度（如 106°25′08″E，29°49′27″N），计算其所在的各级基本比例尺地形图的图幅编号。
8. 如何基于某一行政区的范围，计算其涉及的万分之一比例尺的地形图图号？
9. 国家、你所在省（自治区、直辖市）、所在城市的空间数据行政主管部门是什么？
10. 查询我国有关空间数据的保密要求，分析空间数据保密与空间数据共享之间的关系。
11. 常用的空间数据结构有哪几种？简要说明其内涵。
12. 试对比矢量数据结构与栅格数据结构的特点，并简要说明空间分析时如何选择数据结构。
13. 分别利用内部点扩散算法、射线算法、扫描算法、边界代数算法对下图的面状矢量数据（五角星）进行栅格化转换。

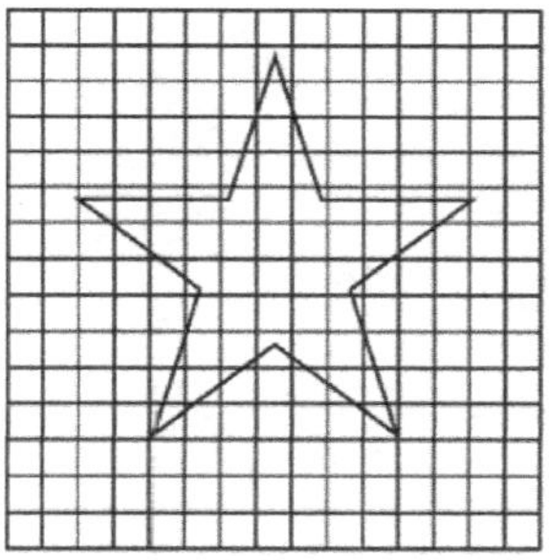

14. 空间数据常用的数据格式有哪些？各有何特点？举例说明不同格式的空间数据之间如何实现相互转换。
15. 我国常用的坐标系统有哪些？各有何特点？
16. 我国常用的高斯-克吕格投影坐标系和国际上常用的 UTM 坐标系之间有何异同？
17. 为什么要进行坐标的调整与转换？坐标调整与转换的方法有哪些？
18. 空间数据几何纠正时，对控制点的选择有何要求？
19. 空间分析前，为什么常常要对空间数据进行拼接、裁切、提取和综合？
20. 在 ArcGIS 中，针对矢量数据和栅格数据，分别应采用什么工具进行拼接、裁切、提取和综合？
21. 根据本书所附数据集 Exe2-6A 文件夹中提供的数据，拼接 a、b 两幅 DEM 数据，并裁切研究区（StudyArea）范围内的 DEM 数据。
22. 根据本书所附数据集 Exe2-6B 文件夹中提供的行政区划数据，提取人口密度小于 300 人/km^2 的区县。
23. 什么是空间数据的可视化？简要说明其现实意义。

24. 简述地图符号的构成要素。在 ArcGIS 中如何制作各类地图符号？
25. 请结合实例，说明地图符号如何表达空间要素的位置和属性特征？
26. 什么是专题地图？专题地图有哪些特征？专题地图由哪些要素组成？
27. 在一张比例尺为 1∶25 万的地图上，有 A、B、C、D 四个市，其面积分别为 $42km^2$、$380km^2$、$415km^2$、$1385km^2$，人口数量分别为 50400 人、49400 人、103750 人、207750 人，若要采用点密度法制作该区域的人口密度专题图，假设点的直径为 1mm，试计算点值大小。

第 3 章　矢量数据的分析方法

3.1　空间量算分析

空间量算分析是指对各种空间研究对象本身及相互之间的基本参数进行的量算和分析，它是 GIS 最基本的分析功能之一，往往也是进行其他空间分析的基础。

在矢量数据模型中，空间对象通常被抽象为点、线、面、体四大类要素。针对不同类型的空间要素，量算的参数各有不同。对于点状要素而言，往往量算其位置信息，如坐标；对于线状要素，常常量算其长度、方向、曲率、中点等；面状要素的量算则包括面积、周长、重心、形态等；而体状要素的量算参数则主要是表面积和体积等。本节主要介绍在 GIS 中如何实现对空间要素的位置、长度、面积、体积、形态等参数的量算。

3.1.1　空间位置量算

1. 位置量算

空间位置是 GIS 中所有空间研究对象所共有的属性。在空间分析时，通常需要先确定目标对象的位置，包括绝对位置和相对位置。空间位置量算就是对这些点、线、面、体等目标要素的绝对位置或相对位置进行量算。

对于点状要素，其位置主要用坐标来量算，在二维空间中表示为(x, y)，在三维空间中表示为(x, y, z)。对于线状要素，其位置用坐标串表达，在二维空间中用一组坐标序列表示为(x_1, y_1)，(x_2, y_2)，…，(x_n, y_n)，在三维空间中表示为(x_1, y_1, z_1)，(x_2, y_2, z_2)，…，(x_n, y_n, z_n)，其中，n 为大于 1 的整数。此外，线的起点、终点、中点、质心点等，也可以用来描述其特征位置，用独立的坐标来表示。对于面状要素，其位置由生成面的边界线的位置坐标来确定，如(x_1, y_1)，(x_2, y_2)，…，(x_n, y_n)，(x_1, y_1)，n 是大于 2 的整数。此外，面的质心常常用来说明面状要素作为一个整体所在的位置。对于体状要素，它存在于三维空间中，可视为由线状要素和面状要素组合而成，因此其位置由围成它的线状要素和面状要素的位置坐标来表达。

空间要素的绝对位置既可以采用以经纬网为基础定义在地球参考椭球体上的位置来表达，也可以采用在某一投影系统下建立的平面直角坐标体系中的位置来描述。

空间要素的相对位置是空间中一个要素相对于另一要素的方位，包括距离和方向两个方面。空间要素不同，距离的计算方法也不一样。有关距离的量算将在下文有关长度的量算中作详细介绍。方向的计算通常是以正北方向为起始，并沿着顺时针方向进行的。在二维平面空间中，一般以 x 轴为纵轴（正北方向），y 轴为横轴，假定 A、B 两点的平面坐标分别为(x_A, y_A)，(x_B, y_B)，则 B 点相对于 A 点的方位角 θ 可由式（3.1）求出：

$$\theta = \arctan\left(\frac{y_B - y_A}{x_B - x_A}\right)(x_B \neq x_A) \tag{3.1}$$

式中，θ 的具体值将根据 $x_B - x_A$ 和 $y_B - y_A$ 的符号来确定。

在实际应用中，除非特殊需要（如航空、航海等需要方位的精确度量以保证航行安全），物体间的方位关系通常以概略描述为主，即先计算出定量的方位角，然后采用不同的分级方案进行概略描述。常见的有 8 方向（45°）和 16 方向（22.5°）分级方案。8 方向依次为正北、东北、正东、东南、正南、西南、正西、西北；16 方向依次为正北、北东北、东北、东东北、正东、东东南、东南、南东南、正南、南西南、西南、西西南、正西、西西北、西北、北西北。此外，这里的方位角计算是以点状物体进行的，是一种对方位的精确度量，对于其他类型的空间要素，如两个面状要素，其相互间的方位角计算要复杂得多。若要计算，则需保证两个面状要素的尺寸相匹配或者其尺寸相对于两者之间的距离而言可以忽略不计。

2. 质心量算

质心（center of mass）是地理要素保持均匀分布的平衡点，是描述地理要素空间位置的重要指标之一，通常定义为一个要素或要素群体的几何中心（centroid）。在空间分析中，往往需要知道地理要素的几何中心、质心或者重心的位置，用于跟踪某些地理现象的变化，如人口的迁移、区域经济重心的转移、土地利用布局的时空变化等。尽管质心和重心（center of gravity）是两个不同的概念，但在多数的地理研究和分析中，研究的范围并没有大到需要考虑重力场的不均匀性问题，此时重心与质心的位置是重合的。在空间分析时，往往并不特别严格区分重心和质心，经常混用两个概念，所以质心量算也常被称为重心量算。

对于单个的点要素，其质心在点本身位置上；对于线状要素，质心就是线的中点；对于面状要素，质心可理解为多边形的质量平衡点。对于简单规则的面要素，如圆形、正方形、长方形等，其几何中心和质心是一致的，而且量测非常简单；当空间要素不规则时，其质心或重心的计算相对比较复杂。物理学中，物体的质心可以采用多点悬挂法，通过悬线的交点确定质心位置。数学上，一般采用物体所有质点向量的加权平均模型，通过积分的方式进行计算。在精度要求不太高，且面要素的边界上各点间距差异不太明显的情况下，也可采用式（3.2）近似计算：

$$X_c = \frac{\sum_{i=1}^{n} X_i}{n},\quad Y_c = \frac{\sum_{i=1}^{n} Y_i}{n} \tag{3.2}$$

式中，X_c，Y_c 为面要素的质心点坐标；X_i、Y_i 分别为面要素边界线上各个点的坐标。

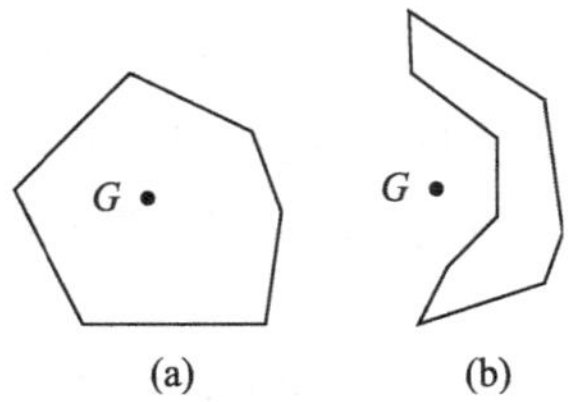

图 3.1　凸状面要素（a）和凹状面要素（b）的重心位置

需要注意的是，质心不一定位于面要素内。对于凸状面要素，其质心往往在面要素内部；而对于凹状面要素，质心可能在其外部（图 3.1）。

对于多个要素，如要素数据集中的点群、多个线要素、多个面要素等，其质心可采用式（3.3）的加权平均模型进行计算：

$$X_c = \frac{\sum_{i=1}^{n} W_i X_i}{\sum_{i=1}^{n} W_i},\quad Y_c = \frac{\sum_{i=1}^{n} W_i Y_i}{\sum_{i=1}^{n} W_i} \tag{3.3}$$

式中，X_c、Y_c 为群体的质心坐标；X_i、Y_i 为第 i 个离散目标的坐标；W_i 为第 i 个目标的权重。权重的选择可根据实际情况而定。例如，在求区域城市人口质心时可用城市人口数量作为权重；在求取各类土地的分布质心时，可以采用各地块的面积作为权重。

图 3.2 是 2006~2015 年中国空气污染质心移动线路图。该图以 2006~2015 年中国各主要城市的空气污染数据为基础，计算四个典型年份全国的空气污染质心，分析近 10 年间全国空气污染质心的迁移情况，计算过程中以各个城市的空气质量指数（air quality index, AQI）为权重。从图中可以看出，2006~2015 年，全国空气污染质心总体上经历了先向南后向东北方向迁移的过程，且 2012 年后往东北方向移动的速度明显加快，这种情况与近年来我国华北地区空气污染情况加重有明显联系。

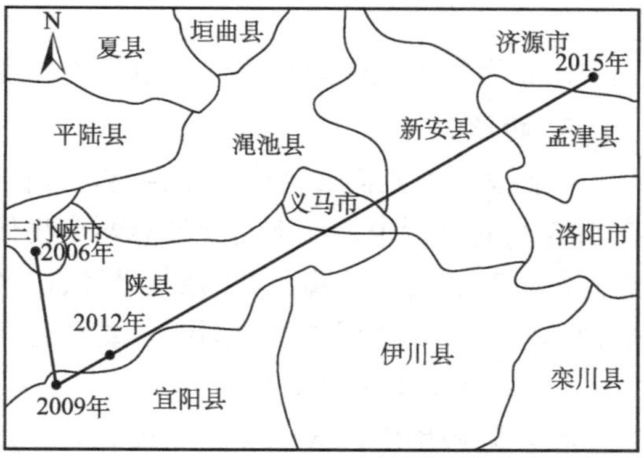

图 3.2　2006~2015 年中国空气污染质心迁移

3.1.2　长度量算

长度是空间要素的基本几何参数，也是空间量算的重要内容之一。在 GIS 空间分析中，线的长度，面的周长，以及点、线、面、体之间的距离等都需要通过长度量算而得到。

1. 线的长度

在矢量数据模型中，线状要素由一系列的坐标点对 (x_i, y_i) 或 (x_i, y_i, z_i) 来表示，因此，可将其分割为无数个折线段，通过计算每个折线段的长度然后累计得出线状要素的总长度，可用式（3.4）表示：

$$L = \sum_{i=0}^{n-1}\sqrt{(x_{i+1}-x_i)^2+(y_{i+1}-y_i)^2+(z_{i+1}-z_i)^2} = \sum_{i=1}^{n} l_i \tag{3.4}$$

因为线的长度量算大多在二维平面空间中进行，所以上式可简化为

$$L = \sum_{i=0}^{n-1}\sqrt{(x_{i+1}-x_i)^2+(y_{i+1}-y_i)^2} = \sum_{i=1}^{n} l_i \tag{3.5}$$

对于由多条曲线组成的复合（multipart）线状要素，可先求出各分支曲线的长度，然后累积得到其总长度。

需要说明的是，因为线是通过点坐标序列来表示的，因此在实际计算中，不同的点采集方案往往导致线的长度量算值不一致。例如，在矢量化山区道路计算其长度时，不同的人采集点的密度、位置等的不同，特别是在道路拐弯处的差异，使得长度计算结果不一样。因此，为了提高量算精度，一种有效的处理方法是在曲线的特征点处增加点的采集数量，而在平直段可以减小点的密度。

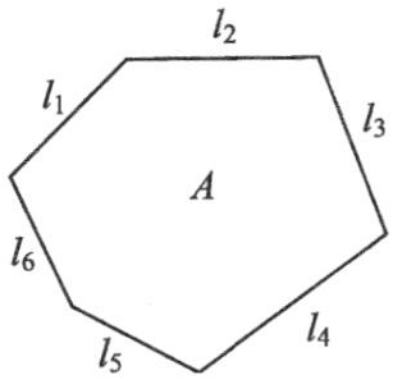

图 3.3　周长量算

2. 面的周长

周长是面状要素的基本参数之一。在矢量数据模型中，面状要素由其轮廓边界弧段所构成的多边形表示，因此，其周长即为组成多边形的弧段长度之和（图 3.3）。量算时，先求出每条弧段的长度，然后进行累加即可：

$$P = \sum_{i=1}^{n} l_i \tag{3.6}$$

式中，l_i 为每条弧段的长度，可由线的长度公式计算得出。

3. 距离

“距离”是人们日常生活中经常涉及的概念，它描述了两个事物或实体之间的远近程度。在 GIS 空间分析中，经常需要计算两个物体之间的距离，如两个城市之间的直线距离、居民点到最近交通线的距离、铁路到自然保护区的安全距离、家到学校的距离等。距离的类型有多种，以下主要介绍二维平面中各要素之间欧氏距离的量算。

1）点与点之间的距离

在实际应用中，人们关注比较多的是要素与要素之间的距离，如距最近的车站、银行、医院、电影院有多远，这类问题可归结为点与点之间的距离量算问题。

对于点状要素与点状要素之间的距离，在笛卡儿坐标系中可以利用两点之间的距离公式计算得出。任意给定的两点 A、B 的平面坐标分别为(x_A, y_A)、(x_B, y_B)，根据其坐标依下式计算出两点之间的距离：

$$D_{AB} = |AB| = \sqrt{(x_B - x_A)^2 + (y_B - y_A)^2} \tag{3.7}$$

2）点与线之间的距离

点状要素与线状要素之间的距离定义为点状要素与线状要素上的节点和线段之间的距离的最小值，即点 P 与线 L 间距离可定义为

$$D_{PL} = \min_{x \in L}(d_{Px}) \tag{3.8}$$

式中，d_{Px} 为点 P 至线 L 的节点或线段之间的距离。

当点 P 在直线段 AB 两端点之间时（即点 P 到直线段 AB 的垂足 P_0 位于 AB 之间），点 P 到直线段 AB 的最短距离为垂距 D_{PP_0} [图 3.4（a）]；如果点 P 在两端点的外侧（即垂足在直线段 AB 的延长线上），则最短距离即为点 P 到两个端点 A、B 中最近的那个端点的值[图 3.4（b）中的 B 点，即 D_{PB}]。虽然点 P 到 AB 延长线的距离最短，但往往没有实际意义。例如，直线段 AB 是一条道路，此时点 P 到该道路的最近点应是 B 点而非 P_0 点。

在空间分析中，通常要计算的并非点到单一直线段的距离，而是点到包含多条折线段的线状要素的距离。此时可先求算点到各条折线段的最短距离，然后进行比较，取其中的最小值作为点到该线状要素的最近距离。图 3.5 中，先求出点 P 到折线段 AB、BC、CD 的最小距离分别为 D_{PB}、D_{PB}、D_{PP_2}，再对三者进行比较，因为 $D_{PP_2} < D_{PB}$，所以点 P 到线 $ABCD$ 的最短距离为 D_{PP_2}。

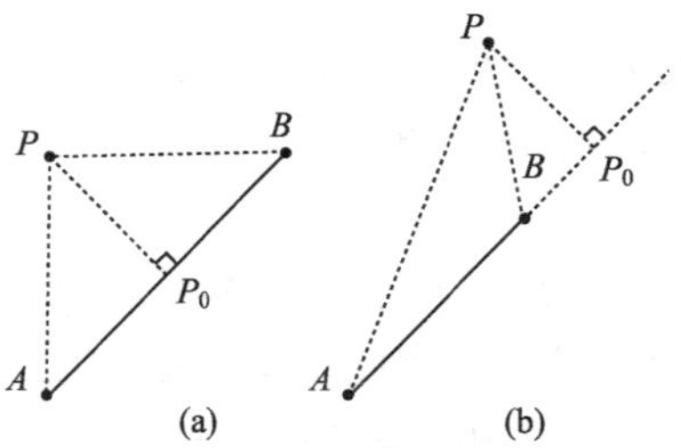

图 3.4　点到直线段的距离

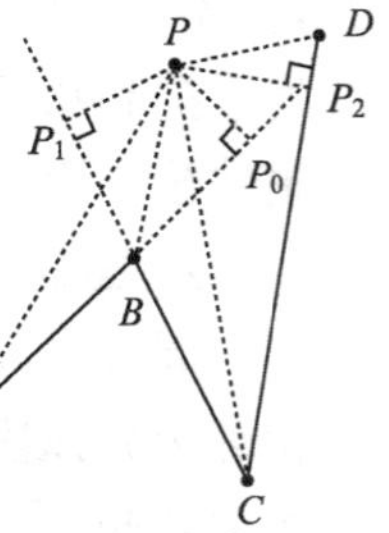

图 3.5　点到折线的距离

以上方法虽然可以得到点线之间较为准确的距离，但需要计算点至每条折线段的距离，因此计算所用的时间较长。在实际应用中，为提高计算效率，当点与线之间离得较远时，可以直接采用点与线上各节点距离的最小值来近似代替，或者采用该点与最近的两个相邻节点所组成的线段的最短距离来代替。

3）点与面之间的距离

由于面状要素的二维性和扩展性，点状要素到面状要素的距离可视为点 P 到面状要素 A 中特征点的距离，具体可分为以下三种情况：①中心距离，即点 P 到面状要素 A 中某一中心点 P_0（常采用质心点）的距离，如图 3.6（a）所示。该距离在求取面要素质心的基础上直接采用两点距离公式进行计算。②最短距离，即点 P 与面状要素 A 中所有点之间的距离的最小值，如图 3.6（b）所示。该距离实际是点与面的边线的最短距离，因此可以采用上述的点线距离计算方式进行求取。③最大距离，即点 P 到面状要素 A 中所有点之间距离的最大值，如图 3.6（c）所示。该距离实际是点与面要素边线上各点距离的最大值。

点面距离的量算在很多情况下得以应用。例如，在森林防火中，任何火源（点目标）与森林（面目标）的距离必须大于一个安全阈值，该值即为火源与森林之间的最短距离；在移动通信基站覆盖范围的分析中，为了确保基站信号能被用户区域内任意点所接收，必须测算基站与用户区域之间的距离最大值。

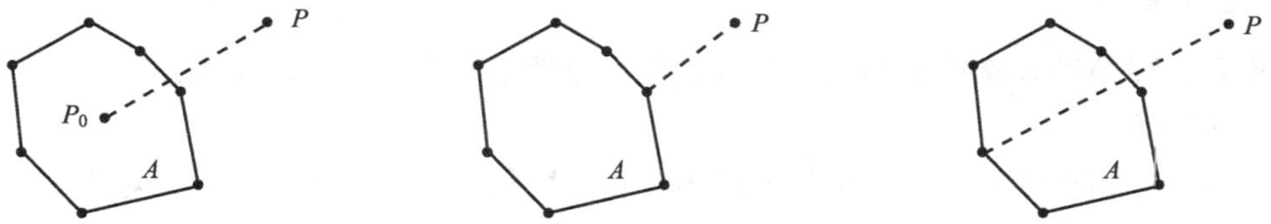

图 3.6　点到面的距离

4）线与线之间的距离

线与线相交时，线之间距离为 0。线与线不相交时，线 L_1 和线 L_2 之间的距离定义为以下两者的最小值：① $D_{p_iL_2}$，即 L_1 上的点 p_i 到 L_2 的最小距离；② $D_{p_jL_1}$，即 L_2 上的点 p_j 到 L_1 的最小距离。其表达式为

$$d=\min\left(D_{P_iL_2},D_{P_jL_1}\mid\forall P_i\in L_1,\forall P_j\in L_2\right)\quad(3.9)$$

如图 3.7 所示，L_1 和 L_2 均表示折线，则线与线之间的距离计算可转化为点与线之间的距离量算，即先计算出线 L_1 上的各个点到线 L_2 的最短距离，即 $D_{P_iL_2}=\min$（$d_{P_iL_2}$），按照点到折线的垂足是否在折线上，此时只需比较 $\overline{AA_1}$、$\overline{BB_1}$、$\overline{CG}$、$\overline{DD_1}$ 和 $\overline{EH}$ 的大小即可，$\overline{DD_1}$ 最小，所以最短距离 $D_{P_iL_2}$ 应为 $\overline{DD_1}$；再计算出线 L_2 上的各个点到线 L_1 的最短距离，即 $D_{P_jL_1}=\min$（$d_{P_jL_1}$），同样，此时只需比较 $\overline{FB}$、$\overline{GG_2}$、$\overline{HH_1}$ 的大小即可，$\overline{GG_2}$ 最小，所以最短距离 $D_{P_jL_1}$ 应为 $\overline{GG_2}$；最后计算出 $D_{P_iL_2}$、$D_{P_jL_1}$ 中的最小值，因为 $\overline{DD_1}$

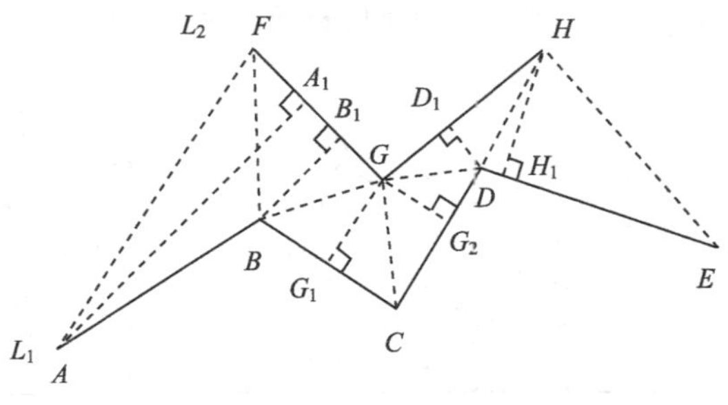

图 3.7　线与线之间的距离

小于 $\overline{GG_2}$，所以最小值为 $\overline{DD_1}$，即 L_1 和 L_2 之间的最短距离。

5）面与面之间的距离

面状要素与面状要素之间的距离也可以定义为三种形式：①质心距离。两个面状要素质心间的距离，如图 3.8（a）所示。②最短距离。两个面状要素间最接近的点之间的距离，如图 3.8（b）所示。③最大距离。两个面状要素间最远的点之间的距离，如图 3.8（c）所示。其中，质心距离的计算采用点与点之间的距离计算方式；在假定面状要素彼此不相交时，最短距离和最大距离的计算与线与线之间的距离计算方法相类似。

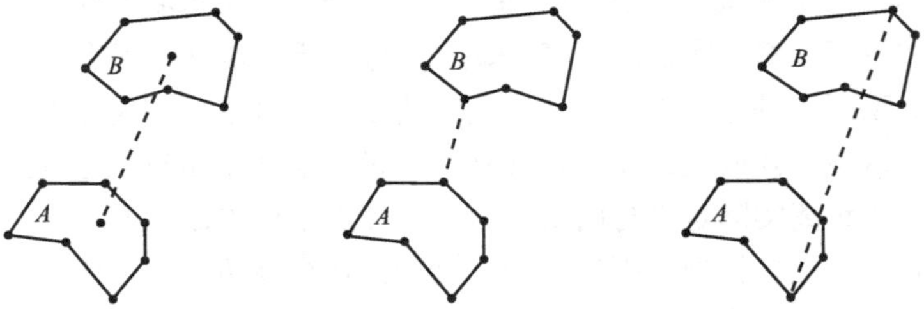

(a) 质心距离　　(b) 最短距离　　(c) 最大距离

图 3.8　面与面之间的距离

3.1.3　面积量算

面积是描述地理要素特征的另一重要参数，包括平面面积和表面面积。

1. 平面面积

在矢量数据模型中，面积表示为一组闭合弧段所包围的空间区域大小。对于不包含孔洞或内岛的多边形，其面积量算可采用几何交叉处理法，即过多边形的每个顶点作 x 轴的垂线，然后计算各条边、过该边的两个顶点的垂线，以及这两条垂线所截得的 x 轴部分所包围的面积，最后得到的面积代数和即为该多边形的面积。如图 3.9 所示，假设多边形有 n 个顶点 $P_0(x_0,y_0)$，$P_1(x_1,y_1)$，…，$P_n(x_n,y_n)$，则其面积可视为多边形 $A_1,A_2,\cdots,A_n$ 与多边形 $B_1,B_2,\cdots,B_n$ 的面积代数之和，可用式（3.10）表示：

$$S=\left|\sum_{i=1}^{k}S_{A_i}-\sum_{j=1}^{m}S_{B_j}\right| \tag{3.10}$$

式中，S_{A_i} 和 S_{B_j} 为对应梯形面积，其中，S_{A_1} 和 S_{B_1} 为可用式（3.11）计算，其余类似：

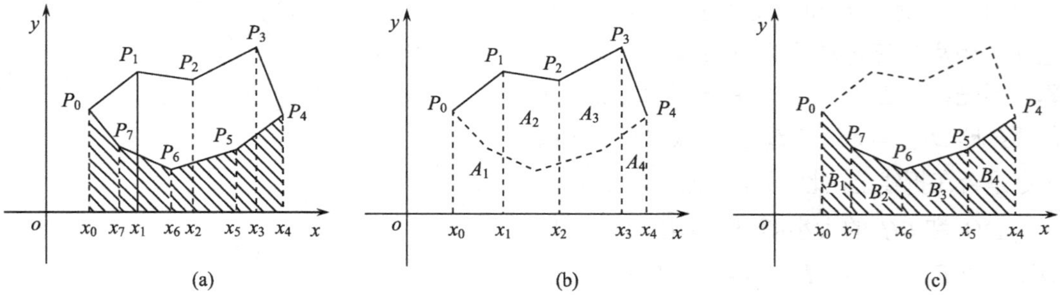

(a)　　(b)　　(c)

图 3.9　几何交叉法平面面积量算

$$\begin{cases} S_{A_1} = (y_0 + y_1)(x_1 - x_0)/2 \\ S_{B_1} = (y_7 + y_0)(x_7 - x_0)/2 \end{cases} \tag{3.11}$$

对于有孔洞或内岛的多边形，可分别计算外多边形与内多边形的面积，两者的差值即为该多边形的面积。

2. 表面面积

在现实世界中，人们看到的大多是连绵起伏、凹凸不平的地表曲面，其表面积的量算要比平面面积量算复杂得多，通常的处理方法是将量算区域划分为若干规则单元，对每个规则单元分别计算其表面积，然后累计求出总的表面积。格网单元不同，表面积的计算方法也不一样，这里以三角形格网和正方形格网为例介绍矢量数据表面积的计算。

1）基于三角形格网的表面积计算

三点可确定一个平面，所以三角形格网上的曲面实际上是若干个立体三角面。设任意一个三角形格网 $P_1P_2P_3$（图 3.10），三点坐标分别为(x_1, y_1, z_1)，(x_2, y_2, z_2)，(x_3, y_3, z_3)，则 $P_1P_2P_3$ 构成的三角形的斜面面积为

$$S = \sqrt{P(P-a)(P-b)(P-c)},\ P = (a+b+c)/2 \tag{3.12}$$

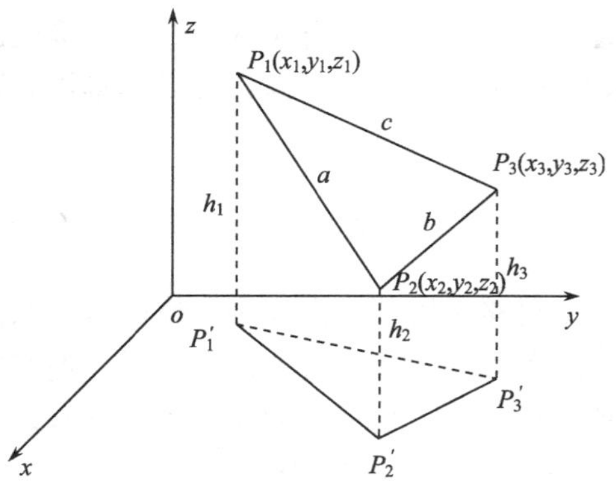

图 3.10 三角形格网表面积计算

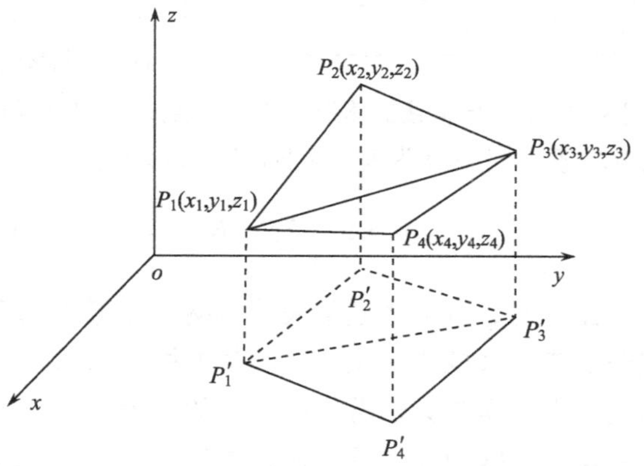

图 3.11 正方形格网转为三角形格网进行表面积计算

上式为依据边长计算三角形面积的海伦公式。式中，a、b、c 为三角形的三个边长，可根据 P_1、P_2、P_3 三点的坐标值，采用三维空间中的两点距离公式求得

$$\begin{cases} a = \sqrt{(x_1 - x_2)^2 + (y_1 - y_2)^2 + (z_1 - z_2)^2} \\ b = \sqrt{(x_2 - x_3)^2 + (y_2 - y_3)^2 + (z_2 - z_3)^2} \\ c = \sqrt{(x_1 - x_3)^2 + (y_1 - y_3)^2 + (z_1 - z_3)^2} \end{cases} \tag{3.13}$$

2）基于正方形格网的表面积计算

正方形格网上曲面的表面积计算问题要比三角形格网上的计算复杂得多，其最简单的曲面拟合模型为双线性多项式。它生成一个曲面，无法通过简单的公式直接计算其表面积。根据数学分析，在某定义域 A 上，空间单值曲面 $z = f(x, y)$ 的面积计算公式为

$$S=\iint_A (1+f_x^2+f_y^2)^{\frac{1}{2}}\mathrm{d}x\mathrm{d}y \tag{3.14}$$

式（3.14）一般不能直接计算，常用的方法是近似求解。一个简便的方法是将正方形格网对角划分为两个三角形格网（图 3.11），然后利用三角形格网的表面积公式进行计算。

3.1.4 体积量算

体积通常是指空间曲面与某一基准平面之间的容积。在大多数情况下，基准平面指的是水平面。当基准平面低于空间曲面时，体积为正值，也就是工程施工中常说的“挖方”；当基准平面高于空间曲面时，体积为负值，工程施工中俗称“填方”。

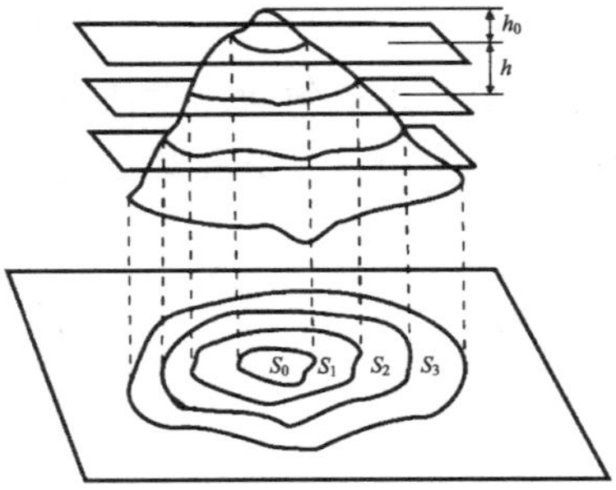

图 3.12　基于等高线的体积量算

同表面面积计算方法类似，体积计算也常采用近似计算法，即将不规则体分割为若干规则体，然后套用基本公式计算规则体的体积，最后累加各规则体的体积得到总体积。

在地图学中，常用的体积量算方法是等高线法，即利用地形图中等高线之间形成的台地或锥体来计算体积。如图 3.12 所示，将高程相等的点连接起来组成一维弧段，然后垂直投影到二维平面上，分别量测各条等高线所围成的面积，从上到下依次设为 $S_0,S_1,S_2,\cdots,S_n$，假设基本等高距为 h，最上层余高为 h_0，则体积可表示为

$$V=\frac{1}{3}S_0\cdot h_0+\frac{h}{2}\sum\left(S_0+2S_1+2S_2+\cdots+2S_{n-1}+S_n\right) \tag{3.15}$$

在空间分析中，通常采用格网法计算体积，其基本思路是用基底面积乘以格网点曲面高程的均值，区域总体积是这些基本格网的体积之和。这种方法的理论误差趋近于零，但在实际应用中，误差会随着格网尺寸的增大而变大。常见的格网有三角形格网和正方形格网。基于三角形格网的体积量算如图 3.13 所示，其基本格网上的体积计算公式为

$$V=\frac{1}{3}S_A(h_1+h_2+h_3) \tag{3.16}$$

式中，S_A 为基底格网三角形 A 的面积；h_1、h_2、h_3 为三角形格网各顶点的高程值。

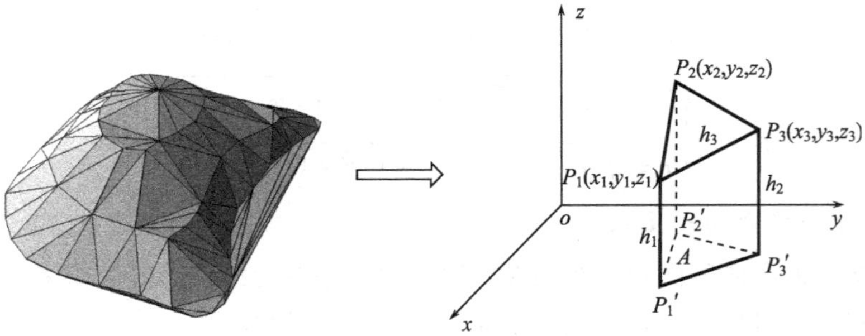

图 3.13　基于三角形格网的体积量算

基于正方形格网的体积计算如图 3.14 所示，其基本格网上的体积计算公式为

$$V = \frac{1}{4} S_A (h_1 + h_2 + h_3 + h_4) \tag{3.17}$$

式中，S_A 为基底格网正方形 A 的面积；h_1、h_2、h_3、h_4 为正方形格网各顶点的高程值。

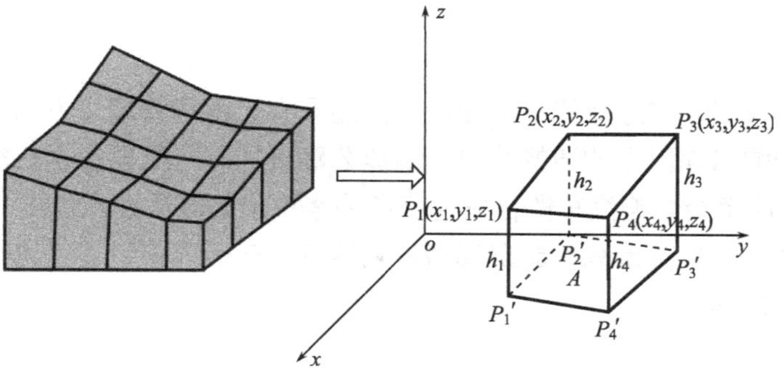

图 3.14 基于正方形格网的体积量算

事实上，无论三角形格网或正方形格网，都能通过格网各顶点的坐标，分别计算底面积和平均高程，从而获得单个格网区域的体积。

3.1.5 形态量算

在空间分析中，点状要素是抽象的，只有位置而没有形态特征；线状要素和面状要素的形态往往是复杂多变的，如河流、湖泊、道路等。

1. 曲率和弯曲度

对于线状要素，通常用曲率和弯曲度来描述其形态特征。

1）曲率

曲率反映线状要素的局部弯曲特征，其在数学上的定义为曲线切线方向角相对于弧长的转动率，可以用单位弧段上切线转过角度的大小来表达弧段的平均弯曲程度。设曲线 C 是光滑的，曲线 C 上从点 M 到点 M' 的弧为 ΔS，切线的转角为 $\Delta\alpha$，则弧段 MM' 的平均曲率（图 3.15）为

$$\bar{K} = \left|\frac{\Delta\alpha}{\Delta S}\right| \tag{3.18}$$

对于曲线 C 上某点 M 的曲率，可用下式表达：

$$K = \lim_{\Delta S \to 0}\left|\frac{\Delta\alpha}{\Delta S}\right| \tag{3.19}$$

在 $\lim\limits_{\Delta S \to 0}\left|\frac{\Delta\alpha}{\Delta S}\right| = \frac{\mathrm{d}\alpha}{\mathrm{d}S}$ 存在的情况下，$K = \lim\limits_{\Delta S \to 0}\left|\frac{\mathrm{d}\alpha}{\mathrm{d}S}\right|$。

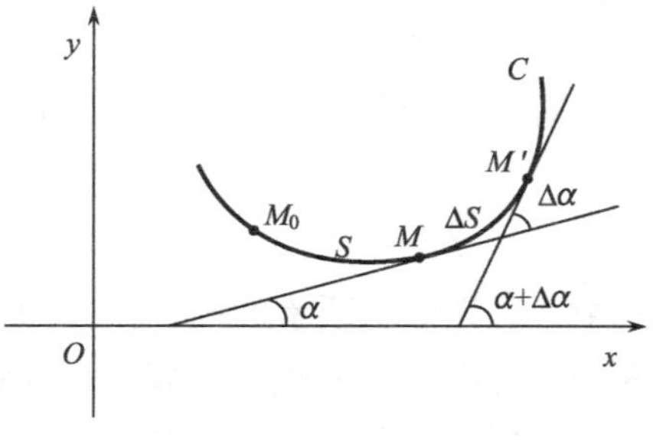

图 3.15 曲率的计算

设曲线的直角坐标方程是 $y=f(x)$，且 $f(x)$ 具有二阶导数，则曲线上任意点 M 的曲率 K 又可表示为

$$K = \frac{|y''|}{(1+y'^2)^{3/2}} \tag{3.20}$$

GIS 中，为了反映曲线的整体弯曲特征，需要计算的往往是曲线的平均曲率。而现实生

活中的线状要素很难用一个曲线方程来表达，因此采用以上的导数形式来计算这些要素的曲率非常困难。一个简单的方法是将曲线$[M_0,M']$进行 n 等分，在各分线段上采用式（3.18）计算该段的平均曲率，得到$\bar{K}_1,\bar{K}_2,\cdots,\bar{K}_n$，则整条线的平均曲率$\bar{K}$可表示为

$$\bar{K}=\frac{1}{n}\sum_{i=1}^{n}\bar{K}_i \tag{3.21}$$

曲率的应用不仅限于描述曲线的弯曲程度，还具有工程和管理等方面的意义。例如，河流的弯曲程度会影响汛期河道的通畅情况；高速公路设计时也需要根据行车速度设计弯道的曲率；山区公路的曲率会影响汽车的行驶速度和乘客乘坐的舒适性。此外，在地貌特征研究、径流分析、土地利用、生态景观、旅游线路规划等方面的研究中，往往也需要分析线状要素或多边形边界线的曲率。

2）弯曲度

弯曲度是描述线状要素弯曲程度的另一个参数，其定义为曲线长度L与曲线两端点线段长度l之比（图 3.16）。弯曲度也叫伸长度，通常用伸长度系数q来表示，计算公式为

$$q=\frac{L}{l} \tag{3.22}$$

式中，L可由各分线段$L_1,L_2,\cdots,L_n$的长度累加求和得到；l由两点间距离公式计算得出。

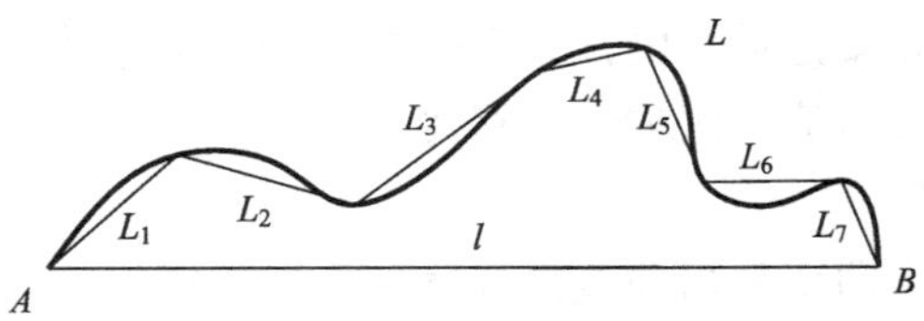

图 3.16　线的弯曲度量算

在实际应用中，弯曲度主要用来反映曲线的迂回特性。例如，在交通运输中，这种迂回性会加大运输成本，降低运输效率，增加运输系统的维护难度。

2. 形状系数

对于面状要素，通常采用形状系数r来描述其空间特征，可用如下公式表示：

$$r=\frac{P}{2\sqrt{A}\times\sqrt{\pi}} \tag{3.23}$$

式中，P为面状要素的周长；A为面积。r越小，表示目标物体越紧凑；$r=1$时，目标物体为一个标准圆；r越大，表示目标物体越膨胀。该系数可用于分析地理要素的发展状况，如城市发展所处阶段的对比分析。

3.1.6　ArcGIS 中的几何量算工具

在 ArcGIS 中，点的坐标，线的长度、起点坐标、终点坐标、中点坐标，多边形的面积、周长和质心坐标，都可以通过 Calculate Geometry 工具来计算，前提是所加载的数据必须有投影信息。

1. 点的几何量算

打开 ArcMap，加载某一个点数据，并打开数据的属性表，新建用于保存X坐标信息的

字段(字段类型为浮点型或双精度型),然后右键点击该字段标题,在弹出菜单中选择 Calculate Geometry，在打开的对话框 Property 栏中选择“X Coordinate of Point”，点击【OK】完成对数据中所有点的 *X* 坐标的计算（图 3.17）。同理，可完成 *Y* 坐标的计算。

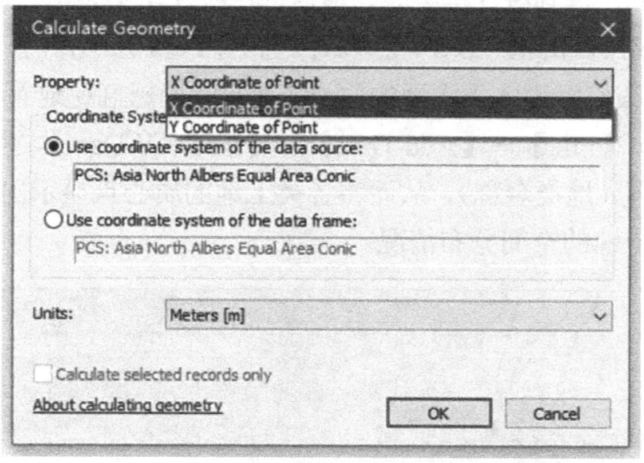

图 3.17　点的几何属性计算

2. 线的几何量算

线的几何量算过程与点的类似。不同的是，线的几何类型包括长度（Length）、线的起点 *X* 坐标（X Coordinate of Line Start）、线的起点 *Y* 坐标（Y Coordinate of Line Start）、线的终点 *X* 坐标（X Coordinate of Line End）、线的终点 *Y* 坐标（Y Coordinate of Line End）、线的中点 *X* 坐标（X Coordinate of Midpoint）、线的中点 *Y* 坐标（Y Coordinate of Midpoint）（图 3.18）。

3. 多边形的几何量算

多边形的几何量算过程与点、线类似，不同之处在于多边形的几何类型包括面积（Area）、周长（Perimeter）、质心点 *X* 坐标（X Coordinate of Centroid）、质心点 *Y* 坐标（Y Coordinate of Centroid）（图 3.19）。

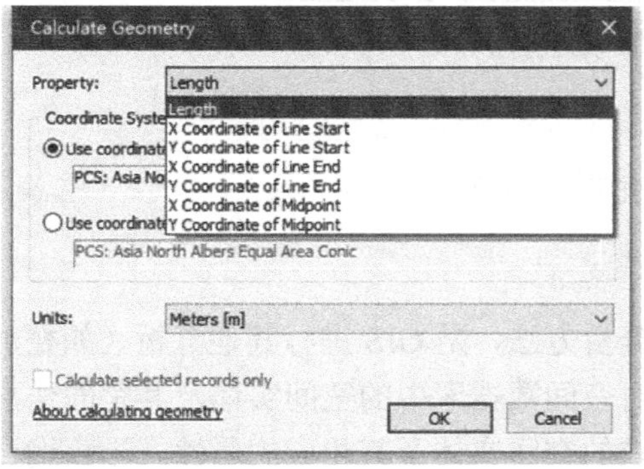

图 3.18　线的几何属性计算

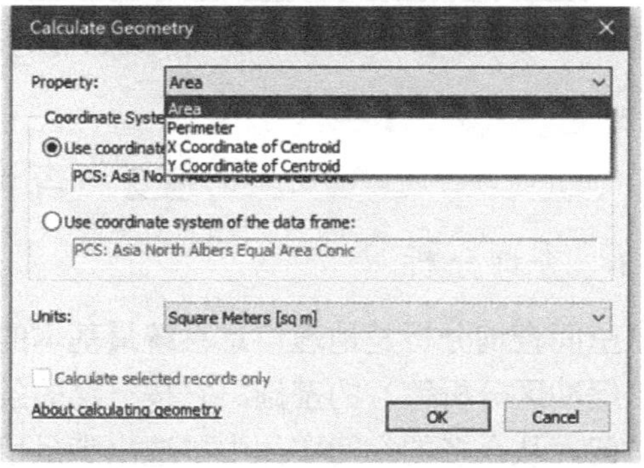

图 3.19　多边形的几何属性计算

下面以求取土地利用数据中各类土地的质心位置为例，介绍群体质心的量算过程。

首先，加载本书所附数据集 Exe3-1A 中的土地利用地类图斑数据（或任何其他类别型数据），打开属性表，查看各地类类别，并新建 *X*，*Y* 字段，利用 Calculate Geometry 计算出每个多边形要素的质心。其次，新建 WX 和 WY 字段，并通过字段计算器（Field Calculator）计算坐标的加权值 W_iX_i 和 W_iY_i（以各地块的面积字段 Shape_Area 值为权重，分别乘以各自质心的 X、Y 坐标值）。然后，通过频数统计工具 Frequency 对坐标加权值 WX、WY 字段，以及权重字段 Shape_Area，按土地类别进行分类求和，得到统计结果表。最后，在统计结果表中，新建 XC 和 YC 字段，采用字段计算器计算 XC 和 YC 的值（$XC = \sum W_iX_i / \sum W_i$，$YC = \sum W_iY_i / \sum W_i$，即用加权坐标的汇总值除以权重的汇总值），该值即为本类土地的质心点坐标。若想直观地看到各个地类的质心位置，则可先通过 ArcMap 菜单【File】→【Add Data】→【Add XY Data】，生成质心点数据，然后对该数据图层进行标签设置（地类名称），从而将各类土地的质心点显示出来（图 3.20）。从图 3.20 可以分析出该区域各类土地的空间分布情况。

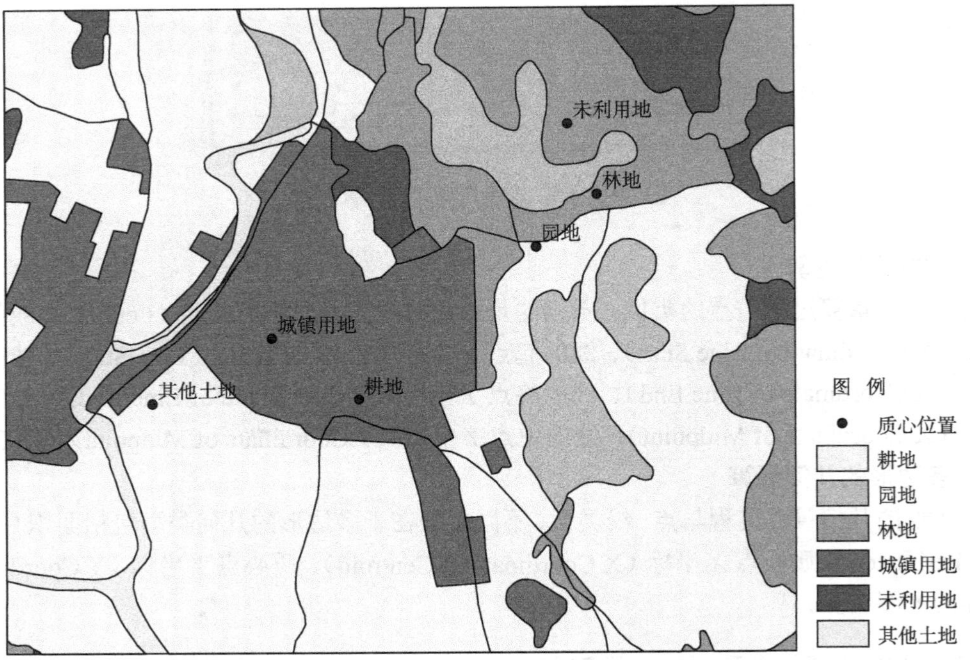

图 3.20　通过几何量算求群体质心

3.2　查询与统计分析

3.2.1　查询分析

空间查询分析是地理信息系统最基本的空间分析方法，是 GIS 进行其他分析（如叠加分析、缓冲区分析等）的基础。它按一定的条件，对空间数据库中的空间实体及其空间信息进行访问，从众多的空间实体中挑选出满足用户要求的空间实体及其相应的属性。当查询到所需要素后，可以将结果输出为新的要素图层，实现空间数据的提取。

空间查询的方法很多，其中最常用的有基于空间要素的查询、基于空间属性的查询、基于图形关系的查询、基于空间位置关系的查询等。在实际应用中，当查询的条件较多、较为复杂时，往往需要综合多种查询方法。

1. 基于空间要素的查询

基于空间要素的查询是 GIS 中最简单，也是最常用的查询方法。它是指根据选中的空间图形要素来查询属性信息，即“由要素（图）查属性”。例如，对于某一城市数据（点），需要了解该城市的名称、人口等属性信息；对于某一河流数据（线），需要了解其名称、流量、水深、水质等信息；对于某一行政区数据（面），需要查询行政区名称、面积、人口、GDP 等数据。实现这类查询，一般是首先选中某一空间要素（如前例中的城市、河流、行政区），然后通过空间数据和属性数据之间的连接关系（标识符），从属性表中提取该实体的各项属性，从而达到了解要素属性信息的目的。

图 3.21　基于空间要素的查询（Identify）

在 ArcGIS 的 ArcMap 中，使用 Tools 工具条上的 Identify 按钮❶，点击或拉框选择图形要素后，Identify 对话框中将显示所选空间要素的各项属性信息（图 3.21）。此外，也可以直接在图形要素上单击右键，从弹出的菜单中选择【Identify…】，实现对空间要素的查询。

2. 基于属性特征的查询

基于属性特征查询是根据要素的属性数据，先查找符合条件的属性信息，然后根据与其相联系的标识符，找到对应的空间要素，实现“由属性查要素（图）”的过程。例如，在中国行政区划数据中，按属性查找名称为“重庆市”的行政区，在“重庆市”中查找“人均 GDP 小于等于 5000 元、城镇化率小于 30%”的区县等。这一类的查询可以通过结构化查询语言（structured query language，SQL）进行单项条件查询或多项条件的复合查询，从地理数据库中筛选出符合条件的单个或多个要素。

图 3.22 显示的是采用 ArcMap 中 Selection 菜单下的 Select By Attributes 工具，查询上海市“人口出生率小于 6‰，人口总数大于 100 万”的辖区的操作。图中颜色较深的部分为查询结果。

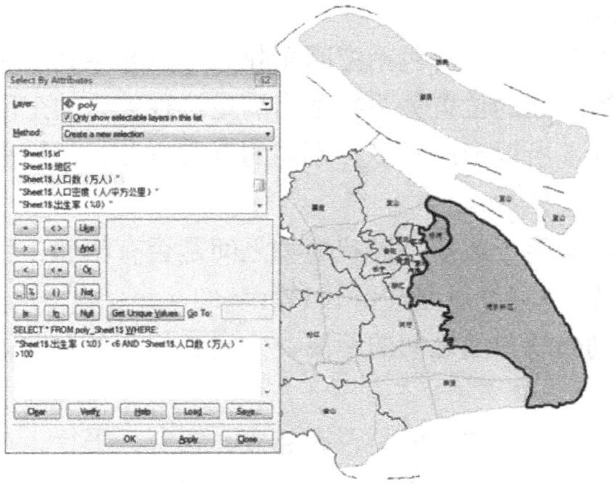

图 3.22　基于属性特征的查询（Select By Attributes）

3. 基于图形关系的查询

基于图形关系的查询是根据某一或某些图形对象（Graphics）所在的地理位置，查询该位置范围内所涉及的空间要素（Features）。查询范围可以通过点、线、圆、矩形或其他任意多边形等图形来确定，然后 GIS 通过检索出图形范围内的地理空间图形要素来实现查询，如通过自然保护区图形范围来查询它所涉及的行政区域、通过河流的图形范围查询跨越河流的道路有哪些、通过水管爆裂的地点查询所在的街道等。图 3.23 所示的是某工厂及其附近居民楼的平面图，中间的圆形区域表示工厂污染范围，通过圆形区域可找到在受污染影响范围内的居民楼。在 ArcGIS 中，可以通过 ArcMap 的 Selection 菜单下的 Select By Graphics 工具进行基于图形关系的空间查询。执行该项查询前，要先采用 Draw 工具条上的绘图工具在图形显示区中绘制任意一个或多个图形（Graphic）（点、线或多边形），并选中所绘制的图形，然后执行【Select By Graphics】，完成对该图形范围内的矢量要素的查询。

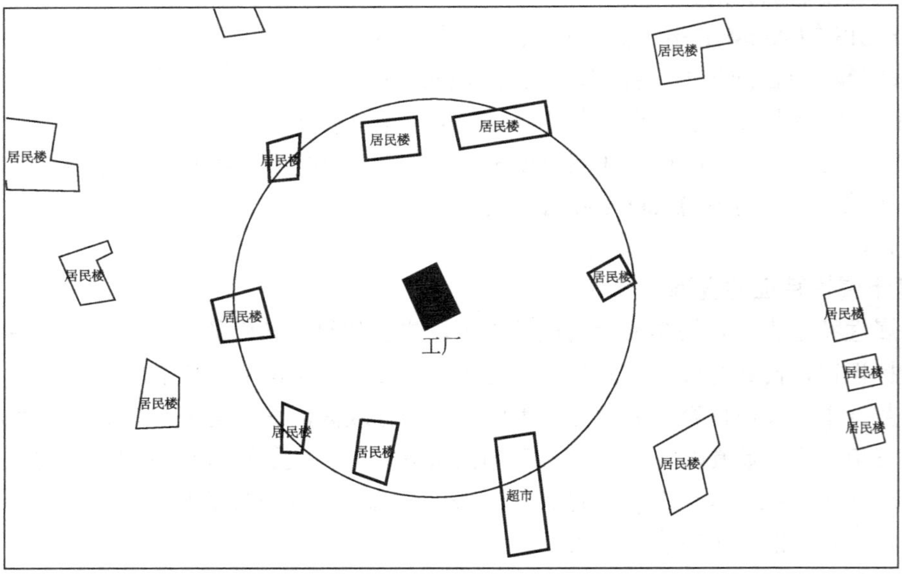

图 3.23　基于图形关系的查询（Select By Graphics）

4. 基于空间关系的查询

地理要素间存在多种空间关系，包括空间拓扑、方位和距离关系等。基于空间关系查询的目的就是依据空间要素之间的位置关系检索出满足这种关系的空间目标要素。因为地理要素间的空间关系多种多样，所以形成了多种不同的查询方法。从简单的点、线、面等要素类型上看，空间关系的查询包括：

面面查询。查询并判断两个或多个面状地物之间是否有相邻、包含、相交及方向距离等关系，如查询有哪些行政区与目标行政区相邻等。

线面查询。查询并判断线与面之间的距离、方向、相交及重叠等关系，如查询某条铁路经过的省份有哪些等。

线线查询。查询并判断线与线之间是否有邻接、相交、平行、重叠及方向距离等关系，如查询长江的支流有哪些（即查询与长江干流有邻接关系的河流）等。

点面查询。查询并判断点与面之间的距离、方向及包含关系，如判断某个城市属于哪个行政区等。

点线查询。查询并判断点与线之间的距离、方向及重叠等关系，如查询某个十字路口由哪些道路相交而成等。

ArcMap 中 Selection 菜单下的 Select By Location 工具，可以执行 10 余种基于空间关系的查询(图 3.24)，包括：①相交(intersect)。查找目标图层中与源图层要素在二维或三维空间中几何上相交的要素。②在一定距离范围之内（within a distance）。查询目标图层中与源图层要素在二维或三维空间中某一距离之内的要素。③包含（contain）。查询目标图层中包含源图层要素的要素。④完全包含（completely contain）。查询目标图层中完全包含源图层要素的要素。⑤落入（within）。查询目标图层中落在源图层要素范围之内的要素。⑥完全落入（completely within）。查询目标图层中完全落在源图层要素范围之内的要素。⑦相同（identical to）。查询目标图层中与源图层要素相同的要素。注意用于比较的要素必须类型相同，如同为点、线或多边形，不同类型的要素（如点与多边形）进行这类比较不会查询到任何结果。⑧接边（touch the boundary）。查询目标图层中与源图层要素具有接边关系的要素。⑨有公共线段（share a line segment）。查询目标图层中与源图层要素具有公共线段的要素。⑩轮廓交叉（crossed by the outline）。查询目标图层中与源图层要素具有轮廓相交关系的要素。⑪中心被包含（have their centroid in）。查询目标图层中几何中心位于源图层中的要素。

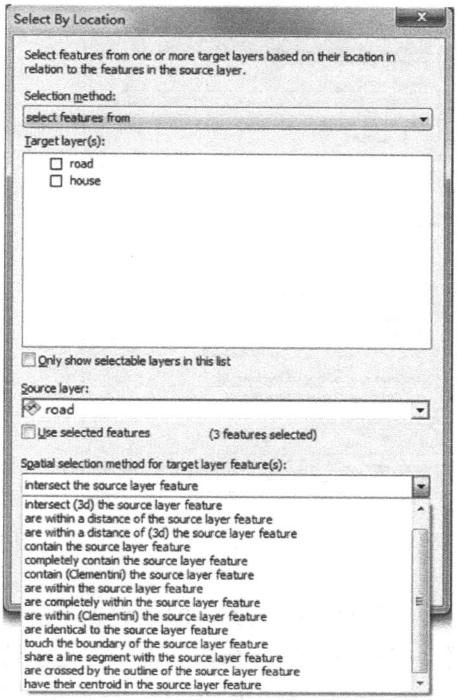

图 3.24　基于空间关系的查询（Select By Location）

下面简单介绍几种常用的空间关系查询。

1）邻接查询

邻接查询是根据线、多边形要素之间的相邻关系进行的空间查询。例如，在政治地理研究中，查询有哪些国家与中国相邻；在道路噪声污染分析中，查询有哪些地块与高速公路相邻；在农村居住环境分析中，查询农村居民点周边的土地类型有哪些等。多边形的邻接查询方法是，首先查询指定多边形由哪些弧段组成，然后根据这些弧段查询有哪些多边形与之关联（即该多边形中至少包含这些弧段中的一条），这些多边形就是要查找的对象。在 ArcGIS 中，采用 Select By Location 工具来实现邻接查询时，空间关系应设置为“touch the boundary of the source layer feature”。图 3.25 所示为查询与重庆市相邻的所有省份，灰色加粗部分便是查询结果。

2）包含查询与落入查询

包含查询是在某一个目标要素中，查找包含了源数据的要素，如查找有寨卡病毒发生的国家（世界政区为目标数据，病毒发生地为源数据）、查找高铁经过的省份、查找有水库的乡镇等。目标数据和源数据的地理对象可以是点状地物、线状地物或面状地物。包含查询有完全包含和普通包含两种类型。完全包含要求源数据中的每个几何（节）点都必须在目标数据

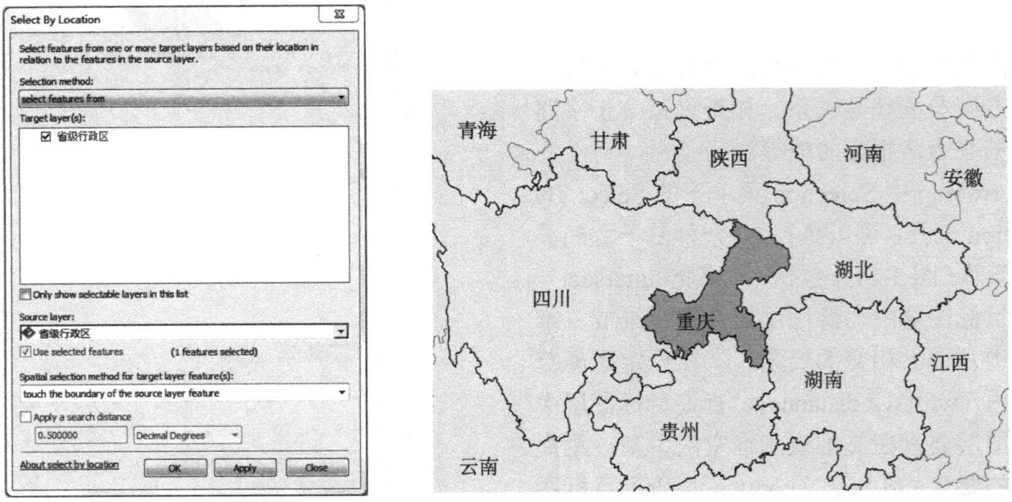

图 3.25　邻接查询

范围内，甚至包括边界，即边界也不能重合或接触，并且用于查询的目标数据必须是多边形数据。普通包含的目标数据不一定是多边形，并且边界可以重合。例如，中国的行政区多边形“完全包含”重庆市，但只“普通包含”云南省，因为云南省界与中国国界有重合。图 3.26 是 ArcGIS 中采用 Select By Location 工具的包含查询（contain the source layer feature），寻找具有高级中学的社区。

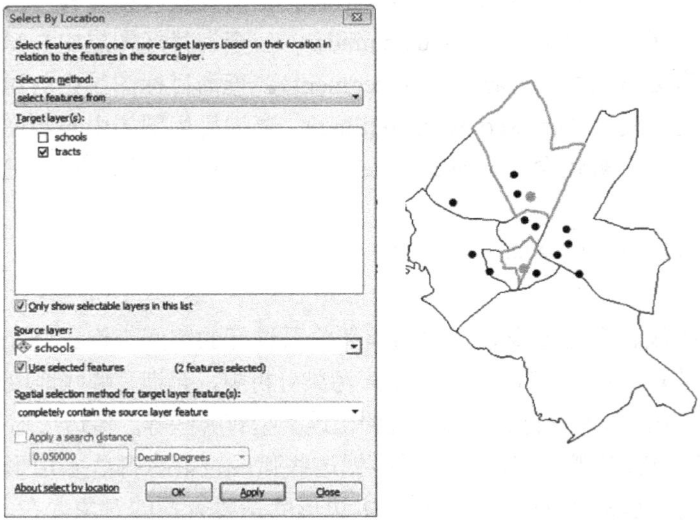

图 3.26　包含查询

落入查询是在目标数据中查找有哪些要素落入了源数据之中，如查询哪些零星地物（房屋）落在耕地之中、哪些公路穿过自然保护区、哪些森林位于城市的待开发区之中等。它与包含查询正好相反，相当于将目标数据与源数据进行了对换。例如，前述的三个例子使用包含查询时，相当于查询有零星地物的耕地有哪些、有公路穿过的自然保护区有哪些、待开发区中有森林的是哪些。与包含查询相似的是，落入查询也分为完全落入和普通落入两种类型。

完全落入不能有边界重合或接触，普通落入则可以。例如，重庆市“完全落入”中国，而云南省因省界和国界重合则属于“普通落入”。图 3.27 是 ArcGIS 中采用 Select By Location 工具的落入查询（are within the source layer feature），查询落入安徽省的地级市。

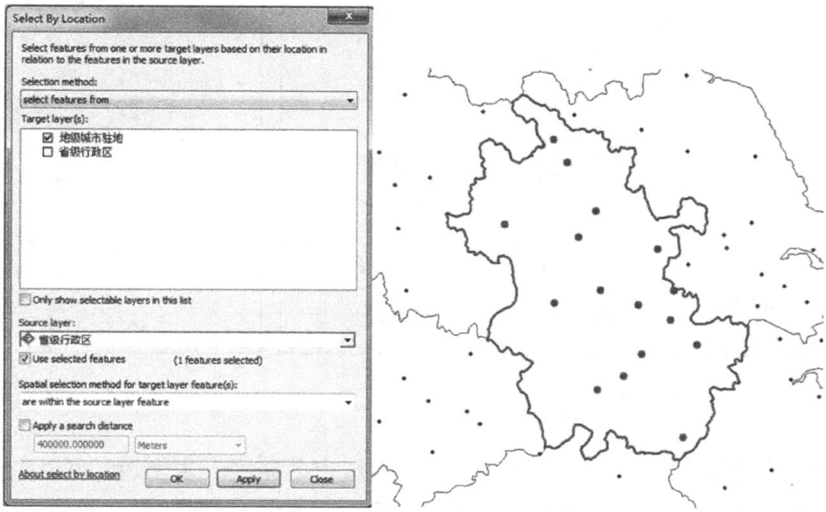

图 3.27　落入查询

执行包含和落入查询需要采用空间运算，即运用点与点重叠、点在线上、点在多边形内、线与线重叠、线在多边形内、多边形在多边形内的判别方法。

3）相交查询

相交查询是查询源数据中与目标数据部分重叠或完全重叠的要素。参与叠加的要素可以是点、线或多边形要素。例如，查询那些既是省会城市又是国家中心城市的城市（点与点的相交）；查询京广高速公路连接的城市（点与线相交）；查询通过重庆的高速公路（线与点的相交）；查询长江流经的省份（多边形与线的相交）；查询城市规划区与哪些行政村有关（多边形与多边形的相交）。图 3.28 是采用相交查询（intersect the source layer feature）寻找某一公路通过的村庄。

4）缓冲区查询

缓冲区查询首先在源要素的周围建立一定宽度的缓冲区域，然后在目标数据中查找出与该缓冲区域相交的所有要素。该种查询常常用于邻域分析。例如，在城市分析中，查询距离上海 300km 范围内的城市；在环境保护分析中，查询垃圾填埋场周围 500m 范围内的居民点；在交通分析中，查询某条高速铁路两侧 100km 范围内的城市；在生态分析中，查询大熊猫聚集区周围 50km 范围内的箭竹分布。图 3.29 是采用 ArcGIS 的缓冲区查询（are within a distance of the source layer feature），查询嘉陵江周围 80km 范围内的城市的结果。

缓冲区查询与本书后文中介绍的缓冲区分析略有不同，它并不输出缓冲区多边形。

5）地址匹配查询

在现实世界中，一般可根据某些描述查找位置，这些描述可以是国家、城市、街道、门牌号，也可以是某流域湖泊或者生态区。地址匹配查询根据街道的自然地址来查询事物的空间位置，是地理信息系统特有的一种查询方法。当正确的街道地址已知时，在地图中只需花

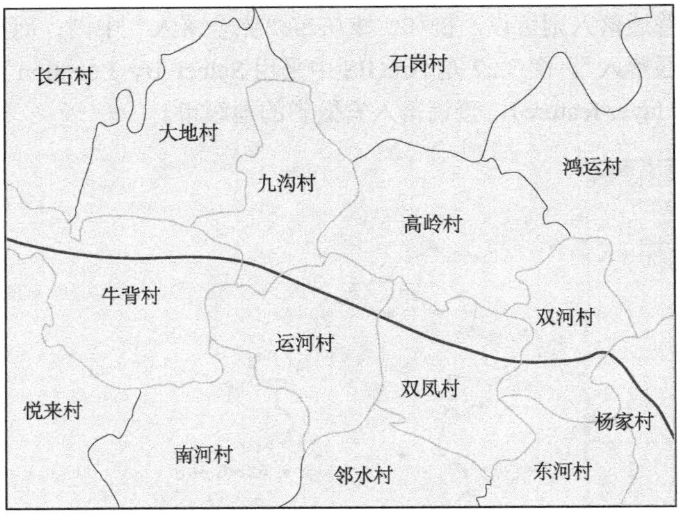

图 3.28　相交查询

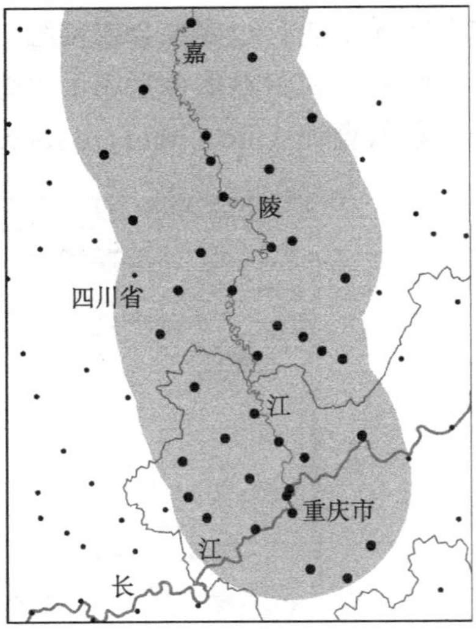

图 3.29　缓冲区查询

费较少的时间就能找到确切的位置。例如，查找重庆市北碚区天生街道，可以先查到重庆市，然后查找北碚区，最后匹配到天生街道。地址匹配查询往往需要建立双重独立式编码（dual independent map encoding，DIME），这种编码方式最早是由美国人口统计局研制，用以进行人口普查分析和制图。它以城市街道为编码的主体，采用拓扑编码结构，对图上网状或面状要素的任何一条线段，用其两端的结点及相邻的面域来进行定义。如图 3.30 所示，只需要输入街道的门牌号码就可以知道大致的位置和所在的街区。这种查询经常用于公用事业管理、事故分析等方面。例如，公安部门对当地每年发生盗窃事件的地址进行地理编码，经过地理编码的地址可以使公安部门根据时间、季节和星期几来制定预防犯罪行为的计划；公司通过记录不同客户的名称、地址、购买习惯及收集到的其他信息进行地理编码，从而可以制定市场策略，深入挖掘潜在的用户市场。

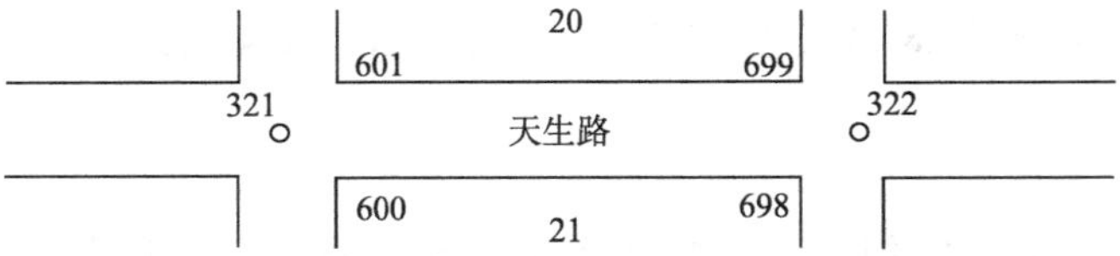

文件1

街道名	左地址	左街坊	右地址	右街坊	低结点	高结点
天生路	601~699	20	600~698	21	321	322
⋮						

文件2

结点号	*X*坐标	*Y*坐标
321	156000	213000
322	159000	213000
⋮		

图 3.30　地址匹配查询

下面以美国亚特兰大市（Atlanta）的某街区为例，在 ArcGIS 中实现地址匹配查询。

（1）将 Atlanta 地理数据库中的 streets 文件加载到 ArcMap 中进行浏览。

（2）在 Atlanta 地理数据库中新建地址匹配器（Address Locator…），在参数设置对话框中将 Address Locator Style 选择为美国地址-双范围地址样式（US Address-Dual Ranges），并将 Streets 数据作为参考数据（图 3.31）。

（3）打开地理编码（Geocoding）工具条，在工具条左侧的管理地址定位器的下拉箭头中选择【Manage Address Locators…】，将新建的地址匹配器添加到 Address Locator Manager 对话框的列表中。

（4）在地理编码工具条的【Type an address…】文本框中输入“150 Linden Ave NE Atlanta”并按【Enter】得到查询结果。在输入框右键选择【Add Labeled Point】可以将查询结果用标注点的形式添加到地图中。当需要查询相对于该结果的任何其他方向和距离时，可以在工具条输入框中指定空间偏移。例如，输入“500 meter NW from 150 Linden Ave NE Atlanta”，可以查询到在“150 Linden Ave NE Atlanta”街道西北 500m 处的结果（图 3.32）。

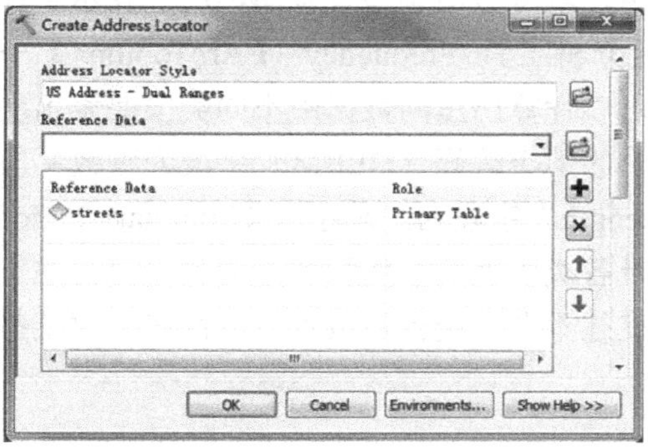

图 3.31　新建地址匹配器

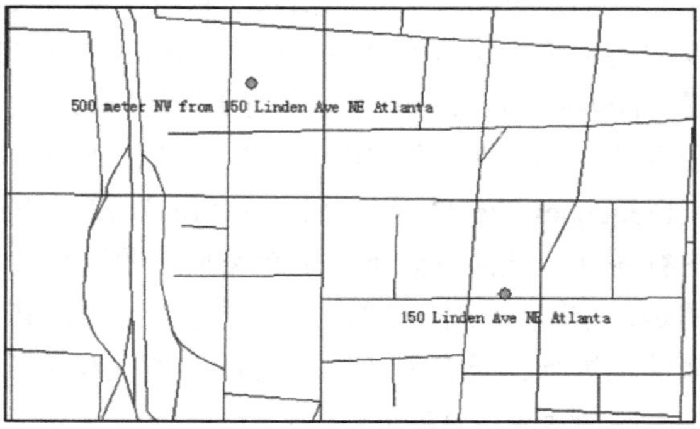

图 3.32　ArcGIS 地址匹配查询结果

6）综合查询

在实际应用中，通过以上单独的一种查询方式往往满足不了复杂的查询需求，这时就需要将多种查询方法结合起来。例如，查询满足如下条件的城市：它位于某条铁路东部、距离该铁路不超过 30km、位于某省之内、人口大于 70 万。从这些条件可以看出，以上的查询方法不能独立完成这一查询任务，需要结合基于空间关系的查询和基于属性特征的查询，才可以得到需要的结果。整个查询过程涉及了空间顺序关系（铁路东部）、空间距离关系（距离该铁路不超过 30km）、空间拓扑关系（城市位于某省之内）及属性信息（人口大于 70 万）的查询。

复合查询一般是在查询满足第一个条件的基础上，再查询满足第二个、第三个，直至最后一个条件的对象，这与基于属性特征查询中 SQL 语句里的复合条件略有不同。复合查询的具体方法有两种：一是在已查询出来的对象中直接进行新的查询（Select from current selection）；二是将已查询出来的对象输出为新的数据，再对新数据进行新的条件查询。

3.2.2　统计分析

统计分析是 GIS 中最基本、最常用的分析方法，通过统计分析可以找出某种空间属性的整体特征和趋势，发掘其中的规律并对其进行科学的分析和预测。统计分析主要采用数理统计中的相关技术和方法对空间数据进行统计和分析，如频率、平均值、最大值、最小值和标准差等，从而了解数据分布的集中情况及离散特征，便于对数据进行综合评价分析。下面主要介绍特征数统计方法、统计图分析、常用的数理统计方法和应用统计分析。

1. 特征数统计方法

数据的特征数通常分为描述数据集中特征的参数和描述数据离散特征的参数。其中，频数、频率、平均数、中位数、众数是反映数据集中状况的特征数；极差、离差、方差、标准差、变差系数是反映数据的离散状况的特征数。

1）数据的集中特征数

a. 频数和频率（Frequency）

将变量 $x_i(i=i,2,\cdots,n)$ 按大小顺序排序，并按一定的间距分组。变量在各组出现或发生的次数称为频数，各组频数与总频数之比称为频率。例如，在土地利用数据统计中，统计出的耕地地块数即为频数，耕地地块占总地块数的比例即为频率。在计算出各组的频率后，就可做出频率分布图。若以纵轴表示频率，横轴表示分组，就可做出频率直方图，用以表示事件发生的频率和分布状况。利用 ArcGIS 中频数统计分析工具 Frequency（【ArcToolbox】→【Analysis Tools】→【Statistics】→【Frequency】）可以计算出空间数据中不同类型要素出现的次数。图 3.33 中利用该工具，以土地利用类型中的地类编码（DLBM）字段为频数字段（Frequency Field），以“Shape_Area”和“Shape_Length”字段为汇总字段（Summary Field）进行统计，从而得到不同土地类型的图斑数量，以及各类土地的总面积和总周长。值得注意的是，空间分析中采用该工具进行统计时，其目的往往不在于统计频数本身，而在于对某些属性项进行分类求和（如图 3.33 中的面积和周长）。

b. 平均数（Mean）

平均数是统计学中最常用的统计量，反映了数据取值的集中位置。平均数分为简单算术平均数、加权算术平均数、调和平均数和几何平均数。

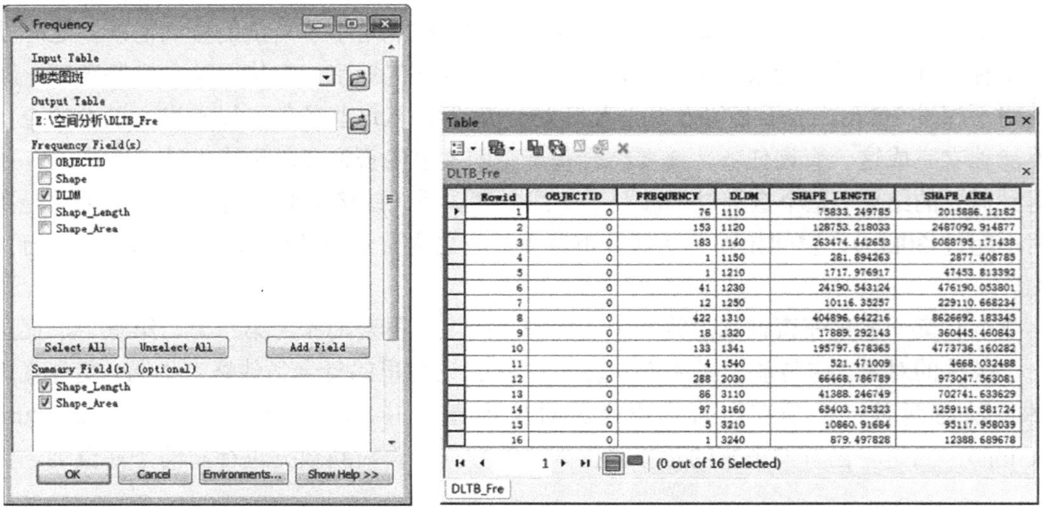

Rowid	OBJECTID	FREQUENCY	DLDM	SHAPE_LENGTH	SHAPE_AREA
1	0	76	1110	75833.249785	2015886.12182
2	0	153	1120	128753.218033	2487092.914877
3	0	183	1140	263474.442653	6088795.171438
4	0	1	1150	281.894263	2877.408785
5	0	1	1210	1717.976917	47453.813392
6	0	41	1230	24190.543124	476190.053801
7	0	12	1250	10116.35257	229110.668234
8	0	422	1310	404896.642216	8626692.183345
9	0	18	1320	17889.292143	360445.460843
10	0	133	1341	195797.678365	4773736.160282
11	0	4	1540	521.471009	4668.032488
12	0	288	2030	66468.786789	973047.563081
13	0	86	3110	41388.246749	702741.633629
14	0	97	3160	65403.125323	1259116.581724
15	0	5	3210	10860.91684	95117.958039
16	0	1	3240	879.497828	12388.689678

图 3.33　频数统计工具 Frequency

（1）简单算术平均数。设某一组数据包含 n 个观测值 $x_i(i=1,2,\cdots,n)$，则样本的简单算数平均数可表达为

$$\bar{x}=\frac{x_1+x_2+\cdots+x_n}{n} \tag{3.24}$$

它常用于表示统计对象的一般水平，也可以用它进行不同数据的对比，判断组与组之间的差别。例如，可以通过对比西部地区和东部地区的人均 GDP，反映各地区的经济发展水平差异。

（2）加权算术平均数。它在计算平均数时引入了权重。权重是一个相对的概念，反映某一指标在整体评价中的相对重要程度。若 n 个数中，x_1 的权重为 ω_1，x_2 的权重为 ω_2，…，x_n 的权重为 ω_n，则加权平均数可表示为

$$\bar{x}=\frac{x_1\omega_1+x_2\omega_2+\cdots+x_n\omega_n}{\sum\omega_i} \tag{3.25}$$

当各指标的权重相等时，加权算术平均数就是简单算数平均数，因此可以说，简单算数平均数是加权算术平均数的一种特例。

加权算术平均数考虑了不同要素相对于目标的重要性差异，所得结果更接近于实际，因此在空间分析中经常得以应用。例如，在计算区域城市空气污染的重心时，以各城市的坐标 x 和 y 作为指标，以各城市的空气污染指数为空间权重，则可以通过计算加权算术平均数求得整个区域的污染重心（图 3.34）。

（3）调和平均数。又称倒数平均数，是各个数据的倒数的算术平均数的倒数，用公式表示为

$$\bar{x}=\frac{n}{\sum_{i=1}^{n}(1/x_i)} \tag{3.26}$$

调和平均数应用的范围相对较小。在实际应用中，由于缺乏总体单位数的资料而不能直接计算算术平均数时，就需要利用调和平均法来求得平均数。

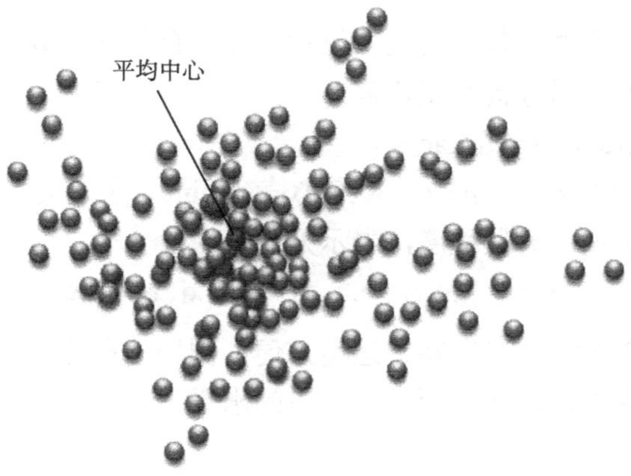

图 3.34　加权算术平均数求污染重心

（4）几何平均数。当数据以环比的形式出现时，用算数平均数求均值是不合理的，这时应使用几何平均数。设某一组数据包含 n 个环比数据 $x_i(i=1,2,\cdots,n)$，则样本的几何平

均数可以表示为

$$\overline{x}=\sqrt[n]{x_1\times x_2\times\cdots\times x_n} \tag{3.27}$$

几何平均数主要用于计算比率的平均值。例如，利用我国 1995~2015 年每年 GDP 相对于上年的增长速度的百分比，通过几何平均数，可以计算这 20 年全国 GDP 增长的年均环比值。

c. 中位数（Median）

对于有序排列的数据集 $x_i(i=1,2,\cdots,n)$，位于中间位置的数据即为中位数。中位数可以代替算术平均数反映某种现象变化的一般水平，不受极端值的变化影响。当数据的个数 n 是奇数时，样本的中位数可表示为

$$M_d=x_{(n+1)/2} \tag{3.28}$$

当数据的个数 n 是偶数时，样本的中位数可表示为

$$M_d=\frac{x_{(n/2)}+x_{(n/2+1)}}{2} \tag{3.29}$$

例如，可以对中国所有城市的人均收入数据进行统计，计算其中位数，以此评价中国城市居民收入的中等水平。

d. 众数（Majority）和寡数（Minority）

众数是在一个数据集或一组变量中出现次数最多的数据或变量。众数可能不是唯一的，如果有两个或两个以上数据出现的次数都是最多的，那么这几个数都是这组数据的众数。在总体数据数量较多且明显地集中于某个变量值的情况下，计算众数才有意义，它能很好地反映数据或变量分布的集中趋势。例如，说明一个国家中居民最普遍的学历水平、说明一年中某城市空气质量最普遍的状况、说明农贸市场上某种农副产品最普遍的成交价格、说明森林中的优势树种、说明土地中的主要类型等，都可以采用众数。

寡数和众数相反，是在一个数据集或一组变量中出现次数最少的数据或变量。例如，分析某个区域的民族构成时，使用寡数可以了解当地少数民族的信息。

2）数据的离散特征值

在空间分析中，不仅要找出数据的集中位置，还要查明这些数据的离散程度，即它们相对于中心位置的偏差程度，以分析其变化范围。

a. 极值和极差（Extremum and Range）

极值是一组数据中的最大值（max）和最小值（min）。极差是一组数据中最大值与最小值之差，可以反映一组数据的离散程度，表示为

$$R=\max\{x_1,x_2,\cdots,x_n\}-\min\{x_1,x_2,\cdots,x_n\} \tag{3.30}$$

极差的优点是计算简单，含义直观，运用方便。例如，在比赛中去掉最高分和最低分就是极差的应用，但是，它仅仅取决于两个极端值的水平，不能反映其间的变量分布情况，同时易受极端值的影响。

b. 离差（Deviation）

离差是指一组数据集中的某个数据 $x_i(i=1,2,\cdots,n)$ 与数据集均值 $\overline{x}$ 之差，反映数据偏离平均值的程度，可表达为

$$d = x_i - \bar{x} \tag{3.31}$$

若将离差绝对值求和取平均数，便得到离均差，可表示为

$$\bar{d} = \sum_{i=1}^{n} |x_i - \bar{x}| \Big/ n \tag{3.32}$$

例如，在土地评估中有 5 个专家针对其中一个项目进行评分，某专家对该项目的评分与项目的平均分之差就是离差，反映了该专家在该项目上与全体专家间的差异；当评审多个项目时，某个专家在所有评审项目上离差的均数称为离均差，反映了该专家的平均非共识程度。

但是，由于偶然误差是呈正态分布的，离差有正有负，为了避免正负问题，常采用离差平方和来反映总体离差情况，可表示为

$$\text{ss} = \sum_{i=1}^{n} (x_i - \bar{x})^2 \tag{3.33}$$

c. 方差与标准差（Variance Standard Deviation）

因为离差平方和与样本个数有关，只能反映相同数量样本的离散度，而实际工作中做比较时，很难做到样本数量相同，因此为了消除样本个数的影响，增加数据的可比性，常使用方差来衡量随机变量或一组数据的离散程度。方差可分为总体方差和样本方差，对于不分组数据 $x_i(i = 1, 2, \cdots, n)$，总体方差可表示为

$$\sigma^2 = \frac{1}{n} \sum_{i=1}^{n} (x_i - \bar{x})^2 \tag{3.34}$$

样本方差是对总体方差的一个无偏估计，可表示为

$$s^2 = \frac{1}{n-1} \sum_{i=1}^{n} (x_i - \bar{x})^2 \tag{3.35}$$

由方差的定义可以发现，方差值的测量单位是原数据测量单位的平方。例如，一组数据的测量单位是米，其方差的单位就为平方米。因此，为了使测量单位能够恢复为米，就需要通过求算术根把单位还原，于是引出标准差的概念。标准差也用于评价一组数据的平均离散程度，可以表示为

$$s = \sqrt{\frac{1}{n-1} \sum_{i=1}^{n} (x_i - \bar{x})^2} \tag{3.36}$$

d. 变差系数（Variation Coefficient）

变差系数是一个表示标准差相对于平均数大小的相对量，用来衡量数据相对变化的程度，可表示为

$$C_v = s / \bar{x} \times 100\% \tag{3.37}$$

变差系数可以更为客观地反映数据的离散状况。例如，同样是 10mm 的降水标准差，在西北地区和西南地区，由于多年降水平均值差异明显（基数不一样），其降水变差系数就有明显的不同，西南地区明显小于西北地区。降水变差系数可以表征某一地区降水的年际变化程度，若一个地区降水量丰富，变率小，则说明该地区水资源的利用价值较高。

e. ArcGIS 中的多元统计

在 ArcGIS 中，Summary Statistics 工具（【ArcToolbox】→【Analysis Tools】→【Statistics】→

【Summary Statistics】）可以进行多元统计。具体来讲，它可以分类（Case field）对要素的不同属性（Statistic field）进行不同类型（Statistic Type）的统计。在【Statistic Type】中可以选择总和、平均数等集中特征数指标，也可以统计最大值、最小值、极差、标准差等离散特征数指标。图 3.35 中，利用多元统计工具 Summary Statistics 对地类图斑数据按土地类型名称（DLMC），分类统计各类土地的面积之和（SUM）、周长的标准差（STD）。

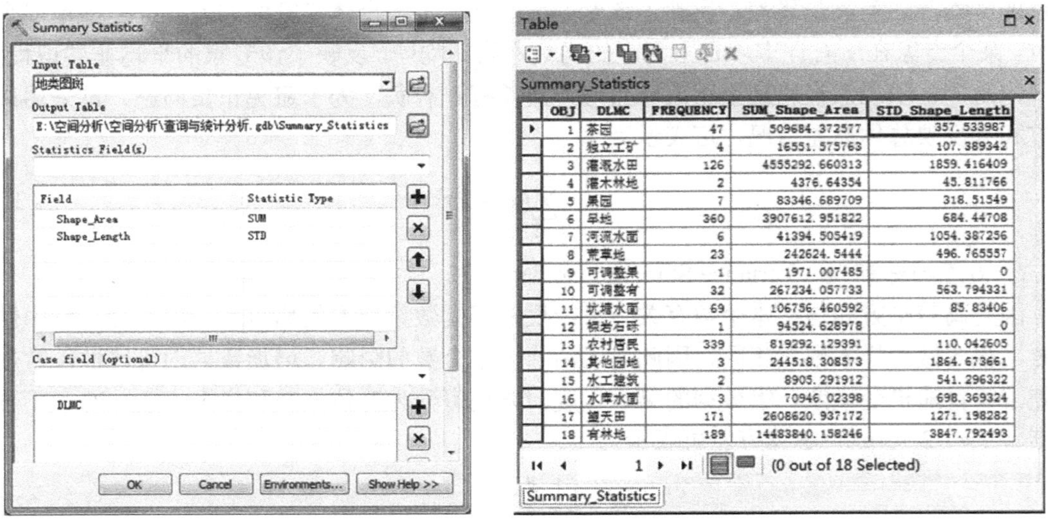

OBJ	DLMC	FREQUENCY	SUM_Shape_Area	STD_Shape_Length
1	茶园	47	509684.372577	357.533987
2	独立工矿	4	16551.575763	107.389342
3	灌溉水田	126	4555292.660313	1859.416409
4	灌木林地	2	4376.64354	45.811766
5	果园	7	83346.689709	318.51549
6	旱地	360	3907612.951822	684.44708
7	河流水面	6	41394.505419	1054.387256
8	荒草地	23	242624.5444	496.765557
9	可调整果	1	1971.007485	0
10	可调整有	32	267234.057733	563.794331
11	坑塘水面	69	106756.460592	85.83406
12	裸岩石砾	1	94524.628978	0
13	农村居民	339	819292.129391	110.042605
14	其他园地	3	244518.308573	1864.673661
15	水工建筑	2	8905.291912	541.296322
16	水库水面	3	70946.02398	698.369324
17	望天田	171	2608620.937172	1271.198282
18	有林地	189	14483840.158246	3847.792493

图 3.35　多元统计工具 Summary Statistics

2. 统计图分析

在对属性数据的某些特性进行分析时，统计图相对于文字描述和统计数据，往往能给出更方便、更直观的结果，便于用户对属性数据进行综合评价。下面结合 ArcGIS，介绍一些常用统计图的创建（通过点击菜单【View】→【Graphs】→【Create Graph】，打开统计图创建工具，在【Graph type】可选择不同的统计图类型）。

1）柱状图

柱状图是一种以长方形的长度为变量来进行图形表达的统计报告图，由一系列高度不等的纵向条柱表示数据分布的情况，每个条柱只代表一个属性值。它通常有利于较少数据集的分析，直观地反映不同对象的数据差异。图 3.36 是在 ArcGIS 中，以北京及周边城市的地区 GDP 为纵轴制作的柱状图，通过该图可以看出北京和天津的地区 GDP 远高于其他城市，反映了地区经济总量的差异。

2）直方图

根据属性数据的某一属性特征值的分布区间将其标识在二维坐标系中，一个坐标轴代表了属性特征值的值域，另外一个坐标轴代表了对应每一属性特征值的数目。直方图可以很好地反映属性数据的分布趋势。图 3.37 是在 ArcGIS 中，以 2015 年华北地区城市的空气质量指数（AQI）分区间为横轴，以各区间的城市数量为纵轴制作的直方图。通过该图可以看出 2015 年华北地区城市的空气质量总体较差，大部分城市的 AQI 都超过了国家二级标准（AQI>100）。

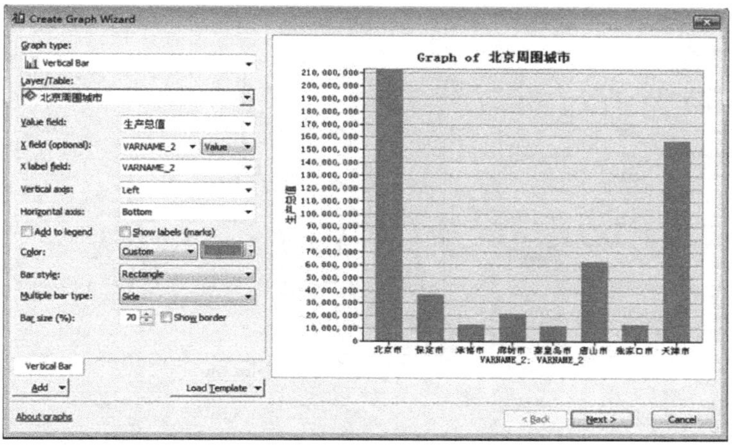

图 3.36　ArcGIS 中柱状图的制作

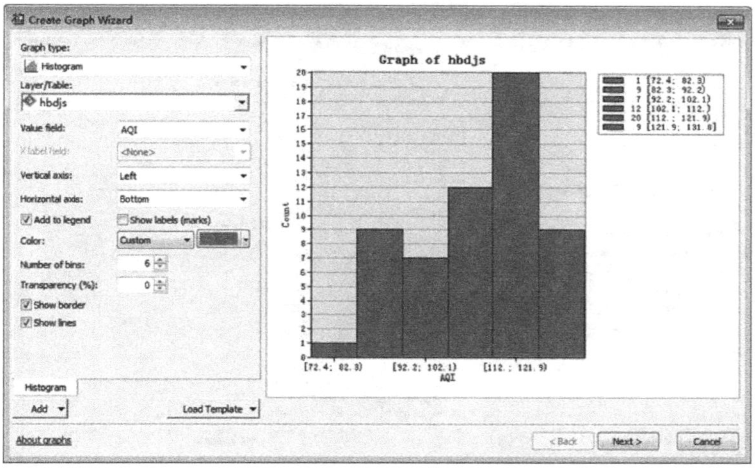

图 3.37　ArcGIS 中直方图的制作

3）折线图

将属性数据标识在二维坐标系中，然后沿着一个坐标轴的方向，将这些属性数据连线，就构成了折线图。它可以反映一种属性随着另外一种属性连续变化的发展动态及趋势。同时，通过折线图可以很容易地确定数据的范围、极值、间距、异常值等。图 3.38 是在 ArcGIS 中，采用北京市 2015 年 1 月每天的 AQI 值制作的空气质量变化折线图，从中可以直观地找出空气质量最好和最差的日期，了解全月空气质量的变化情况。

4）散点图

以属性数据的两个属性特征值作为 x、y 坐标轴，将属性数据标识在二维坐标系中，形成二维空间中的一些离散点。通过判断这些离散点的相互关系，进而确定两种属性的相互关系。当存在大量数据点时，散点图的作用尤为明显。图 3.39 是在 ArcGIS 中，以华北地区各地级市的民用汽车保有量为 x 轴、地区 GDP 为 y 轴制作的散点图。通过散点图可以看出汽车保有量与地区 GDP 之间呈现较为明显的正相关性，即经济越发达的地区，汽车保有量越多。

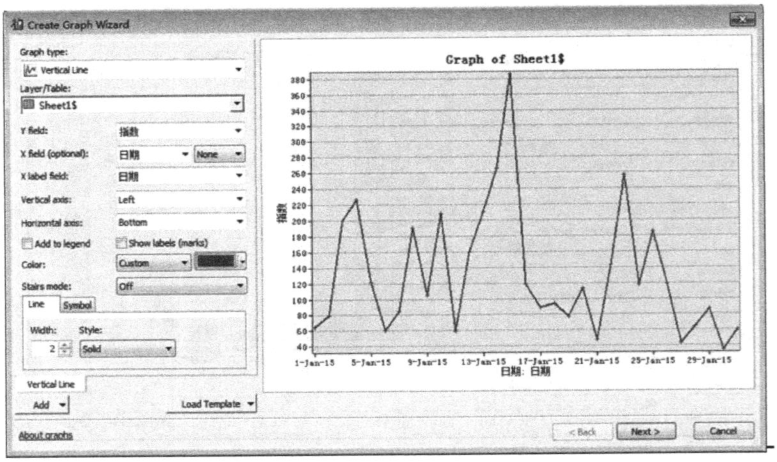

图 3.38　ArcGIS 中折线图的制作

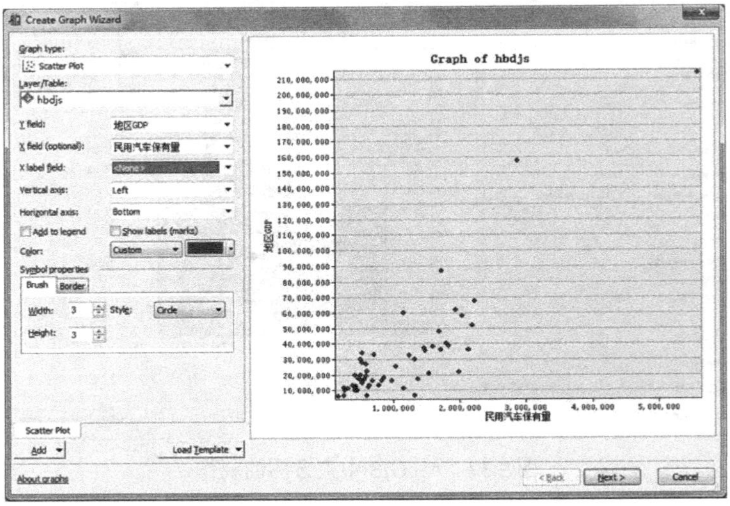

图 3.39　ArcGIS 中散点图的制作

5）饼状图

在表示属性数据的某些特征时，将一个饼状图分为若干扇形，每个扇形代表了一个属性数据，该扇形的面积或弧长则表示该属性数据的一个属性特征在众多属性数据中所占的比重。属性数据越多，用饼状图表示的效果越差。图 3.40 是在 ArcGIS 中，以京津冀地区城市的 GDP 为分类变量制作的饼状图。从图中可以看出，北京和天津在饼状图中所占面积较大，反映了北京和天津经济总量远超其相邻地区。

3. 常用的数理统计方法

1）相关分析与回归分析

a. 相关分析

相关分析是研究两个或两个以上变量之间的相关性质及相关程度的一种统计方法。通常所说的变量之间的相互关系可以分为两种：一种为函数关系，也称为确定性关系，变量之间的关系可以用一个函数关系式精确表示，如圆的面积可表示为 πr^2；另一种为相关关系，也

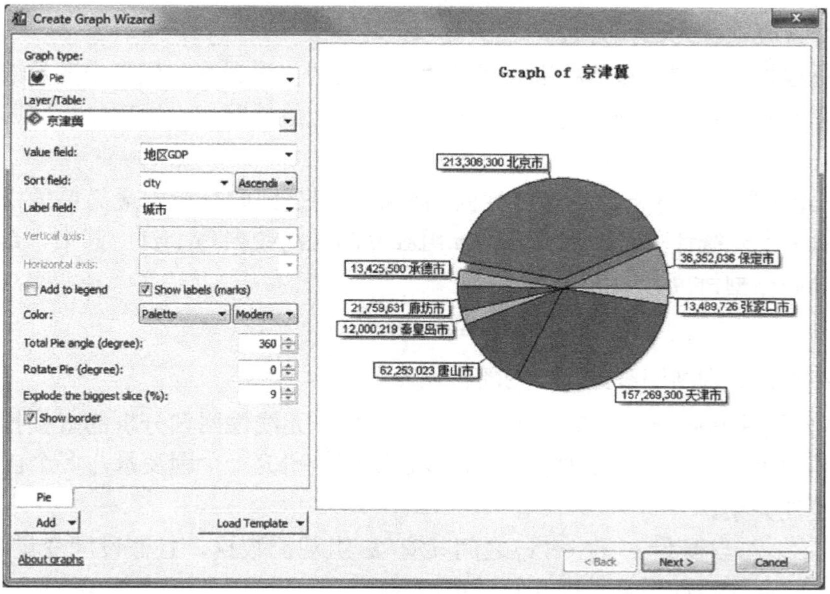

图 3.40　ArcGIS 中饼状图的制作

称为非确定性关系，是指多变量之间具有一定的关联性，但不能使用确定的函数关系式来精确地表示，即不能由自变量的值来完全确定因变量的值，如煤的使用量与区域空气质量之间的关系、陡坡耕地面积与水土流失之间的关系等。相关关系按相关程度可划分为完全相关、不相关和不完全相关；按相关方向可划分为正相关和负相关；按相关表现形式可划分为线性相关和曲线相关。

相关性分析可通过相关表、散点图、相关系数进行度量。其中，相关表和散点图只能粗略反映变量间相关关系的方向、形式和密切程度，而相关系数可以确切反映相关关系的密切程度。相关系数有很多种形式，常用的是由卡尔·皮尔逊提出的相关系数，即 Pearson 相关系数。设有两组数据 $x_i(i=1,2,\cdots,n)$ 和 $y_i(i=1,2,\cdots,n)$，则其 Pearson 相关系数可表示为

$$r=\frac{\sum\left(x_i-\overline{x}\right)\left(y_i-\overline{y}\right)}{\sqrt{\sum\left(x_i-\overline{x}\right)^2\sum\left(y_i-\overline{y}\right)^2}} \tag{3.38}$$

Pearson 相关系数的取值范围为[−1，1]。相关系数的绝对值越大（越接近于 1 或−1），相关性越强；相关系数越接近于 0，相关性越弱。相关系数的正负反映要素之间的正相关或负相关。

变量之间的函数关系和相关关系在一定条件下是可以相互转化的。本来具有函数关系的变量，当存在观测误差时，其函数关系往往以相关关系的形式表现出来；而具有相关关系变量之间的联系，如果对其有了深刻的规律性认识，并且能够把影响因变量变动的因素全部纳入方程中，相关关系也可能转化为函数关系。

b. 回归分析

回归分析是指对具有相关关系的多个变量，根据其关系形态，选择一个合适的数学模型，用来近似地表示多个变量间的平均变化关系的一种统计分析方法。这个合适的数学模型一般用函数关系式 $y=f(x_1,x_2,\cdots,x_n)$ 来表示，其中，y 是因变量，$x_1,x_2,\cdots,x_n$ 是一组自变量，$f()$

为函数，这个方程被称为回归方程。

回归分析根据其不同的参数标准可以分为不同类别。根据回归模型中变量的个数、回归曲线的形态和回归变量的特征分为一元线性回归、多元线性回归、地理加权回归分析和趋势面分析等。

（1）一元线性回归分析。一元线性回归分析模型是回归分析中最简单的模型。设因变量 y 与自变量 x 具有统计关系，现在获得 n 组独立的观测数据(x_i, y_i)，其中，$i=1,2,\cdots,n$，则一元线性回归模型可以表示为

$$y_i = \alpha + \beta x_i + \varepsilon \tag{3.39}$$

式中，α 为常数；β 为回归参数；ε 为随机误差。

（2）多元线性回归分析。多元线性回归分析是一元线性回归分析的直接推广，其包含一个因变量和两个或两个以上自变量。多元线性回归是研究一个因变量与多个自变量 x_n 之间在数量上的线性关系。

设因变量 y 与自变量 $x_1, x_2, \cdots, x_n$ 之间共有 n 组观测数据，且假设因变量 y 与自变量 $x_1, x_2, \cdots, x_n$ 之间存在线性关系，则其数学模型为

$$y = \beta_0 + \beta_1 x_1 + \beta_2 x_2 + \cdots + \beta_n x_n + \varepsilon \tag{3.40}$$

式中，β_0 为常数项；$\beta_1, \beta_2, \cdots, \beta_n$ 为偏回归参数；ε 为随机误差。

多元回归模型除了满足一元回归模型的一些基本假定外，还要求多个自变量之间不能具有较强的线性关系。

（3）地理加权回归分析。地理加权回归模型（geographically weighted regression，GWR）扩展了线性回归模型，其回归系数 β 不再是全局性的统一单值，而是随着空间位置 i 变化的 β，从而可以反映解释变量对被解释变量的影响随空间位置而变化的情况。

地理加权回归的实质是局部加权最小二乘法，其中的权为待估点所在的地理空间位置到其他各观测点的地理空间位置之间的距离函数。这些在各地理空间位置上估计的参数值描述了参数随所研究的地理空间位置变化的情况，用以探索空间数据的非平稳性。GWR 的数学模型为

$$y_i = \beta_0(u_i, v_i) + \sum_{j=1}^{n} \beta_j(u_i, v_i) x_{ij} + \varepsilon_i \tag{3.41}$$

式中，y_i 为第 i 点的因变量；x_{ij} 为第 j 个自变量在第 i 点的值，j 为自变量记数，i 为样本点记数；ε_i 为残差；(u_i, v_i) 为第 i 个样本点的空间地理位置坐标；$\beta_j(u_i, v_i)$ 为第 i 个样本点的第 j 个回归参数，是地理位置函数。图 3.41 是利用 ArcGIS 中的地理加权回归分析工具得到的华北地区空气质量与人口密度的局部回归系数。

（4）趋势面分析。趋势面分析是利用数学曲面模拟现实世界地理要素的空间分布及变化趋势的一种分析方法。它实质上是通过回归分析原理，运用最小二乘法拟合一个曲面函数，模拟地理要素在空间上的分布规律，展示地理要素在地域空间上的变化趋势。

趋势面模拟包括两个部分，即趋势曲面和随机干扰。设 $z(x, y)$ 表示研究对象的某一特征值，即某地理要素的实际观测值，$f(x, y)$ 表示某一趋势面函数，ε 表示残差值及随机干扰误差项，则趋势面分析模型可表示为

$$z(x, y) = f_i(x, y) + \varepsilon_i \tag{3.42}$$

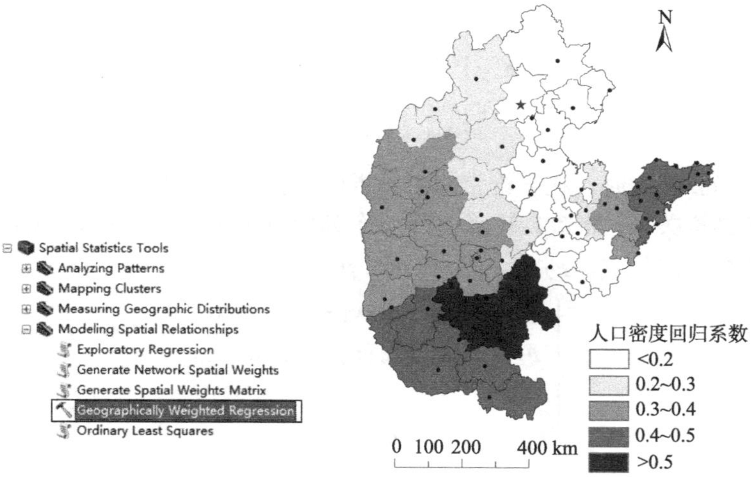

图 3.41　地理加权回归分析

一般采用的趋势面函数多为二次曲面，因为趋势面的次数过高，会导致解的奇异，并增加计算的复杂度。图 3.42 为 ArcGIS 中的趋势面分析工具。

2）主成分分析

地理问题往往涉及大量互相关联的自然和社会要素，众多的要素常常给模型的构建带来很大的困难，同时增加了运算的复杂性。因为地理要素中许多变量通常都是相互关联的，所以有必要在众多的要素中，提取重要的要素，减少不重要的信息，消除冗余信息，从而进行有效的分析研究，这时就需要应用主成分分析法（principal component analysis，PCA）。它是一种用较少数量的特征对样本进行描述以达到降低特征空间维数的分析方法，本质上是 K-L 变换。

a. 基本原理

假定有 n 个地理样本，每个样本共有 p 项指标（变量），则可以构成一个 $n \times p$ 阶的地理数据矩阵：

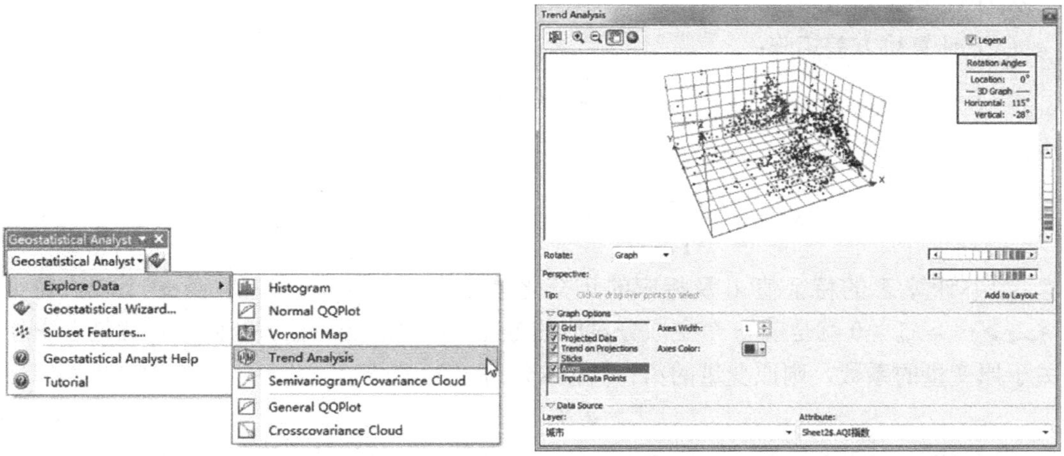

图 3.42　趋势面分析

$$
\boldsymbol{X}=\begin{bmatrix} x_{11} & x_{12} & \cdots & x_{1p} \\ x_{21} & x_{22} & \cdots & x_{2p} \\ \vdots & \vdots & & \vdots \\ x_{n1} & x_{n2} & \cdots & x_{np} \end{bmatrix} \tag{3.43}
$$

可以看出，当 p 较大时，在 p 维空间中分析问题就比较困难。因此，主成分分析法研究指标体系的内在结构关系，将数据矩阵 $\boldsymbol{X}$ 中 p 个列向量（即指标向量 $\boldsymbol{x}_1$，$\boldsymbol{x}_2,\cdots$，$\boldsymbol{x}_p$）通过线性组合得到综合指标向量 $\boldsymbol{F}_1$，$\boldsymbol{F}_2,\cdots$，$\boldsymbol{F}_m$ （$m \leqslant p$）：

$$
\begin{cases} \boldsymbol{F}_1 = a_{11}\boldsymbol{x}_1 + a_{12}\boldsymbol{x}_2 + \cdots + a_{1p}\boldsymbol{x}_p \\ \boldsymbol{F}_2 = a_{21}\boldsymbol{x}_1 + a_{22}\boldsymbol{x}_2 + \cdots + a_{2p}\boldsymbol{x}_p \\ \quad\vdots \\ \boldsymbol{F}_m = a_{m1}\boldsymbol{x}_1 + a_{m2}\boldsymbol{x}_2 + \cdots + a_{mp}\boldsymbol{x}_p \end{cases} \tag{3.44}
$$

上式可以简化为

$$
\boldsymbol{F}_i = a_{i1}\boldsymbol{x}_1 + a_{i2}\boldsymbol{x}_2 + \cdots + a_{ip}\boldsymbol{x}_p \quad (i=1,2,\cdots,m) \tag{3.45}
$$

其组合系数 $a_i' =$（$a_{i1}, a_{i2},\cdots,a_{ip}$）要求满足：

$$
a_{i1}^2 + a_{i2}^2 + \cdots + a_{ip}^2 = 1 \quad (i=1,2,\cdots,m) \tag{3.46}
$$

即 a_i 为单位向量，$a_i'a_i = 1$，且由下列原则决定：

（1）其中，$\boldsymbol{F}_i$ 与 $\boldsymbol{F}_j (i \neq j; i,j=1,2,\cdots,p)$ 相互无关，即协方差 $\mathrm{Cov}(\boldsymbol{F}_i,\boldsymbol{F}_j)=0$，并有方差 $\mathrm{Var}(\boldsymbol{F}_i) = a_i'\boldsymbol{\Sigma} a_i$（其中，$\boldsymbol{\Sigma}$ 为数据矩阵 $\boldsymbol{X}$ 的协方差阵）。

（2）$\boldsymbol{F}_1$ 是 $\boldsymbol{x}_1$，$\boldsymbol{x}_2,\cdots$，$\boldsymbol{x}_p$ 的所有线性组合中的方差最大者，$\boldsymbol{F}_2$ 是与 $\boldsymbol{F}_1$ 不相关的 $\boldsymbol{x}_1$，$\boldsymbol{x}_2,\cdots$，$\boldsymbol{x}_p$ 的所有线性组合中的方差最大者，以此类推，$\boldsymbol{F}_m$ 是与 $\boldsymbol{F}_1$，$\boldsymbol{F}_2,\cdots$，$\boldsymbol{F}_{m-1}$ 都不相关的 $\boldsymbol{x}_1$，$\boldsymbol{x}_2,\cdots\boldsymbol{x}_p$ 的所有线性组合中的方差最大者。

满足上述条件的综合指标向量 $\boldsymbol{F}_1$，$\boldsymbol{F}_2,\cdots$，$\boldsymbol{F}_m$ 称为原变量指标的第一，第二，…，第 m 主成分，每一个主成分所提取的信息量用方差来度量，主成分方差的贡献等于原变量指标相关系数矩阵相应的特征值 λ_i，每一个主成分的组合系数 $\boldsymbol{a}_i'$ 就是相应特征值 λ_i 所对应的单位特征向量。方差的贡献率 $\boldsymbol{\alpha}_i$ 越大，则相应的主成分反映综合信息的能力越强。

b. 计算步骤

（1）计算协方差矩阵：

$$
\Sigma = \left(s_{ij}\right)_{p\times p} \tag{3.47}
$$

其中，

$$
s_{ij} = \frac{1}{n-1}\sum_{k=1}^{n}(x_{ki}-\overline{x}_i)(x_{kj}-\overline{x}_j) \quad (i,j=1,2,\cdots,p) \tag{3.48}
$$

（2）计算 $\boldsymbol{\Sigma}$ 的特征值 λ_i 及相应的正交化单位特征向量 $\boldsymbol{a}_i$：$\boldsymbol{\Sigma}$ 的前 m 个较大特征值 $\lambda_1 \geqslant \lambda_2 \geqslant \cdots \geqslant \lambda_m \geqslant 0$ 就是前 m 个主成分对应的方差，λ_i 对应的单位特征向量 $\boldsymbol{a}_i$ 就是主成分 $\boldsymbol{F}_i$ 的关于原变量的系数，则原变量的第 i 个主成分为

$$
\boldsymbol{F}_i = \boldsymbol{a}_i'\boldsymbol{X} \tag{3.49}
$$

（3）计算主成分贡献率及累计贡献率。主成分的方差贡献率用来反映信息量的大小，贡献率 $\boldsymbol{\alpha}_i$ 可表达为

$$\alpha_i = \frac{\lambda_i}{\sum_{i=1}^{m} \lambda_i} \quad (i = 1, 2, \cdots, p) \tag{3.50}$$

最终要选择几个主成分，即 F_1，F_2，…，F_m 中 m 的确定是通过方差累计贡献率 $G(m)$ 来确定的，$G(m)$ 可表达为

$$G(m) = \frac{\sum_{i=1}^{m} \lambda_i}{\sum_{k=1}^{p} \lambda_k} \quad (i = 1, 2, \cdots, p) \tag{3.51}$$

一般取累计贡献率达 85%~95%的特征值 $\lambda_1, \lambda_2, \cdots, \lambda_m$ 所对应的第一，第二，…，第 m（$m \leqslant p$）个主成分。

（4）计算各主成分得分：

$$\boldsymbol{F} = \begin{bmatrix} a_{11} & a_{12} & \dots & a_{1p} \\ a_{21} & a_{22} & \dots & a_{2p} \\ \vdots & \vdots & & \vdots \\ a_{n1} & a_{p2} & \dots & a_{np} \end{bmatrix} \begin{bmatrix} x_1 \\ x_1 \\ \vdots \\ x_p \end{bmatrix} \tag{3.52}$$

因为在实际应用中各变量的量纲往往不同，所以在主成分计算之前应先消除量纲的影响。常用的方法是将原始数据进行标准化。标准化的方法有极差标准化和标准差标准化[式（3.53）]等。

$$x_{ij}^* = \frac{x_{ij} - \overline{x}_j}{s_j} \quad (i = 1, 2, \cdots, n; j = 1, 2, \cdots, p) \tag{3.53}$$

其中，$\overline{x}_j = \frac{1}{n}\sum_{i=1}^{n} x_{ij}$，$s_j^2 = \frac{1}{n-1}\sum_{i=1}^{n}(x_{ij} - \overline{x}_j)^2 (j = 1, 2, \cdots, p)$，标准化后的数据矩阵为 $\boldsymbol{X}^*$，其中标准化后的每个列向量的均值为 0，标准差为 1，数据无量纲。根据前述公式可知，标准化后的变量协方差矩阵等于其相关系数矩阵，也就是说在标准化前后，变量的相关系数矩阵不发生变化。

根据以上论述，为消除量纲的影响，将变量标准化后再计算其协方差矩阵就是直接计算原变量的相关系数矩阵，因此主成分分析的实际常用步骤是：①计算相关系数矩阵；②求出相关系数矩阵的特征值 λ_i 及相应的正交化单位特征向量；③选择主成分；④计算主成分得分。

例如，现有某年全国部分省份经济发展基本情况的八项指标，依次为 GDP、居民消费水平、固定资产投资、职工平均工资、货物周转量、居民消费价格指数、商品零售价格指数、工业总产值（表 3.1），对其做主成分分析的步骤如下。

表 3.1　部分省份经济发展指标

省份	GDP X_1	居民消费水平 X_2	固定资产投资 X_3	职工平均工资 X_4	货物周转量 X_5	居民消费价格指数 X_6	商品零售价格指数 X_7	工业总产值 X_8
北京	1394.89	2505	519.01	8144	373.9	117.3	112.6	843.43
天津	920.11	2720	345.46	6501	342.8	115.2	110.6	582.51

续表

省份	GDP X_1	居民消费水平 X_2	固定资产投资 X_3	职工平均工资 X_4	货物周转量 X_5	居民消费价格指数 X_6	商品零售价格指数 X_7	工业总产值 X_8
河北	2849.52	1258	704.87	4839	2033.3	115.2	115.8	1234.85
山西	1092.48	1250	290.9	4721	717.3	116.9	115.6	697.25
⋮	⋮	⋮	⋮	⋮	⋮	⋮	⋮	⋮

（1）将表 3.1 中的数据作标准化处理，然后计算指标之间的相关系数矩阵 $\boldsymbol{R}$（表 3.2）。

表 3.2　经济指标相关系数矩阵

	X_1	X_2	X_3	X_4	X_5	X_6	X_7	X_8
X_1	1.00	0.27	0.95	0.19	0.62	−0.27	−0.26	0.87
X_2	0.27	1.00	0.43	0.72	−0.15	−0.24	−0.59	0.36
X_3	0.95	0.43	1.00	0.40	0.43	−0.28	−0.36	0.79
X_4	0.19	0.72	0.40	1.00	−0.36	−0.13	−0.54	0.10
X_5	0.62	−0.15	0.43	−0.36	1.00	−0.25	0.02	0.66
X_6	−0.27	−0.24	−0.28	−0.13	−0.25	1.00	0.76	−0.13
X_7	−0.26	−0.59	−0.36	−0.54	0.02	0.76	1.00	−0.19
X_8	0.87	0.36	0.79	0.10	0.66	−0.13	−0.19	1.00

（2）由相关系数矩阵计算特征值，以及各个主成分的方差贡献率与累计贡献率（表 3.3）。

表 3.3　解释总方差

主成分	特征值	方差贡献率	累计贡献率
1	3.75	46.93	46.93
2	2.20	27.46	74.39
3	1.22	15.19	89.58
4	0.40	5.03	94.61
5	0.21	2.66	97.28
6	0.14	1.72	99.00
7	0.07	0.82	99.82
8	0.01	0.18	100.00

可以看出，前 3 个特征值累计贡献率已达到 89.58%（大于 85%），说明前 3 个主成分基本包含了全部指标具有的主要信息，因此提取前 3 个特征值（3.75、2.20、1.22）并计算出相应的特征向量（表 3.4）。

表 3.4　特征向量

	第一特征向量 a_1	第二特征向量 a_2	第三特征向量 a_3
x_1	0.46	0.26	0.11
x_2	0.31	−0.4	0.25

续表

	第一特征向量 a_1	第二特征向量 a_2	第三特征向量 a_3
x_3	0.47	0.11	0.19
x_4	0.24	−0.49	0.33
x_5	0.25	0.5	−0.25
x_6	−0.26	0.17	0.72
x_7	−0.32	0.4	0.4
x_8	0.42	0.29	0.19

（3）前三个主成分分别为

$$F_1 = 0.46x_1 + 0.31x_2 + 0.47x_3 + 0.24x_4 + 0.25x_5 - 0.26x_6 - 0.32x_7 + 0.42x_8$$

$$F_2 = 0.26x_1 - 0.40x_2 + 0.11x_3 - 0.49x_4 + 0.50x_5 + 0.17x_6 + 0.40x_7 + 0.29x_8$$

$$F_3 = 0.11x_1 + 0.25x_2 + 0.19x_3 + 0.33x_4 - 0.25x_5 + 0.72x_6 + 0.40x_7 + 0.19x_8$$

可以看出，在第一主成分的表达式中 x_1、x_3 和 x_8 的系数较大，即这三项指标起主要作用，因此第一主成分可以看成是由 GDP、固定资产投资和工业总产值构造的综合指标；在第二主成分中，x_4、x_5 的系数较大，因此第二主成分可以看成是反映职工平均工资、货物周转量的综合指标；在第三主成分中，x_6 的系数最大，可单独看成是反映居民消费价格指数的指标，可称为消费价格主成分。

3）*层次分析*

层次分析法（analytic hierarchy process，AHP）把相互关联的要素按隶属关系分为若干层次，请有经验的专家对各层次各因素的相对重要性给出定量指标，然后利用数学方法综合专家意见并给出各层次各要素的相对重要性权值，作为综合分析的基础。下面以从三个旅游胜地选择一个目的地为案例来介绍层次分析法。

a. 层次分析法的结构

层次分析法把系统中所要考虑的各因素或问题按其属性分成若干组；每一组作为一层，同一层次的元素作为准则对下一层的某些元素起支配作用，同时又受上一层元素的支配，这种从上往下的支配关系就构成了一个递阶层次结构（图 3.43），通常划分为：

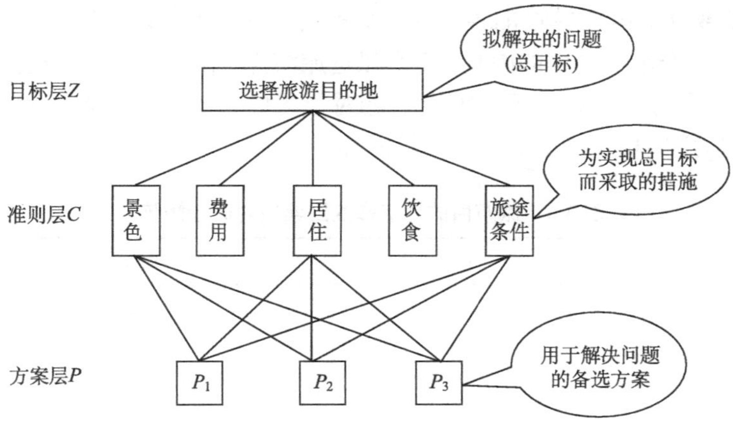

图 3.43　层次分析法的结构

（1）目标层（Z）。表示解决问题的目标或理想结果，如选择旅游目的地。

（2）准则层（C）。表示采用某些措施和政策来实现预定目标所涉及的中间环节，一般又称为策略层或约束层。例如，选择旅游目的地要考虑景色（C_1）、费用（C_2）、居住（C_3）、饮食（C_4）、旅途条件（C_5）等方面的因素。

（3）方案层（P）。表示决策的方案或解决问题的措施和政策。例如最后决定选择的旅游目的地。

b. 构造判断矩阵（成对比较）

层次分析法在确定各层次各因素之间的权重时，不把所有因素放在一起比较，而是两两相互比较。例如，要比较 n 个因素 $C=\{C_1, C_2, \cdots, C_n\}$对目标 Z 的影响程度，确定它们在 Z 中的比重，可以每次选取两个因素 C_i 和 C_j，用 a_{ij} 表示 C_i 与 C_j 对 Z 的影响之比，全部比较结果可以用成对比较矩阵 $\boldsymbol{A}$ 表示：

$$\boldsymbol{A}=(a_{ij})_{n\times n}=\begin{bmatrix} a_{11} & a_{12} & \cdots & a_{1n} \\ a_{21} & a_{22} & \cdots & a_{2n} \\ \vdots & \vdots & & \vdots \\ a_{n1} & a_{n2} & \cdots & a_{nn} \end{bmatrix} \tag{3.54}$$

在层次分析法中，为了使矩阵中各要素的重要性能够进行定量显示，可将矩阵中元素 a_{ij} 用 1~9 标度法给出（表 3.5）。

表 3.5　因素成对比较的 1~9 标度法

标度	含义
1	表示两个因素相比，具有同样重要性
3	表示两个因素相比，一个因素比另一个因素稍微重要
5	表示两个因素相比，一个因素比另一个因素重要
7	表示两个因素相比，一个因素比另一个因素明显重要
9	表示两个因素相比，一个因素比另一个因素绝对重要
2，4，6，8	上述两相邻判断的中值
倒数	因素 i 与 j 比较为 a_{ij}，则因素 j 与因素 i 比较的判断为 $a_{ji}=1/a_{ij}$

例如，在本案例中，第二层 C 的各因素对目标层 Z 的影响的两两比较结果如表 3.6 所示。

类似的，对每一个准则层中的因素，三个候选旅游点 P_1，P_2，P_3 之间构建成对比较矩阵。本案例中，相对于景色 C_1、相对于费用 C_2、相对于居住 C_3、相对于饮食 C_4、相对于旅游条件 C_5，P_1，P_2，P_3 之间构建如下的成对比较矩阵。

表 3.6　旅游目的地选择的因素成对比较矩阵

a_{ij}	景色 C_1	费用 C_2	居住 C_3	饮食 C_4	旅途条件 C_5
景色 C_1	1	1/2	4	3	3
费用 C_2	2	1	7	5	5
居住 C_3	1/4	1/7	1	1/2	1/3
饮食 C_4	1/3	1/5	2	1	1
旅途条件 C_5	1/3	1/5	3	1	1

$$C_1=\begin{array}{c|ccc} & P_1 & P_2 & P_3 \\ \hline P_1 & 1 & 2 & 5 \\ P_2 & 1/2 & 1 & 2 \\ P_3 & 1/5 & 1/2 & 1 \end{array}\qquad C_2=\begin{array}{c|ccc} & P_1 & P_2 & P_3 \\ \hline P_1 & 1 & 1/3 & 1/8 \\ P_2 & 3 & 1 & 1/3 \\ P_3 & 8 & 3 & 1 \end{array}\qquad C_3=\begin{array}{c|ccc} & P_1 & P_2 & P_3 \\ \hline P_1 & 1 & 1 & 3 \\ P_2 & 1 & 1 & 3 \\ P_3 & 1/3 & 1/3 & 1 \end{array}$$

$$C_4=\begin{array}{c|ccc} & P_1 & P_2 & P_3 \\ \hline P_1 & 1 & 3 & 4 \\ P_2 & 1/3 & 1 & 1 \\ P_3 & 1/4 & 1 & 1 \end{array}\qquad C_5=\begin{array}{c|ccc} & P_1 & P_2 & P_3 \\ \hline P_1 & 1 & 4 & 1/4 \\ P_2 & 1/4 & 1 & 1/4 \\ P_3 & 4 & 4 & 1 \end{array}$$

c. 层次单排序及一致性检验

层次单排序是指对于上一层某因素而言，本层次各因素的重要性排序。结合本案例就是求准则层 C 中 5 个具体要素（景色、费用、居住、饮食、旅途条件）相对于目标层 Z 的重要性，以及求方案层 P 中的 3 个景点分别相对于 C 层中每个要素的重要性。其具体计算过程如下。

（1）求 5 个准则相对于目标的判断矩阵 $\boldsymbol{A}$ 的最大特征根 $\lambda_{\max}$ 与对应于 $\lambda_{\max}$ 的正规化特征向量 $\boldsymbol{W}$。

将 $\boldsymbol{A}$ 的每一列向量归一化得到 $\varpi_{ij}=a_{ij}/\sum\limits_{i=1}^{n}a_{ij}$。

对 ϖ_{ij} 按行求和得到 $\varpi_i=\sum\limits_{j=1}^{n}\varpi_{ij}$。

将 ϖ_i 归一化 $\omega_i=\varpi_i/\sum\limits_{i=1}^{n}\varpi_i$，$\omega=(\omega_1,\omega_2,\cdots,\omega_n)^{\mathrm{T}}$，即为近似特征根（权向量）。

计算 $\lambda_{\max}=\dfrac{1}{n}\sum\limits_{i=1}^{n}\dfrac{(A\omega)_i}{\omega_i}$，作为最大特征根的近似值。

$$\boldsymbol{A}=\begin{bmatrix} 1 & 1/2 & 4 & 3 & 3 \\ 2 & 1 & 7 & 5 & 5 \\ 1/4 & 1/7 & 1 & 1/2 & 1/3 \\ 1/3 & 1/5 & 2 & 1 & 1 \\ 1/3 & 1/5 & 3 & 1 & 1 \end{bmatrix}\xrightarrow{\text{列向量归一化}}\begin{bmatrix} 0.255 & 0.245 & 0.235 & 0.286 & 0.290 \\ 0.511 & 0.490 & 0.412 & 0.476 & 0.484 \\ 0.064 & 0.070 & 0.059 & 0.048 & 0.032 \\ 0.085 & 0.098 & 0.118 & 0.095 & 0.097 \\ 0.085 & 0.098 & 0.176 & 0.095 & 0.097 \end{bmatrix}$$

$$\xrightarrow{\text{按行求和}}\begin{bmatrix} 1.311 \\ 2.372 \\ 0.272 \\ 0.493 \\ 0.551 \end{bmatrix}\xrightarrow{\text{归一化}}\begin{bmatrix} 0.262 \\ 0.474 \\ 0.054 \\ 0.099 \\ 0.110 \end{bmatrix}=\omega\text{，则 }\boldsymbol{A}\omega=\begin{bmatrix} 1.344 \\ 2.42 \\ 0.27 \\ 0.5 \\ 0.555 \end{bmatrix}\text{，}$$

$$\lambda_{\max}=\frac{1}{5}\left(\frac{1.344}{0.262}+\frac{2.42}{0.474}+\frac{0.27}{0.054}+\frac{0.5}{0.099}+\frac{0.555}{0.11}\right)=5.073$$

对应于 $\lambda_{\max}$ 的正规化的特征向量为

$$\boldsymbol{W}=(0.262,0.474,0.054,0.099,0.110)^{\mathrm{T}}$$

（2）计算与准则层中各准则相关的方案层中各景点间判断矩阵的最大特征根及特征向量。计算过程如上一步，依次可求得 C_1，C_2，C_3，C_4，C_5 的最大特征值分别为

$$\lambda_{\max(1)} = 3.006，\lambda_{\max(2)} = 3.001，\lambda_{\max(3)} = 3，\lambda_{\max(4)} = 3.009，\lambda_{\max(5)} = 3.223$$

所对应的特征向量分别为

$$\boldsymbol{W}_1 = \begin{bmatrix} 0.595 \\ 0.277 \\ 0.129 \end{bmatrix}，\boldsymbol{W}_2 = \begin{bmatrix} 0.082 \\ 0.236 \\ 0.682 \end{bmatrix}，\boldsymbol{W}_3 = \begin{bmatrix} 0.429 \\ 0.429 \\ 0.143 \end{bmatrix}，\boldsymbol{W}_4 = \begin{bmatrix} 0.633 \\ 0.192 \\ 0.175 \end{bmatrix}，\boldsymbol{W}_5 = \begin{bmatrix} 0.267 \\ 0.108 \\ 0.624 \end{bmatrix}$$

（3）判断矩阵的一致性检验。一致性指标：$\mathrm{CI} = \dfrac{\lambda_{\max} - n}{n-1}$。CI=0 时，判断矩阵一致；CI 越大，判断矩阵的不一致性程度越高。一致性比率：$\mathrm{CR} = \mathrm{CI}/\mathrm{RI}$，用于确定判断矩阵的不一致性的容许范围。RI 为随机一致性指标，其值见表 3.7。当 CR<0.1 时，判断矩阵的不一致性程度在容许范围内，此时可用该判断矩阵的特征向量作为权重向量。

表 3.7　随机一致性指标表

n	1	2	3	4	5	6	7	8	9	10	11
RI	0	0	0.58	0.90	1.12	1.24	1.32	1.41	1.45	1.49	1.51

在本案例中，对判断矩阵 $\boldsymbol{A}$，$\mathrm{CI} = (\lambda_{\max} - n)/(n-1) = (5.073-5)/(5-1) = 0.01825$，通过查找随机一致性指标 RI，从而可检验矩阵一致性：$\mathrm{CR} = \mathrm{CI}/\mathrm{RI} = 0.01825/1.12 = 0.016295 < 0.1$。

同理，对于 C 层中的景色、费用、居住、饮食、旅途条件等五个判断矩阵，其一致性检验采用与以上相同的方法。若一致性检验未通过，则需要重新考虑模型或重新构造一致性比率较大的成对比较矩阵。

（4）层次总排序。以 $\boldsymbol{W}_1$，$\boldsymbol{W}_2$，$\boldsymbol{W}_3$，$\boldsymbol{W}_4$，$\boldsymbol{W}_5$ 为列向量构成矩阵：

$$\boldsymbol{W}_{1,2,3,4,5} = \begin{bmatrix} 0.595 & 0.082 & 0.429 & 0.633 & 0.267 \\ 0.277 & 0.236 & 0.429 & 0.192 & 0.108 \\ 0.129 & 0.682 & 0.143 & 0.175 & 0.624 \end{bmatrix}$$

方案 P_1，P_2，P_3 的优先排序向量为

$$\boldsymbol{W}_{总} = \boldsymbol{W} \times \boldsymbol{W}_{1,2,3,4,5} = \begin{bmatrix} 0.262 \\ 0.474 \\ 0.054 \\ 0.099 \\ 0.110 \end{bmatrix} \times \begin{bmatrix} 0.595 & 0.082 & 0.429 & 0.633 & 0.267 \\ 0.277 & 0.236 & 0.429 & 0.192 & 0.108 \\ 0.129 & 0.682 & 0.143 & 0.175 & 0.624 \end{bmatrix} = \begin{bmatrix} 0.309 \\ 0.238 \\ 0.451 \end{bmatrix}$$

因此，决策结果的首选旅游目的地为 P_3，其次是 P_1，最后为 P_2。

4）聚类分析与判别分析

a. 聚类分析

聚类分析根据地理事物的属性或特征的相似性和差异性，用数学方法逐步将性质相似度较大的个体聚为一类，将性质差别度较大的归入不同的类别，直到把所有的类别聚合起来，形成一个能反映个体之间亲疏关系的分类系统（或称谱系图）。根据这一系统，可以将众多的个体进行不同的类别划分。聚类分析事先并不知道研究对象应分为几类，也不清楚观测到的

个体的具体分类情况，属于非监督模式识别的一个重要分支，其目的是通过观测数据的分析处理，选定一种能反映各个个体之间亲疏度的量，得出一张完整的分类系统图，并按接近度对观测个体给出合理的分类。

根据聚类分析的基本思想，发展了许多聚类分析的方法，这些方法大致可以归纳为以下三大类。

（1）聚合法。先设各个点自成一类，然后将距离最近的逐步合并，使类别越来越少，达到一个适当的分类数目为止。

（2）分解法。先将所有点合成一类，然后逐步分解，使类别越来越多，达到一个适当的分类数目为止。

（3）判别法。先确定若干聚类中心，然后逐点比较以确定样本点的归属。

聚类分析在很多领域都有重要应用。除了地学领域，聚类分析在通信、医学、农业等领域也能发挥作用。在图像处理领域，聚类分析在图像分割、边缘检测、图像增强、图像压缩、图像平滑、图像匹配等方面也有很好的应用。

图 3.44 是一个树状聚类图。它是根据全国 31 个省级行政区（港澳台除外）的 14 个主要行业的平均工资水平数据，在 SPSS 软件的支持下，采用系统聚类法，类与类之间距离的计算方式采用离差平方和法（Ward 法），对这些省、自治区、直辖市进行聚类所得的结果。从图中可以看出，若分为两类，则北京、上海、天津为一类，其余为另一类；若分为三类，则第一类包括北京、上海、天津，第二类包括江苏、广东、西藏、浙江，其余的属于第三类。

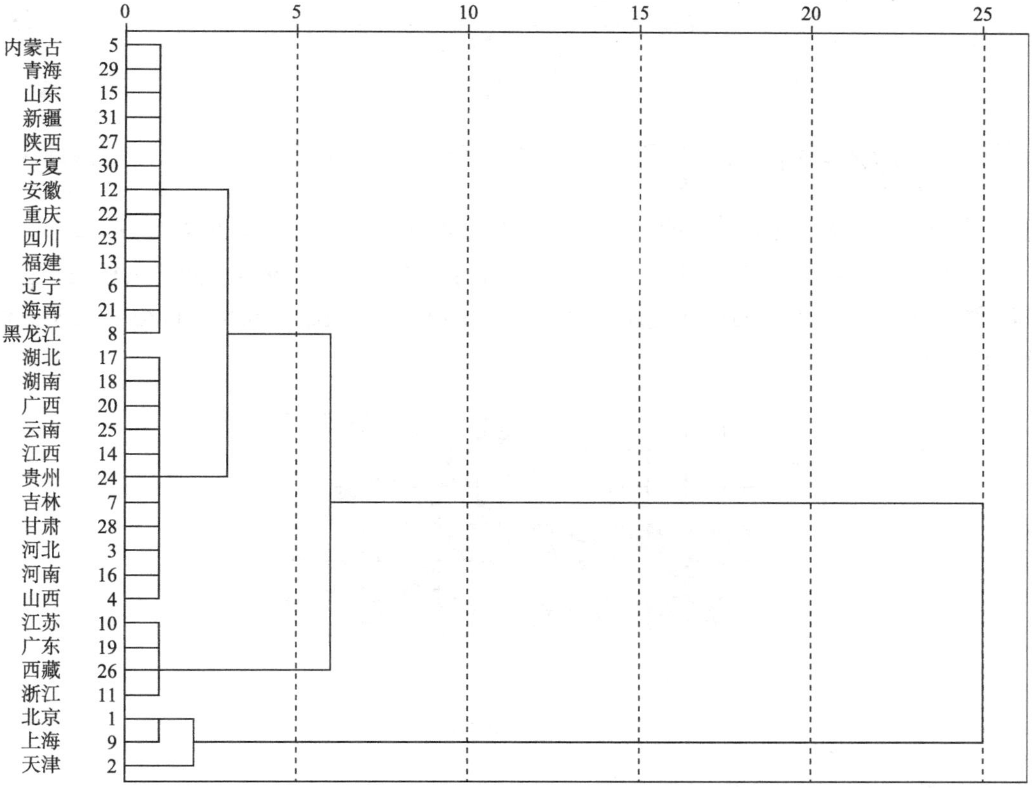

图 3.44　树状聚类图

b. 判别分析

判别分析是根据地理对象的数量特征判断其类型归属的一种统计方法。它与聚类分析虽然都同属分类问题，但不同的是，判别分析是监督模式识别的一个重要分支，它是通过预先确定一个明确的分类标准，然后将待分类的地理实体安排到合理的类别位置上的方法。例如，在土地适宜性评价中，根据预先建立的土地适宜性评价系统（评价准则），将各地块的指标与评价准则进行对比，即可判断各地块属于哪种土地适宜类型、质量等级和土地限制类型等。

判别分析根据其判别类型和方法的不同，可分为两类判别、多类判别和逐步判别等。常用的判别分析方法有距离判别法、Bayes 最小风险判别、费歇准则判别等。

4. 应用统计分析

1）空间自相关分析

空间自相关是指一些变量在同一个分布区内的观测数据之间存在潜在的相互依赖性。空间自相关分析研究地理空间中某空间数据与其周围数据间的相似性及相关程度，进而分析这些空间数据在空间分布上的特性。它是认识空间分布特征、选择适宜的空间尺度来完成空间分析的最常用的方法。

Moran 指数和 Geary 系数是两个用来度量空间自相关的全局指标。Moran 指数反映的是空间邻接或空间邻近的区域单元属性值的相似程度，Geary 系数与 Moran 指数存在负相关关系。 Moran's I 的数学计算公式如下：

$$I=\frac{\sum_{i=1}^{n}\sum_{j=1}^{n}\omega_{i,j}(X_i-\bar{X})(X_j-\bar{X})}{S^2\sum_{i=1}^{n}\sum_{j=1}^{n}\omega_{i,j}} \tag{3.55}$$

其中，$S^2=\frac{1}{n}\sum_{i=1}^{n}(X_i-\bar{X})$；$\bar{X}=\frac{1}{n}\sum_{i=1}^{n}X_i$；$X_i$ 和 X_j 代表第 i 个和第 j 个要素（地点或地区）的观测值，并且 $i\neq j$；$\omega_{i,j}$ 为二进制的邻近空间权重；n 为要素总数。Moran 指数 I 的取值为[−1,1]，I>0 表示空间自正相关，代表相邻地区空间实体呈聚合分布；I<0 表示空间自负相关，空间实体呈离散分布；I=0 表示空间实体是随机分布的，且 I 的绝对值越大表示空间分布的相关性越显著（图 3.45）。

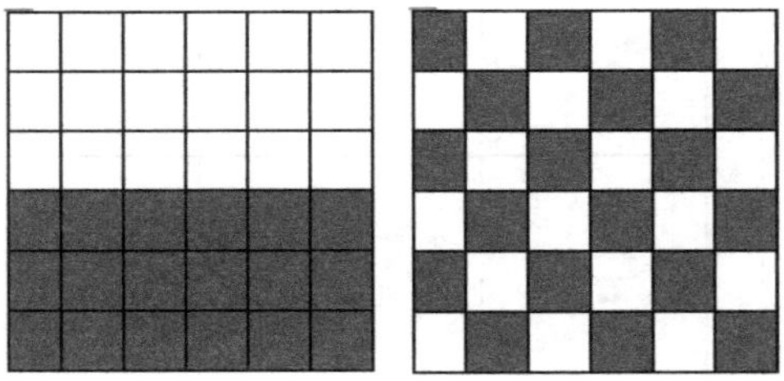

正相关(I>0，C<1)　　负相关(I<0，C>1)

图 3.45　空间自相关统计量结果分析

Geary 系数 C 计算公式为

$$C = \frac{(n-1)\sum_{i=1}^{n}\sum_{j=1}^{n}\omega_{ij}\left(x_i - x_j\right)^2}{2\sum_{i=1}^{n}\sum_{j=1}^{n}\omega_{ij}\sum_{i=1}^{n}\left(x_i - \overline{x}\right)^2} \tag{3.56}$$

Geary 系数 C 的取值为[0,2]，C<1 表示空间正相关，C >1 表示空间负相关，C=1 表示空间不相关。

空间自相关分析常用于检验空间数据在空间上的取值是否与相邻点取值相关，在人口分布、植被种群分布、地方性传染病研究等方面得到广泛的应用。图 3.46 是 ArcGIS 中的空间自相关分析工具。

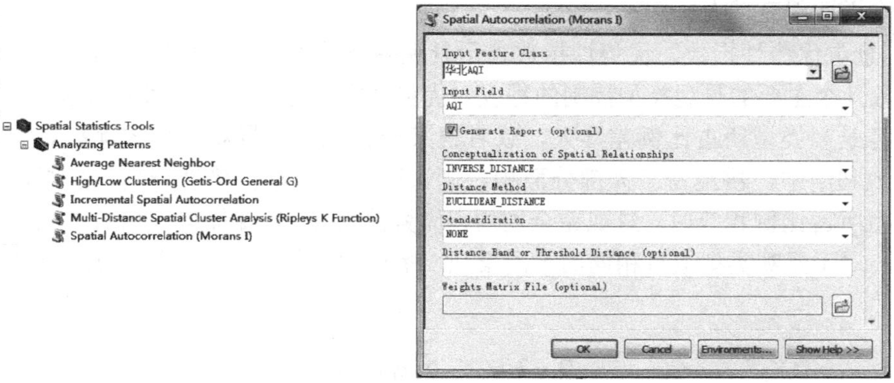

图 3.46　ArcGIS 空间自相关工具 Moran's I

2）景观格局分析

景观格局一般指景观的空间格局，即大小、形状、属性不一的景观空间单元（斑块）在空间上的分布与组合规律。例如，不同类型的斑块可在空间上呈随机型、均匀型或聚集型分布。景观格局是景观异质性的具体表现，是各种生态过程在不同尺度上作用的结果。景观格局分析的目的是在看似无序的景观中发现潜在的有意义的秩序或规律。景观指数是指能够高度浓缩景观格局信息，反映其结构组成和空间配置某些方面特征的定量化指标，包括景观多样性指数、景观优势性指数、景观均匀性指数、景观破碎化指数和景观聚集度指数等。通过对景观指数的分析可以找到对改善现状不利的环境要素，并在规划中进行控制。

（1）景观多样性指数。景观多样性对于物质迁移、能量交换、生产力水平、物种分布与扩散、动物觅食等有重要影响。景观多样性包括斑块多样性、类型多样性和格局多样性。斑块的数量、大小和斑块形状，景观类型的性质、多少和比例，以及景观类型的空间分布、斑块与斑块之间的空间关联性和功能联系性是景观多样性研究考虑的主要要素。景观类型多样性与物种多样性的关系呈正态分布。景观多样性研究在土地利用规划、景观评价与设计、野生动植物保护和自然保护区建设等方面有着重要意义。

景观多样性指数是反映一个区域内不同景观类型分布的均匀化和复杂化程度的指标。当景观由单一要素构成时，景观是均质的，其多样性指数为 0；当景观由两个以上的要素构成时，各景观类型所占比例相等，则景观的多样性最高；随着各景观类型所占比例差异增大，景观的多样性开始下降。常用的景观多样性指数有辛普森（Simpson）多样性指数、香农-威纳（Shannon-Wiener）多样性指数等。

辛普森多样性指数可表示为

$$H_{\text{Simpson}} = 1 - \sum_{i=1}^{n}(p_i)^2 \tag{3.57}$$

香农-威纳多样性指数可表示为

$$H_{\text{Shannon}} = -\sum_{i=1}^{n} p_i \ln(p_i) \tag{3.58}$$

式中，H 为景观多样性指数；p_i 为景观类型 i 所占总面积的比例；n 为景观类型数。H 值越大，景观多样性程度越大。

（2）景观优势性指数。优势性指数表示景观多样性对最大多样性的偏离程度，或描述景观由少数几个主要的景观类型控制的程度。优势性指数越大，则表明偏离程度越大，即组成景观的各景观类型所占比例差异大，或者说某一种或少数景观类型占优势。例如，在某区域的土地利用中，耕地占了大部分面积，则该区域的景观优势性较高。当组成景观的各种景观类型所占比例相等时，景观完全均质，优势性为 0。景观优势性指数与景观多样性指数成反比，对于景观类型数目相同的不同景观，多样性指数越大，则景观优势指数越小。可表达为

$$D = H_{\max} + \sum_{i=1}^{n} p_i \ln(p_i) \tag{3.59}$$

式中，$H_{\max}$ 为研究区中各类景观所占比例相等时的多样性指数，即最大多样性指数。D 值越大，表示景观优势性越大。

（3）景观均匀性指数。景观均匀性指数反映景观中各斑块在面积上分布的不均匀程度，通常以多样性指数的实测值和最大多样性值的比值来表示：

$$E = \frac{H}{H_{\max}} \tag{3.60}$$

（4）景观破碎化指数。破碎度表征景观被分割的破碎程度，反映景观空间结构的复杂性，在一定程度上反映了人类对景观的干扰程度。景观破碎化是自然或人为干扰所导致的景观由单一、均质和连续的整体趋向于复杂、异质和不连续的斑块镶嵌体的过程，也是生物多样性丧失的重要原因之一，它与自然资源保护密切相关。计算公式为

$$C_i = N_i / A_i \tag{3.61}$$

式中，C_i 为景观 i 的破碎度；N_i 为景观 i 的斑块数；A_i 为景观 i 的总面积。例如，可以利用景观破碎化指数分析中国南方地区常绿阔叶林的分布，并对处于严重破碎化状态的常绿阔叶林进行保护。

（5）干扰度和自然度。干扰度反映人类的干扰程度大小。干扰度越小，越有利于生物的生存。计算公式为

$$W_i = L_i / S_i \tag{3.62}$$

$$N_i = 1 / W_i \tag{3.63}$$

式中，W_i 为干扰度；L_i 为 i 类生态系统内廊道（如公路、铁路、沟渠等）的总长度；S_i 为 i 类生态系统的总面积；N_i 为 i 类生态系统类型的自然度，为干扰度的倒数。例如，利用景观的干扰度和自然度，分析长江流域不同地段受人为干扰的程度，可以发现长江流域自西向东表现出以人为影响为主要因子的生态干扰程度不断增强，自然景观减少，而半自然和人为景观呈增加的趋势。

目前，景观生态学研究中，往往采用 Fragstats 软件来计算大量景观指数，用于景观格局分析。Fragstats 是一款由美国俄勒冈州立大学、马萨诸塞大学等单位开发的、基于分类图像的空间格局分析程序，在景观分析中得到广泛应用。Fragstats 软件支持多种格式的栅格数据作为输入数据，其 4.2 版本可以采用 ESRI 的 Grid 格式的栅格数据作为输入数据，但这必须基于 ArcGIS 10.0 及其早期版本，并且需要 Spatial Analyst 扩展模块的许可（license）。Fragstats 4.2 以后的版本不再支持 Grid 格式，输入的栅格主要采用 GeoTIFFS 格式。

3.3　邻近性分析

邻近性（proximity）描述了地理空间中两个地物或现象间距离相近的程度。邻近性分析是地理信息系统特有的空间分析功能之一，主要探讨地理要素之间的距离关系，以及要素对周边区域的影响随着距离变化而产生的变化。这种影响一方面涉及哪些范围的要素受影响，另一方面涉及影响强弱随距离变化而产生的衰减，即影响程度。在实际应用中，研究公共设施（如商场、邮局、银行、医院、学校等）服务范围的划分、划定交通沿线两侧保留的安全带、研究河流沿线的供水能力、确定工厂污染范围、找出最近的车站等，均是邻近性问题。常见的邻近性分析有缓冲区（Buffer）分析、最近邻要素分析、点距分析及泰森多边形分析。

3.3.1　缓冲区分析

缓冲区分析是用来确定不同地理要素的空间邻近性或接近程度，以识别要素对邻近对象的辐射范围或影响程度，从而为某项分析或决策提供依据的分析。它是地理信息系统最重要和最基本的空间分析功能，在诸多领域中有着广泛的应用。例如，地学研究者分析地震破坏的影响范围、环境科学研究者研究道路噪声污染的影响范围、生态学研究者确定围绕湖泊的生态保护区的划定，这些应用都可通过缓冲区分析来实现。

1. 缓冲区

1）什么是缓冲区

缓冲区是为了识别某一地理实体对邻近地物的影响而在其周围建立的一定宽度的多边形区域。这个宽度称为缓冲距离。因为地理实体通常抽象为点、线和面，所以缓冲区分析主要是基于点、线和面要素来进行的。从数学角度看，缓冲区的基本思想是确定给定空间目标的邻域，邻域的大小由邻域半径 R 决定，该指标可以是常量，也可以是变量。因此，对于给定目标 O，其缓冲区 B 的定义为 $B=\{x|\ d(x,O)\leqslant R\}$，即缓冲区 B 为与 O 距离不超过 R 的全部点的集合。d 通常为最小欧氏距离，也可以是其他类型的距离，如网络距离、甚至时间距离等。

2）不同要素的缓冲区

（1）点要素的缓冲区。点要素的缓冲区就是以点要素（如地震的震源）为圆心，以缓

冲距离 R 为半径所作的圆，相互靠近的圆可以相互重叠。这些圆形区域表示点要素的影响范围或服务区域，如地震的波及范围、超市的服务区域等。它包括单点缓冲区、多点相同距离缓冲区和多点不同距离缓冲区（图 3.47）。

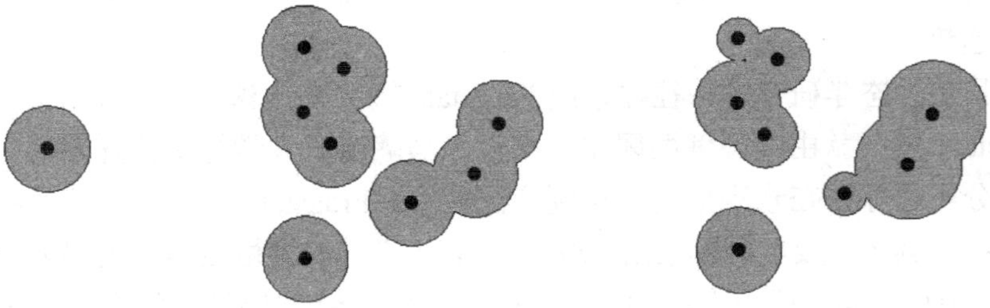

(a) 单点缓冲区　(b) 多点相同距离缓冲区　(c) 多点不同距离缓冲区

图 3.47　点要素的缓冲区

（2）线要素的缓冲区。线要素的缓冲区就是将线目标的轴线向两侧或单侧沿法线方向以缓冲距离 R 为平移量作平行曲（折）线，并在线的端点处以光滑曲线（如半圆弧）或垂线连接而组成的封闭区域。它包括单线缓冲区、多线相同距离缓冲区和多线不同距离缓冲区（图 3.48）。

(a) 单线缓冲区　(b) 多线相同距离缓冲区　(c) 多线不同距离缓冲区

图 3.48　线要素的缓冲区

（3）面要素的缓冲区。面要素的缓冲区是以面要素的边界线为轴线，以缓冲距离 R 为平移量向边界线外侧或内侧作平行折（曲）线所形成的多边形。它包括单面缓冲区、多面相同距离缓冲区和多面不同距离缓冲区（图 3.49）。

(a) 单面缓冲区　(b) 多面相同距离缓冲区　(c) 多面不同距离缓冲区

图 3.49　面要素的缓冲区

3）静态和动态缓冲区

缓冲区有均质和非均质的特性差异。根据研究对象的影响力，可将缓冲区分为静态缓冲区和动态缓冲区两种。在静态缓冲区内，空间要素对邻近区域的影响度是相同的，只呈现单一的距离关系，即只在一定范围内产生影响，不随距空间要素的远近而改变（均质性），如距离军事禁区周边 3km 的范围、自然保护区核心区外的缓冲区等；而在动态缓冲区内，空间要素对邻近区域的作用不是固定不变的，会随距离的变化呈现不同强度的扩散或衰减（非均质性）。例如，道路噪声对周边居民的影响、矿山开采对周围环境的影响、商业中心对城市地价的影响、中心城市对周边区域发展的辐射影响等，都随距离的增大而逐渐减弱（图 3.50）。

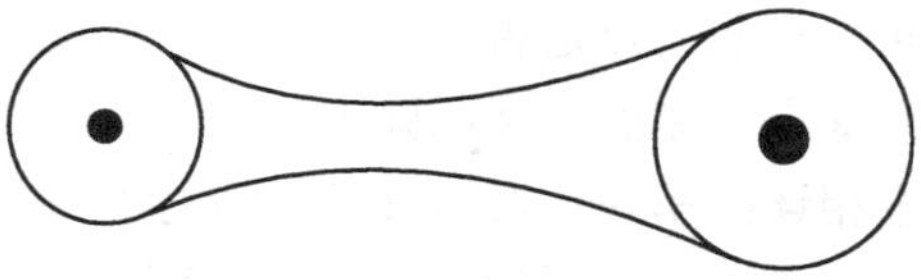

图 3.50　城市影响力的动态缓冲区示意图

4）建立缓冲区的算法

a. 点要素缓冲区边界生成算法

点要素缓冲区生成算法的关键是确定以点目标为中心的圆周，常用的生成算法是圆弧步进拟合法。该方法是将圆心角等分，在圆周上用等长的弦代替圆弧，以直代曲，用均匀步长的直线段逐步逼近圆弧段（图 3.51）。

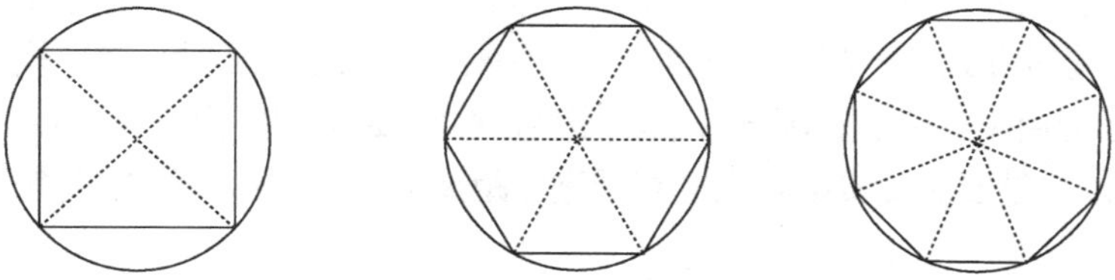

图 3.51　圆弧步进拟合法

b. 线要素缓冲区边界生成算法

线要素缓冲区边界生成算法的关键是确定线要素两侧的缓冲区边线问题。关于线要素的缓冲区生成算法有很多，下面主要介绍两种常用的线缓冲区生成算法。

（1）角平分线法。在线的两边按一定距离作平行线，在线的端点处以缓冲距为半径作半圆相连（图 3.52）。该方法主要有三个方面的缺陷：一是难以保证在尖角处缓冲区左右边线等宽；二是校正过程复杂，主要体现在轴线折角很大和很小时的情况；三是算法模型复杂，主要是因为几何生成过程中需要处理较多的异常。

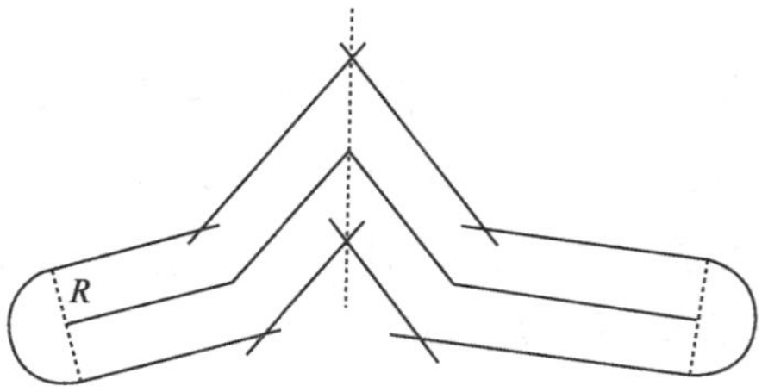

图 3.52　角平分线法建缓冲区

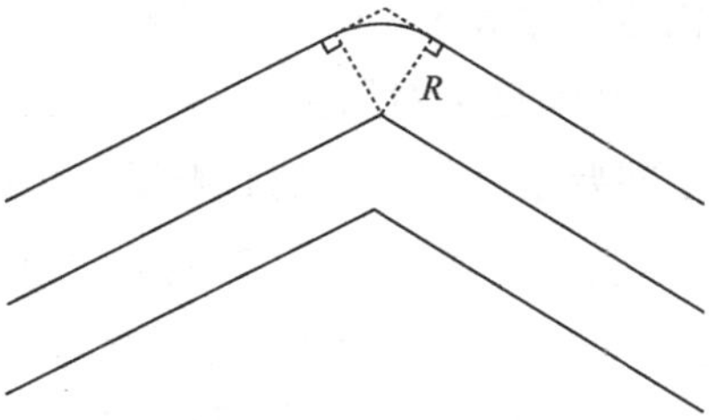

图 3.53　凸角圆弧法建缓冲区

（2）凸角圆弧法。该方法的关键是求出线在拐点处的凹凸性，凹侧用角平分线法建立缓冲区，凸侧以端点为原点，缓冲距为半径作圆，与两条平行线相交后用圆弧代替相交直线，以避免角平分线法中出现的尖角（图 3.53）。其具体的实施步骤是：第一，进行直线性判断，判断相邻三点是否在同一直线上；第二，进行折点凸凹性判断，确定转角的地方哪侧使用直线求交，哪侧使用圆弧连接；第三，将凸点圆弧嵌入，即将转角外侧形成的圆弧和两边的线段相连；第四，对边线关系进行判别与处理，岛屿多边形参与缓冲区边界的构成，重叠多边形不参与缓冲区边界的构成；第五，将重叠区域进行合并，绘制外围的边线，包括岛屿多边形的轮廓，形成最终的缓冲区边界。

c. 面要素缓冲区边界生成算法

因为面要素实际上是由其边界线围绕而成的，所以面要素的缓冲区建立方法与线要素的基本相同。不同之处在于，面要素缓冲区的边界生成算法一般是单线问题，即仅在非孔洞多边形的外侧形成缓冲区，在孔洞多边形的内侧也会形成缓冲区，在环状多边形的内外侧边界都可形成缓冲区。

d. 动态缓冲区边界生成算法

对于动态缓冲区分析，不能简单地设定距离参数，而要根据空间要素对周围空间影响度随距离变化的性质，选择合适的模型进行作用程度计算，有时还需要对模型进行变换。一般而言，随着距离的增加，地理要素的影响作用会降低，这种现象称为“距离衰减”。不同要素的不同作用，其衰减的方式不一样。常见的距离衰减模型有线性模型、二次模型、指数模型等（图 3.54）。实际应用中究竟选择哪一种衰减模型，往往要考虑以下两个方面：一是对要素的影响性质进行分析；二是要对要素影响强度衰减进行距离抽样，制作折线图并进行曲线拟合。

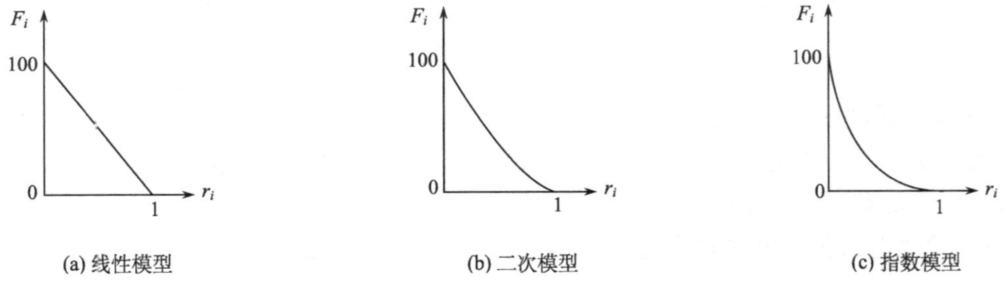

图 3.54　距离衰减的几种模型

（1）当空间要素对周围空间影响度随距离的增大呈线性形式衰减时，即随距离变化其影响度变化速度相等时，采用线性模型 $F_i = f_0(1-r_i)$ 。

（2）当空间目标对周围空间影响度随距离呈二次形式衰减时，即距离空间要素近的地方比距离空间要素远的地方的影响度变化快时，采用二次模型 $F_i = f_0(1-r_i)^2$ 。

（3）当空间要素对周围空间影响度随距离呈指数形式衰减时，即距离空间要素近的位置比距离空间要素远的位置影响度更快时，采用指数模型 $F_i = f_0^{(1-r_i)}$ 。

其中，F_i 为要素对周围空间 i 处的影响度；f_0 为参与缓冲区分析的空间要素的综合规模指数，通常要经过最大值标准化后再参与运算；r_i 为相对距离系数，$r_i = d_i / d_0$，d_0 为空间要素对邻近要素的最大影响距离，d_i 为邻近要素距空间要素的实际距离，因此 $0 \leqslant r_i \leqslant 1$。

以上三类模型中，空间要素对周围空间的影响度是随距离而连续变化的。对于每一个 d_i 都有一个不同的 F_i 与之对应，这在实际分析时往往很不方便，因此通常把影响度根据实际情况分为几个典型的等级，对每一个等级取一个平均影响度，并根据该影响度确定 d_i 的等级，从而把连续变化的缓冲区转化为阶段性变化的缓冲区，即后文中的环状多级缓冲区。

我国的《城镇土地分等定级规程》(GBT 18507—2014) 中，对城镇土地不同定级类型（商业、住宅、工业）的商服功能影响度、道路通达度、公交便捷度、对外交通便利度、公用设施等定级因素的距离衰减模型都做出了具体的规定，从而可以定量分析各要素对土地级别在不同距离上的作用强弱。

5）建立缓冲区的几个常见参数

a. 距离

（1）固定距离。固定距离是指参与缓冲区建立的所有要素采用相同的距离。在实际应用中，固定距离往往由用户手动输入某一线性单位（linear unit，如 m）的一定值作为缓冲距离。例如，对城市中宽度为 40m 的道路，以其中心线建立 20m 宽的缓冲区可以确定道路红线范围；将道路从 25m 拓宽到 45m 时进行拆迁估算；划定核电厂周围 5km 的限制发展区；划定学校周围 200m 范围内不能开设游戏厅的区域等，都需要采用固定距离。

（2）变化距离。变化距离是指用于建立缓冲区的每一个要素的缓冲区距离可以是不一样的，即对每一个要素而言，都可以有自己的缓冲区距离。一般将距离值存放在要素属性表的字段（Field）中，建立缓冲区时依据该字段中的值来作为缓冲距离。在现实生活中，经常需要对不同级别的同类要素建立缓冲区，同级的采用相同的缓冲距离，不同级别的缓冲距离互不相同。例如，在对城市道路的噪声影响评价时，不同类型、不同车流量的道路，其噪声的影响范围不同。即使在同一条道路的不同路段上，由于车流量及防噪设施等的不同，噪声影响范围往往也不相同。因此，不同道路、同一道路的不同路段，其噪声影响的缓冲距离也应当是不同的。

（3）环状距离。在某些分析应用中，有时需要对同一目标生成多个缓冲区，特别是在分析某一现象随距离衰减的变化时，如分析生活型道路两侧的等地价区域、交通型道路两侧的等噪声区域、垃圾填埋场的等污染区等，就需要根据影响程度的不同来生成多级缓冲区。此外，在地图制图过程中，也常采用生成多级缓冲区的方法制作区域轮廓晕线。环状距离又可分为以下两种类型：一是根据需要依次建立指定距离的缓冲区，因此相邻环与环之间的距离既可以相等也可以不相等；二是通过指定距离和数量来建立多个相同间距的环状缓冲区。

b. 侧面类型

建立缓冲区时，往往需要指定缓冲区的侧面类型（side type），以满足不同的应用需求。当输入要素为点数据时，系统将默认围绕点建立缓冲区，不存在两侧的选择；当输入要素为线数据时，存在单侧缓冲区、双侧对称缓冲区及双侧不对称缓冲区三种类型；当输入要素为多边形数据时，存在非孔洞多边形缓冲区、孔洞多边形双侧缓冲区、孔洞多边形内侧缓冲区和孔洞多边形外侧缓冲区等四种类型。

为更好地实现不同侧面类型缓冲区的建立，ArcGIS 提供了 Full、Left、Right 及 Outside_Only 四个选项。其中，Full 表示对输入要素的两侧都要建缓冲区，该选项对点要素不可用，对线要素来说是两侧均要建立缓冲区，对多边形要素来说既要向内，又要向外建立缓冲区；Left 或 Right 仅对线要素可用，表示在线的左侧或右侧建立单侧缓冲区；Outside_Only 仅对多边形要素可用，表示仅在多边形的外侧建立缓冲区。

c. 重叠

建立缓冲区时，不同要素的缓冲区难免会有重叠的区域。如果不对重叠区域进行处理，不仅会产生大量相互重叠的缓冲区域，在面积统计时，也会造成面积的重算从而夸大影响区域。重叠区域一般采用融合（Dissolve）的方式来处理。对于单个要素的缓冲区重叠，可通过缓冲区边界曲线逐条求交，记录两条线段的交点，并从该点打断曲线。如果打断的曲线落在缓冲区内则删除，落在缓冲区外则保留，从而得到包含岛的缓冲区。如图 3.55 所示，对原始弧线 a 做缓冲区处理，生成缓冲区边界曲线，求交后在 A、B 点打断，得到了弧段 b、c、d、e，其中，弧段 b 和 c（虚线部分）落在缓冲区内，因而要予以删除，而弧段 d、e 落在缓冲区外，则予以保留。多个要素缓冲区之间的重叠，可以通过拓扑关系的建立，求得落在其中某个缓冲区内部的线段或弧段并删除，连通缓冲区即可得到最终的结果。如图 3.56 所示，对 A、B、C 三个对象生成缓冲区时有重叠区 P_1、P_2、P_3，删除落在缓冲区中的边界线（虚线部分），连通缓冲区即可。

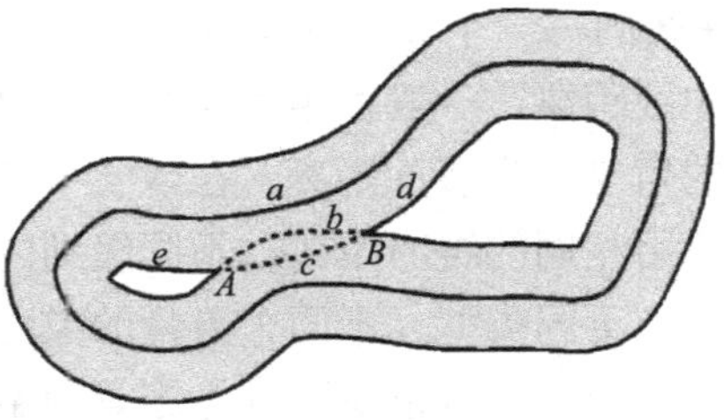

图 3.55　单个对象缓冲区重叠处理

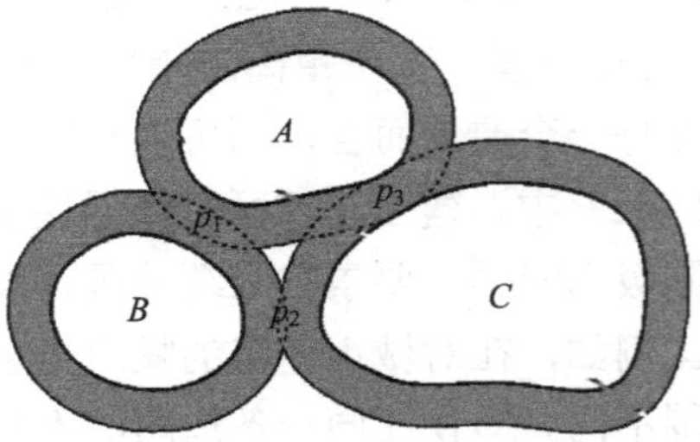

图 3.56　多个对象缓冲区重叠处理

为解决缓冲区重叠问题，ArcGIS 提供了缓冲区重叠融合处理的选项，包括 None、All 及 List 三个选项。None 表示不执行融合操作，不管缓冲区之间是否有重叠，都要完整保留每个要素的缓冲区。All 表示将所有的缓冲区融合成一个要素，去除重叠的区域。List 表示根据指定的字段列表进行融合，即对字段值相同的要素的缓冲区进行融合处理，不相同的不融合。图 3.57 对要素的缓冲区是否融合进行了对比。

d. 末端类型

末端类型（End Type）是指对线要素建立缓冲区时指定线端点的缓冲区形状。它一般有圆端（Round）和平端（Flat）两种方式。圆端表示对缓冲区末端进行圆滑处理，采用以端点为中心的半圆弧（图 3.58）；平端不用圆弧而采用垂线段。由于垂线段位置不一样，也分两种情况：一是直接在线的端点处作线的垂线，与线的平行线相交来构建缓冲区；二是将线的端点延长一个缓冲距离，再作垂线而生成缓冲区（图 3.59）。

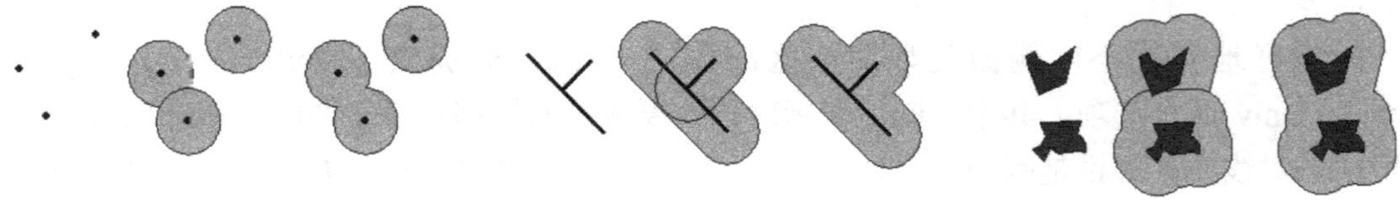

(a) 点状要素　　(b) 线状要素　　(c) 面状要素

图 3.57　缓冲区是否融合的对比

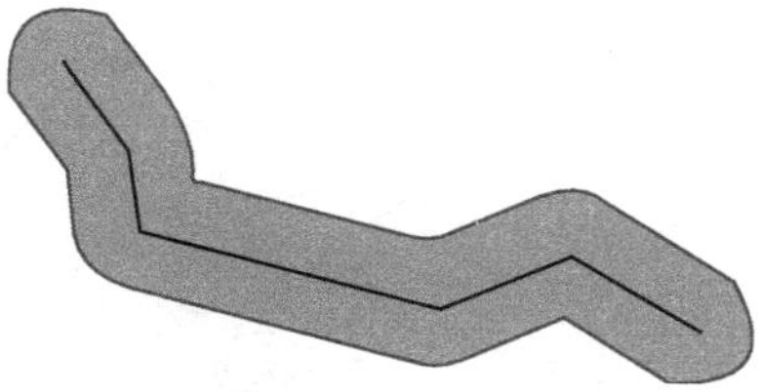

图 3.58　缓冲区的圆端（Round）

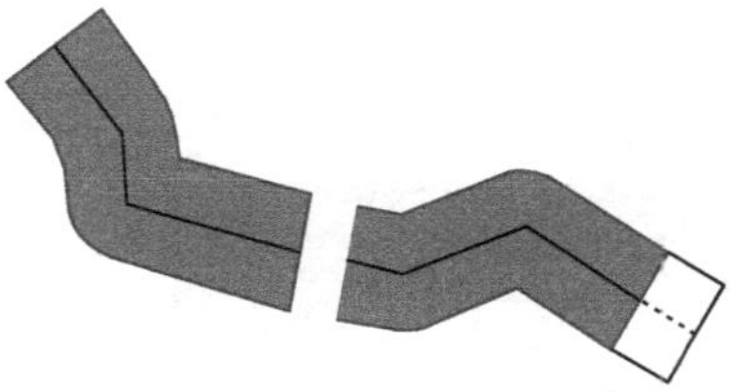

图 3.59　两种不同类型的缓冲区平端（Flat）

6）ArcGIS 中建立缓冲区的工具

（1）Buffer 工具。Buffer 工具是 ArcGIS 中建立缓冲区最常用的一种工具。该工具可以从 ArcToolbox 中打开【ArcToolbox】→【Analysis Tools】→【Proximity】→【Buffer】，也可以在 ArcMap 或 ArcCatalog 的菜单中打开【Geoprocessing】→【Buffer】（图 3.60）。利用该工具可以自定义缓冲距离（Linear unit）来建立缓冲区，也可以基于输入要素中的某个属性字段（Field）的值来建立缓冲区。此外，用户还可以根据不同的应用需求设置缓冲区侧面类型、末端类型及融合类型。图 3.61 以道路数据（road）为例，根据道路宽度的不同，采用属性表中的字段值作为缓冲距离来建立不同的缓冲区。

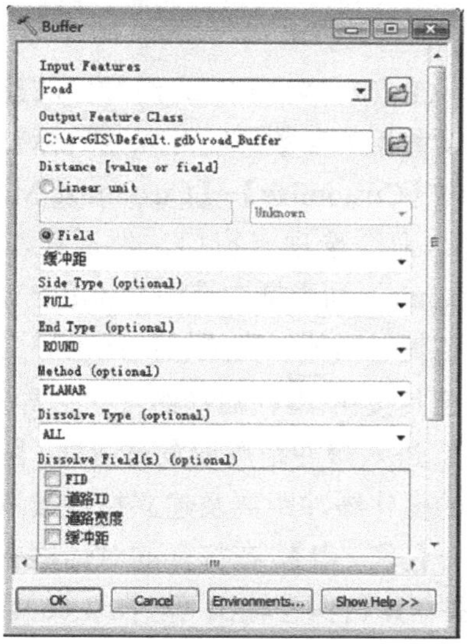

图 3.60　Buffer 工具

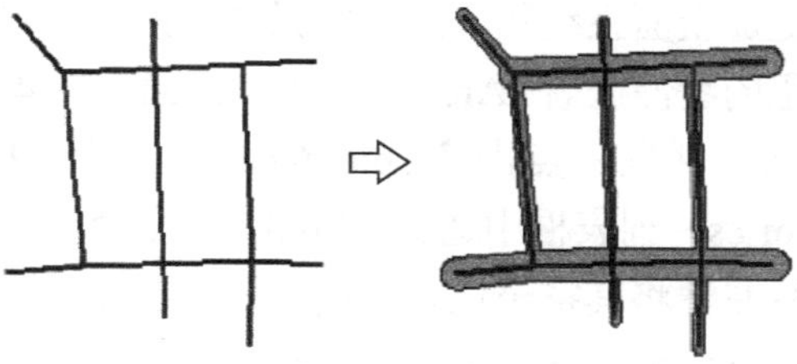

Street_ID	道路类型	道路宽度/m	缓冲距离/m
1	一级	50	25
2	三级	30	15
3	一级	50	25
4	二级	40	20
5	四级	20	10

图 3.61　道路缓冲区示例

（2）Multiple Ring Buffer 工具。Multiple Ring Buffer 工具主要是适应建立动态缓冲区的需要，反映随距离变化而产生的影响差异，用于在输入要素周围依次建立多个环状缓冲区，各缓冲环的缓冲距离由用户指定，环与环之间的距离并非一定相等。该工具一般从 ArcToolbox 中打开【ArcToolbox】→【Analysis Tools】→【Proximity】→【Multiple Ring Buffer】（图 3.62），用户可根据实际需要通过 Distances 自定义输入单个或多个缓冲距离，并设置是否进行融合处理，Field Name 用来自定义输出要素属性表中存储缓冲距离的字段名称，默认命名为 distance。图 3.63 以污染源对周边的影响衰减为例，建立了 3 个不同距离的污染缓冲区。

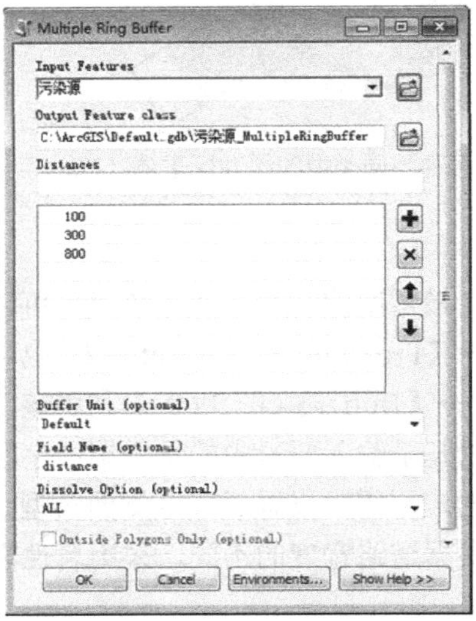

图 3.62　Multiple Ring Buffer 工具

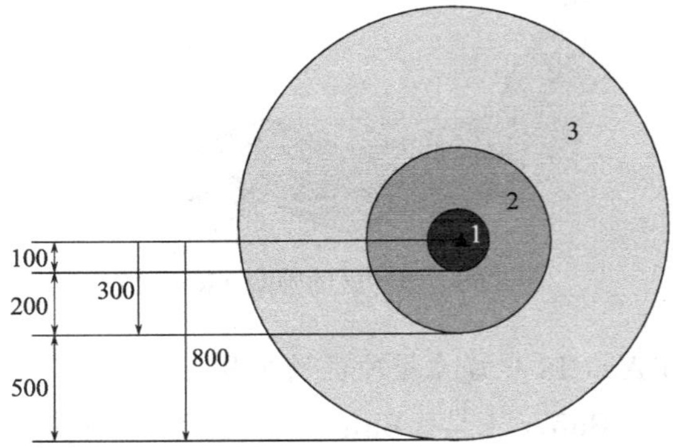

输出要素属性表

ID	Distance	Shape_Length	Shape_Area
1	100	628	31400
2	300	1884	251200
3	800	5024	1727000

图 3.63　污染影响的多环缓冲区示例

（3）独立的 Buffer Wizard 工具。缓冲区向导工具（Buffer Wizard）为缓冲区的建立提供了一种更加全面系统的方式，它只要按照向导的提示设置相关参数，就可以为目标要素建立不同类型的缓冲区。在 ArcGIS 10 的 ArcMap 菜单上，点击【Customize】→【Customize Mode…】，打开定制对话框，点击【Commands】标签，从而进入命令选项卡窗口。然后在左侧分类（Categories）列表框中选择“Tools”，在命令（Commands）列表框中选中“Buffer Wizard”，按住鼠标左键将其拖至已打开的任一工具条中，关闭定制对话框，完成缓冲区向导工具的添加。点击刚添加到 ArcMap 工具栏上的 Buffer Wizard 工具按钮，启动缓冲区向导对话框，设置用于建立缓冲区的数据（图 3.64）。点击【下一步】，进入缓冲距离设置对话框（图 3.65）。该对话框提供了自定义缓冲固定距离、基于属性字段的变化缓冲距离及建立指定数量和缓冲间隔的多环缓冲区等三种距离方式。选择并设置后点击【下一步】，在打开的对话框中设置是否融合缓冲区的重叠区域、面状要素的缓冲区侧面类型、如何保存输出等（图 3.66），最后点击【完成】开始创建缓冲区。

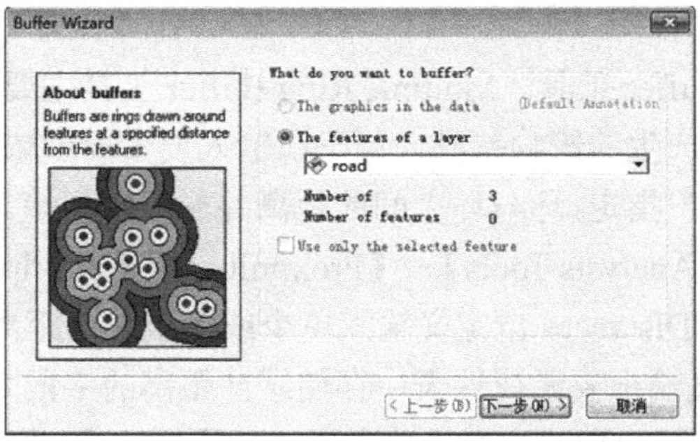

图 3.64　缓冲区向导数据添加对话框

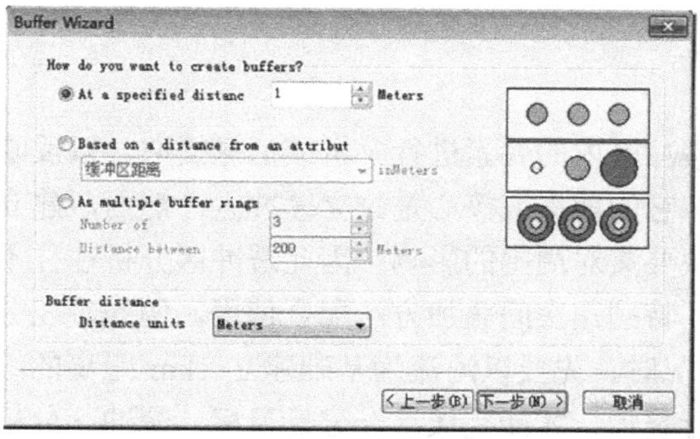

图 3.65 缓冲距离设置对话框

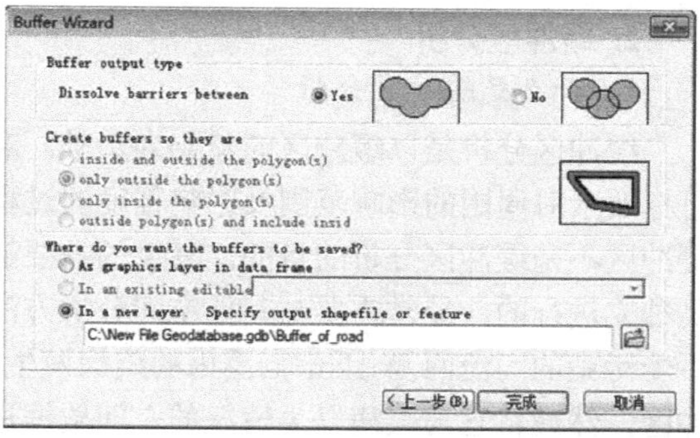

图 3.66 缓冲类型及保存目录设置对话框

（4）Editor 工具条下的 Buffer 工具。利用 Editor 工具条下的 Buffer 创建缓冲区是一种简单快捷的操作方式（图 3.67），它是在距离目标实体（点、线、面）一定范围处，形成一条封闭线或一定宽度多边形区域（图 3.68）。该方法建立缓冲区具有以下几个特点：一是建立缓冲区的目标图层必须处于编辑状态，且用于建立缓冲区的要素必须处于选中状态。二是只能在 Distance 下手动输入缓冲距离以建立固定距离的缓冲区。三是利用 Template 选项指定生成缓冲区的类型，若在 Template 中指定参考线状要素建立缓冲区，将围绕目标建立一条封闭的线状缓冲区边界并存储在该线状要素中；若在 Template 中指定参考面状要素建立缓冲区，则将生成多边形缓冲区并存储在该面状要素中。

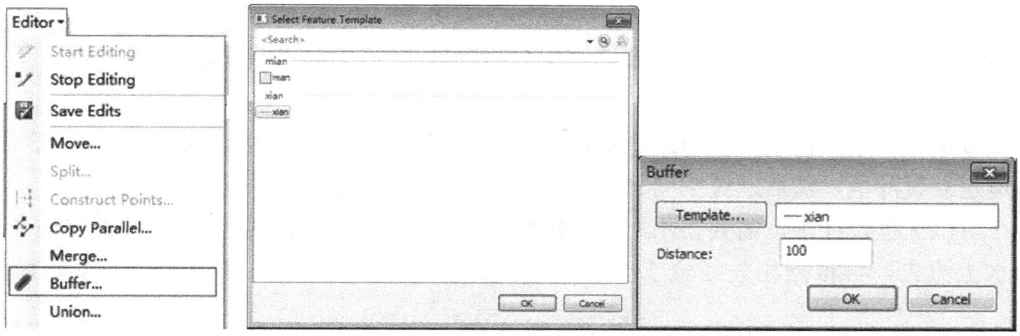

图 3.67 基于 Editor 工具条下的 Buffer 建立缓冲区

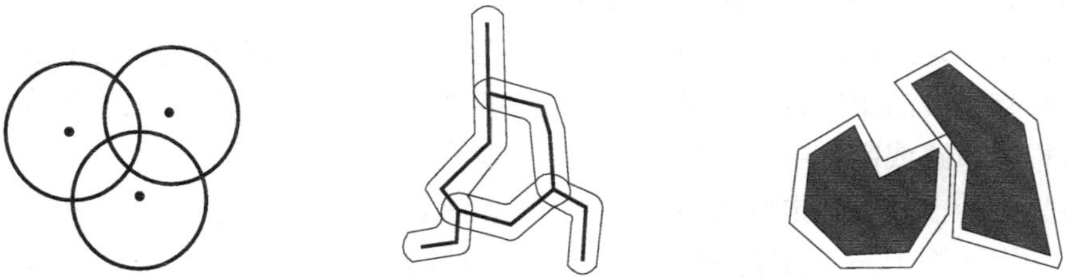

图 3.68 基于 Editor 工具条下的 Buffer 建立的不同类型缓冲区

该方法主要有两个缺陷：一是不能有效地解决缓冲区重叠的问题；二是不能实现更为复杂的缓冲区建立，如变距缓冲区、单侧缓冲区分析等。因此，在实际应用中多用于数据的编辑处理，较少用于缓冲区分析。图 3.68 是利用该工具对点、线、多边形建立的固定距离缓冲区（边界）。

2. 缓冲区分析

1）什么是缓冲区分析

缓冲区分析是以缓冲区的建立为基础，对缓冲区内的要素进行分析或信息提取，以反映目标要素对周围的影响范围及影响程度的过程。它的前提或核心是建立缓冲区。然而，建立缓冲区不是缓冲区分析的目的，其目的是要解决要素对周围的影响，因此缓冲区分析往往不是独立进行的，经常需要与其他空间分析方法，特别是空间叠加方法配合使用。例如，在分析受污染的河流两侧 1km 范围内的疾病发生情况时，先要以河流为基础建立 1km 距离的缓冲区，然后将它与疾病发生情况的空间数据进行叠加，才能完成这一分析目标。缓冲区分析作为 GIS 空间分析中最为经典的分析方法之一，在分析地理实体对周围空间的影响方面得到极大的应用。例如，在濒临灭绝的动物保护研究中，可根据野生动物的栖息地和活动区域划定保护区的范围；在距离河流两岸一定范围内规定禁止砍伐树木的地带，以防止水土流失等；确定城市街道改造过程需要搬迁的范围等。

2）缓冲区分析的一般过程

在实际应用中，缓冲区分析一般按照以下步骤实施：①选择所要研究的空间对象（如点污染源、道路、河流、建筑物）；②根据已有的研究成果或通过计算得到各要素的缓冲距离；③依托一定的缓冲区工具，根据确定的缓冲距离，设置相关的其他参数，建立缓冲区；④将缓冲区与其数据进行空间叠加等操作，获取缓冲区内的地理信息；⑤对分析结果进行统计、评价、解释，并输出表格、图件等成果。

3）缓冲区分析的应用

缓冲区分析是 GIS 系统中最重要的空间分析功能之一，其应用领域也非常广泛。下面举例说明缓冲区分析的一些应用。

在城市建设中，需要了解道路或轨道交通周围的建筑物情况或居民总数，可首先对道路或轨道建立缓冲区，然后通过空间叠加，统计缓冲区内的建筑物或居民数量。

在防洪工程设计中，需要在距河流一定纵深范围内规划树木的禁伐区，设置防洪带，以防止水土流失。可根据相关经验或理论计算得到缓冲距离的大小，然后对河流实施缓冲区分析。

在防震减灾的研究中，按照断层或断裂带的危险等级，通过缓冲区分析得出围绕断层或断裂带的缓冲带，并作为防震和抗震的重点区域。

在对城市土地定级或地价评估过程中，根据与交通型主干道的距离、与商服中心的距离等因素进行影响强度的距离衰减计算，此时往往需要进行多环缓冲区的创建和分析。缓冲距离的大小可根据道路或商业中心的等级或规模来确定。

在生态规划中，需要确定自然生态保护区的范围。为避免城镇扩张对保护区的破坏，可以在生态保护区周围 1km 范围内划定禁止建设区或有条件建设区，这一过程需要使用多边形的缓冲区分析操作。

在土地利用规划中，为了合理安排新农村建设，新规划的居民点往往需要便利的交通，此时可对道路建立一定宽度缓冲区，选择距离道路较近的区域作为规划选址区。

此外，缓冲区分析还广泛应用于农业、军事、地质、通信、环境评价、商业等领域。

3.3.2　最近邻要素分析

1）什么是最近邻要素分析

最近邻要素（Near）分析是指对于输入要素中的每个要素，在指定的搜索半径内，在近邻要素中找出与其距离最近的要素，并计算其距离、位置及方向（角度）等数据的一种空间邻近性分析方法。例如，在生活中，寻找离家最近的车站、医院、公园、学校等；在旅游分析中，寻找离公路最近的森林、景点、观景台等；在农业分析中，寻找每块耕地最近的水库、坑塘、沟渠等水源。图 3.69 显示了点与点、点与线、线与点线面的最近邻要素。

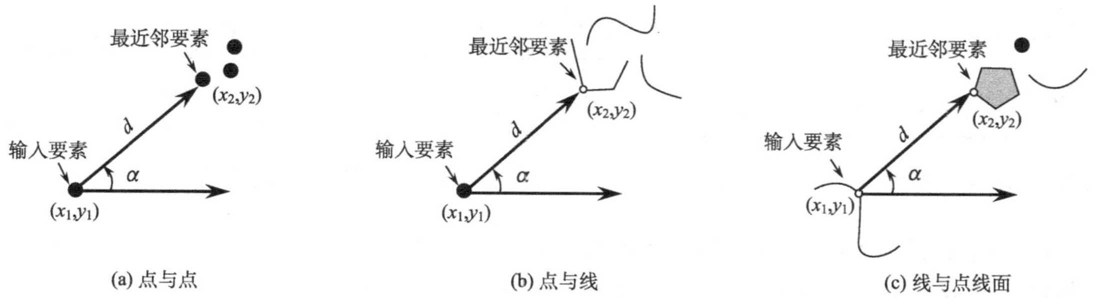

图 3.69　最近邻要素分析

最近邻要素分析基于要素间的欧氏距离，它忽略了地面在不同方向、不同高程等方面的差异，未考虑地面的实际情况，特别是坡度、悬崖、河流、建筑物等障碍因素的影响，因此在实际应用中应注意它的局限性。事实上，地面要素的空间移动往往不是按直线方向进行的，产生的作用往往也并非直线的。例如，前往最近学校的路径是按道路的曲线方向（水平与垂直）行进的；乌江边悬崖顶上的耕地虽然离水源直线距离很近，却无法直接利用；丘陵山区离灌溉渠距离最近的地块因位于渠的上坡方向，在水的可获取性方面反而不如距离较远的下坡方向的地块。

2）ArcGIS 中的最近邻要素分析工具

在 ArcGIS 中，可以采用 Near 工具寻找最近的要素（【ArcToolbox】→【Analysis tools】→【Proximity】→【Near】）（图 3.70）。该工具针对输入数据中的每个要素，计算与近邻数据中每个要素的距离，将其中具有距离最小值的那个要素作为最近邻要素，并在输入要素属性表中记录该要素的 ID 及其距离。输入要素和近邻要素可以是点、线或多边形，且近邻要素可以同时有多个类型。若输出选项中勾选了位置（Location）与角度（Angle），则属性表中还将记录最近点的坐标（x, y）及方位角。此外，该工具还可设定搜索半径（Search Radius），以限制搜索范围不至于太远。距离的计算方法有平面（Planar）和球面（Geodesic）两种。Planar 方法用于计算要素之间的平面距离，为该工具的缺损选项。Geodesic 方法考虑了地球曲率的影响，并且能够正确处理国际日期变更线及极点附近要素之间的距离关系，常用于计算要素之间的球面距离。以下两种情况下，建议采用 Geodesic 方法：一是数据的地理范围跨度很大；二是数据的坐标系统不适于距离量测（如任何以经纬度记录的地理坐标系统）。

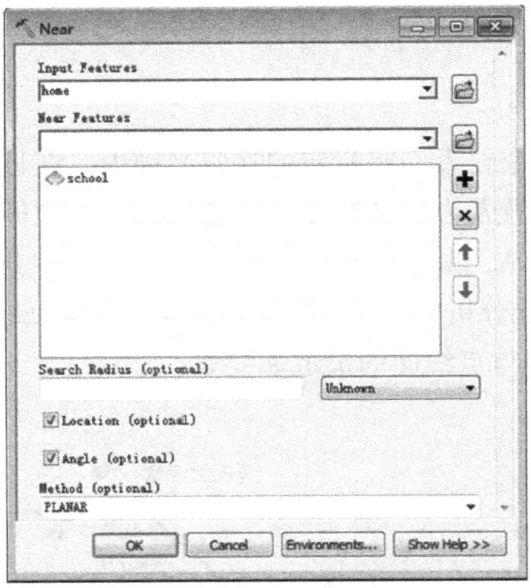

图 3.70　ArcGIS 最近邻要素分析工具 Near

home

FID	Shape	ID	NAME	NEAR_FID	NEAR_DIST	NEAR_X	NEAR_Y	NEAR_ANGLE
0	Point	1	莲花单元	7	99.675107	4108.8441	3879.49	65.219443
1	Point	2	海棠单元	8	1152.250824	4844.2877	3869.13	159.220439
2	Point	3	唐城大厦	3	828.052297	7060.9770	3806.98	-3.630683
3	Point	4	北大街1	5	677.809912	5403.6392	5536.82	127.88443

图 3.71　最近邻要素分析结果

图 3.71 是采用 Near 工具分析后所得的结果。它对住宅数据（home）中的每个居住区，分析学校数据（school）中距各个居住区最近的学校，并将这个学校的编号、距离、坐标、方位等信息添加到居住区的属性表中。从图 3.70 和图 3.71 可以看出，Near 分析之后，不会输出新的要素类或表格，而是直接将分析结果添加至输入要素类的属性表中。

3.3.3　点距分析

1）什么是点距分析

点距分析（Point Distance）也是一种空间邻近性分析方法，它针对输入要素中的每个点，在指定的搜索半径内，计算其与近邻要素中每个点的距离。当输入要素与近邻要素是同一数据时，则计算的是一个点数据中各点之间的距离。点距分析也有着较为广泛的应用。例如，通过研究各个城市之间的相互距离，从而为城市群的划分提供定量数据；研究不同类型的企业（如电影院、快餐店、超市等）与出现环境问题（如乱丢废弃物、乱涂乱画等）的地点之间的距离，可以为公共垃圾桶的空间配置提供依据；研究居住小区和医疗服务机构之间的距离，可以评价居民健康服务的地理可达性。

2）ArcGIS 中的点距分析工具

在 ArcGIS 中，进行点距分析的工具为 Point Distance（【ArcToolbox】→【Analysis tools】→【Proximity】→【Point Distance】）。点距分析的输入要素与近邻要素都必须是点数据。输出结果为一个表格，表格中包含 3 个字段，分别是输入要素的 FID、近邻要素的 FID 及两者之间的距离（图 3.72）。在计算时，若没有确定搜索半径，系统则默认计算输入要素与所有邻近要素的距离，输出的表格可能会非常大。例如，如果输入要素与近邻要素各包含 100 个点，则输出表中会有 10000 条记录。因此，在实际应用中必须设置有意义的搜索半径来控制输出表格的大小。

图 3.73 以城市数据（city）为例，采用 ArcGIS 的 Point Distance 工具[图 3.73（a）]，计算各个城市之间的距离，结果如图 3.73（b）所示。在实际应用中，可以设置合适的阈值来分析要素的集聚状况。例如，对每个城市，以其最近的 10 个城市计算平均距离，若该平均距离

较小，则表明该城市与周边城市相对集聚，据此可进行城市群的划分。

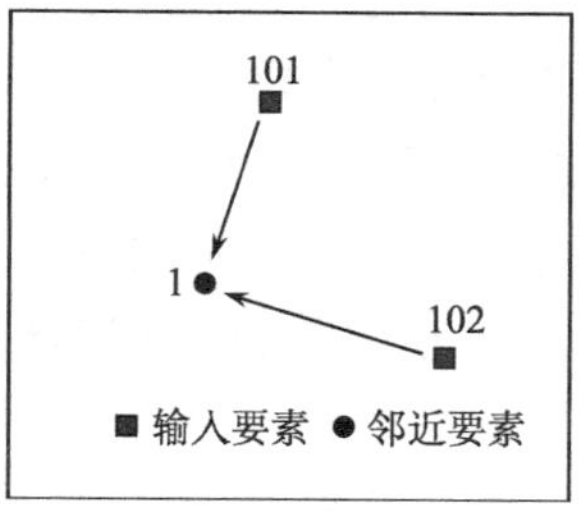

输出结果

INPUT_FID	NEAR_FID	DISTANCE
101	1	65.8
102	1	83.2

图 3.72　点距分析示意图

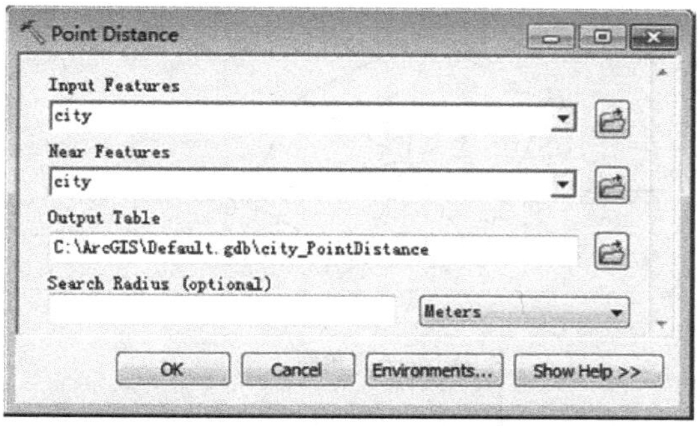

（a）Point Distance 工具

city_PointDistance

INPUT_FID	NEAR_FID	DISTANCE
1	1	0
1	2	1063.21
1	3	2631.23
2	1	1063.21
2	2	0
2	3	4325.02
3	1	2631.23
3	2	4325.02
3	3	3214.23

（b）点距分析结果

图 3.73　点距分析

3.3.4　泰森多边形分析

1）泰森多边形

泰森多边形（Thiessen Polygon）最初是由荷兰气候学家 A. H. Thiessen 提出的，用以根据离散分布的气象站的降水量来计算区域平均降水量。它根据站点间的相邻关系，将区域的空间平面剖分为若干个相互邻接的多边形，每个多边形包含唯一的气象站（图 3.74），并用这个气象站的降水量来代表这个多边形区域内的降水量。泰森多边形也称为冯洛诺伊图（Voronoi diagram）。

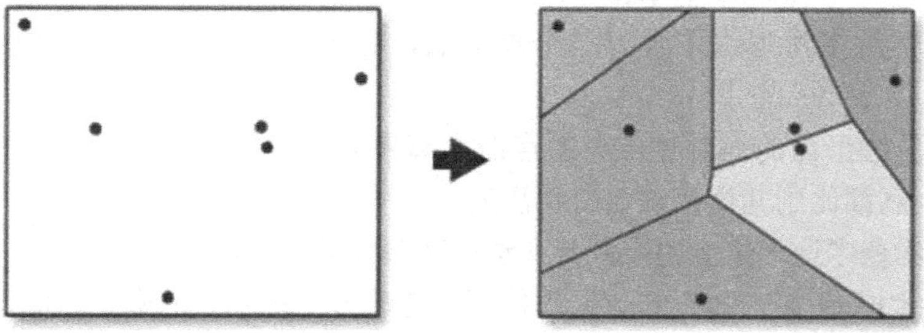

图 3.74　由离散点生成泰森多边形

2）泰森多边形的生成

建立泰森多边形需要在已知点之间构建三角网的基础上进行，它包括两个主要步骤。

（1）用离散点构建满足狄洛尼（Delaunay）准则的不规则三角网（TIN），也称 Delaunay 三角网（Delaunay 准则包括空外接圆、最大化最小角、边长总和最小等三个原则）（图 3.75）。

（2）对 Delaunay 三角网中的每一边作中垂线，相邻中垂线相交所围成的区域即泰森多边形。也可以通过计算 Delaunay 三角网中每一个三角形的外接圆圆心，连接这些相邻三角形的外接圆圆心，得到泰森多边形（图 3.75）。

泰森多边形建立后也生成了这些多边形之间的拓扑关系，离散点可以用作泰森多边形的标签点，并将离散点的相关属性信息赋予泰森多边形。

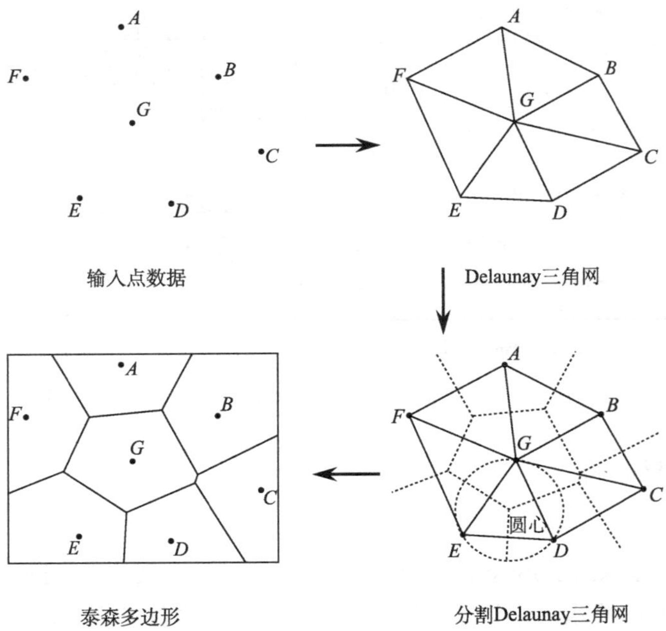

图 3.75　泰森多边形的建立

3）泰森多边形的特性

泰森多边形具有以下三个基本特性。

（1）每个泰森多边形内仅含有一个离散点，有一个点就必然有一个泰森多边形与之对应。

（2）泰森多边形内的点到相应离散点的距离最近，即每个多边形内部的任何位置与其相关离散点的距离都比到其他离散点的距离近。

（3）位于泰森多边形边上的点到其两边的离散点的距离相等。

泰森多边形假设任何未知点的数据均使用离它最近的样本点的数据，因此也称为最邻近插值法。该方法简单，效率高，但是对空间因素考虑太少，受样本点的影响较大，当样本点较多且分布均匀时，泰森多边形的插值效果较好；如果样本点分布不均匀，容易造成较大的误差。

4）泰森多边形的应用

因为泰森多边形在空间剖分上的等分性、最近邻性特征，所以可通过定性分析、统计分析、邻近分析等，用于解决最近点、最小封闭圆等问题，以及邻接、接近度和可达性等空间分析问题，如公共设施（医院、学校等）的服务区域、大型超市的顾客区域、狼群的活动空间、熊猫的觅食范围、通信基站的覆盖区域、空气监测网络规划等。有了泰森多边形，可以用离散点的性质来描述泰森多边形区域的性质；可用离散点的数据来计算泰森多边形区域的数据；在判断一个离散点与其他哪些离散点相邻时，可根据泰森多边形直接得出，且若泰森多边形是 n 边形，则就与 n 个离散点相邻。当某一数据点落入某一泰森多边形中时，它与相应的离散点最邻近，无需计算距离。泰森多边形的这一特性，使得某些空间查询变得更加高效。例如，利用城区的医院生成泰森多边形后，当病人需要医疗急救时，可根据病人的位置立即找出最近的医院，而不用像上述 Near 查询那样逐个计算距离和比较。

5）ArcGIS 中泰森多边形的创建

在 ArcGIS 10 中，双击工具【ArcToolbox】→【Analysis tools】→【Proximity】→【Create Thiessen Polygons】，启动创建泰森多边形对话框。图 3.76 以消防站数据为例，利用泰森多边形为消防站分配服务范围，结果如图 3.77 所示。其中，Output Fields 下的 ONLY_FID 选项表示仅将输入要素的 FID 字段传递到输出要素类中，为默认选项；ALL 则表示将输入要素的所有属性都传递到输出要素类中。

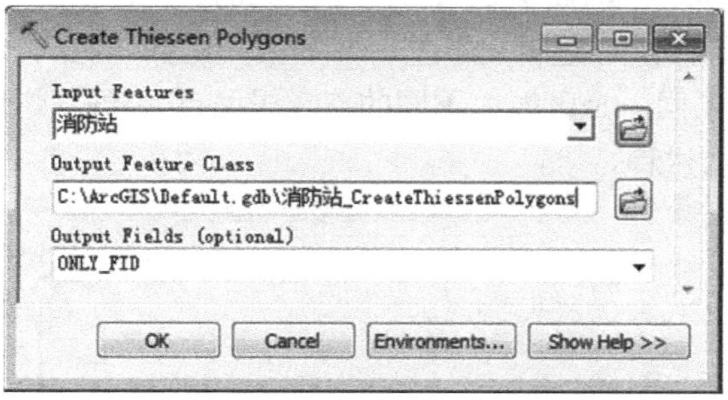

图 3.76　ArcGIS 创建泰森多边形工具

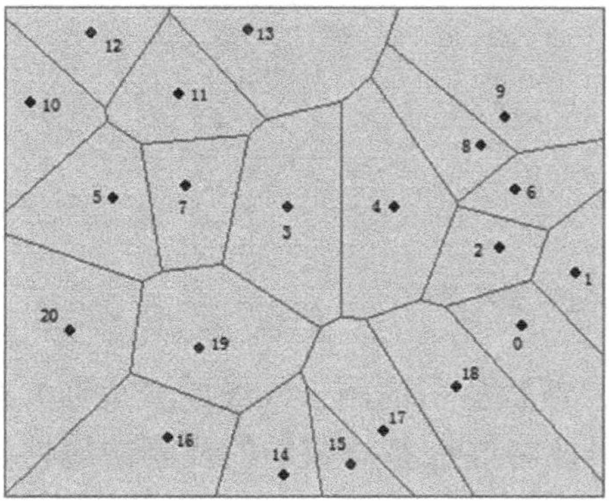

消防站_CreateThiessenPolygons

OBJECTID	Shape_Length	Shape_Area	Input_FID
3	2914.207304	389113.579469	0
13	2049.110466	192475.406381	1
16	1906.035599	220183.141794	2
17	3069.74484	549034.217442	3
5	3090.019414	526662.735042	4
21	2619.658864	418511.454805	5
15	2010.905645	224213.468243	6
20	2239.679984	293315.863641	7

图 3.77　消防站服务范围划分结果

3.4 叠加分析

同一地理区域，存在多种自然和社会经济要素，如地质、土壤、水、植被、动物、大气、人类活动等。一般来说，GIS 对这些地理要素或现象按专题属性、类别或形式等进行分层管理，不同类型的要素用不同图层的数据来表达，同一地区多个专题图层叠加在一起共同组成了该地区地理景观的内容。然而，地理要素之间往往相互关联，分层导致要素之间的联系被人为切割。在分析空间问题时，常常也需要考虑要素之间的关联。例如，大气降水对植被的分布有何影响？植被之下的土壤是什么？土壤与岩石之间有何关系？地质环境对城市建设有什么影响？因此，为了解决要素之间的切割，同时也便于多因素的综合分析，需要进行要素的空间叠加分析。

GIS 出现之前，空间叠加往往是地图学家的事情。他们通常将不同的要素绘制在不同的透明纸或聚酯薄膜上，然后将其叠放在透光台上绘制新的图形，获取新的信息。GIS 出现后，由于计算机的支持，叠加变得更加容易，叠加的作用和产生的价值更加得到体现和发挥。

根据叠加的方式和参与叠加的要素的不同，空间叠加可以分为矢量叠加和栅格叠加两种类型。本节仅介绍矢量数据的叠加，栅格叠加将在后续章节中进行介绍。

3.4.1 概念

矢量叠加分析（overlay analysis）是指将同一区域的、具有正确空间坐标系统的两个或多个不同主题的矢量数据图层进行逻辑交、差、并等拓扑运算，生成一个具有多重属性的新图层的过程。图 3.78 显示了同一个区域内不同的点（居民点）、线（道路）、面（行政区域与土地利用）要素的空间叠加过程。

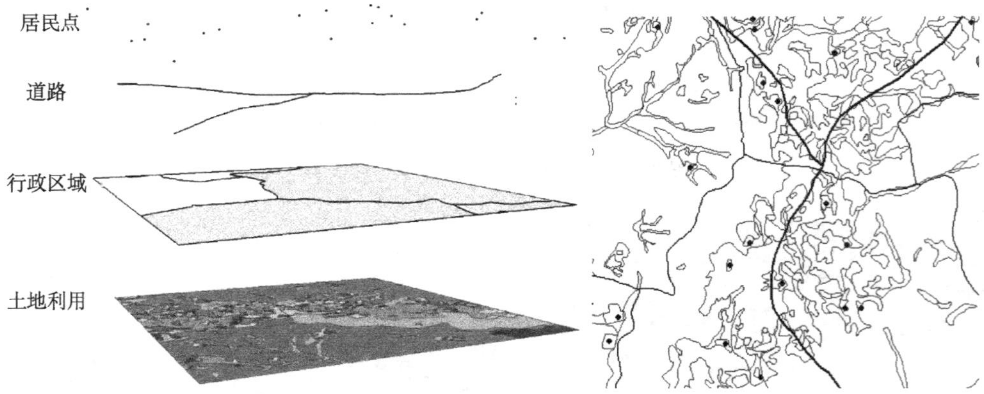

图 3.78　点、线、面图层矢量叠加示意图

叠加后往往产生新的数据，原数据保持不变。新数据中的图形（线或多边形）在原数据的基础上进行重构（交叉部分进行切割），属性将继承参与叠加的要素的属性信息（图 3.79）。

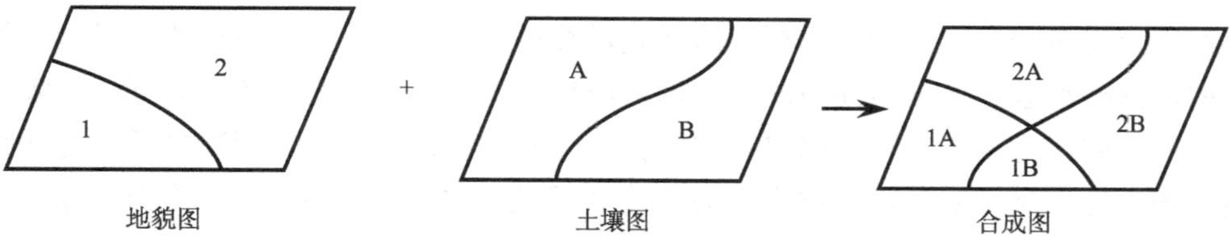

图 3.79　叠加后图形的切割与属性继承

3.4.2　矢量叠加的类型

矢量叠加分析是空间叠加分析的主要内容，其研究对象主要是点、线、多边形之间的相互叠加，可产生点与点、点与线、点与多边形、线与线、线与多边形、多边形与多边形等六种不同的叠加分析类型。其中，点与多边形、线与多边形、多边形与多边形三种叠加在实际分析中应用广泛，因而本节主要介绍这三种类型的叠加分析。

1）点与多边形的叠加

点与多边形的叠加是将输入图层上的点要素与叠加图层上的多边形要素进行空间叠加，输出结果为点数据。这种叠加的实质就是确定点与多边形要素之间的包含关系，同时新生成的要素也获得了多边形的某些或者全部的属性。它常常用于确定点要素的归属问题。例如，在确定某个城市属于哪个行政区或者某一行政区包含哪些城市时，将城市点图层与行政区多边形图层进行叠加操作(图 3.80)，然后对叠加后数据的属性进行统计即可得到所需结果(图 3.81)。

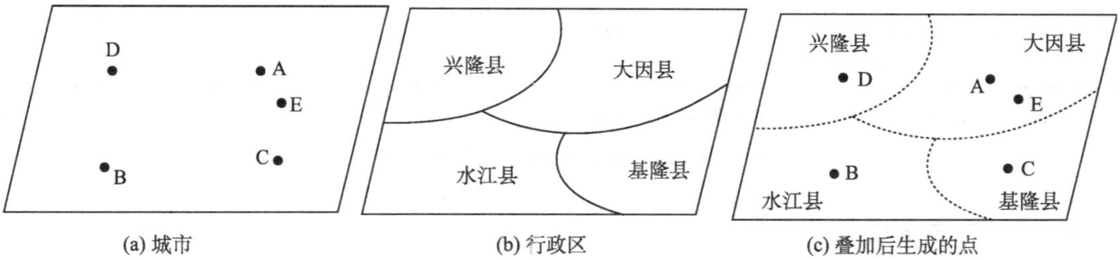

图 3.80　点与多边形的叠加

ID	城市名称
1	A
2	B
3	C
4	D
5	E

(a) 城市点属性

ID	行政区
1	兴隆县
2	大因县
3	水江县
4	基隆县

(b) 行政区属性

ID	城市名称	行政区
1	A	大因县
2	B	水江县
3	C	基隆县
4	D	兴隆县
5	E	大因县

(c) 叠加后属性按城市名称排序

ID	城市名称	行政区
1	A	大因县
2	E	大因县
3	C	基隆县
4	B	水江县
5	D	兴隆县

(d) 叠加后属性按行政区名称排序

图 3.81　点与多边形叠加前后的属性

2）线与多边形的叠加

线与多边形的叠加是将输入图层上的线要素与叠加图层上的多边形要素进行空间叠加，输出结果为线要素。它通过比较线上的点坐标与多边形坐标的关系，判断线段是否落在多边形内。对于跨越多个多边形的，需要在边界处对线进行剪断，使得被剪切的线段落入相应的多边形内，同时继承了包含该线段的多边形的属性。例如，将河流线图层与行政区多边形进行叠加（图 3.82），河流在行政区边界处被切断（图中空心圆点处），切断之后各河段就继承了多边形的属性信息（图 3.83），据此可以确定各行政区之内河流的长度，进而计算各行政区的河网密度（区内河流的总长度/该区域的面积）。

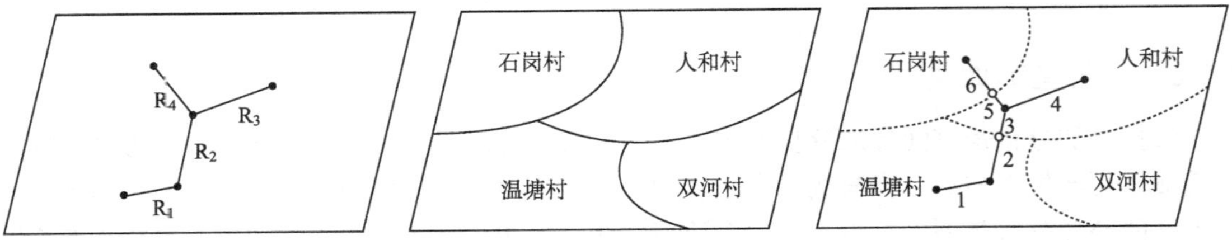

(a) 河流　　(b) 行政区　　(c) 叠加后生成的线

图 3.82　线与多边形的叠加

ID	河流名称	长度
1	R_1	13.45
2	R_2	17.59
3	R_3	20.70
4	R_4	15.53

(a) 河流的属性

ID	行政区
1	人和村
2	石岗村
3	双河村
4	温塘村

(b) 行政区的属性

ID	河流名称	长度	行政区
1	R_1	13.45	温塘村
2	R_2	10.36	温塘村
3	R_2	7.23	人和村
4	R_3	20.70	人和村
5	R_4	5.17	人和村
6	R_4	10.36	石岗村

(c) 叠加结果的属性

图 3.83　线与多边形叠加前后数据属性

3）*多边形与多边形的叠加*

多边形叠加是将两个或多个多边形要素进行叠加，叠加后产生新的多边形，这些新多边形获得了叠加前两个或多个多边形的属性。多边形叠加过程可以分为几何求交和属性分配两个步骤：几何求交首先求出所有多边形边界线的交点，再根据这些点重新进行多边形拓扑运算；属性分配即对新生成的拓扑多边形图层的每个对象赋予唯一的标识码，同时生成一个与新多边形一一对应的属性表，表中继承了叠加前各多边形要素的属性数据。例如，将某地区行政区多边形与同一地区农作物分布情况进行叠加分析（图 3.84），得到各个行政区域的农作物种植情况（图 3.85）。

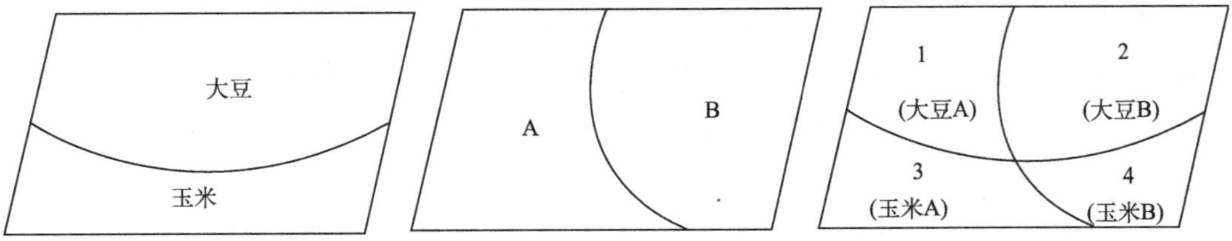

(a) 农作物种植区　　(b) 行政区　　(c) 叠加后生成的多边形

图 3.84　多边形与多边形的叠加

ID	农作物类型	面积
1	大豆	56.6
2	玉米	43.4

(a) 农作物种植区的属性

ID	行政区	面积
1	A	49.7
2	B	50.3

(b) 行政区的属性

FID	农作物类型	面积	行政区
1	大豆	25.1	A
2	大豆	31.5	B
3	玉米	24.6	A
4	玉米	18.8	B

(c) 叠加结果的属性

图 3.85　多边形与多边形叠加后数据属性

3.4.3　矢量叠加的方法

矢量数据之间的叠加分析实际上是指矢量图层之间的布尔逻辑运算。根据布尔逻辑运算操作的不同，矢量叠加方法可分为合并（Union）、相交（Intersect）、识别（Identity）、更新（Update）、擦除（Erase）及对称区别（Symmetrical Difference）等类型。图 3.86 显示了 ArcGIS 中矢量数据叠加分析的几种不同方法。

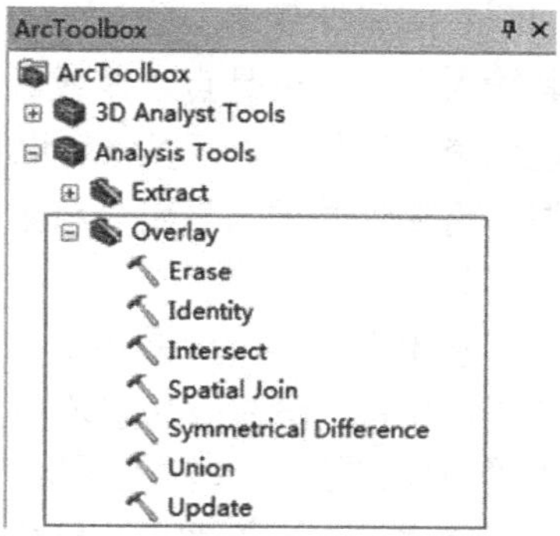

图 3.86　ArcGIS 中矢量叠加的工具

1）合并

它将输入图层与叠加图层的空间范围联合起来，保留输入图层和叠加图层中的所有图形信息和属性信息（图 3.87）。该操作的逻辑表达式为“输入图层 ∪ 叠加图层”，并要求进行分析的图层均为多边形图层。例如，将某一区域的 1980 年的耕地数据与 2010 年的数据进行“合并叠加”，就可以找出 30 年来哪些是未发生变化的耕地、哪些是被占用的耕地、哪些是新增加的耕地。

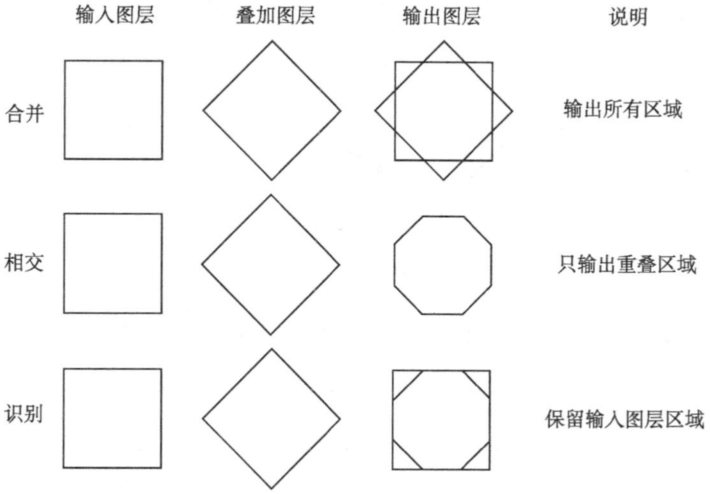

图 3.87　矢量叠加中的合并、相交、识别三种方法

2）相交

它只保留输入图层与叠加图层公共部分的空间图形，并综合所有叠加图层的属性（图 3.87）。该操作的逻辑表达式为“输入图层∩叠加图层”，其输入图层可以是点、线或者多边形图层，输出图层的性质与输入图层相同。例如，想知道云南省的森林分布，将云南省的行政区与全国的森林资源分布数据进行“相交叠加”，即可找出既位于云南省内，又是森林的区域。又如，将大于 25°的区域与耕地数据进行“相交叠加”，可以找出陡坡耕地的范围，用于安排退耕或生态建设。

3）识别

它以输入层的数据范围为边界，保留边界内叠加图层的所有图形，输出图层也获得了叠加图层的属性数据（图 3.87）。该操作的逻辑表达式为“（输入图层∩叠加图层）∪输入图层”。其输入图层可以是点、线或者多边形图层，输出图层的性质与输入图层一致。例如，在进行耕地资源评价时，可以将耕地数据与土壤数据进行“识别叠加”，从而知道每块耕地的土壤类型。将耕地数据与坡度分级数据进行“识别叠加”，可以获得每块耕地的坡度等级。

4）更新

它用叠加层内的多边形全部替换输入层中同一区域的所有要素，新生成的图层保留原来的属性字段，但在叠加层范围内的多边形属性从叠加层获得（图 3.88）。该操作的逻辑表达式为“[输入图层－（输入图层∩叠加图层）]∪（输入图层∩叠加图层）”。其输入图层可以是点、线或者多边形图层，输出图层的性质与输入图层一致。更新操作用于在限定的范围内对现有图层进行更新，如更新某一河道的变迁、更新土地利用数据中新建的工厂。全国每年开展的土地利用变更调查即采用“更新”的方法来变更土地利用数据库。

5）擦除

它在输入图层中擦除由叠加图层所定义的范围。它以擦除层为界，将输入层中与擦除层相交的部分擦除，即在输入层中去掉叠加层范围内的要素，新生成的图层是以输入层的边界为外边界和叠加层的边界为内边界构成的（图 3.88）。该操作的逻辑表达式为“输入图层－（输

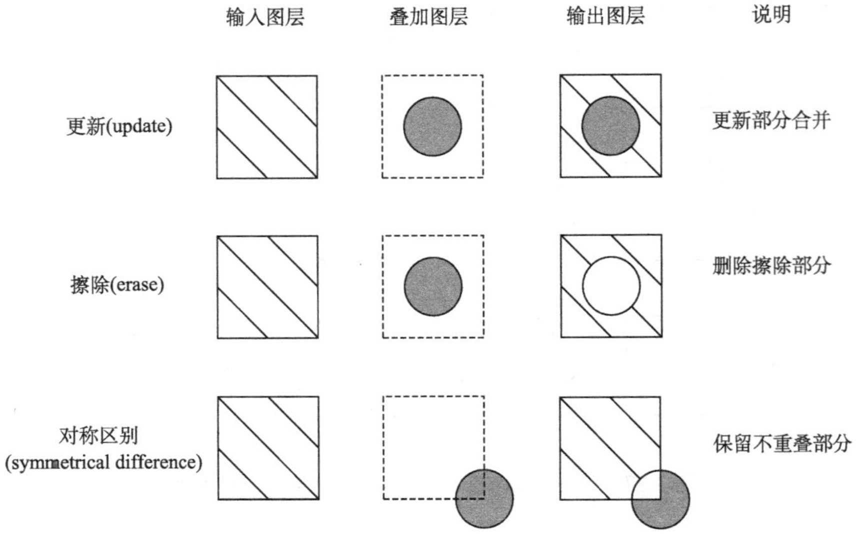

图 3.88　矢量叠加中的更新、擦除、对称区别三种方法

入图层∩叠加图层)”。例如，在滑坡危险区分析的应用中，可使用擦除命令将位于滑坡危险区内的地图要素清空，该结果可用于确定建设和规划用地的范围。

6）对称区别

也称为对称差、反相交。它和逻辑交的运算是相反的，逻辑交是保留要素的共同部分，而对称区别是去掉相交部分，保留各自不相交的部分（图 3.88）。

表 3.8 列出了以上 6 种矢量叠加方法的基本情况。

表 3.8　矢量叠加方法的基本情况

叠加方法	图层数量	输入数据类型	叠加数据类型	输出数据
合并	多个	多边形	多边形	所有的输入数据
相交	多个	任何类型	多边形	只输出重叠部分
识别	两个	任何类型	多边形	保留输入数据范围内的要素，重叠区域的要素发生切割
更新	两个	任何类型	多边形	输入图层中的几何要素被更新图层代替
擦除	两个	任何类型	任何类型	输入图层中的几何要素被擦除图层删除
对称区别	两个	任何类型	与输入数据相同的类型	输出不重叠的区域

3.4.4　矢量叠加中两个问题的处理

1）碎多边形的处理

与点（线）同多边形的叠加不同，多边形与多边形叠加常常会产生很多面积很小的碎多边形。碎多边形的存在，会影响空间数据库的质量和成图效果。一般来说，空间数据库中都会对最小上图图斑有一定的要求。例如，万分之一的土地利用数据库中，居民点的最小上图图斑要求为 400m^2，因此对低于该面积的图斑必须进行处理。产生碎图斑的主要原因在于不同图层中要素的边界不重合，这种不重合可能是正常现象（如土壤与植被的边界），也可能是由要素边界不稳定（如不同时期河流的摆动）或者是数字化过程中产生的误差（如公路作为村界时被两次矢量化）等所引起的。图 3.89 中显示了由于要素边界不重叠产生的碎多边形。

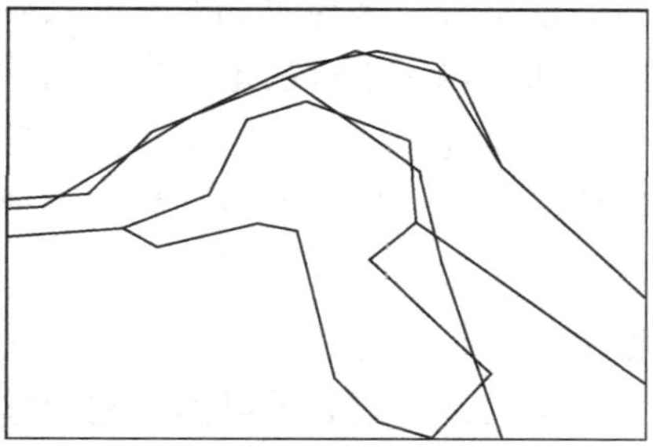

图 3.89　叠加中产生的碎多边形

碎多边形的处理一般有以下三种方法。

（1）设定模糊容差（Tolerance）：设定一个捕捉距离，若构成边线的点落入捕捉距离范围之内，则强制地捕捉到一起，从而自动消除碎多边形。但是，由于模糊容差是作用于整个图层的，若容差设置过大，很可能会把非共享边界和线接合为共享边界，而消除了合法的小多边形。

（2）数据预处理与后处理：将拓扑规则应用到输入图层中（ArcGIS 中的 Geodatabase），以保证在进行地图的叠加分析之前，它们共有的边界是重合的。此外，还可以在叠加之后用最小面积法来消除碎多边形。ArcGIS 中的 Eliminate 工具可以将碎多边形按公共边最长法或面积最大法，将其合并到相邻的多边形中。

（3）融合：基于某一个特定的属性将相邻多边形进行整合。ArcGIS 中的 Dissolve 工具可以将相邻且具有某一相同属性的多边形进行合并，消除它们之间的边界。

此外，如果对精度要求较高，还可以通过人机交互方式人为地逐个将碎多边形合并到相邻的多边形中去，但工作量较大。

2）几何属性的重算

因为线和多边形、多边形与多边形的叠加存在要素的切割，所以叠加后线的长度、多边形的周长和面积会发生变化。不同的软件或不同的数据格式，在处理叠加后新生成的线、面的几何属性时，其方式是不同的。以 ArcGIS 为例，若输出的数据采用 Shapefile 格式，则其长度（周长）、面积等不会自动重新计算。因为叠加后生成的要素会继承参与叠加的要素的属性，所以其属性表中往往会包含两套数据，即分别来自输入和叠加图层的面积或长度（周长）数据，但这些值不能代表叠加后要素的几何属性。为解决这一问题，需要先在输出图层的属性表中添加存储面积或长度（周长）的字段，然后利用几何属性计算器（Calculate Geometry）手动计算切割后的几何属性值。若输出的数据采用 Geodatabase 格式，虽然也会继承原数据的几何属性，但因为该格式的矢量数据可以即时拓扑，所以其长度（周长）、面积等几何属性字段（Shape_length、Shape_area）会自动创建并重新计算新的几何属性的数值。综上所述，叠加后要得到输出要素的正确长度和面积等几何信息，有两种方法：一是直接采用 Geodatabase 格式来自动重算；二是对 Shapefile 格式手动创建新字段并计算几何属性。

3.4.5 叠加分析的应用

叠加分析是 GIS 中最基础、最常用的空间分析方法，是提取空间信息常用的手段。因为新图层综合了参与叠加的各图层要素的属性信息，建立了各对象之间的空间对应关系，所以该方法可以用于解决地理变量的多准则分析、区域多重属性的模拟分析、地理特征的动态变化分析及地图要素的更新、区域信息提取等方面的问题。实际应用可涉及适宜性评价、环境评价、灾害评价、城乡规划、土地定级与地价评估等众多领域。以下举例说明。

例 1：将中国的城市数据（点）与省级行政区数据（面）叠加，则可知道这些城市位于哪个省级行政区或每个省级行政区包括哪些城市等信息。

例 2：将规划的高速公路用地范围（面）与行政区（面）叠加，则可以知道高速公路建设会占用哪些行政区的土地，面积各是多少等信息。

例 3：将行政区（面）与土地利用数据（面）进行叠加，则可以知道每个行政区有哪些土地或这些土地是属于哪个行政区的，面积有多大等信息。

例 4：在灾害评估中，将洪水淹没区数据与土地利用数据进行识别叠加，则可知道哪些农田、房屋等遭受水灾。

例 5：为反映某地土地利用的动态变化情况，可以将前后两个时期的土地利用（面）数据进行叠加，通过比较叠加后生成的多边形中前后土地类型是否一致，即可判断该地块是否发生用途转变。进一步，可根据前后地类的不同，生成这期间的土地转移矩阵，从而分析该区域的土地利用变化结构与方向。

例 6：在土地利用数据库建设过程中，确定每个耕地图斑的坡度级别，可以将坡度级别矢量多边形数据与耕地图斑进行叠加，从而为耕地图斑输入坡度级别。

例 7：在生态建设时，需要将陡坡耕地退耕还林。在确定退耕的区域时，可以将陡坡数据（地形坡度大于 25°）与耕地数据进行相交叠加（Intersect），则输出数据的区域既是耕地又是陡坡，同时满足退耕的两个条件。

例 8：为找出适宜种植某种经济作物的区域，可以将多个适宜条件的数据，如土壤、积温、降水、坡度等矢量数据进行叠加，从而确定适宜区域。

例 9：在购房选址时，可以将选址条件，如距地铁站 500m 内、距离小学 2000m 内、离工厂 800m 外、离公园 1000m 内、距商业中心 3000m 内等区域（需要结合缓冲区分析）进行叠加，从而获得理想的购房区域。

3.5　空间网络分析

网络是由一系列相互连通、相互作用的点和线等要素组成，用以承载某种资源（物质、能量、信息等）沿着路径在空间上运动的空间要素系统。自然界和社会生活中存在着各种形式的网络，如河网、道路网、电网、供水网、通信网、航空网络、蜘蛛网、渔网、关系网等，这些网络有的与地理位置密切相关，有的虽然存在，但肉眼无法直接看到。

网络按其与空间位置是否相关，可以分为空间网络和非空间网络。空间网络也称地理网络，如道路网、河网、电网、供水网、通信网等，这些都与地理位置相关。然而并非所有与位置相关的网络都可用于空间网络分析，如蜘蛛网、渔网等。事实上，只有当网络中能够进行物质、能量或信息的传输时，网络分析才有意义。

空间网络分析是地理信息系统空间分析功能的重要组成部分，其基本思想在于人类活动总是趋向于按一定的目标，选择达到最佳效果的空间位置或寻求资源达到最优配置的解决方案。在 GIS 中，网络分析是根据点线实体对象之间的拓扑关系来研究构成网络模型的空间实体对象的空间特征和属性特征，进而对网络模型进行全方位的研究和分析的一种空间分析方法。其理论基础是数学中的图论与运筹学，它通过研究网络的状态，模拟和分析资源在网络上的流动和分配，以实现网络结构及其资源的优化组合。目前，网络分析在电子导航、交通规划、电力、水资源调配、城市管网设计、服务设施选址等方面都有着广泛的应用。

本节主要介绍空间网络的相关知识及其应用，包括路径分析、资源分配、连通分析、流分析、动态分段、地址匹配等内容。

3.5.1　网络分析基础

1. 图论基础

在现实生活中，很多复杂的实际问题可以用图形简化表达，图形的结构可以映射为某种存储结构，即被表示为机内形式，然后利用各种算法语言就可以用计算机加以处理，因此大大提高了解决问题的效率和科学性。

图论中许多基本概念如路径、连通性、赋权图等都是进行网络分析的基础。图论中的“图”是指由点集合 $V=\{v_1,v_2,\cdots,v_n\}$ 和 V 中点与点之间的连线的集合 $E=\{e_1,e_2,\cdots,e_n\}$ 构成的二元组(V,E)。V 中的元素称为结点，E 中的元素称为边。设 $G=(V,E)$ 是一个图，$e=V_iV_j$ 是其中一条边，结点 V_i 和结点 V_j 分别是边 e 的起始结点和终止结点，也可以说结点 V_i 和结点 V_j 是相邻的，e 与 V_i、V_j 是关联的。如果两条边有公共的结点，则称这两条边是相邻的。可见，相邻是指相同元素之间的关系，关联是指不同元素之间的关系。此外，连接两个结点的边也可能不止一条，如图 3.90 所示。

两个端点重合的边称为环。如果有两条边的端点是同一对顶点，则称这两条边为重边。既没有环也没有重边的图，称为简单图。如果图中的边是有向的，则称为有向图，其中的边称为弧，如图 3.91 所示。在无向图中，首尾相连的一串边的集合称为路。在有向图中，顺向的首尾相连的一串边的集合称为有向路。通常用顺次的结点或边来表示路或有向路。在图 3.91 中，(e_1,e_2)是一条路，可用$\{V_1, V_2, V_3\}$来表示。

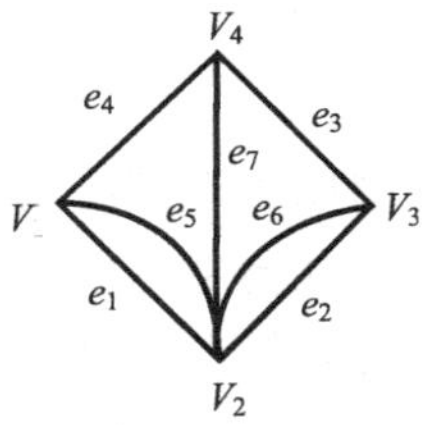

图 3.90　图的结构

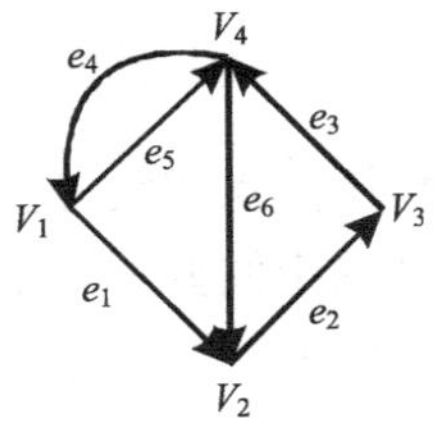

图 3.91　有向图

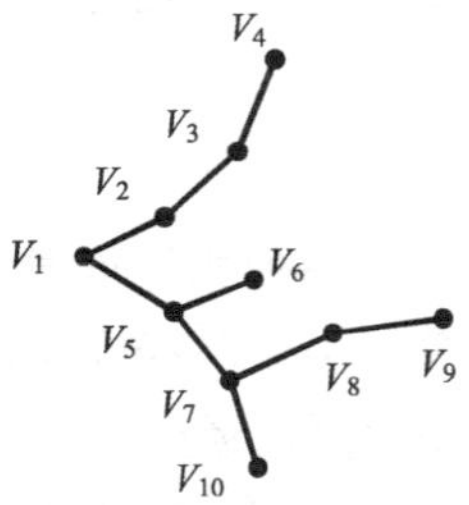

图 3.92　树

如果一个图中，任意两个结点之间都存在一个路，则称为连通图。起点和终点为同一个结点的路称为回路。如果一个连通图中不存在任何回路，则称为树，如图 3.92 所示。任意一个连通图，去掉一些边后形成的树称为连通图的生成树，一个连通图的生成树可能不止一个。

给定一个图，图中的每一条边赋予一个实数，称这种数为边的权数，这种图称为赋权图。赋以权数的有向图称为赋权有向图，也可称为网络。在网络中指定一点，称为发点(V_s)，指定另一点为收点(V_t)，其余的点称为中间点，并把网络中的每一条弧的赋权数 C_{ij} 称为弧(V_i,V_j)的容量。根据实际需要，网络中的一条边可以赋予多个权值，如道路网络中道路的长度、通过的时间等。此外，也可以给网络中的结点赋权，如城市道路网络中路口信号灯的等待时间。给结点赋权的网络称为点权网络，给边赋权的网络称为边权网络。

2. 空间网络中的基本元素及属性

网络主要由线状目标及其附属的点状目标组成，每种目标又有各自的属性。将图论中的网络概念引入地理空间中描述和表达基于网络的地理目标，就产生了地理网络。GIS 中的地理网络除了具有图论中网络的弧、结点、拓扑等特性外，还具有空间定位上的地理意义和目标复合上的层次意义。

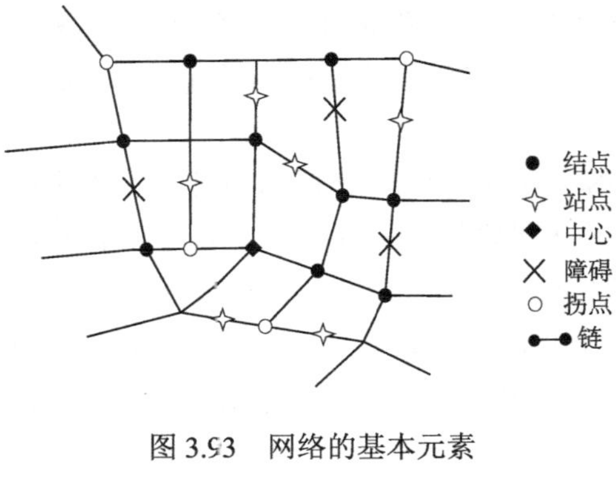

图 3.93　网络的基本元素

GIS 中网络的基本元素包括链（link）、结点（node）、站点（stop）、中心（center）、拐点（turn）和障碍（barrier）等，如图 3.93 所示。网络属性通常包括资源需求量、资源总量和阻碍强度。资源需求量是网络元素自身需要的或能分配给其他元素的资源量，如一条道路可以分流的车辆数、沿街供水管道所需的供水量等；资源总量是一个中心可以容纳或可以提供的资源最大量，如医院可以容纳的病人数、停车场可以提供的车位等；阻碍强度是网络元素所需要的花费，如时间、流量等。

1）链

网络中两个结点之间的弧段称为链，它是构成网络模型的最主要的几何框架，对应着图或网络中的各种线状要素，表现的是网络中的地理实体和现象，通常用中心线代表地理实体和现象本身。基本属性存放在中心线上。链代表的对象可以是有形的，如公路、铁路、河流、输电线等；也可以是无形的，如航空线、航海线等。

链的属性信息有三种：第一种是阻碍强度，即链所耗费的时间、费用等，如资源流动的时间、速度等；第二种是资源需求量，即通过该链可以收集的或分配给一个中心的资源总量，如学生人数、车辆数量等；第三种是资源流动的约束条件，即表达链自身对资源通行的限制，如行驶速度限制、载重量限制等。

2）结点

网络链的两个端点即为网络结点，网络中链与链之间通过结点相连。如果结点参与资源分配，结点也有资源需求量，如结点的方向数。结点也具有是否允许通过的约束能力，如人行天桥规定了其下通行车辆的限高。

3）站点

站点是网络中装载或卸下资源的结点位置，在网络中传输的物质、能量、信息等都是从一个站点出发，到达另一个站点，如车站、码头等。

站点的属性主要有两种：一是站点的资源需求量，表示资源在站上增加或减少，正值表示装载资源，负值表示卸下资源；二是站点的阻碍强度，代表与站有关的费用或阻碍，如某个车站上下车的时间。

4）中心

中心是网络中具有一定的容量，能够从链上获取资源或发送资源的结点所在地。例如，水库属于河网的中心，它能够容纳一定量的水资源，同时，它能将水沿不同的渠道输送出去。

中心的属性主要有两种：一种是中心的资源总量，它是从其他中心可以流向该中心或从该中心可以流向其他中心的资源总量。资源总量分配给一个中心的所有弧段的资源需求量不能超过中心的资源总量。另一种是阻碍强度，即沿某一路径到达中心所经历的弧段总阻碍强度的最大值，如最大服务半径。资源沿某一路径分配给一个中心的或由该中心分配出去的过程中，在各弧段上及各路径转弯处所受到的总阻碍不能超过该中心所承受的阻碍强度。

5）障碍

障碍是指对资源传输起阻碍作用的结点或链，它阻碍了资源在与其相连的链间的流动，代表了网络中元素的不可通行状态，如供水网络中的水阀、禁止通行的关口等。

一般认为，障碍只是指状态临时设为阻断，不表示任何属性的网络元素，但对于一些元素，如交通网络中的交通灯，也可认为是障碍。

6）拐点

拐点是指网络结点处，所有资源流动的可能的转向。例如，在十字路口禁止车辆左拐、直行等，便形成拐点。拐点描述了网络中相互连接的网络链在结点处的关系，其主要属性是阻碍强度，表示在一个结点处资源流向某一弧段所需要的时间或费用。在地理网络中，拐点对资源的流动有很大的影响，资源沿着某一条链流动到有关结点后，既可以原路返回，也可以流向与该结点相连的任意一条链，如果阻碍强度为负值，则表示资源禁止流向该弧段。

7）资源

资源是网络中传输的物质、能量、信息等。资源通过在网络中的流动实现传输和分配。资源可能是有形的，如公路上流动的车辆、货物等；也可能是无形的，如电流、信息流等。资源的属性取决于资源本身的种类。资源的某些属性只是对资源自身的说明和描述，与网络环境无关。资源的有些属性直接与网络的某些性质发生作用，影响其在网络中的流动。

8）权值

权值是月于存储通过一条链或结点时所需要的成本，如链的长度。权值是可以有方向的，用于交通网络中。权值可能是定值，也可能是动态变化的，如上下班高峰期，道路的通行能力是变化的。权值可能是单一的，也可能是复合的，如城市道路的通行能力是路面宽度、当前车流量、天气的状况等因素复合作用的结果。复合权值可以通过特定模型来计算。

3. 网络分析的应用

（1）路径分析。通过对组成网络的各部分的属性数据的分析，找出满足特定条件的资源传输路径。通常指求解最佳路径，包括静态求最佳路径、动态求最佳路径、求 *N* 条最佳路径、求最短路径等。

（2）资源分配。也称为定位与分配问题，包括目标选址和将需求按最近原则寻找供应中心（资源发散或汇集地）两个问题，常用的算法是 P 中心模型。

（3）连通分析。求解从一个结点出发，可到达的全部结点或链，其中最少费用的连通问题是连通分析中的特定问题，常用的算法是 Prim 算法或 Kruskal 算法。

（4）流分析。流是资源在结点间的传输，流分析问题主要是按照某种优化标准（时间最少、费用最低、路程最短等）设计资源运送方案。

（5）动态分段。它是 GIS 网络分析中一种线性特征的动态分析、显示和绘图技术。它解决了传统的 GIS 在处理线性特征时所遇到的问题，在传统 GIS 数据模型的基础上利用线性参考系统和相应算法，在需要进行分析、显示、查询及输出时，动态计算出属性数据的空间位置，即动态地完成各种属性数据集的显示、分析及绘图。

（6）地址匹配。地址匹配实质是对地理位置的查询，涉及地址的编码。地址匹配与其他网络分析功能结合起来，可以满足实际工作中复杂的分析要求。

3.5.2　路径分析

在网络分析中，路径分析是核心问题。路径分析即在指定网络的结点间找出最佳路径。最佳路径即满足某种最优化条件的一条路径。最“佳”的标准有多种，它可能是距离最短、时间最少、费用最小、路线利用率最高，甚至是景观最好、乘车舒适性最佳等。

路径分析的关键是对路径的求解，即如何求出满足条件的最优路径。而最优路径的求解常常可转化为最短路径的求解，最短路径指网络图中一个点对之间，总边权最小的连接起止点的边的序列。若一条弧段的权值表示起始结点和终止结点之间的长度，那么任意两结点之间的各条路径长度就等于该路径上所有边的长度之和，而最短路径就是所有路径中长度最小的路径。最短路径问题是网络分析中的最基本问题，其算法的效率直接影响网络最优化问题的效率。

进行网络路径分析之前，一般需要先将无向的网络（图 3.94）转换成加权的有向网络（图 3.95），也就是给网络中的弧段（边、链）等要素赋以权值，其值的大小视约束条件而定。

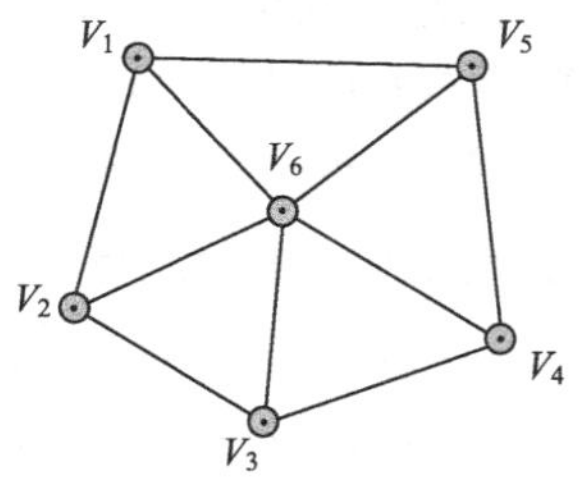

图 3.94　无向图

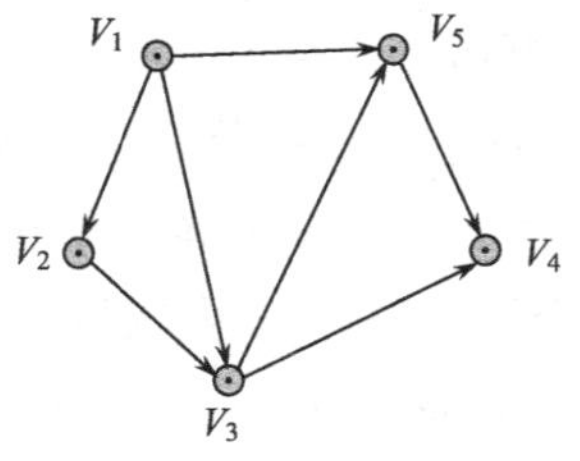

图 3.95　有向图

实际中常见的最短路径问题，例如，物流公司要将货物从 A 城市运到 B 城市，最短路径可能是时间花费最少的路径，但是最佳路径可能是考虑客户对货物的时间要求紧迫程度、各种道路的收费情况、道路拥挤程度、道路对车辆及货物的耗损情况等因素之后综合成本最低的路径。

1. 最短路径的数学模型

最短路径的求解首先要把现实世界中的交通、管线等各种网络抽象成一种数学模型，这种抽象出来的数学模型也就是网络的拓扑结构。在数学和计算机科学领域，网络通常抽象为图。对于无向图一般采用邻接矩阵或者邻接多重表来表示，而有向图则可以用邻接表或者十字链表来表示。在建立数学模型的基础上，利用数学方法求解最短路径。

求解最短路径可以视为一个线性规划问题。设 $G=(V,E)$ 是一个非空的简单有向图，其中，V 为结点集，E 为边集。w_{ij} 为边 (v_i,v_j) 上的权值，x_{ij} 为 (v_i,v_j) 在有限路径中出现的次数，s 为起点，t 为终点，则最短路径的数学模型为

$$\min\left(\sum_i\sum_j w_{ij}x_{ij}\right) \tag{3.64}$$

上式应满足以下条件：

$$\begin{cases} x_{ij}\in(0,1) \\ \sum_j x_{ji}-\sum_k x_{ik}=\begin{cases}0, & 当\ i\neq s\ 时 \\ 1, & 当\ i=t\ 时 \\ -1, & 当\ i=s\ 时\end{cases}\end{cases} \tag{3.65}$$

求最短路径的问题实际上就是求解上述模型的最优解。

最短路径问题通常有三种情况：第一种是求解两个结点之间的最短路径；第二种是求解一个结点到图中其他所有结点的最短路径；第三种是找出图中所有结点对之间的最短路径。根据源点的数量，最短路径的算法分为单源最短路径算法和多源最短路径算法，常用的算法有 Dijkstra 算法、Floyd 算法和 A^* 算法。

2. Dijkstra 算法

解决最短路径问题的经典方法是 E.Dijkstra 提出的贪婪算法（greedy method），可用于计算一个结点到其他所有结点的加权最短路径。其主要特点是以起始点为中心向外层扩展，直

到终点为止。

Dijkstra 算法的基本思路是将网络转换成邻接矩阵和有向图，再采用运筹学方法解决最佳路径问题。设有一个包含 n 个结点的网络（图 3.96），网络中各结点之间的加权距离采用 n 阶邻接矩阵 cost 来表示，其中，$\text{cost}[i,j]$ 表示结点 i 到结点 j 的加权距离。若 i 结点与 j 结点不能连通，则 $\text{cost}[i,j]=\infty$；若 $i=j$，则 $\text{cost}[i,j]=0$。图 3.96 中，欲求出源点 V_0 至各终点的最短距离，首先从 V_0 出发的各边中选取加权距离最小的边，作为源点 V_0 出发的最短路径 (V_0,V_j)，而下一个次短路径 V_k 可能是 (V_0,V_k) 或者是 (V_0,V_j) 和 (V_j,V_k) 的权重之和。由此可见，求出某个顶点的最短路径之后，就有可能影响其他未求出最短路径的顶点，因此，在求从源点到终点的最短路径时就需要不断地对路径进行修正，如表 3.9 所示。

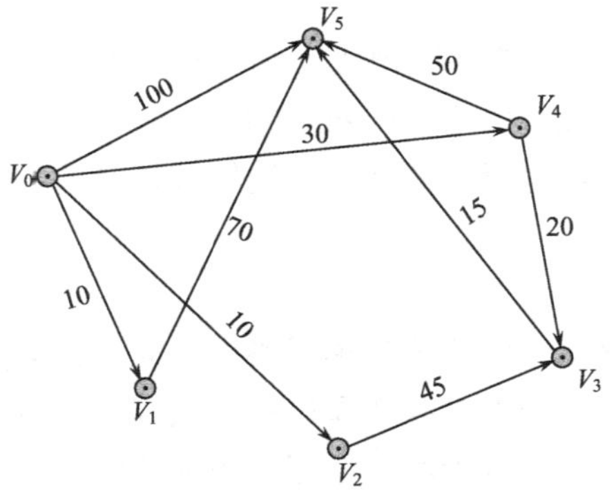

$$\text{cost}=\begin{pmatrix} 0 & 10 & 10 & \infty & 30 & 100 \\ \infty & 0 & \infty & \infty & \infty & 70 \\ \infty & \infty & 0 & 45 & \infty & \infty \\ \infty & \infty & \infty & 0 & \infty & 15 \\ \infty & \infty & \infty & 20 & 0 & 50 \\ \infty & \infty & \infty & \infty & \infty & 0 \end{pmatrix}$$

图 3.96　网络有向图和邻接矩阵

表 3.9　Dijkstra 算法实现最短路径选择的步骤

终点	从源点 V_0 到各终点的距离值及最短路径			
V_1	（V_0, V_1）10			
V_2	（V_0, V_2）10			
V_3	∞	（V_0, V_2, V_3）55 （V_0, V_4, V_3）50	（V_0, V_4, V_3）50	
V_4	（V_0, V_4）30	（V_0, V_4）30		
V_5	（V_0, V_5）100	（V_0, V_1, V_5）80 （V_0, V_4, V_5）80	（V_0, V_2, V_3, V_5）70	（V_0, V_4, V_3, V_5）65
V_j	V_1 或 V_2	V_4	V_3	V_5
S	（V_0, V_1）或（V_0, V_2）10	（V_0, V_4）30	（V_0, V_4, V_3）50	（V_0, V_4, V_3, V_5）65

Dijkstra 算法是全向搜索方法，不仅可以求一个源点到某一特定终点的最短路径，还可以求源点到其他各点的最短路径，但也由于它遍历计算的结点很多，计算效率偏低，计算时间复杂度为 $O(n^2)$，n 为结点个数。

3. Floyd 算法

Dijkstra 算法假设边的长度（权）是非负的，但在一些实际问题中，有时会出现权为负值的情况，这时 Dijkstra 算法就不能用了，而 Floyd 算法能解决这类问题。Floyd 算法是 Floyd 于 1962 年提出的，它是一个求图中所有结点间最短路径的算法，可以解决权值为负的情况。

Floyd 算法的基本思想：假设求从结点 v_i 到 v_j 的最短路径。如果 v_i 与 v_j 邻接，则从 v_i 到 v_j 存在一条长度为 $w(v_i,v_j)$ 的路径，但该路径不一定是最短路径，尚需进行 n 次试探。首先，考虑路径 (v_i,v_1,v_j) 是否存在，即判别弧 (v_i,v_1) 和 (v_1,v_j) 是否存在，如果存在，则比较 (v_i,v_1) 和 (v_1,v_j) 的路径长度，取较小者为从 v_i 到 v_j 的中间结点的序号不大于 1 的最短路径。假如在路径上再增加一个结点 v_2，也就是说，如果 $(v_i,\cdots,v_2)$ 和 $(v_2,\cdots,v_j)$ 分别是当前找到的中间结点序号不大于 1 的最短路径，那么 $(v_i,\cdots,v_2,\cdots,v_j)$ 就有可能是从 v_i 到 v_j 的中间结点的序号不大于 2 的最短路径，将其与已经得到的从 v_i 到 v_j 的中间结点的序号不大于 1 的最短路径相比较，选其中较小者为从 v_i 到 v_j 的中间结点序号不大于 2 的最短路径。然后，增加一个结点 v_3，继续进行试探，并以此类推。一般，若 $(v_i,\cdots,v_k)$ 和 $(v_k,\cdots,v_j)$ 分别是从 v_i 到 v_k 和从 v_k 到 v_j 的中间结点的序号不大于 $k-l$ 的最短路径，则将 $(v_i,\cdots,v_k,\cdots,v_j)$ 与已经得到的从 v_i 到 v_j 的中间结点的序号不大于 $k-l$ 的最短路径相比较，其中较小者即为从 v_i 到 v_j 中间结点序号不大于 k 的最短路径。这样，在经过多次试探和比较后，求得的必是从结点 v_i 到 v_j 的最短路径。

按照该方法，可以同时求得所有结点对间的最短路径。该算法在实际运算时，需定义一个 n 阶方阵 $\boldsymbol{A}$，在计算过程中产生方阵序列 $\boldsymbol{A}^{(0)},\boldsymbol{A}^{(1)},\cdots,\boldsymbol{A}^{(k)},\boldsymbol{A}^{(n)}$，其定义分别为

$$\boldsymbol{A}^{(0)}{}_{ij}=w(v_i,v_j) \tag{3.66}$$

$$\boldsymbol{A}^{(k)}{}_{ij}=\min\left\{\boldsymbol{A}^{(k-1)}{}_{ij},\boldsymbol{A}^{(k-1)}{}_{ik}+\boldsymbol{A}^{(k-1)}{}_{kj}\right\}\quad(1\leqslant k\leqslant n) \tag{3.67}$$

其中，$\boldsymbol{A}^{(0)}$ 为所计算网络的邻接矩阵；$\boldsymbol{A}^{(k)}{}_{ij}$ 为从 v_i 到 v_j 中间结点序号不大于 k 的最短路径的长度；$\boldsymbol{A}^{(n)}{}_{ij}$ 为从 v_i 到 v_j 的最短路径的长度。

Floyd 算法的步骤为：①设置初值，令 $\boldsymbol{A}_{ij}=w(v_i,v_j)$，若 $w(v_i,v_j)<\infty$，且 $i\neq j$，则令 $P_{ij}=[i]+[j]$；②对 k=1,2,⋯,n,i=1,2,⋯,n, j=1,2,⋯,n，判断是否有 $\boldsymbol{A}_{ik}+\boldsymbol{A}_{kj}<\boldsymbol{A}_{ij}$，若是，置 $\boldsymbol{A}_{ij}=\boldsymbol{A}_{ik}+\boldsymbol{A}_{kj},\boldsymbol{P}_{ij}=\boldsymbol{P}_{ik}+\boldsymbol{P}_{kj}$；③迭代 n 次之后，算法结束，$\boldsymbol{A}_{ij}$ 即为从 v_i 到 v_j 的最短路径的长度，$\boldsymbol{P}_{ij}$ 即为相应的最短路径。

Floyd 算法的最差运行时间复杂度为 $O(n^3)$，Dijkstra 算法执行一次（每次取不同结点为起始结点），同样可以求解所有结点对之间的最短路径，就稠密度而言，其时间复杂度为 $O(n^3\log n)$。因此，相比较而言，Floyd 算法效果更佳。

4. A^* 算法

Dijkstra 算法有许多改进方法，其中，A^* 算法是效果较好的启发式搜索算法，它通过不断搜索附近目的地的路径来获得最短路径。该算法的创新之处在于选择下一个被检查的结点时引入了已知的全局信息，对当前结点距终点的距离做出估计，作为评价该结点处于最优路线上的可能性的量度，这样就可以首先搜索可能性较大的结点，从而提高搜索过程的效率。

A^* 算法引入了当前结点 j 的估计函数 f^*，定义为

$$f^*(j)=g(j)+h^*(j) \tag{3.68}$$

式中，$g(j)$ 为从起点到当前结点 j 的实际费用的量度；$h^*(j)$ 为当前结点 j 到终点的最小费用的估计。若 $h^*(j)=0$，则 A^* 算法就变成了 Dijkstra 算法，这表示 Dijkstra 算法可看作 A^* 算法的特例。

A^* 算法可以依据实际情况选择 $h^*(j)$ 的具体形式，但 $h^*(j)$ 要满足一个要求，即不能高于

结点 j 到终点的实际最小费用，这一条件称为相容性条件。

A^* 算法的实现过程中引入了两个链表，用 T 表示已经生成但尚未扩展的结点集合，S 为已经扩展的结点集合，算法执行完毕后，S 即为已找到的从 v_s 出发的最短路径的结点集合。

A^* 算法实现的基本步骤如下。

（1）设置初始值。对起始结点 v_s，令 $g_{v_s}=0$；对其余结点 $\forall v \neq v_s$，令 $g_v=\infty$；令 $S=\varnothing$，$T=\{v_s\}$，显然此时 v_s 是 T 中具有最小 f^* 值的结点。

（2）若 $T=\varnothing$，则算法失败；否则从 T 中选出具有最小 f^* 值的结点 v，即令 $v=\min\{f^*\}$。令 $S=S\bigcup\{v\}$，$T=T-\{v\}$。

判断 v 是否为目标结点。若是目标结点，则转步骤（4）；否则生成 v 的后继结点。继续步骤（3）。

（3）对每一个后继结点 w，计算 $g_v+\omega(v,w)$，根据 w 所处的位置，有三种情况：

若 $w\in T$，判断是否有 $g_w>g_v+\omega(v,w)$，若是，则 $g_w=g_v+\omega(v,w)$，$p_w=v$；

若 $w\in S$，判断是否有 $g_w>g_v+\omega(v,w)$，若是，则 $g_w=g_v+\omega(v,w)$，$p_w=v$；

若 $w\notin T$ 且 $w\notin S$，令 $g_w=g_v+\omega(v,w)$，$p_w=v$，$T=T\bigcup\{w\}$。计算结点 w 的估计函数 $f_w^*=g_w+h_w^*$，转步骤（2）。

（4）从结点 v 开始，根据 p_v 利用回溯的方法输出起始结点 v_s 到目标结点 v 的最优路径，以及最短距离 g_v，运算终止。

A^* 算法占用的存储空间小于 Dijkstra 算法，且简单迅速，富有针对性，搜索过程较为合理有效，仅仅需要搜索问题的部分状态空间就可达到缩小搜索范围、降低问题复杂度的目的，搜索效率比较高。

3.5.3 资源分配

在地理网络中，经常涉及资源分配的问题，即在网络中根据应用需求将资源分配到所需的地点，如学校、商场等。电力分配、水资源分配、物资调配等，都涉及资源分配的问题。

资源分配的核心就是资源的定位及分配。资源的定位即指已知需求，确定在哪里布设最合适的供应点，即寻找最佳的供应点，实质是选址的问题，如确定消防站、仓库、医院等的最佳位置。资源的分配问题则是确定这些需求源分别受哪个供应点服务的问题。例如，在要求学生从家到学校时间最短的情况下，确定各地的学生应该到哪个学校去上学。

实际应用中，这两个问题通常需要同时解决，即在网络中根据需求点的要求，选定合适的供应点和供应方案，同时在网络中选取相应的边和结点，使得在网络覆盖范围内供应点与需求点的关系在一定意义上达到最优，如距离最小、费用最低等。因此，资源分配是网络设施布局、规划中的一个优化问题，其本质是需求点与供应点的优化配置。

许多资源分配问题的供应点布设要求满足多种组合条件，如在选择供应点时不仅要求使总的加权距离最小，有时还需要使总服务范围最大，有时又限定服务范围最大距离不能超过一定的限值等，这些问题都可以分解为多个单目标问题，利用单目标方程即最小目标值法来求解。目标方程是用数学方式表达满足所有需求点到供应点的加权距离最小的条件方程，也称为 P-中心定位问题（P-median location problem），是定位与分配问题的基础。

资源分配常用的模型是 P-中心定位与分配模型，它最初由 Hakimi 于 1964 年提出。在该模型中，供应点和候选点都位于网络的结点上，弧段则表示可到达供应点的通路或链接，使用的距离是网络上的路径长度，特定的优化条件可以是总距离最小、总时间最少或者总费用最少等。

1）目标方程和约束条件

在 m 个候选点中选择 p 个供应点为 n 个需求点服务，使得为这 n 个需求点服务的总距离（或时间、费用等）最少。其目标方程为

$$\min\left(\sum_{i=1}^{n}\sum_{j=1}^{m}x_{ij}w_i d_{ij}\right) \tag{3.69}$$

式中，w_i 为需求点 i 的需求量；d_{ij} 为从候选点 j 到需求点 i 的距离；x_{ij} 为权系数。相应的约束条件是

$$\sum_{i=1}^{m}x_{ij}=1 \quad (i=1,2,\cdots,n) \tag{3.70}$$

$$\sum_{j=1}^{m}(\prod_{i=1}^{n}x_{ij})=p \quad (p\leqslant m\leqslant n) \tag{3.71}$$

上述两个约束条件是为了保证每个需求点仅受一个供应点服务，且只有 p 个供应点。所有的 P-中心定位问题的解都表现出以下三条性质：①每个供应点都位于其所服务的需求点的中央；②所有的需求点都分配给与之最近的供应点；③从最优的解集中移去一个供应点并用一个不在解集中的候选点代替，会导致目标函数值的增加。

最优化法和启发式法是求解上述问题的两种基本方法。因为最优化法实现过程的计算量和内存需求量巨大，在实际应用中还有待进一步研究。所以，常用启发式算法来逼近 P-中心定位问题的最佳结果，其中又以交换式算法使用最多，以下介绍其中一种算法——全局/区域性交换式算法。

2）全局/区域性交换式算法

全局/区域性交换式算法是一种效率较高的启发式方法，它通过供应点的全局和区域的不断调整来实现目标方程，其实现步骤如下。

（1）选取初始供应点集，即事先选取 p 个候选点作为起始供应点集，并将所有需求点分配到与之最近的供应点，计算目标方程值，即总的加权距离。

（2）供应点全局性调整：①检验当前解中的所有供应点，选定一个待删供应点，选取的原则是使得目标方程值增加值最小。②从不在当前解的 $m-p$ 个候选点中，寻找一个来代替①中选出的点，使其可以最大限度地减小目标方程值。③如果②中选择的点所减少的目标方程值大于①中选择的点所增加的目标方程值，用②中的点代替①中的点，并更新目标方程值，返回①继续检验；否则转入③。

（3）供应点区域性调整：①如果不是固定的供应点，用它的邻近候选点来代替检验。②如果这一代替可以最大限度减小目标方程值，则进行替换，直到 $p-1$ 个供应点都被检验，并无新的替换为止。

（4）重复步骤（2）和（3）直到无新的替换为止。

在这一过程中，完成全局调整后的结果满足 P-中心定位问题的第一、二条性质，但并不

满足第三条性质，即用任一不在当前解中的候选点来替代解中的供应点都会使目标函数值增加。为了满足这个条件，还必须进行区域性调整。这里的区域性调整利用空间邻近相关性特征，每个供应点只被其服务范围内的候选点进行替换检测，所以每个候选点只被检验了一次，避免了很多不必要的计算，在一定程度上提高了计算效率。

但是，由于启发式方法自身的局限性，以上方法还存在一些不足，如并不保证全局的最佳结果，但非常接近；并不平衡供应点间的负担；并不限制供应点的数量；初始点集的不同会影响最终结果等。

3.5.4　连通分析

在现实生活中，常有类似在多个城市间建立通信线路的问题，即在地理网络中从某一点出发能够到达的全部结点或边有哪些，如何选择对于用户来说成本最小的线路，这是连通分析所要解决的问题。连通分析的求解过程实际上就是对应图生成树的求解过程，其中研究最多的是最小生成树问题。

最小生成树问题在实际生活中的一个典型应用是以给定设施（如学校）的位置为目的地，识别满足一定距离要求的街道线路。例如，某学校选择接送学生的校车行车路线，需要确定哪些学生居住地点距离学校较近而不需享受校车服务，以节省时间和资金投入。

在众多的连通分析求解算法中，比较著名的有 Krushal 算法和 Prim 算法。

1）Krushal 算法

Kruskal 算法是 1956 年提出的，俗称“避圈法”。设图 G 是由 m 个结点构成的连通赋权图，则构造最小生成树的步骤如下。

（1）把图 G 中的各边按权数从小到大重新排列，并取权数最小的一条边为生成树 T 中的边。

（2）在剩下的边中，按顺序取下一条边，若该边与生成树中已有的边构成回路，则舍去该边，否则选其进入生成树中。

（3）重复步骤（2），直到有 $m-1$ 条边被选进 T 中，这 $m-1$ 条边就是图 G 的最小生成树。

2）Prim 算法

Prim 算法的基本思想是：假设 $G=(V,E)$ 是连通网，生成的最小生成树为 $T=(V,\mathrm{TE})$，求 T 的步骤如下。

（1）初始化：$U=\{u_0\}$，$\mathrm{TE}=\{\varphi\}$。

（2）在所有 $u\in U, v\in V-U$ 的边 $(u,v)\in E$ 中，找一条权最小的边 (u_0,v_0)，$\mathrm{TE}+\{(u_0,v_0)\}\to \mathrm{TE}$，$\{v_0\}+U\to U$。

（3）如果 $U=V$，则算法结束，否则重复（2）。最后得到最小生成树 $T=(V,\mathrm{TE})$，其中，TE 为最小生成树的边集。

3.5.5　流分析

地理网络中不断地进行着各式各样的资源，如电力、货物等的流动。如何使资源合理、快速地流动，是网络分析中的重要问题。解决网络中资源流动问题就是流分析。流是资源在网络中的传输能力。

网络流分析就是根据网络元素的性质选择将目标经输送系统由一个地点运送至另一个

地点的优化方案，网络元素的性质决定了优化的规则。

网络流的最优化问题一直是地理网络研究的一个重要问题，主要涉及两方面内容：网络最大流问题和最小费用流问题。最大流问题指的是一个网络中怎样安排网上的流，使从发点到收点的流量达到最大。在实际应用中，不仅要使网络上的流量达到最大，或达到要求的预定值，还要使运送流的费用或代价最小，即解决最小费用问题。

1. 网络最大流模型

地理网络流问题可以转化为一个有向图 $G(V,E,C)$，其中，C 对应网络边的容量的集合，它表示对应的边能运输的资源的最大数量。

给定一个网络，s 和 s' 是网络的发点和收点，f 是该网络的一个可行流，求该网络的最大流就是要求出所有可行流中流值最大的流。

设 e 是网络中一条链 (v_i,v_j)，规定正方向是从 i 到 j，则 G 上的弧分为两类：一类弧的方向与 G 的正方向相同，称为前向弧；另一类弧的方向与 G 的正方向相反，称为后向弧。

设 f 是网络 G 的一个可行流，(v_i,v_j) 是 G 的一条弧，若 f 在弧 (v_i,v_j) 上的流量 $f_{ij}=0$，称 (v_i,v_j) 为 f 零流，否则称 (v_i,v_j) 为 f 正弧；若 f 在弧 (v_i,v_j) 上的流量 $f_{ij}=c_{ij}$，称 (v_i,v_j) 为 f 的饱和弧，否则称 (v_i,v_j) 为 f 的非饱和弧。

网络中从发点到收点的一条全部由正向弧构成的路称为正向路。在正向路上，每条弧中的流量 f_{ij} 小于其容量 c_{ij} 时，称其为正向增广路。当网络中不存在对于某可行流 f 的正向增广路时，则称可行流 f 为网络的饱和流。如图 3.97 所示，（a）、（b）中的流动为饱和流，而（c）中的流动为非饱和流，因为在 s—A—s' 路上还有可能增加两个单位流量。

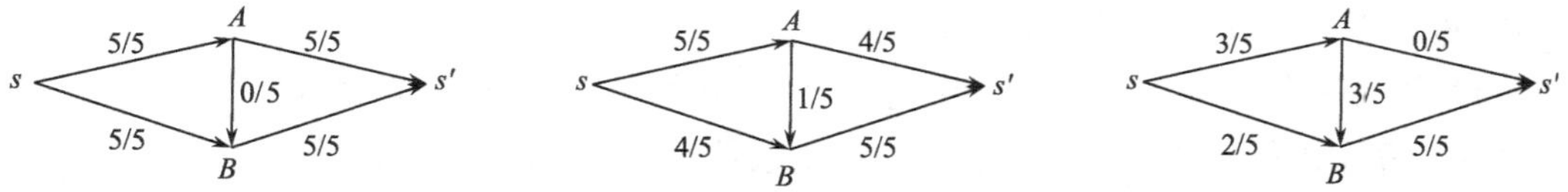

(a) 饱和流　　(b) 饱和流　　(c) 非饱和流

图 3.97　饱和流与非饱和流

求解最大流的基本思想：从包括发点和收点的容量网络中的任何一个可行流开始，用流的增广算法寻找流的增广流。如果网络 G 中存在一条从发点 s 到收点 s' 的增广链 f_1，则对 f_1 进行增广得到一个流值增大的可行流 f_2，然后在网络中继续寻找 f_2 的增广链，对 f_2 进行增广，直到找不到流的增广链为止，此时的可行流就是 G 的最大流。

网络最大流问题在交通运输网络、邮政通信网络及各种与流量（容量）问题相关的网络管理中有非常重要的应用。

2. 最小费用最大流问题

最小费用最大流问题的一般提法是：设 $G=(V,E,c,w)$ 是一个包括发点 v_s 和收点 v_t 的容量-费用网络，对于任意 $(v_i,v_j)\in E$，c_{ij} 表示弧 (v_i,v_j) 上的容量，w_{ij} 表示弧 (v_i,v_j) 上通过单位流量的费用，w_i 表示结点 v_i 通过单位流量的费用，c_i 表示结点 v_i 的容量。设 f 是该网络上的一个可行流，定义 f 的费用为

$$w(f)=\sum_{(v_i,v_j)\in E} w_{ij}c_{ij}+\sum_{v_i\in E} w_i c_i \tag{3.72}$$

设 v_0 是给定的非负数，最小费用最大流问题可以描述为在上述网络中求出一个流值为 v_0 的费用最小的可行流，也可以理解为如何制定运输方案使得从 v_s 到 v_t 恰好运送流值为 v_0 的流且总运费最小。

在网络中沿着最短路增广得到的可行流的费用最小，确定最小费用流的过程实际上是一个多次迭代的过程，其基本思想是从零流为初始可行流开始，在每次迭代过程中对每条边赋予与容量、费用、现有流的流量有关的权数，形成一个赋权有向图，再用求最短路径的方法确定由发点到收点的费用最小的非饱和路径，沿着该路径增加流量，得到相应的新流。经过多次迭代，直至达到指定流值的新流为止。

该算法的基本步骤为：

（1）取零流 f 作为初始可行流。

（2）如果 $v(f)=v_0$，则 f 为网络 G 中流值为 v_0 的最小费用流，否则转到步骤（3）。

（3）寻找增广链。在网络 G 中根据点边拓扑关系算法，寻找当前可行流 f_k 的一条最短路 P。如果没有这样的路，则网络 G 中没有流值为 v_0 的可行流，结束；否则，将 P 作为可行流 f_k 的一条增广路，δ_p 表示 P 的容量，$v(f)$ 表示当前可行流 f_k 的流值：

$$\delta_p=\min\{c_{ij},c_j\mid(v_i,v_j)\in P,c_j\notin(v_s,v_t)\} \tag{3.73}$$

其中，c_{ij}、c_i、c_j 分别为 (v_i,v_j)、结点 v_i 和 v_j 的容量。

（4）在网络 G 中，沿 P 将流增广为 f_{k+1}，增加的流量为 θ，$\theta=\min\{\delta_p,v_0-v(f)\}$，即对于 $(v_i,v_j)\in P$，$f_{ij}=f_{ij}+\theta$，$f_j=f_j+\theta$。

（5）当 $c_{ij}=f_{ij}$，或 $c_j=f_j$ 时，令 $d_{ij}=\infty$，$k=k+1$，重复上述步骤。

对这一算法进行修改就可以得到其他约束条件下的最大流问题的算法。

最小费用最大流理论为运输方案的制订、管网的布设等提供了进行优化的理论依据，这里以商业网点布局为例说明其应用。

（1）建立相应的地理网络。设企业的购、运、销各类型结点，区别出商品的供应地、销售地、运输线路交点等，按照交通道路网用箭线把各结点连通成网络。在这个过程中，要注意所有箭线都要遵循箭尾设在代表商品供应地的结点上，而箭头设在代表商品销售地上的原则。另外，还要设出整个网络的总源和总汇，并且把总源头和供应点连通，箭线从源点指向供应点；把销售点与总汇连通，箭线从销售点指向总汇，同时采用一定的标注方式和原则对各弧进行标注。

（2）确定最佳购、运、销方案，寻找网络最大流 f^*：①找出一个可行流 f_0；②寻找关于 f_0 的一条增广链，若不存在关于 f_0 的增广链，则 f_0 就是最大流，若找到增广链 μ，则执行下一步；③沿 μ 确定调整量 θ，并按 θ 调整流 f_0，得到流量较 f_0 增大 θ 的新可行流 f_1；④返回步骤②直到求得网络最大流 f^*。

3.5.6　动态分段

动态分段（dynamic segmentation）的思想是由美国的戴维·弗莱特于1987年首先提出的，用于将地理线性要素与现实交通网络中的道路状况、事故等链接起来的动态分析、查询、显示和绘图技术。

动态分段技术在传统 GIS 数据模型的基础上利用线性参考系统的思想和算法，通过建立一种比“弧段-结点”数据模型更高级的“动态段-动态结点”模型，将属性和它对应的线状要素位置存储为独立的事件属性表（事件表），在分析、显示、查询和输出时，直接依据事件属性表中的距离值对线性要素进行动态逻辑分段，动态地计算出属性数据的空间位置，不必随每个属性集的分段不同来修改对应的二维空间中的 x、y 坐标数据。

1. 动态分段模型

在 GIS 中，传统矢量数据模型基于投影坐标系统的 x、y 坐标来定位点、线和多边形的位置，而动态分段模型用路径、量度和事件把投影坐标系统和线性参考系统有机地组合在一起，既保留了网络图层的原始几何特征，同时利用相对位置的信息将地理网络与现实世界连接起来，一方面有效地解决了线性要素多重属性的表达问题；另一方面减少了数据重复存储而产生的冗余问题。

动态分段模型在“弧段-结点”数据基础上进行了扩展，引入段（section）、路径（route）、事件（event）、路径系统（routesystem）等分别用来模拟线性系统中的不同特征。

1）段和路径

段是一条弧段或者其中某一部分，段与段之间反映了沿路径方向线性特征属性的变化。段的属性记录在段属性表中，通常分为两部分：第一部分反映段与路径、弧段之间的图形和位置关系；第二部分是用户定义的属性。段没有被单独作为弧段数字化，因而不是传统意义上的弧段，称为动态段。与之相对应的是动态结点，是基于某种度量标准记录的弧段上的相对位置，通常采用沿弧段方向的长度比率，如果动态结点恰好位于弧段的起点或终点，那么就与结点一致。

路径是一个线要素（如街道、公路或河流），具有与其几何特征存储在一起的线性量测系统。一条路径通常由一些段组成，每个段有一个起始和终止位置以定义其在弧上的位置。根据段在路径中的位置，采用相对定位的方法，给定路径起始位置一个度量值（通常为 0），路径上其余位置则相对于该起始位置来度量，度量的对象可以是距离，也可以是时间等。

如图 3.98 所示，灰色部分显示了一条路径，沿路径的每个点都有一对 x、y 坐标值和 m 值。每个点之间是路径的一条段，x、y 值在二维坐标系定位段，m 值是一个线性量测，可基于线段几何长度，或从里程标桩和其他参照标志内插得到，图中点 1 和点 3 之间的距离量度为 170。在 ArcGIS 中，此类路径被称为“路径要素类”。

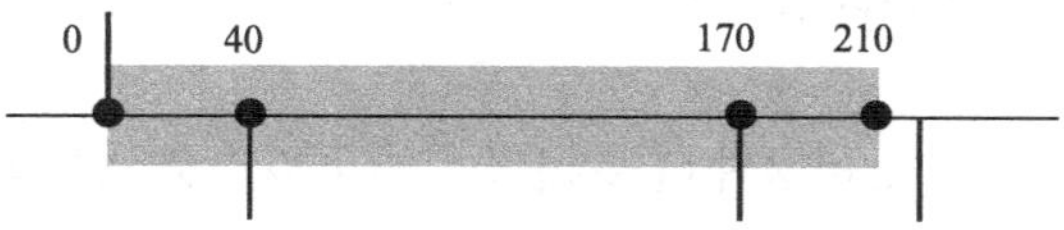

Point	x	y	m
1	x_1	y_1	0
2	x_2	y_2	40
3	x_3	y_3	170
4	x_4	y_4	210

图 3.98　Geodatabase 路径要素类的示例

路径连接了一系列的段，根据连接方式不同可分为四种类型：①简单路径，只有一个方向且没有环线或分支的路径；②组合路径，与其他路径相连接的路径；③分割路径，一条路径续分为两条路径；④环状路径，有自行交叉的路径。

GIS 中创建路径的方式有两种：交互式或通过已有数据转换而来。

若用交互式方法，必须首先对一个路径进行数字化或从组成路径的图层中选择已有的线，然后对路径运用量测命令，计算路径量测值。如果需要，路径量测可基于已知距离的点进一步校准。

数据转换方法可以将全部线要素或通过查询得到的线要素用来创建路径。例如，通过查询将穿过某个城市的所有国道线要素转为带有量度信息的路径系统。

路径系统是具有共同量度体系的路径和段的集合，是动态分段的基础，只有在建立路径系统的基础上，才能够将外部属性数据库以事件的形式生成事件主题，从而进行动态地查询、管理与分析。

2）事件和事件表生成

事件是沿路径发生的线性参照数据，表征其上一个部分或某个点的属性，如限速、交通事故、河流水质等，通常存储于事件表中。动态段允许在路径上通过线性测量系统标注事件。事件包括点事件（point events）、线事件（linear events）和连续事件（continuous events）。

（1）点事件：发生在点的位置上，如事故与停车标志。为了将点事件与路径关联，点事件表必须有路径标识码、事件的位置及事件的属性。

（2）线事件：涵盖部分路径的事件，如路面状况。为了把线事件与路径关联起来，线事件表必须有路径标识码和起止测度。

（3）连续事件：覆盖整个路径的不同部分的属性。同样需要有路径标识码和起止测度。

路径可以结合不同事件，包括点和线。因此，路面状况、交通流量和交通事故都可以连接至同一公路路径。

事件表的创建通常有两种方法：一是由已含有路径标识码和通过里程标志、河流里程或其他数据获取线性量测的现有表格来创建；二是通过对路径沿线的点或多边形要素的定位来创建，与基于矢量的叠加操作十分相似。

动态分段实质是通过在线性空间数据上建立段属性表，再在段属性表上建立路径属性表，并基于路径属性表建立关联来完成段、路径、事件的联系。

动态分段的核心是建立动态段。主要有三个步骤：首先确定动态结点的插入位置；其次更新弧段表和结点表，生成动态段表和动态结点表；最后更新动态段的属性数据。

2. 动态分段的应用

在 GIS 中，动态分段将路径和事件链接起来，便可以有效地实现网络数据管理、显示、查询和分析功能。

1）数据管理

主要用途体现在以下两个方面：第一，可以用相同的线要素建立不同的路径。例如，可以用街道数据库构建一个交通运输网络，以满足交通运输建模的需要。同样，可以用相同的街道网络构建多种旅行路径，每个路径都有起点和终点，提供分散旅行数据以满足旅行建模的需要。第二，不同的事件可以参照相同的路径，或者更为准确地说，相同的线性量测系统可以与该路径存储在一起。

2）数据显示

一旦事件表与路径联系起来，事件表就具有地理参照的特性，并能当做要素图层使用。对于数据显示而言，事件图层与河流图层或交通图层是一样的，可以用符号化方法来显示点事件和线事件。

3）数据查询

事件表及其相关的事件图层同样可以执行属性数据查询和位置数据查询等操作。例如，可以通过查询一个点事件表来确定近期公路路径上发生的交通事故。属性查询结果可以显示在事件表里，也可以显示在事件图层里。要确定这些近期事故与过去事故是否具有相似的情况，可以执行空间查询，对近期事故的 10km 范围内的过去事故进行调查。

4）数据分析

路径和事件都可以作为数据分析的输入数据。事件在转成事件图层后，可以像任何点图层或线图层一样进行分析。数据分析还可以在两个事件图层之间进行，但是当对两个以上事件进行分析且每一个事件涉及很多路段时，数据分析会变得十分复杂。

此外，动态分段技术还能很好地将线性特征、地理坐标与线性参考系统结合，极大地增强线性特征的处理功能，因而可以广泛应用于公路、铁路、河流等线性特征的数据采集、路面质量管理、公共交通系统管理、河流管理、航海路线模拟、通信和分配网络（如电网、电话线路、电视电缆、给排水管）模拟等领域。

3.5.7　地址匹配

地址匹配（address matching），又称地理编码（geocoding）。简单来说，它是将文字性的描述地址与其空间的地理位置坐标建立起对应关系的过程。具体来讲，它是一种基于空间网络（如路网）的定位技术，它将包含地址的属性数据与 GIS 中具有地理位置的点相连接，从而将其在实际地理空间显示出来。地理匹配最早始于 20 世纪 60 年代，由当时美国人口普查局率先提出并建立了一套拓扑统一的地理编码数据库（MAF/TIGER）。

地址匹配提供了一种把描述成地址的地理位置信息转换成可以被用于 GIS 的地理坐标的方式。它将只有属性数据的源表中记录了地址的字段与地址数据库中的地理实体的对应字段的属性值进行比较，若找到相匹配的，就将地理实体的地理坐标赋给源表中的记录，从而实现源表中的地理编码。利用地理编码技术，可以建立空间信息与非空间信息之间的联系，使用户能用地址去确定在地图中的对应位置。

要实现地理编码，必须要有两种数据：空间数据和非空间数据，其中，空间数据是已经包含了相关地图定位信息的地理参考数据（如街道地图数据），非空间数据只包含地理实体的位置信息，而没有相关的地图定位信息的地址数据（如街道的门牌号）。

1. 地址匹配的过程

使用地理编码引擎可以执行嵌入在 GIS 软件包中的地理编码程序。通常，地址匹配过程包括三个阶段：预处理、匹配和标绘。

1）预处理

预处理阶段包括解析和地址标准化。解析是把一个地址分解为许多组成分，其结果是形成一条与每一个地址组成分的值相匹配的记录。但并不是所有街道地址都包含与目标数据相同的结构，这时通过地址标准化处理，可以鉴别并按顺序排列每一个地址组成分，同时将地址组成分的各种形式标准化为统一的格式，以便地理编码引擎识别和处理。

2）匹配

在给定的参照数据库下将地理编码引擎和地址相匹配，这一过程中，可能会出现各种不匹配，此时需要分析不匹配的原因，必要时对地址重新进行解析和标准化。如果已经判定地址匹配，接下来就是把它作为点要素标绘在图上。

3）标绘

标绘的形式有两种：第一种是地理编码引擎首先在包含该地址的输入表参考数据库中确定街道位置，然后在该地址所在的范围内进行线性内插；第二种是使用“地理位置”数据库，其地址位置由一对 x、y 坐标值表示，与建筑基底或覆盖区的质心一致，地址编码用一个地址位置数据库将 x、y 坐标值转换为点。

2. 地址匹配的质量

地址匹配的质量常由匹配率或命中率来表达，具体达到多少才能被接受应视数据质量、特定用途和参照数据本身而定。为提高地址匹配的准确度，国外已做出了一些实用的工具，如美国邮政服务（United States Postal Service, USPS）的地址格式化工具、Google Earth Pro 的国际制图引擎等。这些工具或引擎可以将如“4345 North 73 Street”的地址标准化为“4345 N 73rd St.”。此外，定位准确度也被用于评估地理编码质量，它采用每个地理编码点距真实地址位置的远近来进行量测。

3. 地址匹配的变异形式

随着地址匹配的应用逐渐成熟，出现了一些结合特定应用的编码形式。

（1）交叉点匹配，又称为街角匹配，它将地址数据与图上的街道交叉点进行匹配。交叉点匹配的地址条目必须列出两个街道，地理编码引擎通过搜索这两个街道交叉点来确定位置。

（2）邮政编码匹配，指将邮政编码匹配至编码区的几何中心位置，它与地址匹配或交叉点匹配有两点不同：一是它不属于街道层次的地理编码；二是它不采用街道网络，而是采用含有邮政编码几何中心 x、y 坐标（地理或投影坐标）的参照数据库。

（3）地块级别地理编码。匹配地块编号与地块几何中心位置，如果地块数据库可用，还可以绘制地块边界线。

（4）逆向地理编码，即逆向地址匹配，它将点的经纬度坐标转换为描述性的地址。

（5）地名别名地理编码，它匹配地名与街道地址，定位街道地址，并描述其为点要素，需要带有完整的地名别名和街道地址的地名别名表。

（6）照片地理编码，即在照片上附带定位信息。照片由装有内置 GPS 的数码相机或手机获取，可以读取经纬度值，并用这些地理坐标标绘点的位置。

4. 地址匹配的应用

地理编码最早由美国提出，并成功应用于人口普查和制图，经过半个世纪的发展，已在查询与定位服务、商业应用、无线应急服务、犯罪制图和分析，以及公共健康等领域得到了广泛应用。

然而，国外的地址匹配软件往往并不适合中国国情，究其原因主要是中国现有的地名、地址体系异常复杂，地名混乱、重名、无序、缺乏规律性和统一的标准。因此，探索制定一套适合中国国情的地址编码体系，开发自己的地理编码软件，不断挖掘地址服务的科研价值、社会价值和经济价值，是当前乃至未来中国学术界应当解决的现实问题，任重而道远。

3.5.8 ArcGIS 中的网络分析工具

ArcGIS 中有两种网络分析工具：一是传输网络（Network Analyst）；二是设施网络（Utility Network Analyst）。两者的区别主要体现在以下三个方面。

1）*在地位和作用层面上*

传输网络，特别适宜街道、公路、铁路、人行道等交通传输网络的模拟，在 ArcGIS 中是一个专门用于网络分析的扩展模块，使用网络分析前需要打开该扩展功能。在 ArcToolbox 中有网络分析工具集（Network Analyst Tools）（图 3.99），它提供了一套完整的创建、维护网络数据集和执行网络分析的工具，包括 Analysis（分析工具）、Network Dataset（网络数据集）、Server（网络服务器）、Turn Feature Class（转弯要素类）。在 ArcMap 中，还有专门的传输网络分析工具条 Network Analyst 来执行网络分析（图 3.100）。

设施网络特别适宜水、电、气等管网设施及河流的连通性等方面的分析，依托于 Geodatabase 创建几何网络（Geometric Network），采用 ArcMap 中的设施网络分析工具条 Utility Network Analyst 来具体执行网络分析操作（图 3.100）。

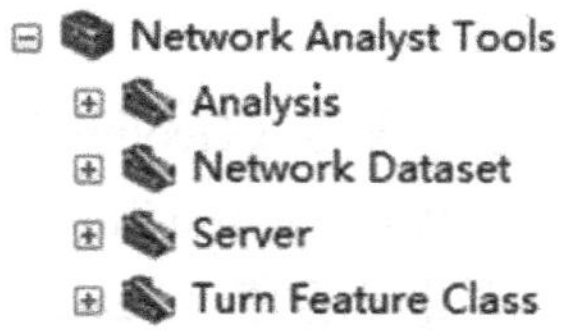

图 3.99 网络分析工具箱

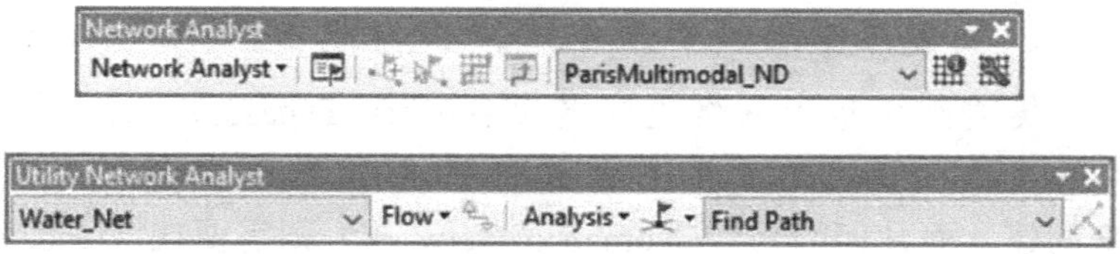

图 3.100 传输网络分析与设施网络分析的工具条

2）*应用层面上*

传输网络的主要特点在于它是一种无方向网络，它把汽车、火车等传输工具看做是可以自由移动的物体，有主观选择方向的能力。虽然在网络中给边分配了方向，但行为者可以自由决定移动的方向、速度和目的地。例如，在街道上的驾驶员可选择要转弯的街道、停车的时间、行驶的方向等。网络中还可以设置限定性规则，如单向行驶、禁止通行、U 形转弯等。它主要解决以下问题：①计算点与点之间的最佳路径，如时间最短或者距离最小路径。最佳路径能够绕开事先设置的障碍物。②可以进行多点的物流派送，能够按照规定时间规划送货路径，也能够自由调整各点的顺序，也会绕开障碍物。③寻找最近的一个或者多个设施点。④确定一个或者多个设施点的服务区。绘制服务区范围的条件可以是多个，如同时列出 3 分钟、6 分钟、9 分钟的服务区。图 3.101 中的黑点为不同城市的仓库，周围的三个多边形分别代表货车在 2 小时、4 小时、6 小时能够到达的区域，即它们的不同时间市场范围。⑤绘制起点–终点（original-destination,OD）的成本矩阵。

设施网络的主要特点在于它是有向网络，即网络中流动的资源要完全遵照已经设定好的网络规则进行运动，自身不能决定流向。例如，水、电、气通过管道和线路输送给消费者，水、电、气被动地由高压向低压输送，其所经过的网络都是预先定义好的。如果需要更改，则要由控制网络的工程师来更改网络规则，通过设置结点的开启状态来改变网络的流动方向。

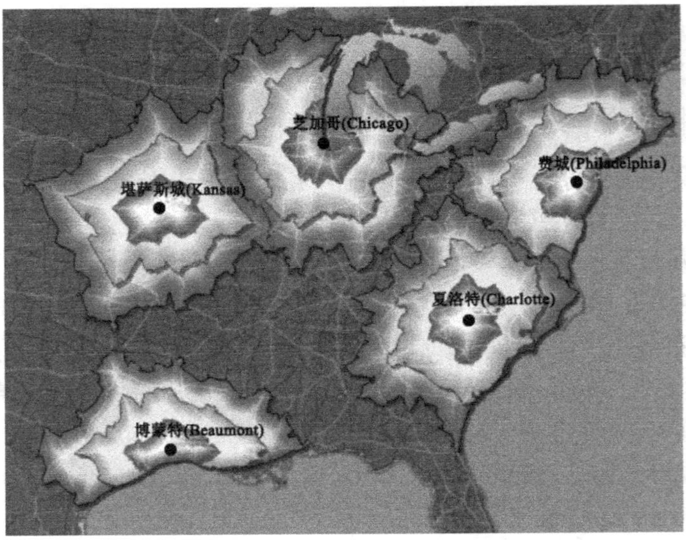

图 3.101　基于传输网络的仓库不同时间市场范围分析

它主要解决寻找连通的或不连通的管线、上/下游追踪、寻找环路、寻找通路、爆管分析等网络问题。

3）技术层面上

传输网络基于网络数据集（Network Dataset），设施网络基于几何网络（Geometric Network），Network Dataset 需要采用 ArcToolbox 中网络分析工具集（Network Analyst Tools）来创建，而几何网络（Geometric Network）则需要在 Geodatabase 的要素数据集（Feature Dataset）中创建。两种网络数据的具体差异对比见表 3.10。

表 3.10　ArcGIS 中的两种网络数据的对比

项目	几何网络（Geometric Network）	网络数据集（Network Dataset）
网络组成元素	边和结点	边、结点及拐弯
数据源	只能是 GDB 的要素类	GDB 的要素类、Shapefiles 或 StreetMap 数据
连通性管理	网络系统管理	连通性创建时用户控制
网络属性（权重）	基于要素类的属性	更灵活的属性（权重）模型
存在的位置	只存在于 GDB 的数据集中	GDB 的数据集或文件夹
网络模式	单模型	单模型或者多模型
网络功能	网络跟踪功能	网络解算器功能
建模类型	公用设施、自然资源建模	交通建模
对转弯的支持	不支持转弯	支持转弯
使用的要素	使用用户的要素，包括简单或复杂的边要素及结点	使用简单的要素，包括点和线

3.6　追踪分析

追踪分析（Tracking Analyst）是通过对带有时间属性的数据进行可视化，反映某一地理事物或现象随时间变化而移动的一种空间分析方法。它通过时间发生顺序来展示地理数据变化的过程，既可以实现历史数据的回放，又可以实现实时数据的动态显示，因而在交通、应急、军事、日常生活等众多领域具有广泛的应用。以下结合 ArcGIS 中的追踪分析模块，介绍追踪分析的基本知识和操作过程。

3.6.1　ArcGIS 中的追踪分析工具

与三维分析、空间分析、扫描矢量化等工具一样，在 ArcGIS 中，追踪分析也是一个扩展模块。因此在使用前，需要启用该模块（在 ArcMap 或 ArcCatalog 中，点击菜单【Customize】→【Extensions…】，勾选【Tracing Analyst】）。如果要在 ArcGlobe 中使用 Tracking Analyst 扩展模块，还必须拥有 ArcGIS 3D Analyst 许可证并启用该模块。

ArcGIS 的 ArcToolbox 中，有追踪分析工具箱（Tracking Analyst Tools）（图 3.102），它包括了 4 个用于准备时间数据及采用时间数据进行空间分析的工具。各工具的基本功能见表 3.11。

ArcGIS 的 ArcMap 中，还提供了追踪分析工具条。右键点击任一已打开的工具条或点击菜单【Customize】→【Toolbars】，在弹出的浮动菜单中勾选 Tracking Analyst 复选框即可打开该工具条（图 3.103）。该工具条提供了创建追踪图层、符号化追踪图层、设置追踪任务、创建数据时钟、回放管理器的使用及动画输出等功能。

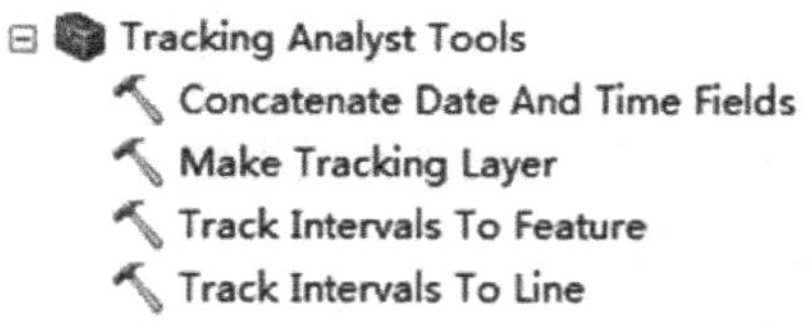

图 3.102　ArcGIS 追踪分析工具箱

图 3.103　ArcGIS 追踪分析工具条

表 3.11　追踪分析工具箱中各工具的功能

工具名称	功能
连接日期和时间字段（Concatenate Data And Time Fields）	将要素类或图层中的两个单独的日期和时间字段连接为一个既包含日期也包含时间的字段
创建追踪图层（Make Tracking Layer）	根据包含时间数据的要素类或图层创建追踪图层
追踪要素间隔（Track Intervals To Feature）	计算追踪过程中所得到的距离、持续时间、速度及方向等数据，并存储在输入的要素类或者图层中
追踪线间隔（Track Intervals To Line）	计算追踪过程中所得到的距离、持续时间、速度及方向等数据，并存储在一个新的线要素类中

3.6.2　追踪分析基础

1. 追踪分析常用术语

追踪分析常用的术语包括时态数据、追踪图层、追踪、追踪线、观测、时间窗、触发器及操作等。

（1）时态数据。它是包含日期和时间信息的地理数据，如 2016 年 12 月 31 日上午 11 时北京市的气温为 4℃。与一般地理数据相比，时态数据属性表中必须包含存储日期和时间信息的字段，这是实现动态追踪地理目标移动轨迹的基础。

（2）追踪图层。它是从时态数据转化而成，能够被追踪分析工具识别和处理的特定图层。

（3）追踪。它是描述某一观测对象随时间而发生位置或状态变化的集合。例如，汽车在过去 1 小时里位置变化的集合，反映动态对象的位置移动；某一气象站风力观测值的集合，反映静态对象状态的变化。

（4）追踪线。它是在追踪分析中生成的一条连接各个观测值的线，用以显示观测对象的移动路径。追踪线不属于追踪图层的部分，因此不能进行选择、分析和处理等操作。

（5）观测。也称为事件，是指某一观测对象在不同特定时间点上的观测值的集合。任何一个追踪事件都必须具有对应的观测时间，而且一个追踪图层中可以包含多个事件。

（6）时间窗。它是将追踪事件显示在地图上时所涉及的一段时间范围。时间窗提供了修改时间窗内所发生事件符号系统的功能。

（7）触发器。它是执行追踪任务的引发器。追踪事件的执行必须满足一定的条件，可根据属性或位置条件，或者属性与位置的组合条件来构建触发器。例如，查询或追踪飓风风速大于 120km/h 的事件，则“风速大于 120km/h”即为触发器。

（8）操作。某个追踪事件满足触发器的条件时而发生的自定义处理，如将飓风风速大于 120km/h 的事件在地图上高亮显示。

2. 追踪分析的主要功能

追踪分析是基于时间序列的可视化分析工具，可将随时间变化而发生位置移动、状态变化的对象以时间顺序绘制成图。该工具具有以下几大主要功能。

（1）将包含日期和时间的地理数据（时态数据）以追踪图层的形式添加到地图中，以动态的方式显示地理数据。

（2）与卫星定位设备及其他追踪和监视设备进行网络连接，实时追踪对象，并将数据绘制成图。

（3）提供专用的符号化系统，使追踪数据能够以更加生动的形象得到显示。

（4）回放追踪数据并查看其随时间而发生的变化。

（5）创建数据时钟，分析时态数据中隐含的信息。

（6）自定义操作，如高亮显示或禁止显示满足某条件而触发的事件。

（7）以动画的形式回放或呈现数据的移动或状态变化。

（8）结合 ArcGlobe 以三维的形式显示和分析时态数据。

3. 数据源

追踪分析的数据源主要包括固定时间源和实时源两个方面的数据。固定源是存储于 Shapefile 和 Geodatabase（地理数据库）要素类的数据，以实现历史数据回放；实时源指通过 Tracking Server 连接或 GPS 连接输入的具有时间属性的数据，这样便于实时查看追踪要素。需要实时追踪数据的特定应用包括紧急响应系统、商业车队追踪系统、国防和智能机构的威胁检测及卫星追踪系统等。所有的数据源都必须包含该事件的日期和时间字段（Data/Time），这是进行追踪分析的前提。

4. 数据组织结构

Shapefile 或 Coverage 存储的日期时间格式为 yyyy-mm-dd。需要注意的是，这两种数据类型只能存储日期，不能存储时间，时间部分会被截掉；如果要根据时间做时态数据的显示和分析，则需使用 Geodatabase。Geodatabase 存储的日期格式为 yyyy-mm-dd hh:mm:ss AM 或 PM。

追踪分析可处理简单事件和复杂事件两种类型的数据组织形式。

1）简单事件

对于简单事件，时间观测组件是数据的唯一组件，且可用一个表格进行组织。简单事件的数据存储在 Shapefile 中，可利用 ArcCatalog 创建一个新的 Shapefile 文件，并添加属性字段，该属性字段中必须包含该事件实体的时间信息、必要的位置信息（坐标等）及其他描述该事件实体的具体信息（图 3.104）。简单事件的属性表中包括了追踪分析用于事件处理和显示所需的所有元素。

ID	时间	Shape	状态
1	T1	X1,Y1	Green
2	T2	X2,Y2	Green
1	T3	X3,Y3	Yellow
2	T4	X4,Y4	Red
3	T5	X5,Y5	Green
2	T6	X6,Y6	Green
4	T7	X7,Y7	Yellow
1	T8	X8,Y8	Green
1	T9	X9,Y9	Red

图 3.104　简单事件表示例

2）复杂事件

复杂事件由时间观测组件和对象组件这两个部分组成，两个组件通过唯一的共同的 ID 字段进行联系。时间观测组件不包括实体所有必要的信息，因此其他信息将保存在对象组件中，且对象组件中的内容取决于被追踪的实体是移动的还是静止的，因此复杂事件又分为复杂静态事件和复杂动态事件。

（1）复杂静态事件。以交通感应器的例子来说明复杂静态事件数据是如何组织的。因为交通感应器的地理位置不能变化，所以它的静态坐标或者其他位置属性存储于对象组件中，此外，对象组件中还应该包括该传感器的 ID 和可能的其他属性。而此时的时间观测组件中应包含 ID、观测的日期和时间，以及可能的其他属性，但是不包括位置属性（图 3.105）。

（2）复杂动态事件。以飞机的例子来说明复杂动态事件数据是如何组织的。飞机的地理位置不断变化，因此位置连同日期和时间信息一起保存在时间观测组件中。这种情况下，对象组件可能包括飞机的型号、所属航空公司、飞机驾驶员与机组成员等信息（图 3.106）。

ID	Shape	模型
1	X1,Y1	200
2	X2,Y2	200
3	X3,Y3	300
4	X4,Y4	310

(a) 对象组件

ID	时间	状态	值
1	T1	Active	100
2	T2	Active	110
3	T3	Inavtive	0
4	T4	Active	60
1	T5	Active	70
2	T6	Active	110
3	T7	Inavtive	0
4	T8	Active	150
1	T9	Active	140

(b) 时间观测组件

图 3.105　复杂静态事件

ID	类型	航空公司
1	747	United
2	727	American
3	747	American
4	767	United

(a) 对象组件

ID	时间	Shape	状态
1	T1	X1,Y1	Green
2	T2	X2,Y2	Green
1	T3	X3,Y3	Yellow
2	T4	X4,Y4	Red
3	T5	X5,Y5	Green
2	T6	X6,Y6	Green
4	T7	X7,Y7	Yellow
1	T8	X8,Y8	Green
1	T9	X9,Y9	Red

(b) 时间观测组件

图 3.106　复杂动态事件

复杂事件数据存储在 Geodatabase 的要素类和表格中。利用 ArcCatalog 创建一个新的 Geodatabase 数据库，并在其中添加要素数据集 Feature Dataset、要素类 Feature Class 和表格 Table，一个要素数据集只能包含一种要素类型，若同时存在点、线、多边形要素，则需分别创建各自的要素数据集。根据上述复杂静态事件和复杂动态事件的不同要求，为要素类和表格创建字段，要素类的字段对应于时间观测组件，表格的字段对应于对象组件。

总的来说，追踪分析所需要的时态数据的组织方法同一般的 Shapefile 文件及 Geodatabase 地理数据库的创建方法一致，主要区别在于时态数据中必须包含一个 Data 和 Time 字段，这也是追踪分析过程中最重要的一部分。

3.6.3　追踪分析的基本操作

ArcGIS 的追踪分析提供了一个丰富的用户界面，包含分析、显示和处理历史或实时时间数据的所有工具。以下简要介绍 ArcGIS 中开展追踪分析的一些基本操作。

1. 以追踪图层形式加载历史数据

ArcMap 中，点击追踪分析工具条上的按钮，打开时态数据添加导向对话框（图 3.107 和图 3.108）。

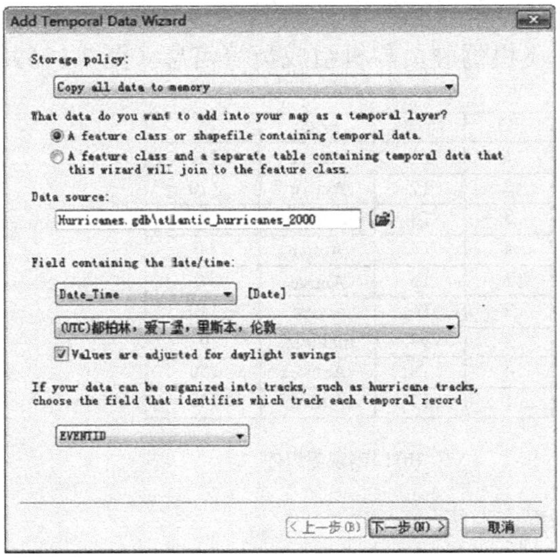

图 3.107　添加单一时态数据向导对话框

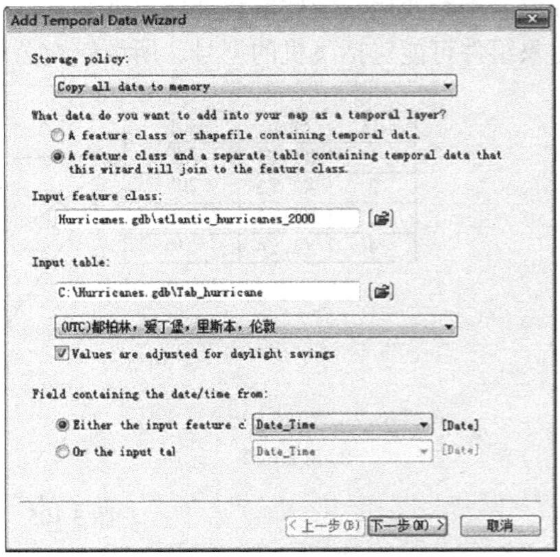

图 3.108　添加复杂时态数据向导对话框

1）添加简单事件的时态数据

如果时态数据存储在磁盘上，可以称为定时数据，这时需要使用添加时态数据向导来将任何包含一个具有时间信息的要素类或者 Shapefile 添加到 ArcMap 中（图 3.107）。

（1）选择默认的“A feature class or shapefile containing temporal data”，表示将添加简单事件的时态数据。

（2）在 Data source 中选择添加包含时间属性的 Shapefile 或要素类。

（3）设置时间属性的字段（Field containing the data/time）。追踪时将通过该字段查找每个事件发生的时间信息。在包含时区的下拉菜单中，选择时间数据的时区，通常设置为默认的格林尼治标准时间；勾选复选框“Values are adjusted for daylight savings”，表示此数据的时间将按照所选时区的夏时制进行调整。若取消选中该复选框，则表示该实验数据以格林尼治时间收集，并且不按夏时制调整。

（4）设置追踪标志符（如 EVENTID），告知系统如何将数据组织到轨迹中。例如，根据每次飓风的名称进行追踪组织。

（5）点击【下一步】，若有必要，可以设置一个过滤器（采用 SQL 语句来定义查询，如 "WINDSPEED" >= 80），将不符合要求的事件排除在追踪分析外。

2）添加复杂事件的时态数据

在 ArcMap 中添加复杂时态事件时，需要合并或连接对象组件及时间观测组件中的两部分数据（图 3.108）。其整个过程与添加简单事件的时态数据类似，所不同的是：①需要选择“A feature class and a separate table containing temporal data that this wizard will join to the feature class”，表示将对复杂事件进行追踪分析；②需要分别输入存储于 Geodatabase 的要素类（Input feature class），即添加复杂事件中的时间观测组件，以及添加复杂事件中的对象组件表格（Input table，注意保证表格和要素类存储在同一个 Geodatabase 中）；③日期和时间字段既可来源于要素类的字段，也可来源于对象组件表格中的字段。

2. 用 Tracking Connection 实时数据输送

利用 Tracking Connection，还可以与跟踪服务器或 GPS 设备建立连接，通过实时时间数据跟踪事件的发生。其一般过程是，首先利用 ArcCatalog 来建立连接跟踪服务器或 GPS 连接，然后在 ArcMap 中把数据直接添加到地图背景中显示。跟踪实时时间数据与实时 GPS 设备或跟踪服务器建立连接，有两种方式可供选择：添加跟踪服务器（Add Tracking Server）连接和添加 GPS 连接（Add GPS Connection）。

1）添加跟踪服务器连接

Add Tracking Server 需要提前安装 ArcGIS Tracking Server Manage。在 ArcCatalog 左侧的目录树（Catalog Tree）窗口下，双击追踪连接（Tracking Connections），然后双击添加追踪服务器（Add Tracking Server）（图 3.109），打开添加追踪服务器对话框（图 3.110），输入托管追踪服务器的计算机的名称、连接名称。点击高级设置（Advanced Settings…），设置端口号（Port）、连接超时（Command Timeout）和连接重试间隔（Command Retry Interval）。如果托管追踪服务器的计算机需要身份验证，则在对话框底部的账户面板中输入用户名和密码。单击测试连接验证是否能成功连接。如果能成功连接，则设置要连接到此服务器上的服务。

图 3.109　追踪连接

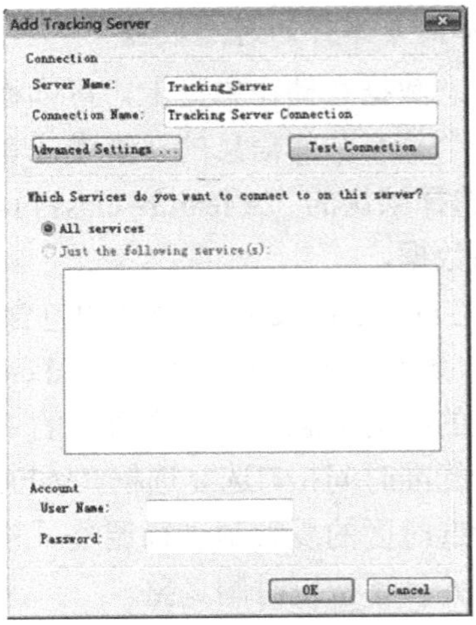

图 3.110　添加追踪服务器

2）添加 GPS 连接

Add GPS Connection 需要提前在 ArcMap 中利用 GPS 工具条建立与 GPS 设备的连接，然后在 ArcCatalog 中找到【Tracking Connection】→【Add GPS Connection】，打开连接编辑对话框，输入连接名和刷新间隔。

追踪连接建立之后，可以在 ArcMap 中加载并显示实时数据。在 ArcMap 的标准工具条（Standard）点击添加数据按钮（Add Data），打开添加数据对话框，浏览至 Tracking Connections 下的 GPS 设备或服务连接，连接成功后从服务列表中选择一个实时追踪服务以将其添加到 ArcMap 地图中。

3. 追踪图层的符号化

ArcGIS 追踪分析允许通过独立的图层改变数据的符号，以便在地图上区别符号标记及区别在地图上显示的不同图层。鼠标双击需要进行符号化的追踪图层，在弹出的属性对话框中选中符号化标签 Symbology，在左上角的显示列表中，点击【Events】可以根据某项属性（如风速）编辑基本符号；点击【Tracks】可设置追踪对象的显示形式（图 3.111）。图 3.112 是对 2000 年北大西洋飓风进行追踪显示的效果图。

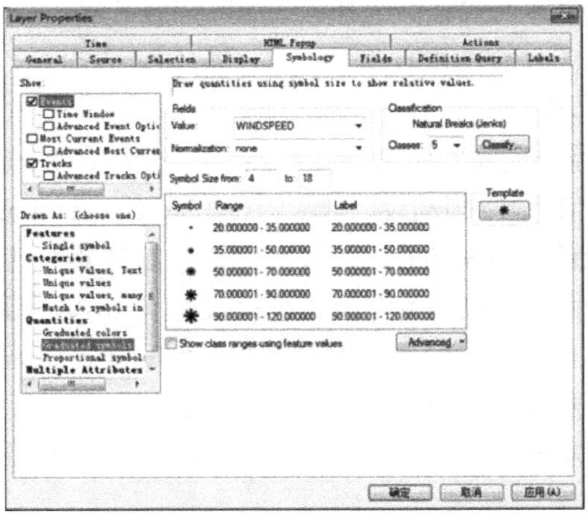

图 3.111　符号系统设置

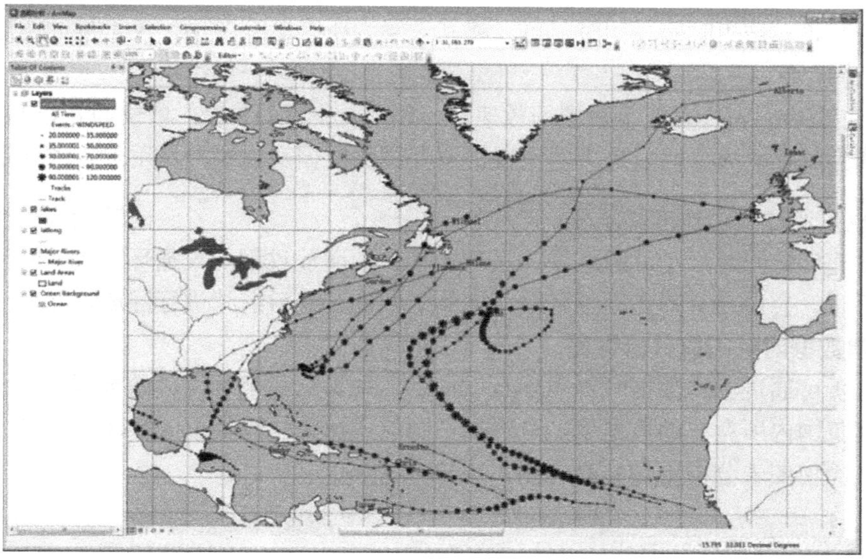

图 3.112　北大西洋飓风追踪显示

4. 追踪分析数据的显示

追踪分析中观察时态数据有两种时间模式：实时模式和回放模式。在实时模式中，只要追踪服务器或 GPS 设备接收到时态数据，时态数据就会显示在地图上。实时模式以当前的系统时钟为基础。回放模式则是通过回放管理器（Playback Manager）来定义时态数据的显示（图 3.113）。打开回放管理器使追踪分析进入回放模式，即可以重放实时和定时数据，也可以显示将来的数据。如果从一个追踪服务器接收实时数据，打开回放管理器进入回放模式，就会随即显示时间窗口内的所有数据。当回放管理器打开时，接收到的实时数据被置于系统内存中，并且当关闭回放管理器编辑回放模式时，时态图层会自动更新。

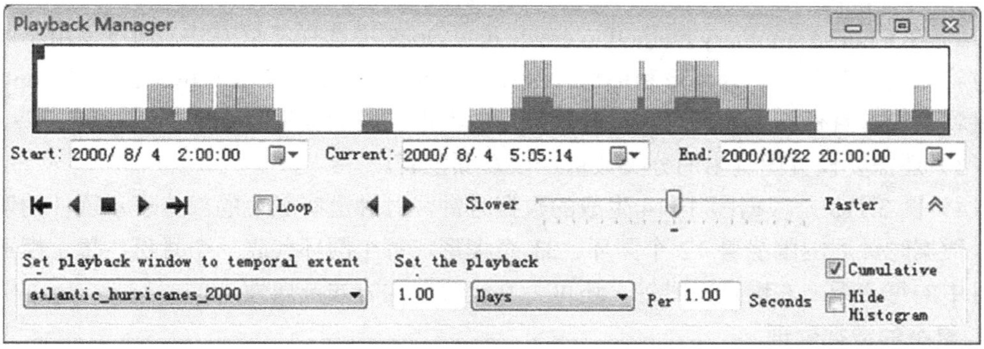

图 3.113　回放管理器

在回放管理器中可以设置回放事件的开始和结束时间，也可以设置回放的速度。此外，回放管理器还可以用于暂停回放、连续循环回放及倒放事件。

（1）在设置回放窗口的时间范围（Set playback window to temporal extent of）中，选择追踪图层。此设置会调整回放窗口的开始和结束时间，可以回放包括所选的一个或者多个图层中的所有数据事件。如果向地图中添加了多个追踪图层，则可以采用几种不同的方式设置时间范围、开始和结束时间。同时，可以将其设置为所有追踪图层、仅可见的图层或单个图层的时间范围。

（2）在 Set the playback 下设置回放速度。例如，图 3.113 中，单位为 d/s 时，表示将回放速率设置为每秒一天。回放速率的快慢根据具体的数据变化快慢及用户需求而定。

（3）也可通过拖动速度指示器

向较慢或较快方向移动来调整回放速度。同时，还可通过

循环窗口，使回放过程一直循环下去，时间到达回放窗口的最后时，会自动重置为回到回放窗口的开始处，然后继续进行回放。

5. 创建数据时钟图以分析数据

追踪分析可通过创建数据时钟（Data Clock），来显示各个时间段的数据时间频率，以查看不同时间范围内所存在的数据量。可选择不同的方法来创建数据时钟图并在图中加入图例和标注，从而使图表分析更加容易（图 3.114）。

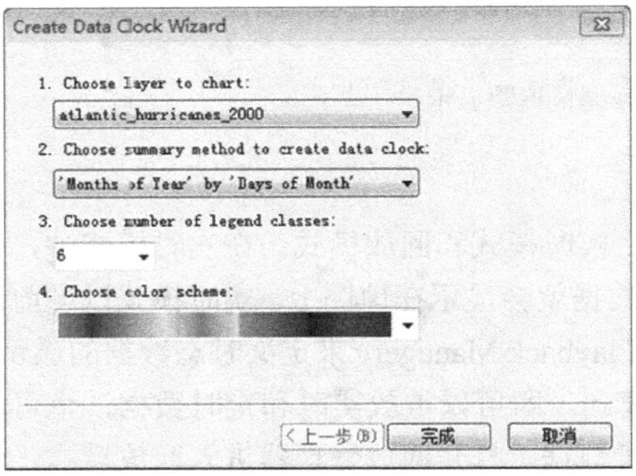

图 3.114　数据时钟参数设置

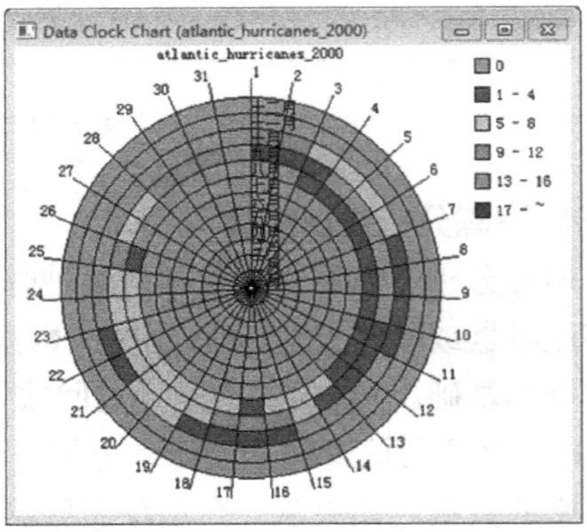

图 3.115　数据时钟图

（1）在 Choose layer to chart 中选择用于分析的追踪图层。

（2）在 Choose summary method to create data clock 中选择汇总方法，通过使用不同的时间单位将数据时钟图分割为环形和楔形。例如，选择“Months of Year by Days of Month”汇总方法将生成有月份标注的环形和按天数标注的楔形组成的数据时钟图。

（3）还需要设置图例中的分类数量，以及颜色表。

（4）图 3.115 是根据图 3.114 生成的数据时钟。时钟上有颜色的部分表示事件的发生时间段。数据时钟周围围绕着 12 个圆环、31 个楔形，每个圆环代表一个月份，每个楔形代表一个月中的每一天。右键点击时钟，还可为其设置标注方式及属性。

6. 复杂的数据处理

追踪分析在图层属性对话框的操作选项卡（Actions）中，提供了新建操作的设置，可以追踪事件的属性或位置触发操作，以执行复杂数据处理。可用的操作包括高亮显示和禁止显示数据，以及过滤数据集中的数据等（图 3.116）。

7. 动画输出

追踪分析提供了动画输出功能（追踪分析工具条下的【Animation Tool…】），可实现以动画的形式回放追踪数据。此外，还可以在网站上将追踪数据分发或作为电子邮件与他人共享（图 3.117）。

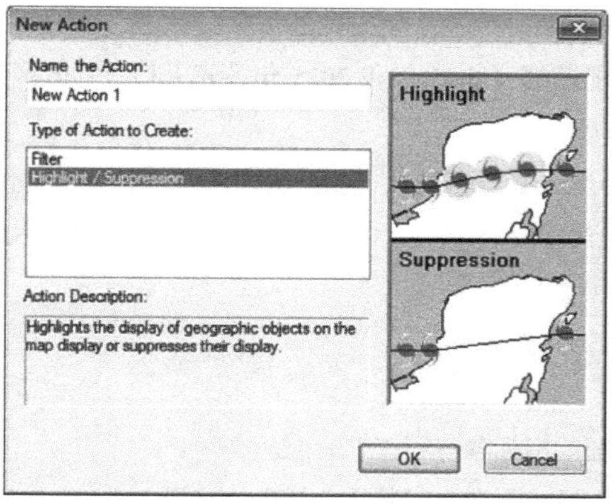

图 3.116　复杂数据处理工具

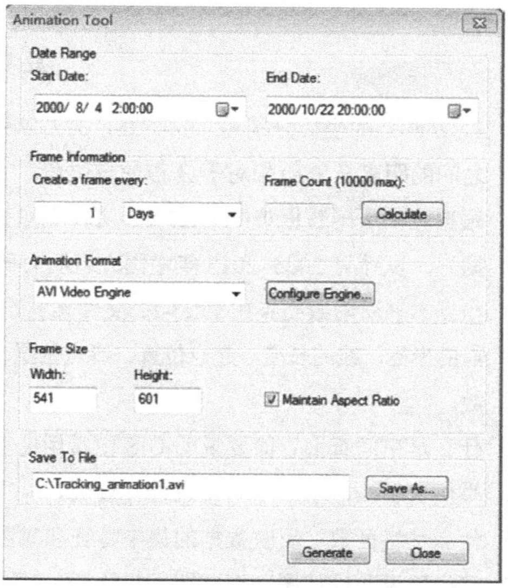

图 3.117　追踪动画输出工具

3.6.4　追踪分析的应用

ArcGIS 的 Tracking Analyst 在 ArcMap 和 ArcCatalog 中提供了相应的工具和功能，与其他工具结合可为应急、交通、军事及其他领域的用户提供强大的分析功能。它支持对时间数据的观察和分析，并能对这些数据设置未来时间窗口，用于任务规划；或者设置历史时间窗口，用于历史分析。总而言之，凡是和时间相关的应用都可以用到它。以下列举了部分常见的应用案例。

（1）在事件分析中，用于事件调查和历史事件重建。

（2）在案件调查中，用于可疑车辆、巡逻车的追踪，以及犯罪事件的重建。

（3）在军事和情报领域，用于部队追踪和行军路线分析，便于指挥员了解战场及指挥作战。

（4）在人口追踪方面，可以用于移动人员的追踪。例如，对老人、儿童等特定人群的日常移动轨迹进行实时追踪，以预防人口失踪；追踪春运前后全国人口移动轨迹，从而研究中国人口大迁移模式及潜在的社会经济影响；通过计步软件追踪记录人们的运动轨迹，从而合理部署运动计划，为改善身体健康提供帮助。

（5）在动物追踪方面，可以用于野生动物的监测和追踪，如研究候鸟的迁徙路径、狼群的活动空间、藏羚羊的迁徙规律等。

（6）在模拟实验中，可以用于模拟任何应用中物体的位置和发生时间。

（7）在道路控制方面，可以用于道路交通流量的监测和分析。

（8）在交通工具追踪方面，可以用于出租车（网约车）、货车、火车、轮船和飞机等交通工具的实时定位和运行轨迹分析，实现智能交通管理；还可以实时追踪交通行政执法车的准确位置，从而加强城市道路巡查能力，提高交通执法能力。

（9）对地球表面景象进行“凝视直播”，可以实现对台风、地震、海啸、森林火灾等自然灾害的追踪、状态变化监测和预警等。

复习思考题

1. *A*、*B* 两点的坐标分别为（144736，3123249，275）、（–86852，3246313，561），试求 *A*、*B* 两点之间的距离及 *B* 点相对于 *A* 点的方位角。
2. 根据本书所附数据集中 Exe3-1B 文件夹里提供的数据（2005 年和 2015 年各省人口、行政区划等数据），试计算 2005~2015 年中国人口质心的移动。
3. 根据本书所附数据集中 Exe3-1C 文件夹里提供的点、线、面数据，利用 ArcGIS 中的相关工具分别计算点的坐标，线的长度、起点位置、终点位置、中点位置、弯曲度，多边形的周长、面积、质心和形状系数。
4. 什么是空间查询？简要说明 GIS 中常用的空间查询方法。
5. 举例说明如何基于空间关系进行查询。
6. 什么是特征数？反映数据的集中特征和离散特征的指标各有哪些？
7. 请举例说明柱状图、直方图、折线图、散点图、饼状图在空间数据分析中的应用。
8. 什么是相关系数？相关分析与回归分析的联系和区别是什么？
9. 地理加权回归分析与普通的回归模型相比有什么异同？
10. 某市汽车保有量与人均 GDP 的历年数据见表 3.12，试计算两者之间的 Pearson 相关系数。

表 3.12 某市汽车保有量与人均 GDP

年份	2005	2006	2007	2008	2009	2010	2011	2012	2013	2014
汽车保有量/万辆	32.5	35.8	36	40	42.6	46.8	47.2	50.6	52.3	55
人均 GDP/万元	1.8	2.2	2.5	2.8	3.5	3.8	4.1	4.3	4.6	5

11. 什么是主成分分析？请收集某年我国各省的经济和其他统计数据，采用主成分分析法分析影响地区经济发展的主要因素。
12. 层次分析法的基本原理与过程是什么？请采用层次分析法，分析区域经济发展中的主导产业选择问题。
13. 根据本书所附数据集中 Exe3-2 文件夹里提供的某年华北地区的城市空气质量指数（AQI），采用 ArcGIS 中的空间自相关工具[Spatial Autocorrelation（Moran's *I*）]，计算该区域空气质量数据的自相关指数（Moran's *I*），分析其空间自相关性的方向和强弱。
14. 什么是景观格局？请根据表 3.13 中某地土地利用数据，计算该区域土地利用格局的香农-威纳多样性指数、景观优势性指数、景观破碎化指数。

表 3.13 某地土地利用数据

土地类型	耕地	林地	草地	园地	商服用地	住宅	交通	工矿	其他
图斑数量/块	406	206	102	12	26	38	40	200	3
图斑面积/hm^2	420	1200	90	10	18	12	35	40	2

15. 矢量数据的邻近性分析有哪些方法？ArcGIS 中有哪些工具可用于此类分析？举例说明这些方法在实际生活中的应用。

16. 什么是缓冲区分析？建立缓冲区时需要设置哪些主要参数？ArcGIS 中有哪些工具可用于建立缓冲区？各种工具有何不同？
17. 举例说明最近邻要素分析和点距分析的应用。
18. 什么是矢量数据的叠加分析？叠加分析有哪些类型和方法？ArcGIS 中有哪些矢量数据叠加工具？
19. 画图说明多边形矢量数据之间不同叠加方法（Union、Intersect、Identity、Erase、Update、Symmetrical Difference）之间的差异。
20. 下图两个多边形图层（a）和（b）中标注的是多边形的属性，请画出（a）与（b）叠加后生成的结果图层（c）的示意图，并标注属性。

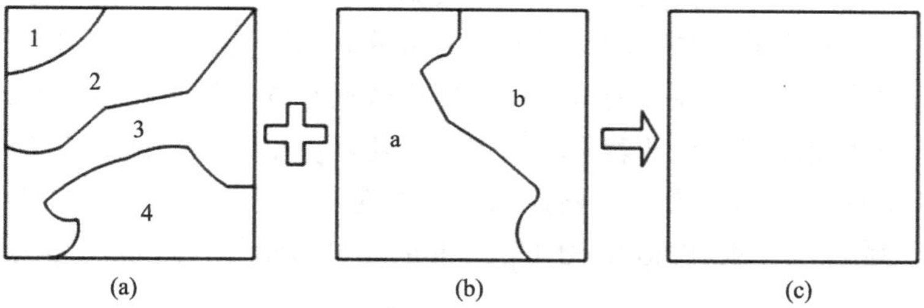

21. 某市拟拓宽某一城市道路，需要制定最低拆迁成本的拓宽方案，请结合 GIS 的空间分析方法，确定解决此问题的方案。
22. 空间网络具有哪些组成要素和属性？
23. 空间网络分析可以应用于哪些领域？请举例说明。
24. 路径分析中常用的 Dijkstra 算法、Floyd 算法、A*算法的实施过程是怎样的？
25. 简述资源分配的基本原理。
26. 简述地址匹配的基本过程。
27. 某一保险公司拟进行市场分析，请结合空间网络分析方法谈谈如何开展分析。
28. 某地发生火灾，需要找出能够最快到达的四个消防站，请根据本书所附数据集中 Exe3-5 文件夹里的数据，找出这四个消防站并生成行进路线。
29. 什么是时态数据？简要说明时态数据意义。
30. 简述追踪分析的基本原理，并举例说明追踪分析方法在实际生活中的应用。

第 4 章　栅格数据的分析方法

4.1　栅格运算的几种模式

栅格数据独特的规则格网结构，使其具有许多不同于矢量数据的分析方法。矢量数据分析的对象是点、线、面等几何实体，而栅格数据分析的基本单元为栅格像元，每个像元的值是该位置上某一空间现象（如高度、气温、降水等）的特征值。这些用来分析的像元可以是某一栅格数据中的各个单一像元或多个输入栅格数据在同一位置的多个像元，也可以是单个栅格数据中某一像元及其周边的若干相邻像元，还可以是某一数据中的各类不同区域在另一栅格数据中所对应范围内的像元。根据以上运算对象的不同，相对应的有局域运算（Local Operation）、邻域运算（Neighborhood Operation）、分区运算（Zonal Operation）三种基本的栅格运算模式。

4.1.1　局域运算与栅格叠加

局域运算是针对一个或同一位置（局域）的多个像元进行的运算分析。输出的栅格像元的值，是一个或同一位置的多个输入像元的函数。图 4.1 中，输出栅格 OutRaster 中的像元值，是输入栅格 InRaster_1， InRaster_2，…， InRaster_n 在同一位置的多个像元值的函数：

$$O(x,y) = f(I_1(x,y), I_2(x,y), \cdots, I_n(x,y)) \tag{4.1}$$

式中，O 为输出栅格；I 为输入栅格；n 为输入的栅格图层的数量；(x, y) 为像元位置。

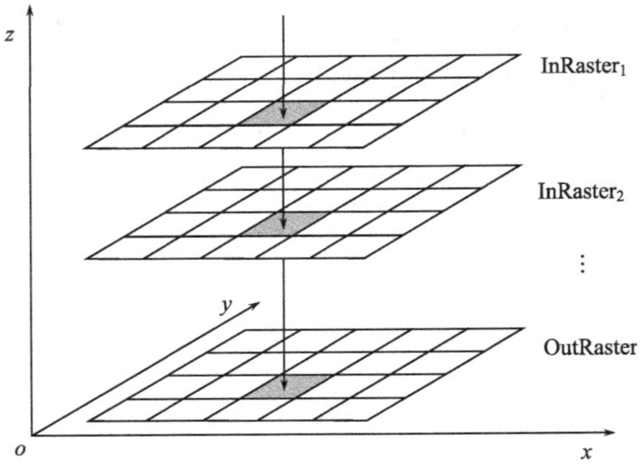

图 4.1　栅格数据的叠加与局域运算

根据输入栅格数量的不同，局域运算可以分为单一栅格的局域运算和多个栅格的局域运算。单一栅格的运算是一种最简单的局域运算模式。它针对单个栅格数据中的各个像元逐一进行函数运算，从而产生一个新的栅格数据[式（4.1）中 n=1]。多个栅格的局域运算相当于基于栅格的地图叠加操作，输出栅格是多个输入栅格的函数[式（4.1）中 n>1]。

1. 栅格运算方法

1）算术运算

主要是指加、减、乘、除等运算。单一栅格的算术运算，主要是对栅格中的各个像元加、减、乘、除某一常量；多个栅格的算术运算，主要是对同一位置的多个像元进行加、减、乘、除运算。该类运算虽然简单，但在工作中很实用。例如，水库规划中，将库区高程栅格数据减去水位高程值，所得栅格数据中值为负数的部分即为淹没区域，其值的大小表示水的深度；在土地平整中，将高程数据与平整面高程值相减，所得数据表示开挖高度或填埋深度。

2）关系运算

它以一定的数学关系为基础，将符合条件的像元赋值为 1，不符合的赋值为 0。这些运算符包括大于>、小于<、等于=、大于等于>=、小于等于<=、不等于< >（在不同软件中，这些运算符号的形状可能略有不同）。例如，“outraster = inputraster >= 25”表示将输入栅格中值大于等于 25 的像元赋值为 1，其余赋值为 0。

3）布尔运算

布尔运算也称二值运算、逻辑运算。它通过逻辑运算判断一个或多个栅格图层中对应栅格值的逻辑关系来确定输出结果。若判断为真，则输出为 1；否则，输出为 0。

（1）逻辑与（And，&）：对两个或两个以上栅格中的对应像元，若值均不为 0，则输出为 1，否则输出为 0。

（2）逻辑或（Or，|）：对两个或两个以上栅格中的对应像元，只要有一个或一个以上像元的值不为 0，则输出为 1，否则输出为 0。

（3）逻辑异或（XOr，^）：对两个或两个以上栅格中的对应像元，若值的逻辑真假互不相同（即 0 与非 0 值都有），则输出为 1，否则输出为 0。

（4）逻辑非（Not，~）：对某一栅格的像元，若值为 0，则输出为 1，否则输出为 0。

4）函数运算

（1）算术函数：包括绝对值 Abs（）、求反 Negate（）等两个符号函数，以及整数函数 Int（）、浮点函数 Float（）、向下取整函数 RoundDown（）、向上取整函数 RoundUp（）等类型转换函数。

（2）三角函数：包括正弦函数 Sin（）、余弦函数 Cos（）、正切函数 Tan（）、反正弦函数 ASin（）、反余弦函数 ACos（）、反正切函数 ATan（）等。在使用三角函数时，往往需要将栅格数据的角度值（如坡度角）乘以系数 0.01745（$2\pi/360$），转换为以弧度为单位的栅格数据。

（3）对数函数与指数函数：包括 Ln（）、Log10（）、Log2（）、Exp（）、Exp10（）、Exp2（）等 6 种分别以自然数 e、10、2 为底的对数和指数函数。

（4）幂函数：包括平方 Square（）、平方根 SquareRoot（）及幂函数 Power（）等 3 种。

（5）统计函数，主要包括以下几种：①Maximum（），最大值；②Minimum（），最小值；③Range（），像元值的数值范围，即最大值与最小值之差，也称值域；④Sum（），总和；⑤Mean（），平均值；⑥Standard Deviation（），标准差；⑦Majority（），像元值中出现次数最多的数值，即众数；⑧Minority（），像元值中出现次数最少的数值，即寡数；⑨Median（），中值；⑩Variety（），像元值中不同数值的种类数，反映数据的变异程度。

对于不同数据类型的栅格，可以使用的统计函数有所不同。整数类型的栅格数据可以进行以上所有类型的统计分析，但对于浮点类型的栅格数据，则不能进行众数、寡数、中值、种类数的统计。

（6）其他函数。在 ArcGIS 中，还有一些特殊的栅格运算函数，如转换函数 Con（）、空值设置函数 SetNull（）、提取函数 Pick（）等条件函数，以及空值判断函数 IsNull（）等。此外，软件自身的一些空间分析工具，如计算坡度的 Slope（）、计算坡向的 Aspect（）等，也可以作为函数在栅格运算中直接调用。这些函数的具体使用方法可参阅软件的相关文档。

图 4.2 是对 a、b、c 三个输入栅格进行不同局域运算的示例。需要注意的是，任一输入栅格中存在空值（NoData），则在输出栅格中，该位置的像元仍为空值。

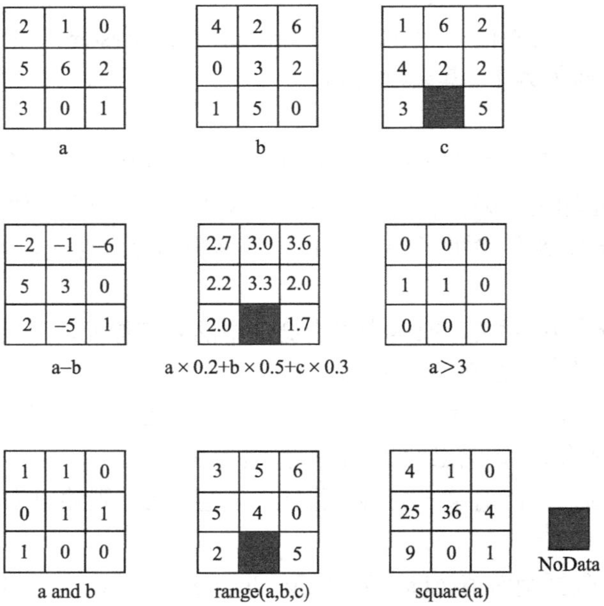

图 4.2　栅格局域运算示例

5）组合运算

与前述几种局域运算显著不同的是，组合运算（Combine）把输入的两个或者多个整型栅格中像元属性值的每种组合输出为一个唯一的值。图 4.3 中，两个输入栅格中的（1，0）、（1，1）、（0，1）组合分别输出为 1、2、3。组合运算可以用于变化分析及多因素的叠加分析之中。例如，对前后两个不同时间的土地利用数据进行组合运算，可以得到土地利用转移矩阵，通过该矩阵可以分析发生变化的区域（即组合中的两个值不同），以及这些区域的类型变化情况（如耕地向城镇工矿用地及林地的变化）。在自然地理要素的相关分析中，可以对植被与土壤数据进行组合运算，分析它们之间的协同进化关系。

2. 重分类

重分类（Reclassify）是一种非常实用的针对单一栅格的局域运算方法。它对栅格数据的像元值重新进行分类整理和安排，输出具有新值的栅格数据，其实质是一种条件转换。

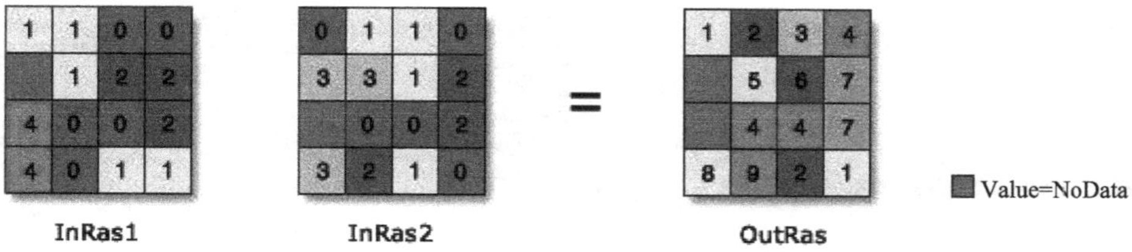

Value	Count	Code
0	5	002
1	5	004
2	3	005
4	2	008

Value	Count	Type
0	5	PAX
1	4	HAR
2	3	WIN
3	3	SAN

Value	Count	InRas1	InRas2
1	2	1	0
2	2	1	1
3	1	0	1
4	3	0	0
5	1	1	3
6	1	2	1
7	2	2	2
8	1	4	3
9	1	0	2

OutRas=Combine((InRas1,InRas2))

图 4.3　栅格组合运算示意图

（1）新值替代：基于新的信息，用新值代替原有的栅格值。这种转换往往是一对一的关系。在地理要素的分类编码中，经常需要用代码来表示要素的类型值，此时就需要用新值来代替旧值，如用代码“1”代替“耕地”、代码“2”代替“园地”等。在土地规划的基数转换过程中，也需要将土地利用现状的代码替换为规划基数的类型代码。图 4.4 显示的是利用 ArcGIS 的 Reclassify 工具（【ArcToolbox】→【Spatial Analyst Tools】→【Reclass】→【Reclassify】）对某一土地利用数据进行新值替代。

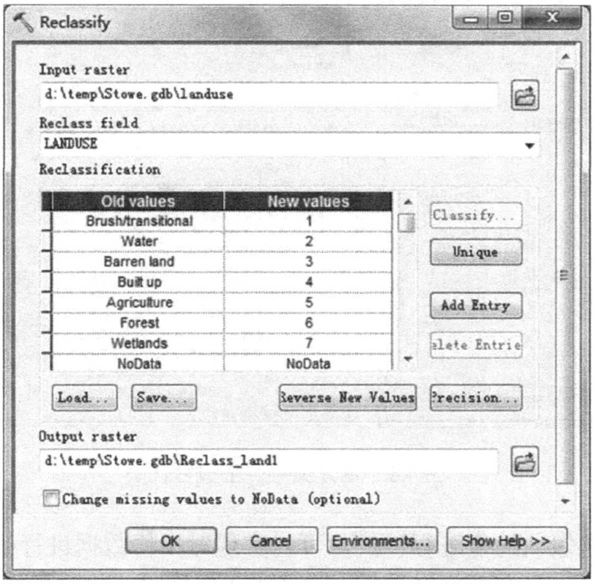

图 4.4　重分类——新值替代

（2）分组替代：将原有的值按一定的分类规则进行重新分组，用新值替换该组内所有的原值。例如，在土地利用数据库中，需要将各地块的坡度按 0°~2°、2°~6°、6°~15°、15°~25°、大于 25°的标准，分为 5 个坡度级，分别用 1~5 来替代（图 4.5）。

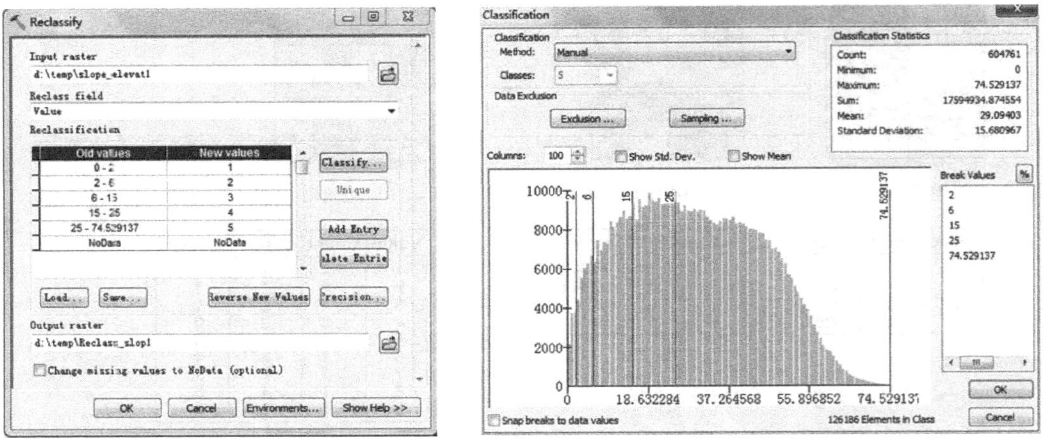

图 4.5　重分类——分组替代

（3）空值替代：将特定的值设为空值或将空值设为某一个值。例如，在研究退耕还林时，因为只需研究坡度大于 25°的区域，所以可以将值小于等于 25°的栅格设为空值（图 4.6）。此外，还可以通过空值设置来删除研究区以外的数据，达到数据裁切、限制非研究区的数据占用存储空间和节约运算时间等目的。在多栅格的叠加运算中，因为任一栅格位置上的空值都将使结果数据中该位置的像元输出为空值，所以在某些情况下，可能需要将原栅格数据中的空值设为 0 或其他特定数值。

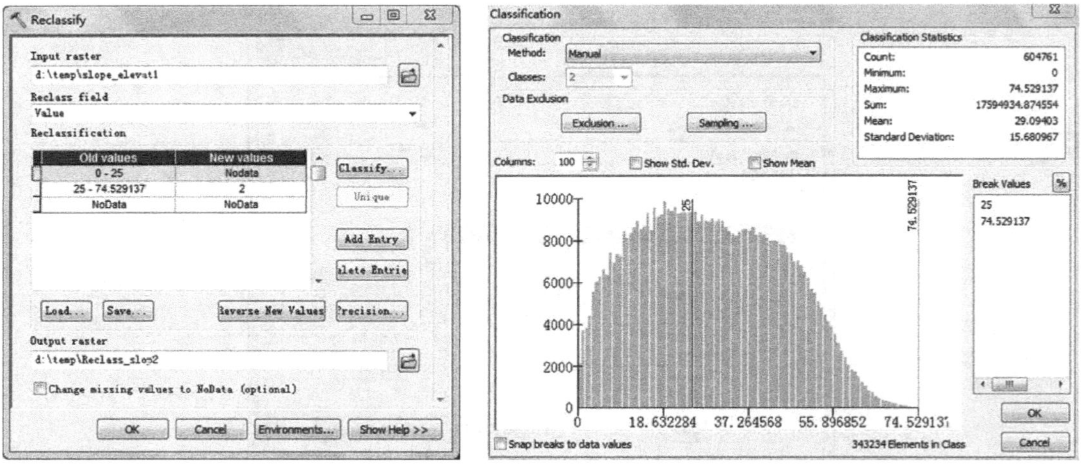

图 4.6　重分类——空值替代

通过重分类对栅格像元的值进行转换，可以实现对栅格数据进行必要的简化，或使栅格的值相对于某一研究目标具有顺序或层次关系（如适宜性排序等）。在进行多因素的栅格叠加分析时，有时为了使多个栅格数据具有比可性，需要将这些栅格数据调整到一个共同尺度。例如，在适宜性分析、成本距离分析中建立成本栅格数据时，往往需要对坡度与土地类型等具有不同量纲或物理意义的栅格进行重分类，将原始值映射到某一值域区间（如 0~10），以消除量纲的影响，使其能够进行定量的融合或叠加分析；在城镇土地定级过程中，需要将交通、商业、环境等因素对土地级别的影响距离进行重分类，将距离值转换为各个因素的作用分值。在得到多因素综合作用总分后，将分值按从大到小顺序进行分组，以确定土地级别。

3. 像元统计

像元统计（Cell Statistics）是基于栅格局域运算、针对数值型栅格数据进行统计的一种方法，其实质与前述局域运算中的统计函数类似。输出栅格像元的值是多个栅格图层中同一位置的多个栅格像元的统计值。这些统计值包括最大值、最小值、范围、总和、平均值、标准差、众数、寡数、中值、种类数等。统计的对象可以是不同时间（时点）上的栅格数据（或称多时相统计、历史变化统计），也可以是同一对象采用不同方法所得的结果。以下是几个可以采用像元统计方法进行统计分析的案例。

(1)分析区域土地覆被变化情况——统计前后两个栅格像元的种类数（Variety），结果不为 1 的像元所在的位置发生了变化。

(2)分析城市人口密度变化——统计两期人口密度栅格，分析城市人口的变迁。

(3)分析某地的多年降水情况——统计区域不同位置多年的降水最大值、最小值、平均值、变差、距平值等。

(4)分析不同空间插值方法的特征——进行值域范围统计（Range），可以了解这些方法所得的结果差异，分析每种插值方法的特点，解决差异（或分歧）大的区域在哪里、大多少、为什么等问题，从而为合理选择方法及确定最终结果提供依据。

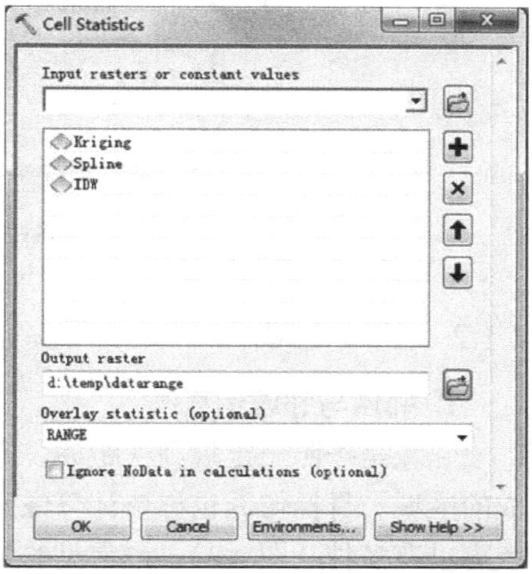

图 4.7 像元统计

在 ArcGIS 中，可以使用像元统计工具 Cell Statistics（【ArcToolbox】→【Spatial Analyst Tools】→【Local】→【Cell Statistics】）进行该类统计分析（图 4.7）。

4. 地图代数与栅格计算器

地图代数（Map Algebra）是指对两个或两个以上栅格图层按代数的方式进行的局域运算，它往往是栅格地图叠加运算的代名词。事实上，广义的地图代数也应当包括单一栅格的局域运算。

ArcGIS 中的栅格计算器 Raster Calculator（【ArcToolbox】→【Spatial Analyst Tools】→【Map Algebra】→【Raster Calculator】），是一个专门执行地图代数运算的工具（图 4.8）。它可以执行从简单到复杂的多种栅格运算，在基于栅格数据的空间分析中有着非常广泛的运用。图 4.8 左上方显示的是 ArcMap 中已加载的栅格图层，上方中间是数字与运算符按钮，右上方是运算工具，包括条件函数、数学函数、三角函数等；在中间文本框中需要用户输入运算表达式，可以通过双击上方的图层和函数名称，单击数字与运算符，将它们加入表达式之中。需要注意的是，若在表达式中手工输入图层名和运算符，则需要在图层名称两侧加上英文格式的双引号，在运算符两侧加入空格。表达式除了能够进行算术运算外，还可执行各种函数运算，包括没有出现在运算工具框中的空间分析函数，如坡度函数 Slope（ ）、坡向函数 Aspect（ ）等。关于函数中的参数设置，请查阅软件中的相关文档。

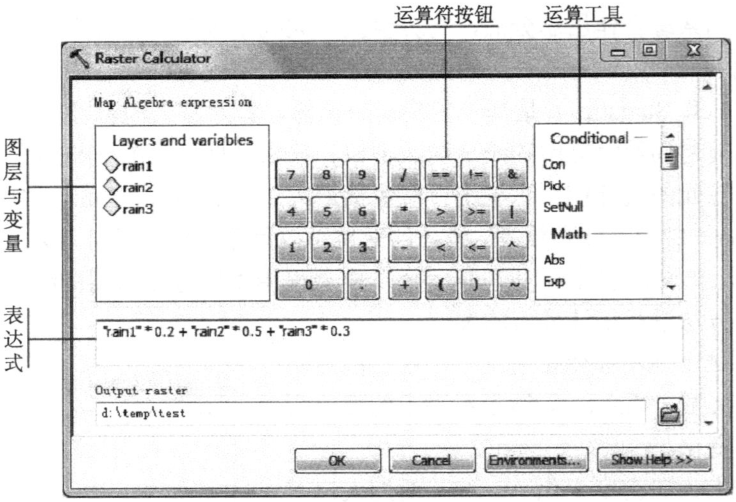

图 4.8　ArcGIS 中的栅格计算器

4.1.2　邻域运算

1. 邻域与邻域运算

邻域是按照一定规则（距离、方向等）确定的、与目标像元在空间上相邻的若干像元组成的区域。目标像元也称待计算像元或焦点像元，空间常指二维空间。栅格运算中邻域的形状可以有多种（图 4.9）。最常见的是以目标像元为中心，以一定像元数量作为长宽的矩形邻域。图 4.9（a）是一个 3×3 的正方形邻域，它往往是很多 GIS 软件中的默认邻域。图 4.9（b）是一个 3×5 的长方形邻域。图 4.9 中的（c）、（d）、（e）分别是以目标像元为中心的圆形邻域、环形邻域、扇形邻域。圆形邻域需要设定圆的半径，环形邻域需要设定内半径和外半径，而扇形邻域除了需要设定半径外，还需要设定起止角度。在实际运算中确定邻域时，有些像元只有部分区域落在所定义的邻域之中，此时，一般将像元中心落在所定义的邻域区内的像元，作为邻域运算的对象。

定义邻域大小的单位可以采用像元，也可以采用实际的距离单位，如“m”等。

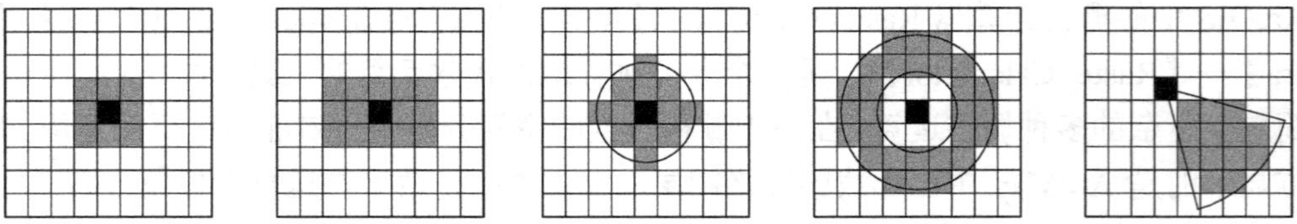

(a) 默认邻域　(b) 矩形邻域　(c) 圆形邻域　(d) 环形邻域　(e) 扇形邻域

图 4.9　邻域的不同形状

邻域运算是以设定的邻域范围内的若干像元（往往包括目标像元本身）为对象的运算，运算结果将在输出栅格中赋予目标像元所在位置的像元。

$$C_{out} = f(C_1, C_2, \cdots, C_n) \tag{4.2}$$

式中，C_{out} 为输出像元的值；$(C_1, C_2, \cdots, C_n)$ 为邻域各像元的值；n 为邻域像元的数量。

一般而言，邻域运算往往不是针对输入栅格中的单个或几个像元，而是对输入栅格中的所有像元采用相同的邻域运算方式。也就是说，邻域运算会遍历输入栅格的所有像元。邻域的大小对运算时间有直接影响，合理设置邻域大小尤为重要。

通过邻域运算，可以获得像元周边的地理信息。它可以用于模拟森林火灾的蔓延、工厂污染物的扩散等相关分析之中，也可用于栅格数据的简化（如对数据进行平滑处理以达到降噪的效果），还可以广泛应用于表面分析之中。后文将介绍的坡度、坡向、地表曲率、阴影、视域等地形表面分析，以及水文分析等，都需要应用邻域像元的高程值来进行邻域运算。此外，邻域运算还常常应用于数字图像处理，如图像滤波、图像卷积等。以下主要介绍邻域统计（Focal Statistics）与滤波分析（Filter Analysis）。

2. 邻域统计

邻域统计是邻域运算的一个重要方面，它利用邻域内的像元值来进行统计，并将统计结果赋予目标像元。与像元统计类似，邻域统计值的类型也包括最大值、最小值、范围、总和、平均值、标准差、众数、寡数、中值、种类数等。

通过邻域统计，可以获得邻域范围内地理要素的不同类型的统计特征，为开展地理分析提供参考信息。例如，通过土地覆被栅格进行邻域种类数（Variety）统计，可以进行景观多样性、优势度等景观格局分析。对地形表面进行邻域平均值统计计算，可以平滑地表。

图 4.10 是 3×3 邻域统计的相关示例。图 4.11 是 ArcGIS 中用于邻域统计的 Focal Statistics 工具（【ArcToolbox】→【Spatial Analyst Tools】→【Neighborhood】→【Focal Statistics】）。该工具中需要进行三个关键要素的设置：邻域的形状、邻域的大小，以及统计类型。

3. 滤波分析

滤波分析是一种基于邻域运算的窗口分析方法，它是数字图像处理中一种常用的方法，可以实现不同目的的图像处理。窗口往往是一个一定长宽的矩形区域，窗口中各个像元的值可以构成一个加权系数矩阵。窗口也常称为滤波器、掩膜、模板或核。

4	0	1	2	3	0
2	5	0		3	2
1	1	2	3	5	4
1	5	3	2	1	4
5		1	3	3	0
1	1	2	3	4	3

NoData

原始栅格

11	12	8	9	10	8
13	16	14	19	22	17
15	20	21	19	24	19
13	19	20	23	25	17
13	19	20	22	23	15
7	10	10	16	16	10

邻域和

5	5	5	3	3	3
5	5	5	5	5	5
5	5	5	5	5	5
5	5	5	5	5	5
5	5	5	4	4	4
5	5	3	4	4	4

邻域最大值

4	5	4	4	3	3
5	5	5	5	5	5
3	5	5	5	5	5
2	4	4	4	6	5
2	4	4	4	5	3
2	3	3	4	3	3

邻域种类数

图 4.10　栅格邻域统计示例

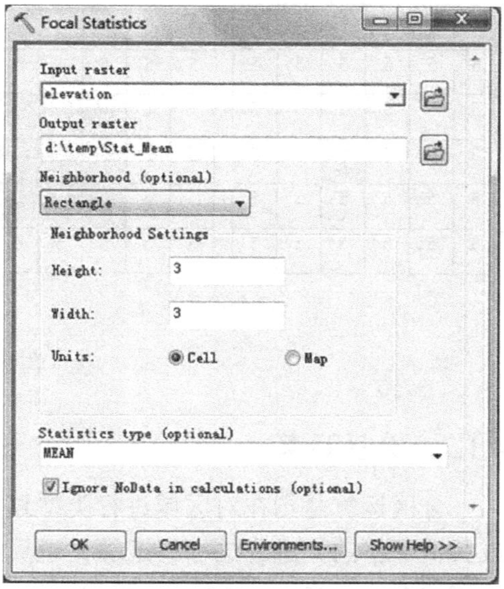

图 4.11　ArcGIS 中的邻域统计工具

根据分析目的的不同，滤波分析主要有高通滤波（High Pass）和低通滤波（Low Pass）两种基本类型。高通滤波具有突出边缘的功能，而低通滤波正好相反，具有减弱像元间显著变化、实现数据平滑的功能。滤波分析在原始栅格上来回移动一个窗口（常用 3×3 的网格），窗口中心的像元值（目标像元值）通过滤波算子与窗口中对应各像元的值加权求和而得到[式（4.3）和式（4.4）]。图 4.12 中，（a）为分析窗口，（b）和（c）分别为常用的低通滤波算子和高通滤波算子，滤波时的计算公式如下：

低通滤波：$Z_5 = Z_1 \times 0.111 + Z_2 \times 0.111 + \cdots + Z_9 \times 0.111$ （4.3）

高通滤波：$Z_5 = Z_1 \times (-0.7) + Z_2 \times (-1.0) + \cdots + Z_9 \times (-0.7)$ （4.4）

Z_1	Z_2	Z_3
Z_4	Z_5	Z_6
Z_7	Z_8	Z_9

(a) 分析窗口

0.111	0.111	0.111
0.111	0.111	0.111
0.111	0.111	0.111

(b) 低通滤波算子

−0.7	−1.0	−0.7
−1.0	6.8	−1.0
−0.7	−1.0	−0.7

(c) 高通滤波算子

图 4.12　滤波算子

从图 4.12 可以看出，低通滤波是一个平均型滤波，窗口中的 9 个像元等量加权，相当于邻域统计中的平均值。因为低通滤波算子的权重总和为 1，所以可以确保数据平滑后各像元值的总和保持不变[图 4.13（a）]。高通滤波是一个边缘增强型滤波，它将去掉数据中的低频变量并使不同区域之间的边界突显出来。因为高通滤波算子的权重总和为 0，所以边缘增强后栅格数据中各像元值的总和为 0[图 4.13（b）]。ArcGIS 中用于滤波分析的 Filter 工具（【ArcToolbox】→【Spatial Analyst Tools】→【Neighborhood】→【Filter】）可以实现高通和低通滤波。

5	5	5	5	5	5
5	5	5	5	5	5
5	5	5	5	5	5
5	5	5	9	5	5
5	5	5	5	5	5
5	5	5	5	5	5

5	5	5	5	5	5
5	5	5	5	5	5
5	5	5.4	5.4	5.4	5
5	5	5.4	5.4	5.4	5
5	5	5.4	5.4	5.4	5
5	5	5	5	5	5

(a) 低通滤波

5	5	5	9	9	9
5	5	5	9	9	9
5	5	5	9	9	9
5	5	5	5	5	5
5	5	5	5	5	5
5	5	5	5	5	5

0	0	−9.6	9.6	0	0
0	0	−9.6	9.6	0	0
0	0	−6.8	16.4	9.6	9.6
0	0	−2.6	−6.8	−9.6	−9.6
0	0	0	0	0	0
0	0	0	0	0	0

(b) 高通滤波

图 4.13　滤波分析示例

4.1.3　分区运算

分区运算是指在对区域进行类型划分的基础上，在每个类型内对某一属性（分区栅格的或其他栅格的）进行的栅格运算，运算结果赋予输出栅格或输出为表格。例如，将某一区域地貌按海拔 200m、500m 为界线分为平原、丘陵、山地三个高程带（类型区），分别在这三个带内对植被数据进行运算和分析，可以了解不同海拔的植被分布情况。又如，以不同类型土地为类型区，对地表坡度进行分析，可以掌握各类土地的坡度情况。事实上，GIS 软件中用于提高图像显示效率的栅格金字塔，也是采用了分区运算的方法。

类型区可以是具有某一特定值的单块独立区域，也可以是具有相同值的多个不连续区域。例如，一个数据中的所有山地是一个类型区，所有耕地地块也可归为一个类型区。也就是说，只要是数据中某项属性具有相同值的区域，无论其是否相邻，都可以归为同一个类型区。在 ArcGIS 中，类型分区的数据集可以是栅格数据，也可以是矢量数据。栅格数据必须是整型的，矢量数据中的类型划分必须依托于整型或字符型的属性字段。若使用矢量数据作为分区数据，则在分区运算过程中，系统要先在内部按输出像元大小转换为栅格数据，然后执行分区运算。因此，在分区运算中，使用矢量数据作为分区数据的效率不如使用栅格数据的效率高。

因为分区运算目的的不同，运算所针对的属性可能在分区数据之中，也可能来自另一栅格数据，所以有的分区运算只有一个输入数据，有的则需要有两个输入数据。

分区运算的输出结果可以是栅格数据，也可以是表格数据。若是栅格数据，则同一类型区内的所有像元将被赋予相同的运算值（分区质心例外）。

1. 分区统计

分区统计是以一个数据层中的各个类型区为基础，对另一个数据层中同一类型区内的像元进行的数值统计（图 4.14）。与像元统计、邻域统计类似，分区统计的统计类型也包括最大值、最小值、范围、总和、平均值、标准差、众数、寡数、中值、种类数等。

图 4.14（a）中的分区栅格数据层中有值为 1、2、3、4 的四个类型区，在各类型区内对统计栅格[图 4.14（b）]进行不同类型的统计（和、最小值、范围、种类数），结果如图 4.14（c）～（f）所示。

1	1	1	2	2
1	1	2	2	2
	3	3	2	2
3	3	3	4	4
3	3	3	4	4

(a) 分区栅格

6	4	3	1	7
5	3	2	8	
5	3	6	7	5
7	3	5	6	1
3	2	6	4	3

(b) 统计栅格

21	21	21	30	30
21	21	30	30	30
	35	35	30	30
35	35	35	14	14
35	35	35	14	14

(c) 分区和

3	3	3	1	1
3	3	1	1	1
	2	2	1	1
2	2	2	1	1
2	2	2	1	1

(d) 分区最小值

3	3	3	7	7
3	3	7	7	7
	5	5	7	7
5	5	5	5	5
5	5	5	5	5

(e) 分区范围

4	4	4	5	5
4	4	5	5	5
	5	5	5	5
5	5	5	4	4
5	5	5	4	4

(f) 分区种类数

图 4.14　分区统计示例

分区统计是一种常用的空间统计方法，它有着广泛的应用。例如，在土地质量评估中，用土地利用类型数据作为分区数据（各类土地作为分类区），坡度、坡向和高度等栅格数据作为统计数据，分别进行分区统计后，可以得到不同土地利用类型的坡度、坡向和高程的各类统计值，为分析各类土地的自然条件提供基础依据。图 4.15 是 ArcGIS 中的分区统计工具 Zonal Statistics as Table（【ArcToolbox>Spatial Analyst Tools> Zonal >Zonal Statistics as Table】），图 4.16 是利用该工具对不同类型土地的高程平均值的统计结果。

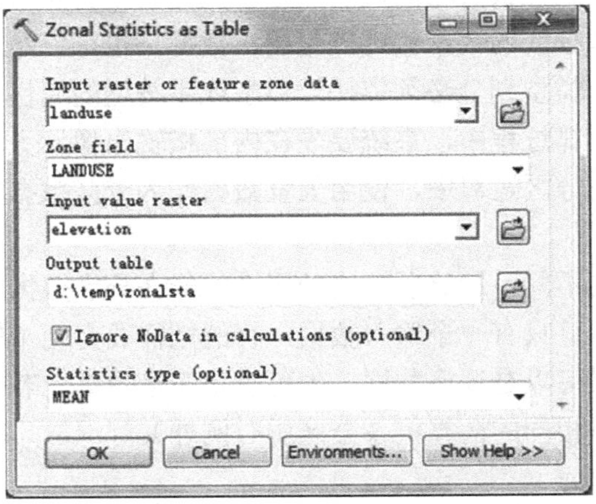

图 4.15　ArcGIS 分区统计工具（输出为表格）

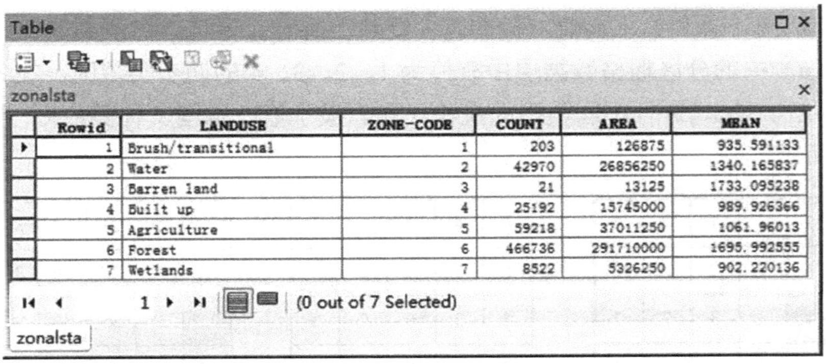

Rowid	LANDUSE	ZONE-CODE	COUNT	AREA	MEAN
1	Brush/transitional	1	203	126875	935.591133
2	Water	2	42970	26856250	1340.165837
3	Barren land	3	21	13125	1733.095238
4	Built up	4	25192	15745000	989.926366
5	Agriculture	5	59218	37011250	1061.96013
6	Forest	6	466736	291710000	1695.992555
7	Wetlands	7	8522	5326250	902.220136

图 4.16　分区统计结果表

2. 分区几何量算

分区几何量算是对分区数据中各类型区的面积、周长、厚度、中心点等几何属性进行的运算，所以输入数据只需要一个分区数据即可。量算结果采用地图单位而不是实际单位，因此，要得到实际的几何属性需要进行单位换算。

（1）分区面积量算。计算输入栅格中每个类型区的总面积，其实质是确定各类型区内总的像元数量（图 4.17）。通过像元总数与每个像元的面积相乘，可以得到实际面积。

（2）分区周长量算。计算输入栅格中组成每个类型区的所有像元片块的边线总长度（图 4.17）。对岛状要素，其内部边线和外部边线都要计算。将计算结果乘以地图长度单位，可以得到实际周长。

（3）分区厚度量算。确定类型区的厚度或深度（图 4.18）。其首要任务是计算输入栅格的每个类型区边沿像元至其内部的最深或最厚的点：先识别各分区的最外侧像元；然后向内，识别与最外侧像元相邻的像元；继续向内识别与上一步所得像元相邻的像元；剩下的像元即最厚（深）像元。从直观的角度看，该过程是将栅格外边界向内逐步平行收缩，类似于向内连续建立缓冲区，直至最大距离的缓冲区。找到最厚点后，计算该点到类型区边沿的最小距离，以此作为该类型区的厚度。从数学的角度看，它本质上是计算该类型区内最大内切圆的半径（以像元为单位）（图 4.19）。当一个类型区有多个不相邻的片块时，分别计算各片块的厚度，取其中的最大值作为本类型区的厚度。

1	1	0	0
	1	2	2
4	0	0	2
4	0	1	1

a

5	5	5	5
	5	3	3
2	5	5	3
2	5	5	5

分区面积(a)

14	14	14	14
	14	8	8
6	14	14	8
6	14	14	14

分区周长(a)

图 4.17 分区量算——面积与周长

4	4	1	1	7	7
4	1	1	1	7	7
	1	1	1	-6	-6
5	5	5	5	-6	-6
5	5	5	5	5	5
5	5	5	5	5	5

a

0.7	0.7	0.7	0.7	1.5	1.5
0.7	0.7	0.7	0.7	1.5	1.5
	0.7	0.7	0.7	0.5	0.5
2.5	2.5	2.5	2.5	0.5	0.5
2.5	2.5	2.5	2.5	2.5	2.5
2.5	2.5	2.5	2.5	2.5	2.5

分区厚度(a)

4	4	1	1	7	7
4	1	1	1	7	7
	1	1	1	3	3
5	5	3	3	3	5
5	2	2	2	3	5
5	5	2	2	2	5

b

4					
		1			7
				3	
	5				
		2			

分区质心(b)

图 4.18 分区量算——厚度与质心

（4）分区质心量算。计算每个类型区的几何中心，并将类型区的值赋予质心所在的像元（图 4.18）。如果两个或更多的类型区质心位于同一个输出像元中，则将其类型区的最小值赋予该质心像元。在质心量算过程中，还会计算以质心为中心的反映类型区空间形态的几何近似椭圆：椭圆以质心为中心，以类型区的第一特征向量为方向，以特征值为长短轴的比值，面积与类型区面积相等。输出栅格的属性表中还会记录各类型区椭圆的长轴、短轴、方向三个参数。

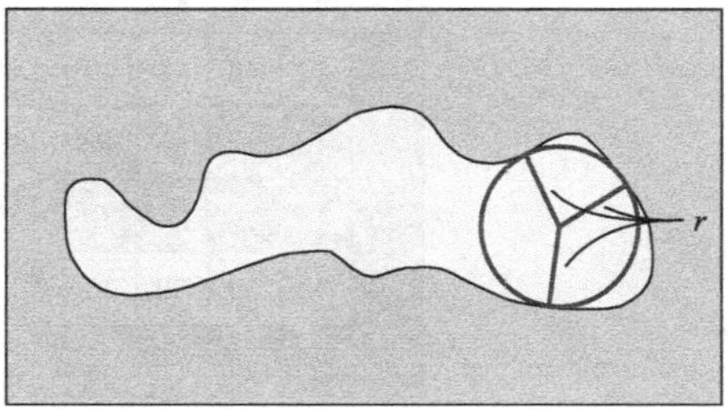

图 4.19 确定类型区最深内部像元的方法示意图

ArcGIS 中用于分区几何量算的工具 Zonal Geometry（【ArcToolbox】→【Spatial Analyst Tools】→【Zonal】→【Zonal Geometry】）可以对以上的单个几何属性进行计算。使用 Zonal Geometry（Inraster,all）函数或 Zonal Geometry as Table 工具时，输出结果表中将保存以上四类分区几何量算的所有结果。

分区几何量算可以运用于景观生态学等关注区域几何学测度的相关分析中，如景观多样性、景观优势度、景观破碎度等景观格局指数的计算和分析。利用类型区的面积与周长，还可以计算出各类型区的形状指数$(R = P/(2\sqrt{\pi A})$ 。

3. 分区填充

分区填充（Zonal Fill）是使用权重栅格数据中类型区边界上的像元最小值来填充类型区，需要分区数据及权重栅格两个输入数据。它首先确定分区数据中各类型区的边界像元，然后计算权重栅格中这些边界像元所在位置的像元最小值，最后用该最小值赋予该类型区内的所有像元。分区栅格数据可以是整型，也可以是浮点型。输出的数据类型与输入权重栅格的数据类型相同。

图 4.20（a）中，有 1、2 两个类型区，其边界在权重栅格数据[图 4.20（b）]中的最小值分别为 48 和 30，分区填充的结果是用这两个值分别填充各类型区内的所有像元[图 4.20（c）]。这一点与水文分析中的洼地填充（Fill）有所不同。洼地填充是将流域分水线（流域边界）最低点（即流域出水口）的高程值，赋予流域内部比该值还低的像元上，以达到填洼的目的，从而使每个像元的水都能流出洼地。这个过程类似于木桶装水，即先确定木桶的短板高程，然后将木桶按此高度装水[图 4.20（d）]。ArcGIS 中用于分区填充的工具是 Zonal Fill（【ArcToolbox】→【Spatial Analyst Tools】→【Zonal】→【Zonal Fill】）。

1	1	1	1	1	1
1	1	1	1	1	1
1	1	1	1	1	1
2	2	2	2	2	2
2	2	2	2	2	2
2	2	2	2	2	2

(a) 分区数据

56	58	60	65	63	62
57	50	40	34	35	61
58	61	63	62	48	63
32	35	36	38	40	42
33	25	20	24	32	41
34	35	30	34	36	38

(b) 权重栅格数据

48	48	48	48	48	48
48	48	48	48	48	48
48	48	48	48	48	48
30	30	30	30	30	30
30	30	30	30	30	30
30	30	30	30	30	30

(c) 分区填充(Zonal Fill)

56	58	60	65	63	62
57	50	48	48	48	61
58	61	63	62	48	63
32	35	36	38	40	42
33	30	30	30	32	41
34	35	30	34	36	38

(d) 洼地填充(Fill)

图 4.20　分区填充与洼地填充

4.2　表 面 分 析

4.2.1　表面与表面分析

表面（Surface），原意是指物体跟外界接触的部分，即物体的外围或最上层边界面。最容易理解的表面是地形表面，它反映地表的高低起伏形态。表面也可用来表达某些地理现象在空间各点上值的高低变化。这些值反映的是地面的某一特性，如气温、降水等，因此相应可以有气温表面、降水表面等。尽管地形表面是一种看得见摸得着的有形表面，气温等表面是一种现实并不存在的虚拟表面，但它们都反映的是某一区域各点上的地表特性差异。

表面分析是一种基于表面的空间分析技术，它通过各种计算对某一表面进行重新识别，生成特定的、在原始的表面中不易被表现出来的数据，从而提取新的信息以满足某种实际应用的需要。表面分析通常包括坡度与坡向分析、地表曲率与起伏度分析、表面积与体积分析、阴影分析、等值线与剖面线分析、可视性分析、地形特征提取等。在 GIS 中，表面分析往往都是通过数字地面模型来完成的。

适用于地形表面的表面分析方法同样适用于其他各类型的表面，因此为便于理解，以下主要采用 DEM 数据进行表面分析方法的介绍。

4.2.2　DTM 与 DEM

1. 什么是 DTM 与 DEM

数字地面模型（Digital Terrain Model，DTM），是地表特征的数字表达。它由对地面特征或属性取样所得到的一组点的 X、Y、Z 坐标数据和一套对地面提供连续的描述的算法组成。简单地说，数字地面模型是按一定结构组织在一起的数据组，它代表着地表特征的空间分布。或者说，DTM 就是带有空间位置特征（X、Y）和地表属性特征（Z）的数字描述。

DTM 中 Z 值所表达的地表属性特征很广泛，它可以反映地貌信息的高程、坡度、坡向、坡面形态及其他描述地表起伏状况的更为复杂的地貌因子，也可以用来表达基本地物信息，如水系、交通网、居民点和工矿企业及境界线等，还可以反映自然资源和环境信息，如气候、植被、土壤、地质、地下水等，甚至可以用来表达人口分布、工农业产值、国民收入等社会经济信息。

数字高程模型（Digital Elevation Model，DEM）是地表属性特征为高程时的数字地面模型（即 Z 值表示高程）。因此可以说，DEM 是 DTM 的一个子集或是特例。DEM 也是最常用的一种数字地面模型。数字高程模型可以看做是一种新型的地形图，地形不再是用直观的等高线和图例符号在纸上表达，而是通过存储介质中的大量密集的地面点的空间坐标和高程，以数字的形式来描述。它是建立地形数据库的基本数据，可以用来制作等高线图、坡度图、专题图等多种图解产品。

2. DEM 的数据来源

DEM 数据包括平面位置和高程两种信息。建立 DEM 必须要获取高程数据。DEM 的数据来源主要有两类：一是直接取自地形表面；二是间接取自地形表面的模拟模型。根据数据获取的方法不同，数据来源可分为以下三种。

（1）从现有地形图上采取。早期是采用手扶跟踪数字化方法，在数字化平台上手工跟踪等高线、采集高程点而获取。现在常用的方法是扫描矢量化，即先将地形图扫描后，进行空间配准，然后利用专门的矢量化软件（如 R2V）或某些平台软件的矢量化模块（如 ArcGIS 中的 ArcScan），将等高线和高程点矢量化，最后为这些线和点输入高程属性。因为地形图一般更新周期较长，所以对于经济发达、地形地貌变化迅速的地区来说，利用地形图获取 DEM 往往难以满足现势性的需要，而对于地形地貌变化不大的地区来说，地形图则是获取 DEM 的一种有效数据源。

（2）野外实地测量，即在实地直接测量地面点的平面位置和高程。这是一种传统的数据获取手段，一般是采用全站仪、经纬仪、GPS 等测绘仪器在野外进行实测，直接获取目标测点的三维坐标，或通过角度、距离的测量，将这些数据输入计算机中经过处理获取该点的三维坐标。这种方法可以建立精度很高的 DEM，但是工作量较大、耗时多、效率低，且成本较高，所以只适用于小范围内大比例尺 DEM 的建立，一般在房屋、道路设计、建筑等土木工程领域应用较多。

（3）遥感与摄影测量。根据航空或航天遥感中获取的立体像对，采用摄影测量的方法获取地面高程信息。早期的摄影测量一般采用模拟测图仪、解析测图仪，对遥感像片进行高程信息提取。现在则是利用计算机，采用数字摄影测量系统，对数字遥感影像通过影像匹配与识别等技术，完成对影像的几何与物理信息，特别是高程的自动提取。该方法数据更新较快，可以用来获取高精度大范围的 DEM 数据。事实上，国家基本比例尺的地形图，都是通过摄影测量的方式直接或间接生成的。除摄影测量外，很多航空和航天飞行器可以通过搭载的雷达和激光测高仪获得地面高程数据。近年来随着无人机技术的发展，以及倾斜摄影技术的进步，越来越多的人已开始采用无人机构建 DEM。

3. DEM 的表达模型

DEM 表面可以通过点、线、面或栅格等不同形式来表达。

（1）点模型。它是由地面的若干个离散点及其高程值组成的 DEM。一般来说，这些点往往是地形特征点，用它们可以反映出区域地面的基本形态。地面实测时所得到的地形特征点三维坐标值即 DEM 的点模型。点模型虽然简单，但往往不利于数字表面分析，一般用于地形显示，不作分析之用，因此实际应用时经常以它为基础生成其他表面模型（如 TIN 或栅格模型），从而发挥其作用。图 4.21 是中国基本气象台站降水表面的 DEM 点模型示意图。

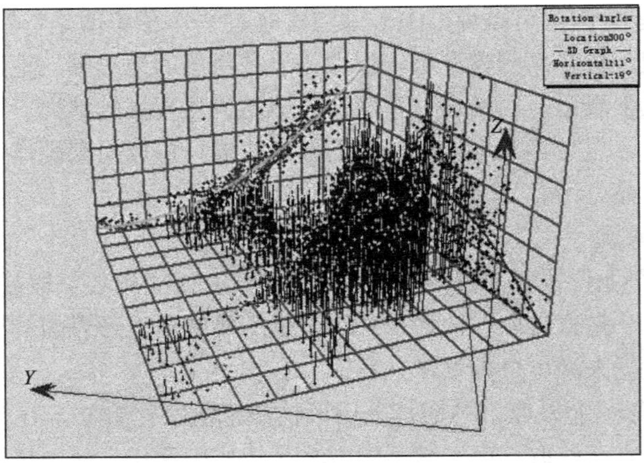

图 4.21　DEM 的点模型示意图

（2）等高线模型。它是通过一系列具有高程值的等高线来表示地面形态的 DEM。通常，在数字化地形图中的等高线时，一般是沿着每条等高线按一定距离采样，并存储这些采样点的 *X*、*Y* 坐标值，然后在属性表中输入该线的高程，这样就形成了具有一定高程属性的弧段（图 4.22）。因为等高线模型存储的高程值仅仅是所分析区域中的部分高程值，所以为了获取其他点的高程信息，往往需要采用该点周围等高线上的点，通过某种插值方法计算而得到。事实上，为更加准确地模拟地表，常常还需要结合高程点（如山顶点）表达微地貌形态。等高线模型可以形象地看做是一系列闭合的嵌套多边形，它比较适合表达一个连续曲面，但不适合数学分析或模拟，所以通常将它们转化为规则格网模型或 TIN 模型。

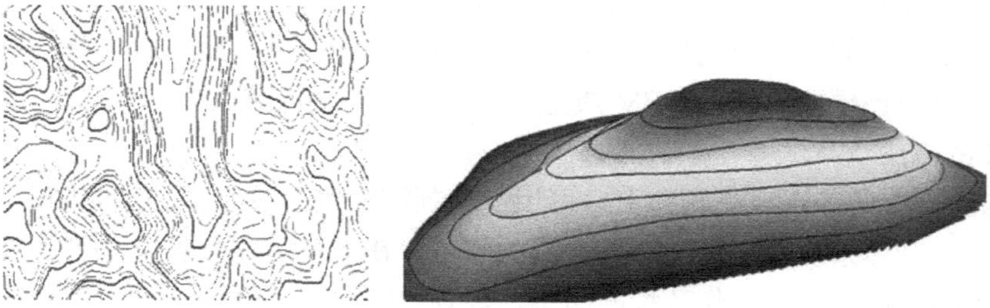

图 4.22　DEM 的等高线模型

（3）不规则三角网（TIN）模型。它是一种直接利用原始的离散采样点来表示地形表面的模型。具体来讲，它是将离散采样点按照一定的优化组合原则连接成为相互连续的三角面，进而用这些连续三角面来逼近真实的地形曲面（图 4.23）。三角形的形状和大小取决于不规则分布的采样点的密度和分布位置。由于 TIN 模型能随地形的起伏变化而改变采样点的密度并调整采样点的位置，因而能够克服地形起伏不大的地区产生冗余数据的问题，从而节省存储空间。同时，它还能够根据地形特征点或线（如山顶点、鞍部、山脊线、山谷线、悬崖，以及其他能够进行数字化的重要地形特征），获得更加逼真的 DEM 数据。

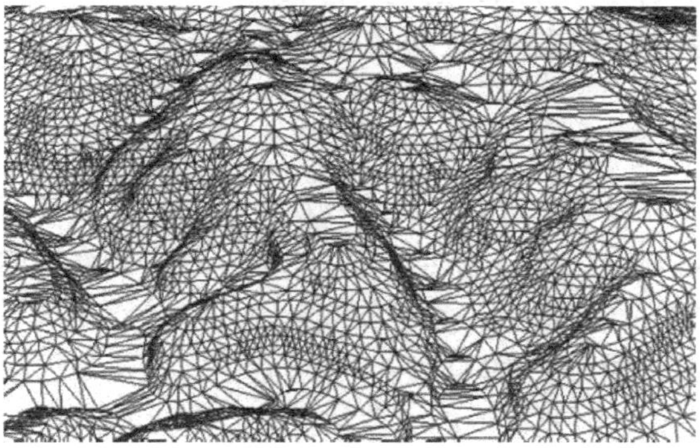

图 4.23　DEM 的 TIN 模型

（4）栅格模型。它借助了微分的思想，将区域微分为一系列规则格网单元（像元），每个单元代表一个高程点，并赋予该点高程值（图 4.24）。因此，栅格 DEM 的实质是属性值为高程的栅格数据。栅格 DEM 往往由离散点通过空间插值的方式生成，也可以通过三角剖分生成 TIN 后再转换为栅格 DEM。

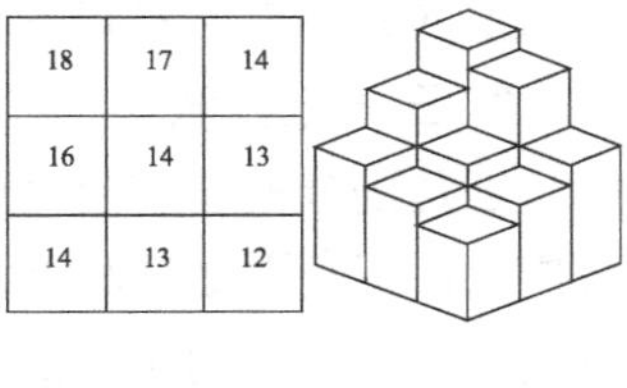

图 4.24　DEM 的栅格模型

栅格 DEM 有许多优点，如高程矩阵数据排列规则，结构简单，容易被计算机处理和存储；便于计算等高线、坡度、坡向、山地阴影，描绘流域轮廓等；易与遥感影像数据结合。这些优点使得栅格模型成为了最常见、使用最为广泛的 DEM 表达模型，因此狭义上的 DEM 仅指栅格形式的 DEM。但栅格 DEM 的缺点也较为明显：数据存储量大，为数据管理带来不便；数据点的密度对于整个分析区域来说都是一样的，从而造成在地形简单地区（如平原地区）容易出现大量的数据冗余，而在地形复杂地区（如丘陵、山地地区）的分辨率则较低。理想的情况应是数据点在复杂地形处的密度大一些，而在平坦地区密度小一些。针对这一缺点，也有学者提出了许多对栅格模型的改进方法。例如，使采样间隔随地形复杂程度的变化而变化，在地形简单地区的间隔大，而在地形复杂地区相应地减小采样间隔，可使该模型表达的 DEM 质量得到一定程度的改善。

4. DEM 的应用

DEM 的应用非常广泛，在测绘上，可用于绘制等高线、坡度图、坡向图、立体透视图，生成正射影像、立体景观图，进行立体地图的修测；在各种工程项目中，可用于计算面积和体积、计算挖填土石方量、制作各种剖面图、规划道路线路、进行建设项目的选址；在军事上，可用于飞行体的导航、通信、越野通视情况分析、军事目标的三维立体地形显示等；在遥感中，可用于辅助分类；在环境与规划方面，可用于土地利用现状分析、城市规划设计和水灾险情预测等。在 DEM 的各种应用中，地形分析是最基本的应用，其他应用都可以看做是地形分析的扩展和推广。

4.2.3　表面的创建

进行表面分析前必须创建表面。表面的表达形式不一样，其创建方法也有所不同。因为栅格表面的结构简单，便于数据之间的计算、对比，计算速度也快于其他类型的表面，并且与遥感影像、扫描地图等图像数据的格式一致，所以多数的表面分析是以栅格表面为基础的。以下重点介绍栅格 DEM 的创建方法。创建栅格表面一般有三种方法：一是空间插值；二是三角剖分；三是由其他数据衍生得来。

1. 空间插值法

在实际工作中，由于成本的限制、测量工作实施困难大等，人们不能或不必对研究区域的每一位置的地面特性（如高程、降水、化学物质浓度和噪声等级）都进行测量。这时，可以考虑合理选取采样点，然后通过对采样点进行观测，利用获得的测量值，使用一定的数学模型（如反距离加权模型、样条函数、趋势面等），对区域所有位置（待插值点）进行预测，通过内插形成测量值表面。插值之所以成为一种可行的方案，是因为人们假设空间分布对象都是空间相关的，也就是说，彼此接近的对象往往具有相似的特征。图 4.25 表示的是空间插值中采用近邻的点去估算待插值点的值的过程。图 4.26 表示的是基于相同的输入数据，采用不同的插值方法生成栅格表面，从而将具有高程值的离散样本点创建为连续的栅格表面。空间插值的具体方法将在本章 4.4 节、4.5 节中详细介绍。

2. 三角剖分法

三角剖分的基本思路是，将地形表面微分为若干个立体的三角面，三角面的三个顶点为采样点，三角面之间相互连接，所有三角面的边共同构成一个不规则的三角网，即 TIN。也就是说，将离散的采样点，按特定的规则，构织成一个连续的三角面来模拟地形表面。其生成过程一般是：首先，在采样点中选取任意一点 P_1，搜寻与 P_1 最近的点 P_2，连接 P_1 与 P_2；然后，在其余所有点中寻找与 P_1P_2 这条边最近的点 P_3，找到后即可构成第一个三角形；以三

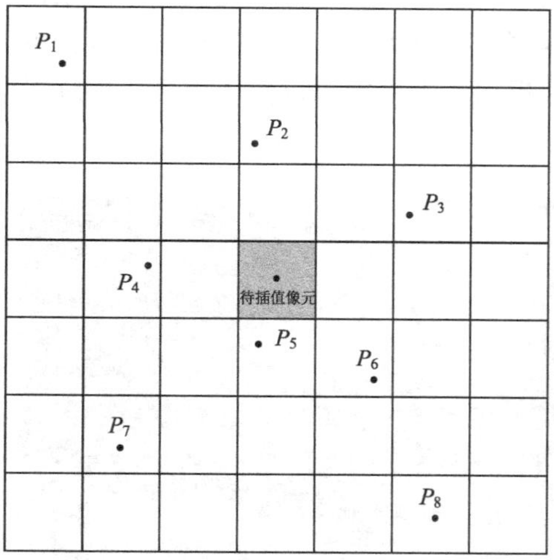

图 4.25　空间插值示意图

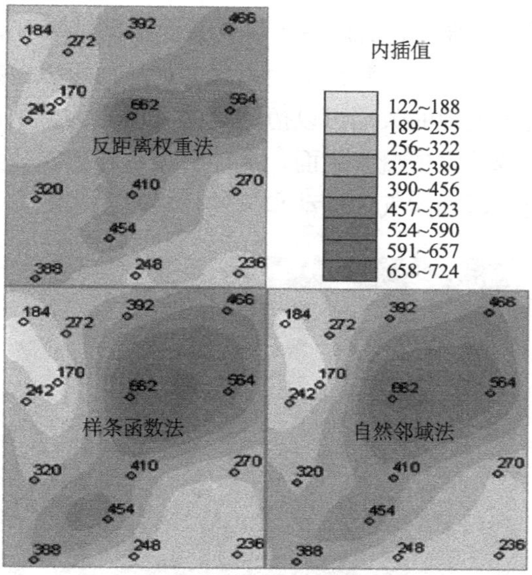

图 4.26　不同插值方法生成的栅格 DEM

角形新生成的两边为基础，在其余各点中分别寻找距离它们最近的点构成第二个、第三个三角形；依此类推，直到把所有的点都连入三角网中（图 4.27）。以上所称的点与边的距离最近，是指第三点与边的中间点距离最短，有时也可以用点与边所构成的角度最大，即按照“距离最近原则”或“角度最大原则”进行三角网构建。此外，还可采用狄洛尼（Delaunay）三角剖分法来生成 TIN 模型，这种三角网满足空外接圆、最大化最小角、边长总和最小三个基本原则（即 Delaunay 准则），生成的三角网不仅几何结构增强了，还减少了狭长三角形的数量，利于后续处理和分析。在构建 TIN 时，还可以引入断裂线（如悬崖）、填充多边形（如湖泊）等，从而使 TIN 表面更接近于实际。

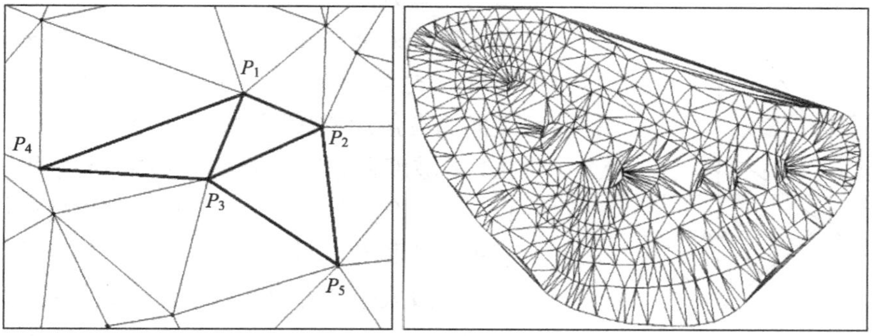

图 4.27　三角剖分生成 TIN 表面

为便于应用，一般在进行表面分析时，往往需要将 TIN 转换成栅格 DEM。此时，TIN 中三角面上各点的值可以通过对顶点进行线性插值而得到。在 ArcGIS 中，可以采用 Create TIN 工具来创建 TIN，采用 TIN to Raster 工具将 TIN 转换成栅格 DEM。

3. 表面的衍生

表面也可以采用一定的数学方法，从其他数据中衍生而来。例如，从高程表面数据衍生出坡度、坡向、山体阴影等的表面数据，为地形分析提供依据（图 4.28）；通过对公交站点进行距离计算，得到公交距离表面，从而可以分析城市内各地的公共交通便利情况；根据犯罪活动发生地的数据可以衍生犯罪密度表面，从而为警力布置提供支持；根据雷击数据可以计算区域的雷击概率表面，从而合理进行建筑规划；根据气压表面可以衍生出气压梯度表面，从而为研究大气的运动和风的形成提供数据。

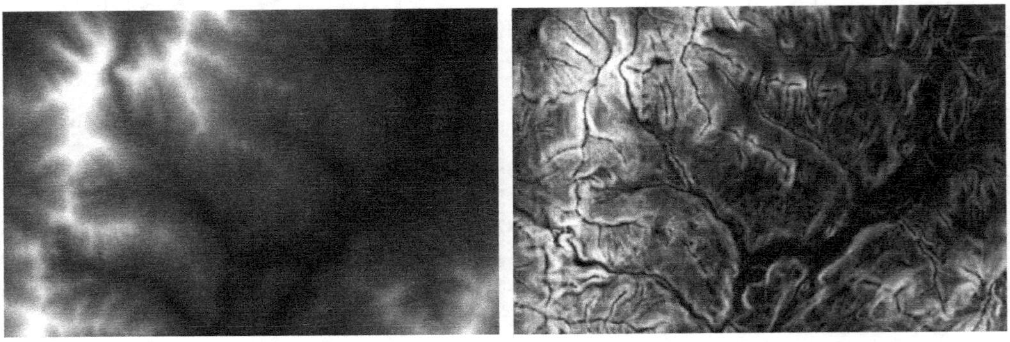

图 4.28　栅格 DEM 衍生坡度表面

ArcGIS 支持栅格和 TIN 形式的表面模型的显示，并在 Spatial Analyst、 3D Analyst 和 Geostatistical Analyst 三个扩展工具集中，提供了用于创建表面、分析表面并从表面提取信息的多种分析工具。

4.2.4　坡度与坡向

1. 坡度与坡向的定义

坡度（Slope）是表征地表某一位置上高度变化率的量度。地表上任一点的坡度是指过该点的切平面与水平地面的夹角，或该点切平面的法向量与垂直方向之间的夹角（图 4.29）。它可以用坡度角（Degree of slope）和坡度百分比（Percent of slope）两种方式来表达（图 4.30）。坡度角是坡面与水平面之间的夹角，它等于坡面的高差与水平距离之比的反正切；坡度百分比等于坡面的高差与水平距离之间的百分比。在实际使用中，采用何种单位往往与具体的应用目的和专业习惯有关。例如，在农业、土地等领域，一般采用坡度角作为单位；而在水利、交通等工程领域中，则更倾向于采用百分比作为坡度单位。

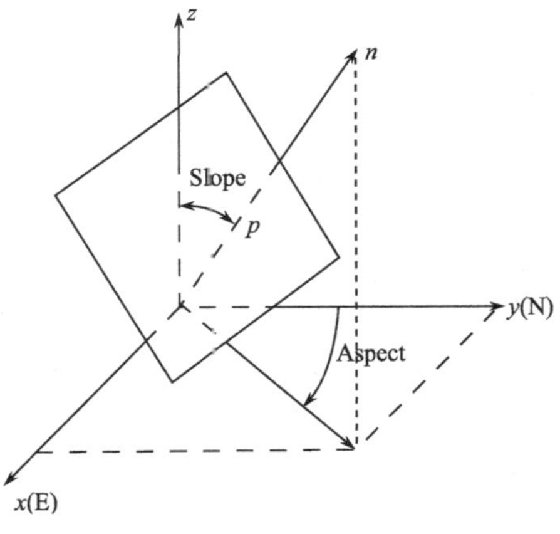

图 4.29　坡度与坡向的定义

坡向（Aspect）是对坡面朝向的量度，是指地表上一点的切平面的法线矢量在水平面的投影与过该点的正北方向之间的夹角（图 4.29）。对于地面任何一点来说，坡向表征了该点高程值改变量的最大变化方向。坡向一般以正北方向为0°，顺时针旋转从 0°～360°，正东为90°，正南为180°，正西为270°。在对坡向数据进行分类时，除平地外，一般分为 4 个或 8 个基本方向。4 个方向时，45°～135° 为东，135°～225° 为南，225°～315° 为西，315°～0°～45° 为北[图 4.31（a）]；

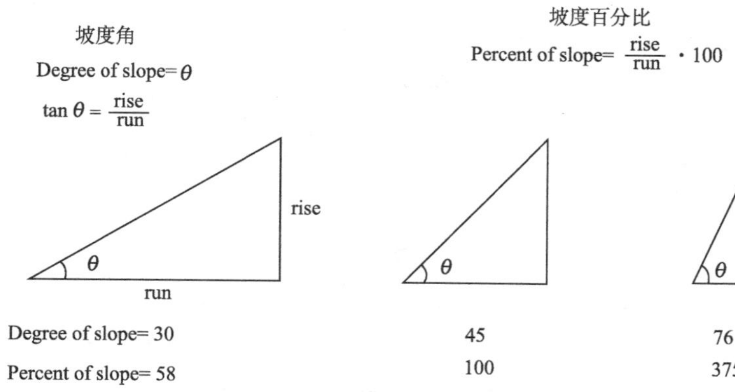

图 4.30　坡度的两种表达方式

8 个方向时，337.5°～0°～22.5°为北，22.5°～67.5°为东北，67.5°～112.5°为东，112.5°～157.5°为东南，157.5°～202.5° 为南，202.5°～247.5° 为西南，247.5°～292.5° 为西，292.5°～337.5°为西北[图 4.31（b）]。平地因不具有坡向，往往取值为–1，单独作为一类数据。

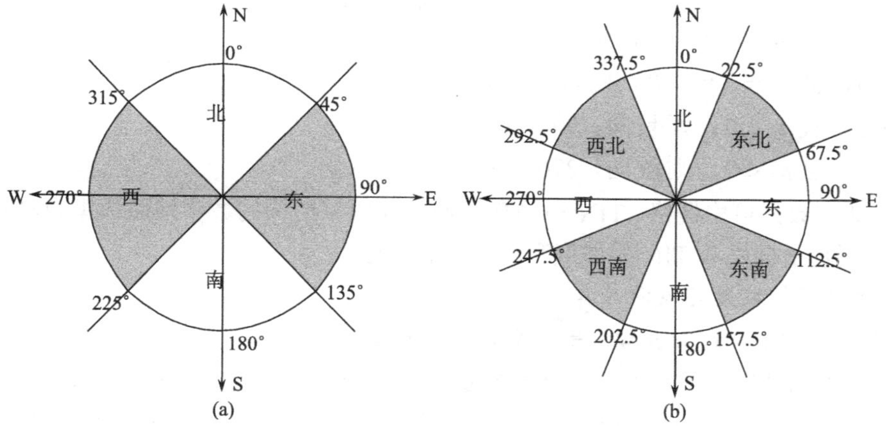

图 4.31　坡向的 4 个（a）和 8 个（b）基本方向的定义

2. 坡度与坡向的计算

传统的坡度计算方法是通过在地形图中手工量测等高线之间的高差及对应的水平距离（图 4.30 中的 rise、run）来确定的，坡向是通过量测等高线间的垂线与正北方向之间的角度关系来确定的。这些传统方法对地形图中的个别或少数点的坡度与坡向计算比较有效，但要计算整个区域内各点的坡度和坡向时，这种手工方法基本上不可行，必须借助 GIS 软件的坡度和坡向计算工具来完成。图 4.32 为 ArcGIS 中的坡度（Slope）和坡向（Aspect）计算工具（【ArcToolbox】→【Spatial Analyst Tools】→【Surface】→【Slope/ Aspect】）。

图 4.29 中的 n 为通过坡面的标准矢量，设该标准矢量为（n_x，n_y，n_z），则坡面的坡度 S 和坡向 D 可以按以下公式计算：

$$S=\sqrt{n_x^2+n_y^2}\ /\ n_z \tag{4.5}$$

$$D=(180/\pi)\ \arctan(n_y/n_x)=57.296\arctan(n_y/n_x) \tag{4.6}$$

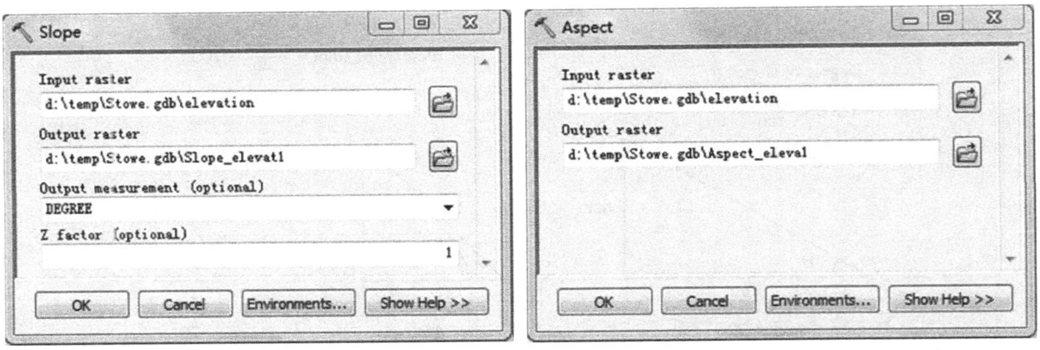

图 4.32　ArcGIS 中的坡度和坡向计算工具

式中，n_x，n_y，n_z 分别为标准矢量的三个分量；S 和 D 不能直接作为坡度和坡向，需要按以下方式进行转换：

坡度角：$S_d = \arctan(S)$

坡度百分比：$S_p = 100S$

若 $S = 0$，则表示该处为平地，无坡向，取值为 -1；

若 $S \neq 0$，且 $n_x = 0, n_y < 0$，则坡向 $= 180°$；

若 $S \neq 0$，且 $n_x = 0, n_y \geqslant 0$，则坡向 $= 0°$；

若 $S \neq 0$，且 $n_x > 0$，则坡向 $= 90° - D$；

若 $S \neq 0$，且 $n_x < 0$，则坡向 $= 270° - D$。

坡度、坡向数据可由栅格、TIN 和等高线等不同数据结构的数字地面模型自动计算得出。以下主要介绍基于栅格和 TIN 的坡度和坡向计算方法。

1）基于栅格的坡度与坡向计算

基于栅格的坡度和坡向计算，一般采用以待计算像元所在的 3×3 窗口中邻接像元的高程值来估算。根据计算中使用的邻接像元数量和每个像元的权重的不同，可以分为以下方法。

（1）Ritter 算法。Ritter 算法采用与中心像元直接邻接的 4 个像元来计算坡度和坡向（图 4.33），其计算式为

$$S = \sqrt{(e_1 - e_3)^2 + (e_4 - e_2)^2} / 2d \tag{4.7}$$

$$D = 57.296 \arctan\left[(e_4 - e_2) / (e_1 - e_3)\right] \tag{4.8}$$

式中，d 为像元大小；$e_1 - e_3$ 为标准矢量的 n_x 分量；$e_4 - e_2$ 为标准矢量的 n_y 分量。将 S 和 D 按上述方法进行转换即可得到坡度和坡向数据。

（2）Sharpnack 算法。Sharpnack 算法采用与中心像元邻接的 8 个像元来计算坡度和坡向（图 4.34），其计算式为

$$S = \sqrt{\left[(e_1 + e_4 + e_6) - (e_3 + e_5 + e_8)\right]^2 + \left[(e_6 + e_7 + e_8) - (e_1 + e_2 + e_3)\right]^2} / 6d \tag{4.9}$$

$$D = 57.296 \arctan\left(\left[(e_6 + e_7 + e_8) - (e_1 + e_2 + e_3)\right] / \left[(e_1 + e_4 + e_6) - (e_3 + e_5 + e_8)\right]\right) \tag{4.10}$$

式中，$(e_1 + e_4 + e_6) - (e_3 + e_5 + e_8)$ 为标准矢量的 n_x 分量；$(e_6 + e_7 + e_8) - (e_1 + e_2 + e_3)$ 为标准矢量的 n_y 分量。S 和 D 仍需按上述方法进行转换。

	e_2	
e_1	e_0	e_3
	e_4	

图 4.33　Ritter 算法的邻接像元

e_1	e_2	e_3
e_4	e_0	e_5
e_6	e_7	e_8

图 4.34　Sharpnack 和 Horn 算法的邻接像元

（3）Horn 算法。Horn 算法与 Sharpnack 算法类似，也是采用与中心像元邻接的 8 个像元来计算坡度和坡向（图 4.34），不同的是，它将 4 个直接邻接像元的权重设为 2，4 个对角邻接像元的权重设为 1，其计算式为

$$S=\sqrt{[(e_1+2e_4+e_6)-(e_3+2e_5+e_8)]^2+[(e_6+2e_7+e_8)-(e_1+2e_2+e_3)]^2}\,/\,8d \tag{4.11}$$

$$D=57.296\arctan\left([(e_6+2e_7+e_8)-(e_1+2e_2+e_3)]/[(e_1+2e_4+e_6)-(e_3+2e_5+e_8)]\right) \tag{4.12}$$

式中，$(e_1+2e_4+e_6)-(e_3+2e_5+e_8)$ 为标准矢量的 n_x 分量；$(e_6+2e_7+e_8)-(e_1+2e_2+e_3)$ 为标准矢量的 n_y 分量。S 和 D 按上述方法进行转换。

ArcGIS 中栅格数据的坡度和坡向计算采用的方法就是 Horn 算法。

2）基于 TIN 的坡度与坡向计算

用 TIN 计算坡度与坡向所采用的坡面为 TIN 中的三角面，设其三个顶点分别为 $A(x_1,y_1,z_1)$、$B(x_2,y_2,z_2)$、$C(x_3,y_3,z_3)$，该面的标准矢量为矢量 $\boldsymbol{AB}[(x_2-x_1),(y_2-y_1),(z_2-z_1)]$ 和矢量 $\boldsymbol{AC}[(x_3-x_1),(y_3-y_1),(z_3-z_1)]$ 的向量积，其三个分量为

$$n_x=(y_2-y_1)(z_3-z_1)-(y_3-y_1)(z_2-z_1) \tag{4.13}$$

$$n_y=(z_2-z_1)(x_3-x_1)-(z_3-z_1)(x_2-x_1) \tag{4.14}$$

$$n_z=(x_2-x_1)(y_3-y_1)-(x_3-x_1)(y_2-y_1) \tag{4.15}$$

按式（4.5）和式（4.6），可计算出 S 和 D，并按上述方法对 S 和 D 进行转换即可得到坡度和坡向。

在进行坡度和坡向的计算时，需要注意以下几个问题。

（1）尽管坡度、坡向是地形表面的固有属性，它不应该随着数据结构或计算方法的改变而改变，但不同的数据结构、不同的计算方法，可能会产生不同的坡度、坡向计算结果。只要这种结果差异不大，不至于影响分析和决策，实际应用中往往忽略这种差异。

（2）用于计算坡度和坡向的 DEM 数据分辨率越低，坡度和坡向测算的准确度越低。不同尺度的 DEM 数据所计算出来的坡度和坡向数据往往有较大的差异，即坡度和坡向数据具有尺度效应。

（3）局部地形也会影响坡度与坡向计算的精度。在陡坡地区，坡度的误差较大；在较为平缓的区域，坡向的误差较大。

（4）提高分辨率生成的坡度坡向数据会出现错误。例如，用 30m 像元的 DEM 数据生成 5m 的坡度和坡向时，处于某一原像元中的 36 个新像元的高程一致，从而使这些新像元的坡度和坡向与实际情况不一致。因此实际操作时，应当将输出的坡度、坡向数据的分辨率与 DEM 保持一致。

3. 坡度与坡向的应用

坡度与坡向是地形特征分析和地表可视化中两个最基本的要素。坡度反映地球表面在该点的倾斜程度，坡向反映斜坡所面对的方向。

坡度大小直接影响着地表物质流动与能量转换的规模和强度，也是制约社会生产力空间布局的重要因子。坡度越大，往往土壤侵蚀、地质灾害等现象越为严重；坡度越大，越不利于人类的生产和生活。例如，在土地利用中，坡度大于 25°的土地一般被认为是不适宜耕种的，陡坡耕地往往需要退耕还林。在城市规划中，也规定了城市各类建设用地的最大坡度不超过 25°。

坡向的地理意义主要在于它会通过改变太阳直接辐射的分配，直接影响地表的光照条件，并进一步影响其他地理要素的空间分布，如阴坡和阳坡的土壤水分、小气候特征、雪线分布、径流流向、植被或作物种植等方面的差异。此外，坡向还是坡向变率计算及山脊、山谷线提取的信息基础。在地图制图中，还可以利用坡向数据并结合等高线制作明暗等高线地图。

因此，坡度和坡向数据可以广泛应用于地表径流分析、水土保持研究、选址分析、土壤研究、土地利用与开发、城乡规划与建设等众多领域。

坡度与坡向的分析，除了应用于高程数据外（即计算地形坡度和坡向），还可用于其他连续栅格数据。例如，对人口密度求取坡度，可以更形象地表达人口空间分布的变化情况；对气温、气压表面求取坡度，可以反映气温、气压的变化梯度。

4.2.5　地表曲率与起伏度

1. 地表曲率

地表曲率（Curvature）是地形曲面在各个截面方向上的形状凹凸变化的反映。它反映局部地形的结构和形态，也影响土壤有机物含量的分布，在地表过程模拟、水文与土壤研究等领域有广泛的应用。

对栅格表面来说，一般采用每个像元及其相邻的 8 个像元（图 4.34）构建一个四次多项式来模拟表面[式（4.16）]，对该表面求二阶导数即得该中心像元的曲率：

$$z = Ax^2y^2 + Bx^2y + Cxy^2 + Dx^2 + Ey^2 + Fxy + Gx + Hy + I \tag{4.16}$$

式（4.16）中的参数 A~I 可以采用 3×3 窗口中 9 个像元的高程值（图 4.34）及像元大小（d）来估算。其中的 D~H 的估算式为

$$D = \left[(e_4 + e_5)/2 - e_0\right]/d^2 \tag{4.17}$$

$$E = \left[(e_2 + e_7)/2 - e_0\right]/d^2 \tag{4.18}$$

$$F = (e_3 + e_6 - e_1 - e_8)/4d^2 \tag{4.19}$$

$$G = (e_5 - e_4)/2d \tag{4.20}$$

$$H = (e_2 - e_7)/2d \tag{4.21}$$

曲率则可表示为

$$\mathrm{CU} = -2(D + H) \tag{4.22}$$

曲率为正意味着表面向外凸出，为负则意味着表面向内凹进，绝对值越大，意味着凸出

或凹进的程度越大。表面曲率为 0，表明该表面为平（斜）面。曲率还可以分为剖面曲率（profile curvature）和平面曲率（planform curvature）两种。剖面曲率是沿着最大坡度方向进行估算的，其实质是指地面坡度的变化率，可以通过对地表坡度再次求取坡度（slope of slope，SOS）而得到；平面曲率是沿着垂直于最大坡度方向进行估算的，其实质是指地面坡向的变化率，可以通过计算地面坡向的坡度（slope of aspect，SOA）而求得。从形态上来看，剖面曲率反映地形垂直剖面曲线的弯曲状况，平面曲率反映等高线的弯曲状况。利用式（4.16）中的参数，可以按下式分别计算出剖面曲率（$\mathrm{CU_{pr}}$）和平面曲率（$\mathrm{CU_{pl}}$）：

$$\mathrm{CU_{pr}} = -2\left[(DG^2 + EH^2 + FGH)/(G^2 + H^2)\right] \tag{4.23}$$

$$\mathrm{CU_{pl}} = 2\left[(DH^2 + EG^2 - FGH)/(G^2 + H^2)\right] \tag{4.24}$$

根据式（4.23）和式（4.24）不难发现，式（4.22）可改写为$\mathrm{CU} = \mathrm{CU_{pr}} - \mathrm{CU_{pl}}$，即曲率等于剖面曲率与平面曲率之差。

通过地表曲率的提取，可以分析某一区域地形表面对水流或土壤侵蚀与堆积的影响。一般来讲，剖面曲率使流速增加或降低，进而影响坡面土壤的侵蚀与泥沙的堆积；平面曲率则影响着水流的汇集与分离。

图 4.35 是 ArcGIS 中进行曲率计算的 Curvature 工具（【ArcToolbox】→【Spatial Analyst Tools】→【Surface】→【Curvature】），该工具除了计算地表曲率外，还可选择性地输出剖面曲率和平面曲率。

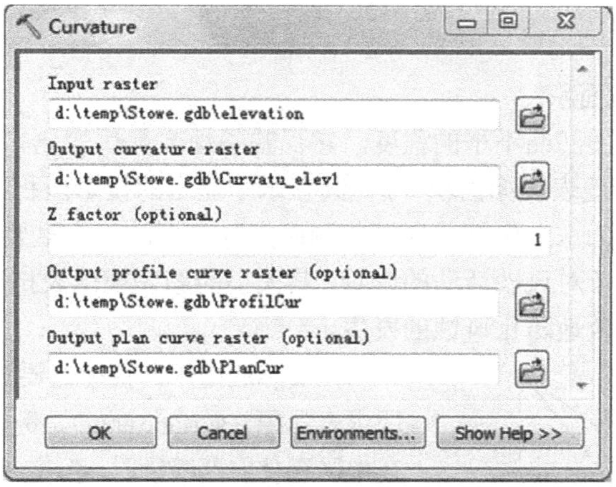

图 4.35　ArcGIS 中的地表曲率计算工具

事实上，上述 Ritter 算法中计算坡度和坡向的 S 和 D，也可以采用式（4.16）中的参数 G 和 H 来推算：

$$S = \sqrt{G^2 + H^2} \tag{4.25}$$

$$D = 57.296 \arctan(H/G) \tag{4.26}$$

2. 地表起伏度

地表起伏度（relief degree of land surface，RDLS）是描述区域地形特征的一个宏观性指标，它主要反映地表高低起伏特征。地表每点的起伏度值，常常采用其一定邻域范围内最高点与最低点的高程差来确定，可表示为

$$R = H_{\max} - H_{\min} \tag{4.27}$$

式中，R 为地表起伏度；$H_{\max}$ 和 $H_{\min}$ 分别为一定邻域范围内的最大和最小高程。邻域范围的大小直接影响着起伏度的计算结果，一般来说，邻域范围越大，起伏度的值也越大。因此，确定一个合理的邻域范围，以准确反映地表起伏状况，是计算地表起伏度的关键。传统的方法是在某种地貌类型中不断增大邻域范围，统计邻域大小与起伏度之间的关系（散点图），以该地貌中起伏度相对稳定时的邻域大小作为最佳邻域范围。此外，还可根据地貌发育的稳定性，将流域单元作为分析区域来提取地表起伏度。应当注意的是，不同区域之间地表起伏度的比较，也必须基于相同邻域范围大小的统计，以使该值具有可比性。

地表起伏度越大，区域的重力作用越明显。研究表明，地表起伏度与滑坡、崩塌、泥石流、土壤侵蚀、水土流失等自然灾害或现象有着良好的相关性。此外，地表起伏度对交通、水利、林业、农业生态环境等方面的影响也非常显著。随着地表起伏度的增加，农业受灾及成灾面积、水土流失量和水土流失治理面积、区域发展的社会成本等都会增加。据统计，贵州省每年因地表起伏增加的公共财政支出约 659 亿元。中国科学院可持续发展研究组利用地表起伏度作为自然要素的综合代表，去描述自然要素对于区域发展成本的影响。

在 ArcGIS 中，地表起伏度的计算，可以利用邻域统计（Neighborhood Statistics）工具或 Focal 函数，先分别统计出邻域最大值和最小值，然后利用栅格计算器等方法求其差值；也可以选择 Range 作为统计类型，直接求出起伏度。此外，当邻域范围不规则时（如流域或其他任意多边形），还可以利用分区统计（Zonal statistics）工具直接统计 Range，得到地形起伏度。

4.2.6　表面积与体积

1. 地表粗糙度与表面积

地表粗糙度是指地面凹凸不平的程度，它反映了地表起伏变化与侵蚀的程度。一般将地表粗糙度系数 C 定义为地表表面面积 $S_{表}$ 与其在水平面上的投影面积 $S_{平}$ 之比，即 $C=S_{表}/S_{平}$。

地表粗糙度可以作为水土保持及环境监测研究等方面的一个重要指标。例如，它可以反映地表对风速减弱作用及对风沙活动的影响，其大小能够体现地表抗风蚀的能力。一般来说，提高地表粗糙度可以有效地防止风蚀的发生。

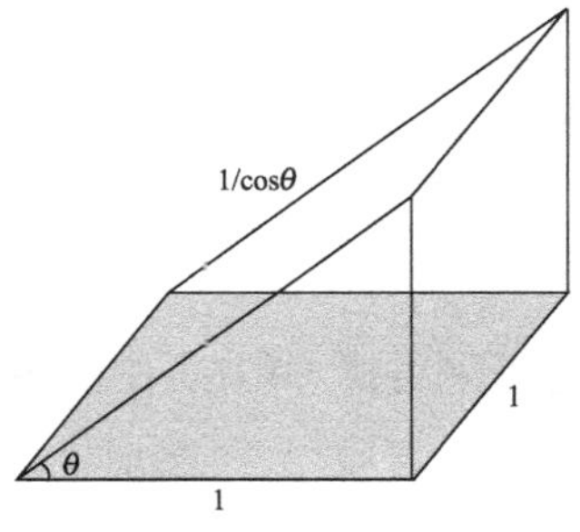

图 4.36　地表粗糙度与表面积计算原理图

在实际应用中，往往需要沿表面的斜坡计算面积，即求表面积（surface area）。例如，在坡耕地的利用中、在山区森林农药喷洒时，都需要知道地表表面积。此外，在地表形态研究中，往往也需要求取表面积。图 4.36 显示了基于栅格表面的表面积与平面面积之间的关系。设二维平面上有一个 1×1 的单位像元，该像元对应坡面的坡度角为 θ，则斜面面积=$1\times1/\cos\theta=1/\cos\theta$。因为单位像元平面面积为 1，所以，地表粗糙度系数 $C=1/\cos\theta$。

基于以上原理，求取某地的表面积，可以采取以下步骤：首先，根据 DEM 数据计算坡度角 θ；然后，计算每个像元的地表粗糙度系数，并求取该区域的平均粗糙度系数；最后，用平均粗糙度系数乘以平面面积即可得到表面积。

GIS 中，平面面积的计算较为简单。对于矢量多边形数据，可以直接通过属性表中的面积字段查找该要素的面积，或通过计算要素的几何属性（Area）得到面积；对于栅格数据，可以通过属性表中像元的数量（Count）及像元的大小（Cellsize）计算出面积。

2. 体积

体积（Volume）计算是公路、铁路、水利、土地整理、房屋建设等工程的一项重要基础工作，如水库建设中的库容计算、土地平整项目中的挖填土方量计算等。体积，通常是指在一定区域内地形曲面与参考基准面之间所包含的空间物体的容积。基准面可以是任何形式的曲面，也可以是水平面或斜面，但通常情况为平面。

传统的体积量算往往是基于地形图中的等高线，采取横剖面法（解析法）和微分均高法等方法得到的，但这些方法工作量较大，效率较低。在 GIS 中，基于栅格表面的体积计算简单、高效，其基本原理是将各像元的体积按立柱体积进行计算，再将各个像元的体积累积。其计算过程可以概括为以下几个步骤：

（1）生成栅格 DEM。

（2）计算高差：$高差 = \text{DEM} - 基准面高程值（或原始\text{DEM}）$。

（3）计算每个像元的体积：$像元体积 = 高差 \times 像元面积$。

（4）求区域总的体积：$总体积 = \sum 像元体积$。

事实上，各栅格的面积相等，因此前述的后两步也可通过先求取平均高差，再乘以区域平面面积（像元个数×像元面积）而得到体积[式（4.28）]：

$$V = \sum_{i=1}^{n} a(H_i - H_0) = a\sum_{i=1}^{n} h_i = na\left(\sum_{i=1}^{n} h_i\right) / n = A\frac{\sum h_i}{n} \tag{4.28}$$

式中，H_i 为像元高程值；H_0 为基准高程值或原始 DEM 高程值；n 为像元数量；a 为像元面积；A 为区域平面面积。图 4.24 所示的栅格中，若像元大小为 2m，基准面高程为 10m，则平均高差为 4.56m，体积为 164m^3。

图4.37（a）是 ArcGIS 中的体积计算工具 Surface Volume（【ArcToolbox】→【3D Analyst Tools】→【Function Surface】→【Surface Volume】）。利用该工具可以计算某一水平面以上或以下地表的平面面积、表面积和体积[图 4.37（b）]，并以文本文件（txt）的形式记录和输出。若要计算的基准面是斜面或曲面，则需要采用以上方法逐步计算，或利用下文介绍的 Cut Fill 工具。

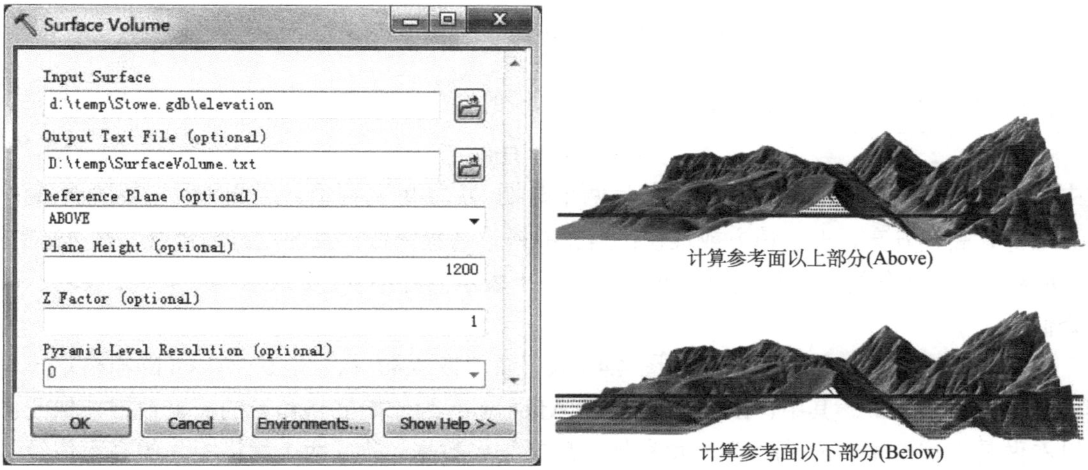

(a)　　(b)

图 4.37　ArcGIS 中的体积计算工具

3. 切割与填充分析

某地的地形表面发生变化的区域面积及体积情况，可以采用切割与填充（Cut Fill）工具计算。例如，在城市新区建设的土地平整过程中，需要知道挖、填土方量的情况；在水文分析或水土保持研究中，需要确定地表的侵蚀与河谷泥沙的堆积状况（图 4.38）。图 4.39 是美国圣海伦火山（Mount St. Helens）在 1980 年喷发前后的 DEM 图，从中可以直观地看出火山喷发后山体的地形变化情况。

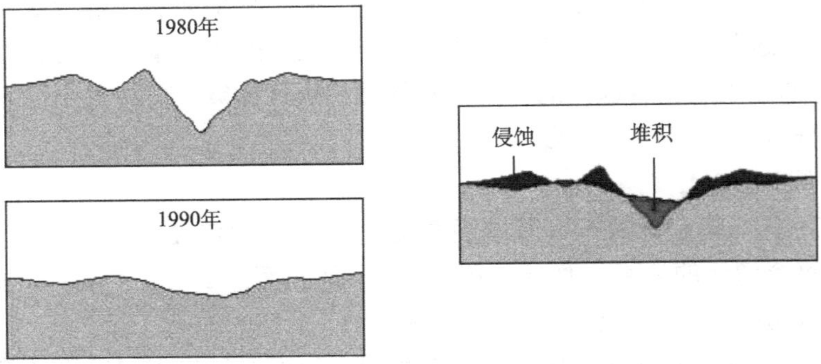

图 4.38　切割与填充应用示例图

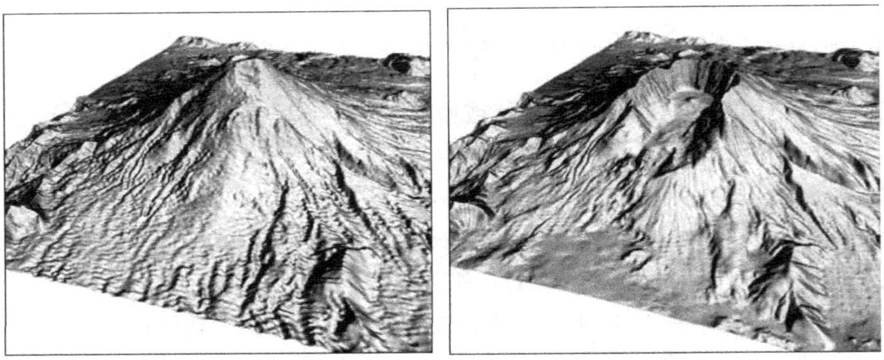

(a) 喷发前　　(b) 喷发后

图 4.39　圣海伦火山喷发前后地形对比

栅格 DEM 中，体积变化主要取决于高程属性的变化（高差）：

$$h = H_{\text{old}} - H_{\text{new}} \tag{4.29}$$

式中，h 为高差；H_{old} 和 H_{new} 分别为前后两个时期 DEM 的高程值。当 $h=0$ 时，高程不变；当 $h<0$ 时，高程升高，表示填方或堆积；当 $h>0$ 时，高程降低，表示挖方或侵蚀。在 ArcGIS 中，h 的这三种变化情况可以通过代码表示，用 1 表示高程不变，2 表示高程升高，3 表示高程降低。

切割与填充计算的原理可以通过图 4.40 来理解。图 4.40（a）是三个 4×4 的栅格矩阵，其像元大小为 10×10。其中，Before_Ras 和 After_Ras 为原始栅格和新的栅格数据，像元值可以看做是高程。OutRas 为切割与填充计算后的结果数据。前后两个栅格矩阵的高程值经差值运算，只有一个像元值变大（30→35），在输出的栅格矩阵中该像元的值为 2，表示填方；有两个像元值变小（30→28），在输出的栅格矩阵中对应像元值为 3，表示挖方；其余像元值不变，输出的栅格矩阵中像元值为 1，表示未发生变化。

图 4.40（b）是切割与填充计算结果栅格数据所对应的属性表及体积字段、面积字段和图层数据用矩阵表示的计算结果。在属性表中，VALUE 字段中的 1、2、3 分别表示像元不变、填方、挖方三种情况。对填方部分而言，像元个数（COUNT）为 1，对应的体积变化量为 $VOLUME = 像元个数 \times 高差 \times 每个像元面积 = 1 \times (30-35) \times 100 = -500$，所涉及的区域面积为 $AREA = 像元个数 \times 每个像元面积 = 1 \times 100 = 100$。挖方部分和不变部分的体积、面积同理计算可得。输出结果将产生一个新的栅格表面数据，通过不同灰度值表示原始表面的体积变化情况。

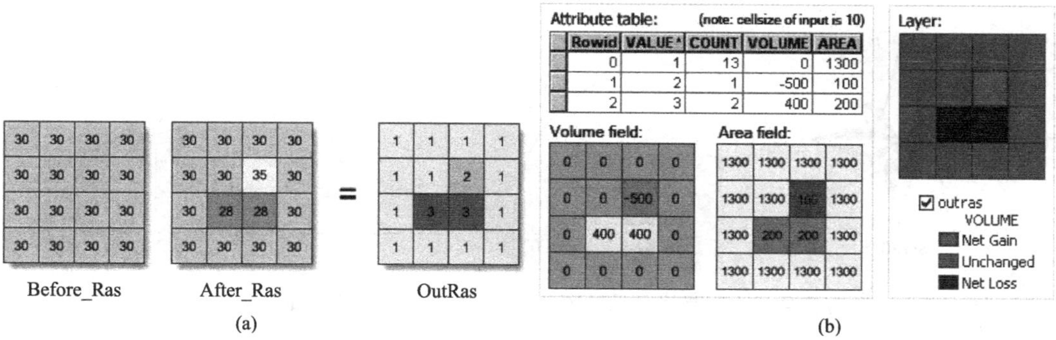

图 4.40　切割与填充计算原理示意图

图 4.41 是 ArcGIS 中的切割与填充分析工具 Cut Fill（【ArcToolbox】→【Spatial Analyst Tools】→【Surface】→【Cut Fill】）。在该工具中输入前后两个时期的栅格表面，即可计算出地表发生变化的情况。在输出栅格数据的属性表中可以查看发生变化区域的像元数量，以及面积和体积。

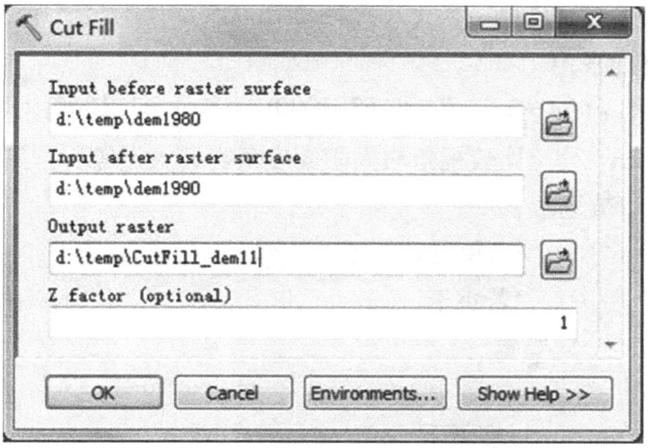

图 4.41　ArcGIS 中的切割与填充工具

4.2.7　阴影与地貌晕渲

1. 阴影

山体阴影（Hillshade）的计算是通过设定一个光源的位置，分析像元之间的遮蔽关系，计算每个栅格像元的亮度值从而获得一个被光源照射的表面。

生成山体阴影的目的，一方面是提高表面分析或显示的可视性，增强地形起伏的显示效果；另一方面它可以用于分析城市或地表高度切割区（如黄土区、丘陵山地区）有关太阳辐射的问题。

山体阴影的创建，除了需要地形表面数据（决定坡度和坡向）之外，最重要的是光源（太阳）的位置。决定光源位置有两个关键参数（图 4.42）：一是方位角（Azimuth），即太阳所在的方位；二是高度角（Altitude），即从太阳中心直射到当地的光线与当地水平面的夹角。

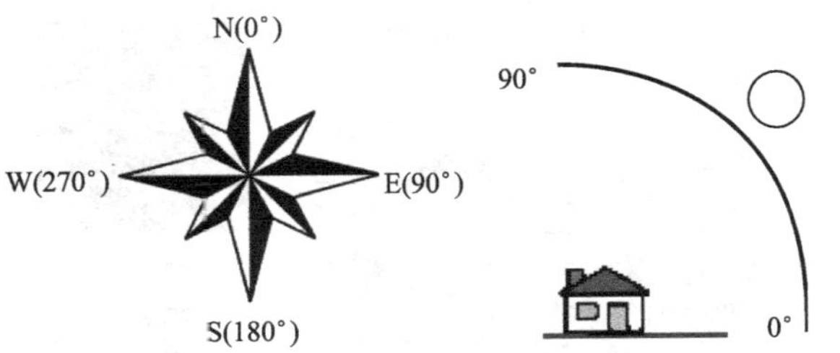

图 4.42　太阳方位角和太阳高度角示意图

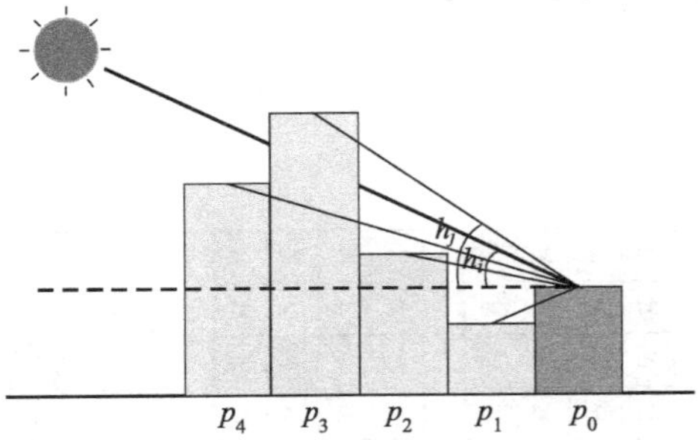

图 4.43　计算阴影的视角模式

基于栅格 DEM 的阴影计算中，要确定某一像元是否在阴影下，首先要根据时间（日期及时刻）和所在地的经纬度，确定当地当时的太阳方位角和高度角，然后依次比较待计算像元至太阳方向上各个像元的视角与太阳高度角之间的大小关系（图 4.43）。当两像元间的视角 h_j 大于等于太阳高度角 h_i 时，该点被遮蔽（$f_i=0$）；反之，不被遮蔽（$f_i=1$）。其计算流程可表示为

For　$j=1$ To m　　‘在太阳方向上由近向远逐点搜索

‘计算两点间的球面视角

$$h_j = \text{Atn}(1/\tan(\theta_0) - (Z_0 + 6371000)/((Z_j + 6371000)\times \text{Sin}(\theta_0)))$$

　if　$h_j \geqslant h_i$　then　　‘比较视角与太阳高度角，若大于等于，则

$f_i=0$　　‘被遮蔽

　　Exit　　‘退出循环，不再搜索

　Else　　‘若小于

$f_i=1$　　‘不被遮蔽

　End if

Next　　‘搜索下一点

事实上，多数 GIS 软件是通过计算相对辐射值来计算阴影的：

$$R = \cos(A_f - A_s)\sin(H_f)\cos(H_s) + \cos(H_f)\sin(H_s) \tag{4.30}$$

式中，R 为一个面（栅格 DEM 中的像元或 TIN 中的三角形）的相对辐射值；A_f 为坡向；A_s 为太阳方位角；H_f 为坡度；H_s 为太阳高度角。R 介于 0～1，将其乘以 255，即可转换为计算机屏幕显示的照度值。当照度值为 255 时为白，当照度值为 0 时为黑。

图 4.44 是 ArcGIS 中进行地形阴影计算的 Hillshade 工具（【ArcToolbox】→【Spatial Analyst

Tools】→【Surface】→【Hillshade】)。ArcGIS 中太阳方位角（Azimuth）以正北开始，按顺时针方向以 0°~360°测算。高度角（Altitude）从水平面至天顶，按 0°~90°测算。方位角的系统缺省值为 315°（西北方向），高度角的缺省值为 45°。方位角的这一缺省值可以使阴影投向读图者，地形阴影看起来与地表实际情况相吻合。若阴影的投向背离读图者（如采用 135°作为方位角），则地图上就会出现类似反地形的效果，丘陵看起来像洼地，而洼地看起来像丘陵，这种光学上的错觉称为反立体效果。图 4.45 是根据某地 DEM 数据，采用图 4.44 中的工具，利用默认参数生成的山体阴影。在 ArcGIS 创建阴影时，通过选择阴影建模（Model shadows）选项（图 4.44），可以计算出哪些区域处于阴影区。该选项选择以后，输出结果同时考虑光照角度和阴影影响，可以识别出在特定光照条件下处于其他像元阴影中的那一部分像元，这一部分像元值被赋予 0，其他像元则被赋予 1~255（由暗到亮）之间的整数值。为了直观地表示出阴影区和非阴影区，可以通过重分类，将值大于等于 1 的像元值全都赋予 1，这样便可以产生阴影二值图像（0 表示阴影区，1 表示非阴影区）（图 4.46）。

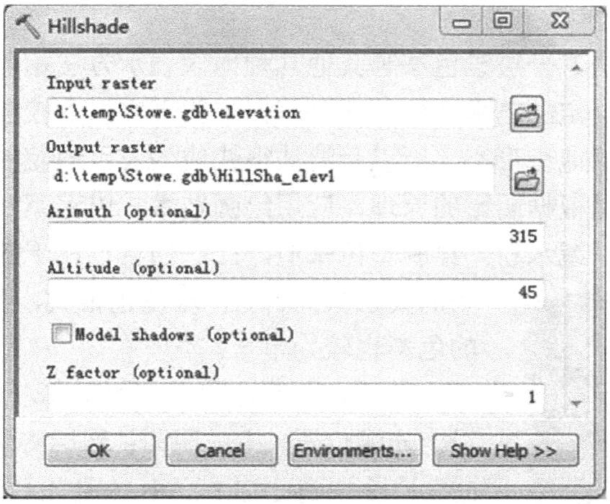

图 4.44　ArcGIS 中进行阴影计算的工具

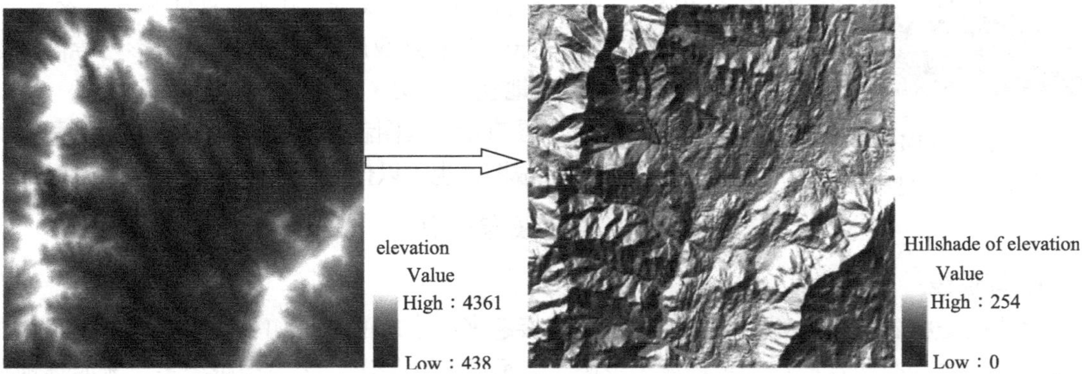

图 4.45　山体阴影的创建

2. 地貌晕渲

地貌晕渲（Relief shading）是指在地貌的相关图件中，模拟在太阳光与地表要素相互作用下产生的阴影，以色调的阴暗、冷暖等变化表现地形的立体起伏，从而增强地表容貌立体表达效果的一种制图方法。

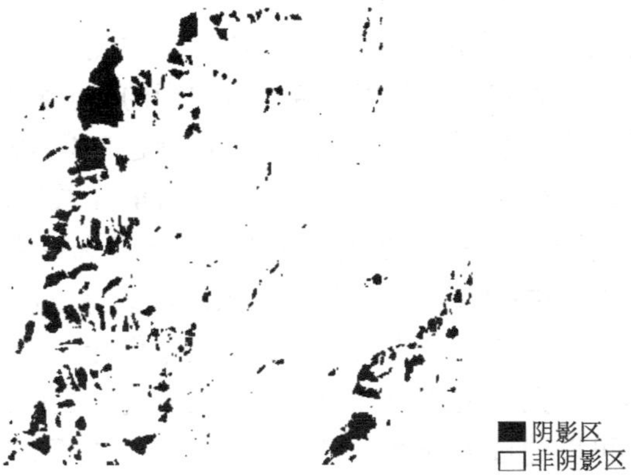

图 4.46　阴影二值图像

地貌晕渲与等高线法、分层设色法等其他几种地貌表示方法相比，其表示的地貌立体感强、直观易读，除具有一定的艺术性外，还具有一定的真实性和较强的地貌形态表达能力，能形象地反映绝大多数的地貌形态，所以晕渲法很快成为表示地貌的一种主要方法。

传统的地貌晕渲图是根据阴影的原理，应用绘画技术，以毛笔及美术喷笔为工具，用水墨画单色晕渲，用水彩（或水粉）绘制彩色晕渲。此法的特点在于缺乏数量概念，对技术水平的要求很高，工作难度也很大，而且不易更新，通常成图的色彩也较为单一。

图 4.47　阴影与 DEM 透明叠加后得到的地貌晕渲图

基于 GIS 的地貌晕渲图制作，一般是先根据 DEM 数据，设定光源位置，生成阴影；然后将阴影以一定的透明度（如 50%）叠加到 DEM 之上（图 4.47），这样便可以建立地貌的逼真图像。在此基础上，可以再加入其他的要素图层，如道路、河流、植被、遥感影像等，更加逼真地反映地表信息，使显示更加完美。在实际应用中，还可以将阴影与等高线透明叠加以生产地貌晕渲图。

地貌晕渲图有助于读图者更好地认识地表形态，它可以作为地貌图单独成图，也可以作为其他专题地图的地理底图。

4.2.8　等值线与剖面线

1. 等值线

等值线是将表面上具有相同值的相邻点连接起来所生成的线，如等高线、等温线、等压线等。等值线分布的疏密在一定程度上反映了表面的变化情况。等值线越密集，表明该地单位距离内的变化（梯度）越大，反之则越小。因此，通过研究等值线，可以获得表面变化的基本特征。图 4.48 为某一地区的地形图，从图中的等高线可以明显看出该地区的山体、沟谷等地理要素的分布，以及坡度、坡向变化等基本的地形表面特征。

在栅格 DEM 和 TIN 上，提取等值线的原理与常规地形测绘中绘制等高线的原理基本一致，它往往包括以下几个步骤：①在栅格 DEM 的每个像元点或 TIN 的每条边上内插等值点；

②按照内插的等值点，追踪等值线；③标记等值线；④对等值线进行平滑处理并输出。

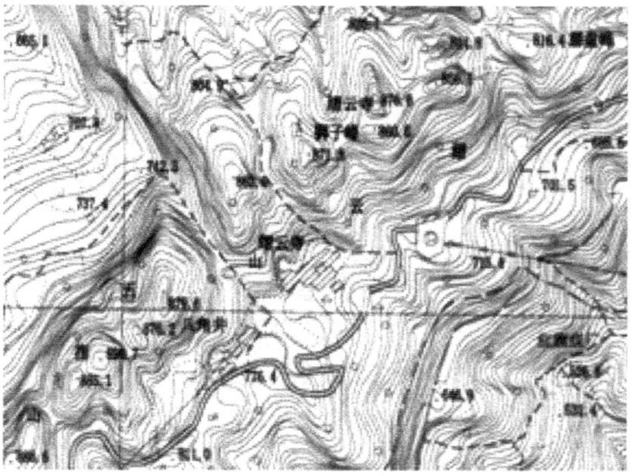

图 4.48　地形图中的等高线

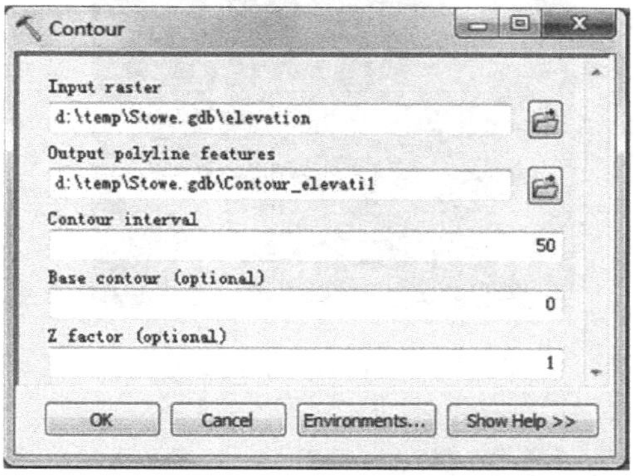

图 4.49　ArcGIS 中的等值线计算工具

图 4.49 是 ArcGIS 中计算等值线的 Contour 工具（【ArcToolbox】→【Spatial Analyst Tools】→【Surface】→【Contour】)，在该工具中，除输入输出数据外，还需要设置等高距（Contour interval)、基准高程（Base contour）和高程变换系数（Z factor)。

从栅格表面数据自动生成的等值线可能会出现一些与实际表面不相符的现象，因此，通过人机交互编辑进行修改是十分必要的。

2. 剖面线

剖面（Profile）是一个假想的垂直于海平面，并与地形表面相交，延伸于海平面之间的平面。剖面与地形表面相交的线，称为剖面线。在一些工程项目，如公路、铁路、水库、管线等的设计过程中，常常需要制作剖面图。剖面图可以直观地反映表面沿着某一路线的高程变化情况，帮助工程人员估算道路建设的难度、分析给定线路铺设铁轨的可行性等。研究地形剖面通常可以以线代面，采用剖面线分析区域的地貌形态、轮廓形状、地势变化、地质构造和地表切割强度等。

传统的手工绘制地形剖面图是采用方格纸及地形图中的等高线来进行的。它通过确定剖面图的横轴与等高线的交点，获取交点处的高程值，绘制散点图并连线生成剖面线。

基于 GIS 的剖面图的绘制一般是在栅格 DEM 或 TIN 上进行的。已知 A 和 B 两点，求这两点的剖面图的过程是：首先，内插出 A、B 两点的高程值；其次，求出 AB 连线与 DEM 像元的所有交点，插值出各交点的高程，并将交点按离起始点的距离远近进行排序；最后，选择垂直比例尺和水平比例尺，以各点的高程为纵坐标，以距起始点的距离为横坐标，绘制剖面图。

在 ArcGIS 中，可以采用 3D Analyst 工具条中的 Profile Graph 工具绘制剖面图。其基本过程如下：先采用 Interpolate Line 工具，在表面上（栅格或 TIN）依次单击画一条线，双击【结束】，生成一条剖面经过的线（图 4.50)；然后，点击 Profile Graph 工具按钮，即可产生一个剖面图（图 4.51)。在绘制好的剖面图上单击右键进行属性设置，可以改变剖面图的外观效果，同时可以进行打印、保存、输出等操作，甚至可以将其复制到 Photoshop、Word 等应用程序中。

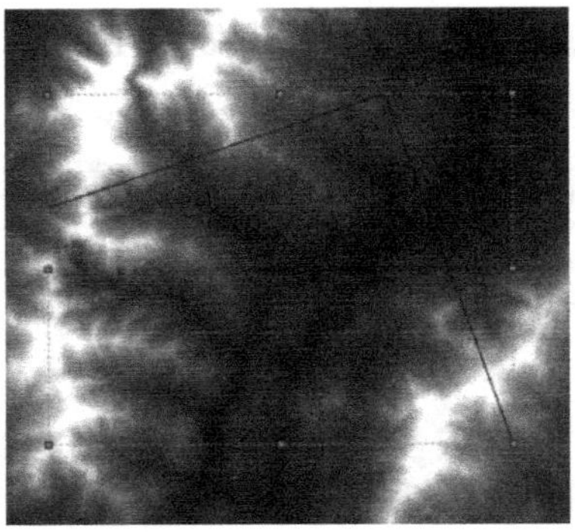

图 4.50　在表面上绘制三维线

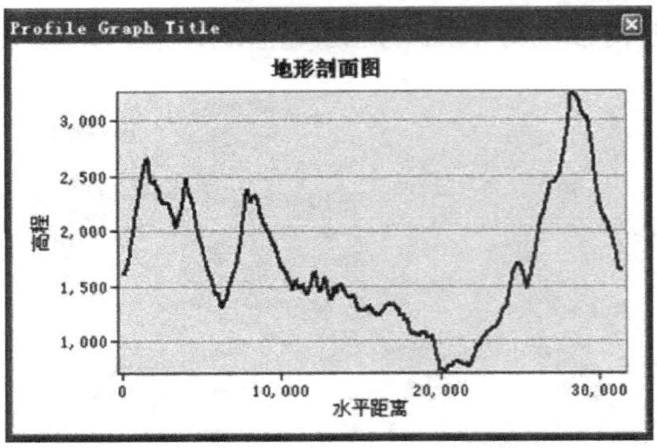

图 4.51　地形剖面图

4.2.9　可视性分析

可视性是指从一个或多个位置所能看到的地表范围或与其他地形点之间的可见程度，可视性分析（Visibility Analysis）属于对地形最优化处理的范畴。可视性分析的应用范围非常广泛，例如，在森林火灾监测点的布设中，为了对林区有最大限度的观察范围，避免地形阻挡，往往把监测点建设在可视性较好的地方。类似情况还有设置观察哨所、铺设通信线路、设置雷达站点和电视台信号发射站、规划旅游线路等。

可视性分析的基本内容可以分为两个：通视性（Intervisibility）分析和视域（Viewshed）分析。通视性分析主要研究两点之间是否可见；而视域分析研究的是在一点或多点上所能（或不能）看到的范围。

1. 通视性分析

通视性分析研究的是两点之间是否可见，回答“是否能看到”的问题，可应用在军事阵地、通信塔站的布设等领域。

两点是否可见，关键在于判断两点之间是否有地形或地物遮蔽。其基本原理与图 4.43 中的阴影计算的视角模式一致，即计算视线上每个点与观察点间的视角（视线与水平面之间的夹角），通过判断某一点的视角与视线前方（至观察点方向）各点的视角之间的关系，确定是否存在遮蔽。

设在某一视线上有点集 $P(P_0,P_1,P_2,\cdots,P_s)$，其中，$P_s$ 为观察点，$P_0,P_1,P_2,\cdots$ 为视线上依次的目标点。计算各点 P_i 与 P_s 的视角 V_{is}，若 V_{is} 大于其前方各点的视角，则该点对于观察点是可见的，用公式表达为

$$V_{is} > \mathrm{Max}(V_{(i+1)s},V_{(i+2)s},V_{(i+3)s},\cdots,V_{(s-1)s}) \tag{4.31}$$

若上式不成立，则该点与观察点间存在遮蔽，相互不可见。

ArcGIS 的 3D Analyst 工具条中提供了视线工具（Create Line of Sight）（图 4.52），用于分析某一特定表面上两点间的通视性。通过该工具，可以确定观察视线上，哪些点对于观察点是可见的，哪些点是不可见的。打开该工具后，先设定观察点和目标点的高程偏移值（Offset，或称拔高，即观察点和目标点相对于地面的高差，如观测塔的高度、人眼的高度、树高等）；然后在表面上先后取两个点分别作为观察点和目标点，两个点之间的连线为观察方向线，之后会自动在表面上生成一条红绿相间的线，其中的绿色和红色分别代表可见和不可见部分（即

图 4.53 中视线或剖面线上的浅色和深色部分）。为更直观地观察视线上各部分的可视性，可根据该视线，利用工具条上的剖面制图工具（Profile Graph）创建两点的通视性剖面图（图 4.53）。

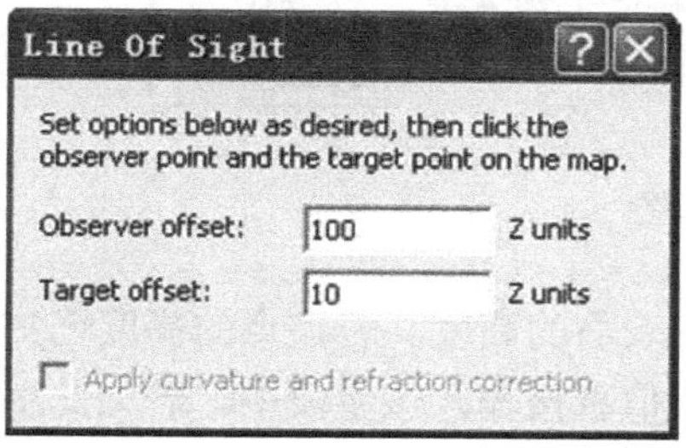

图 4.52　ArcGIS 中的视线工具

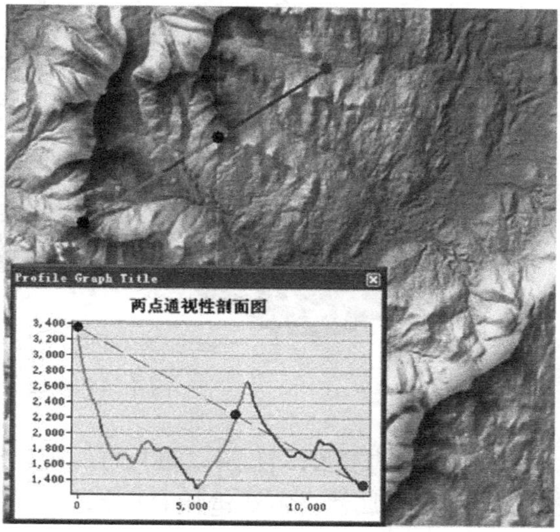

图 4.53　通视性分析

观察视线一般认为是直线，但距离较长时，要考虑大气折光的影响，有时还要考虑视线的衰变效应。

2. 视域分析

1）视域分析的基本原理

视域（Viewshed）是指从一个或多个观察点上所能看见的地表范围。提取视域的过程称为视域分析。分析的结果是产生一个栅格表面，从中识别出哪些区域可以被一个或多个点观察到。

视域分析的原理与通视性分析类似，都是通过判断每个点与观察点之间是否存在遮蔽来确定点之间是否可见的，不同的是通视性分析所需判断的点是在一条视线上，而视域分析所需判断的点位于其参数所确定的区域之内的每一个点。

进行视域分析需要地形的表面数据和观察点的数据，以及设定视域分析的相关参数。表面数据可以是栅格数据，也可以是 TIN。观察点的数据可以是包括 1 个点或多个点的点数据，也可以是线数据。当使用线数据时，线的起点、终点及所有节点组成的集合即为观察点。当观察点只有 1 个时，输出的结果栅格只有 0 和 1 两个值，0 代表不可见，1 代表可见。当观察点多于 1 个时，输出的结果栅格有 n+1 个值（n 为观察点数目），值的大小代表可以看到的观察点个数。

2）视域分析的参数设置

图 4.54 是视域分析的参数图解。图中涉及视域分析中的 5 大类 9 个参数。这些参数存储在观察点的属性表中，通过新建字段并在该字段中输入相应的值，可以控制或改变视域分析的结果。例如，可以新建一个 OFFSETA 字段来控制观察点在垂直方向的偏移值，以提高或降低观察高度。

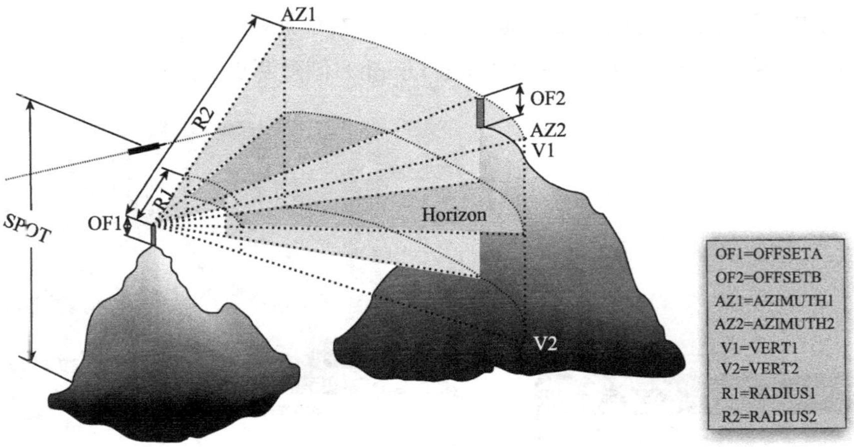

图 4.54　视域分析参数图

（1）观察点的参数，包括：①SPOT，观察点所处表面的高度。若该点的高度已知，可以在观察点数据的属性表中新建 SPOT 字段，并将高程值直接输入该字段中。若无此字段，则高程可从地表栅格或 TIN 中估算。为了获得更大的视域，观察点的选择非常重要。一般而言，山的顶点、山脊线上的点，都可以获得更为广阔的视域。为了找到这些点，可以使用 GIS 的数据查询、数据提取、数据统计等工具，提取山的顶点及山脊线。②OFFSETA（OF1），观察点在垂直方向相对于观察点高度的偏移值（图 4.55）。设置偏移的目的，是通过增加观察点的高程，使之达到观察者（如人眼）的高度，或者达到某种实体建筑物（如森林观测塔）的高度。

（2）目标点的参数，OFFSETB（OF2），它是指目标点在垂直方向上相对于地表的高程偏移值（图 4.55），用于定义目标点上因树木、建筑物等需要增加的高程。

（3）观察的方位角参数，包括：①AZIMUTH1（AZ1），观察区域的水平起始方位角；②AZIMUTH2（AZ2），观察区域的水平终止方位角（图 4.56）。

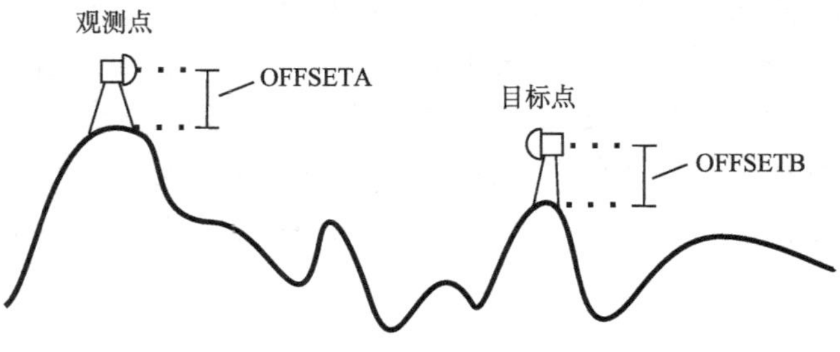

图 4.55　偏移示意图

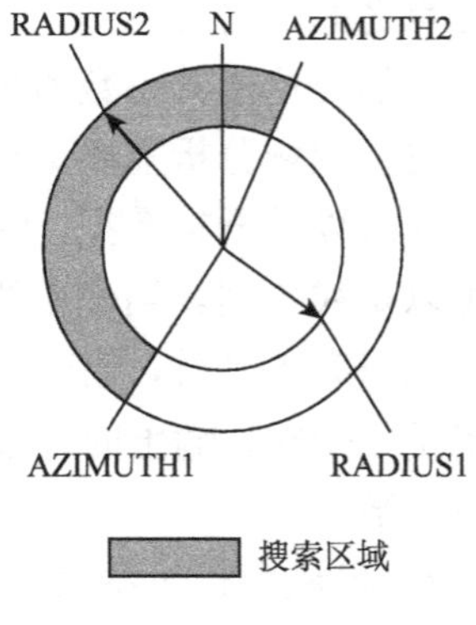

图 4.56　搜索的方位角与搜索半径示意图

（4）观察的垂直角参数，包括：①VERT1（V1），观察区域在垂直方向上顶部的角度；②VERT2（V2），观察区域在垂直方向上底部的角度（图 4.57）。垂直角在水平方向上为 0°，水平方向往上至天顶为 0°~90°，水平方向往下至地心为 0°~（–90°）。

（5）搜索半径的参数，包括：①RADIUS1（R1），观察区域的搜索内半径；②RADIUS2（R2），观察区域的搜索外半径（图 4.56）。

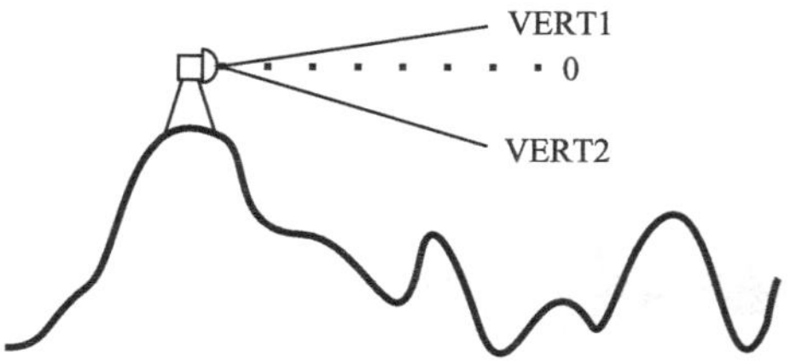

图 4.57 垂直角度示意图

图 4.58 ArcGIS 中的视域分析工具

图 4.58 是 ArcGIS 中的视域分析工具 Viewshed（【ArcToolbox】→【Spatial Analyst Tools】→【Surface】→【Viewshed】）。该工具还可考虑地表曲率（Earth curvature）对结果造成的影响。图 4.59 中，（b）是根据（a）中的栅格表面和观察点得到的视域分析结果，其中的深色区域可见，浅色区域不可见。

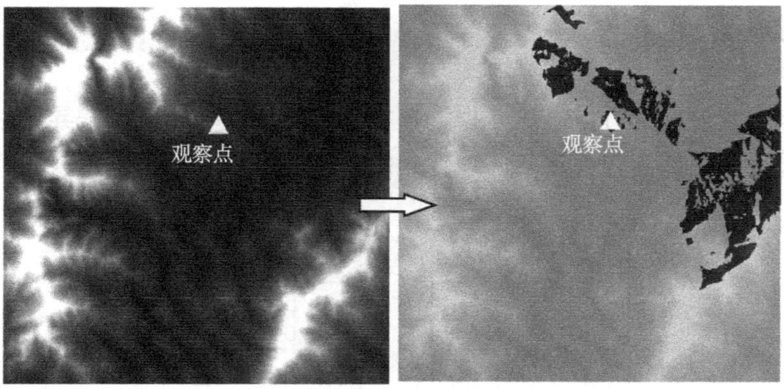

(a) (b)

图 4.59 视域分析

3）视域分析的应用

视域分析回答的是“哪些地方看得到”的问题，应用广泛。例如，在旅游规划中，利用视域分析确定在一个观景台上或者一条旅游线路上可以看到哪些区域的景点。在森林瞭望塔、无线电话基站、广播电视微波塔等设施的选址中，要求视域范围尽可能大，重叠区域尽可能小，利用视域分析可以很好地解决这一问题。视域分析还可以用在与视觉质量、视觉影响有关的景观分析之中，因此在房地产开发行业也得到了广泛的运用。一些城市的江景房、海景房、山景房等，其价格高于其他房型，往往是因为其视域广阔、景观效果较好的缘故。

4.2.10　地形特征要素的提取

1. 地形特征要素

地形特征要素是指对地表空间形态特征具有控制作用的点、线或面状要素。这些要素是构建地表形态的基本框架，在地形研究中具有重要的作用。

地形特征点要素主要包括山顶顶点、洼地底点、鞍部等。地形特征线要素主要包括山脊线、山谷线、山麓线、沟沿线、阶地线等。地形特征面要素主要包括平原、台地、丘陵、山地等（图 4.60）。

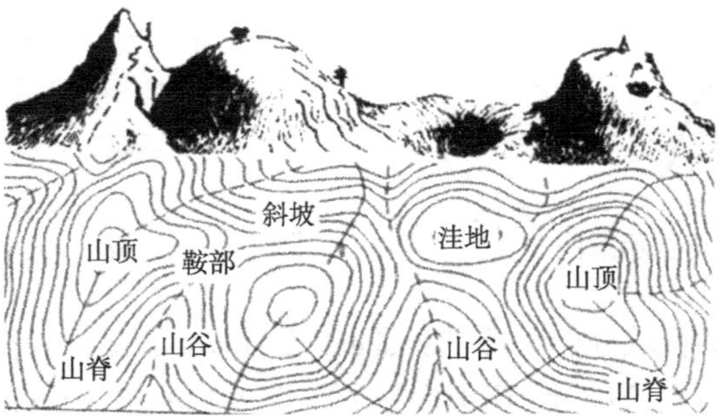

图 4.60　几种基本地形特征要素

2. 地形特征要素的提取方法

1）地形特征点要素的提取

地形特征点要素的提取方法一般是根据该类点与周边区域的特征差异，基于栅格的邻域运算和局域运算，利用该点像元值与邻域像元统计值的比较分析来确定（图 4.61）。

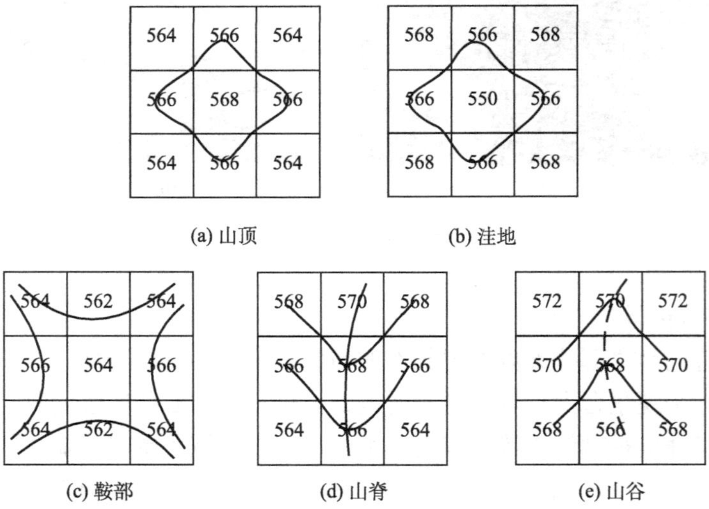

图 4.61　几种地形特征点、线的栅格示意图

对于山顶顶点来说，因为在一定的邻域范围内，它比周边像元的位置都高，所以可以通过计算每个像元高程的邻域最大值，并将该最大值与原像元的高程值进行比较，若值相等，则该像元所在点即为山顶。图 4.61（a）中，中间像元的高程值比周围像元的都高，表明其在局部范围内是顶点。因此，DEM 中若某一像元的邻域最大值与该像元本身的值相等，则可确定顶点的存在。与山顶相反，洼地底点像元高程均低于周边像元的高程值[图 4.61（b）]，它的提取与山顶顶点的提取方法类似，所不同的是，它统计的是邻域最小值而不是最大值。读者可以思考如何对一些复杂的山顶，如尖山顶、圆山顶、平山顶等的顶点进行提取。

鞍部在地形上状如马鞍，故此得名。鞍部所在地的地形特征在于，在某一方向（山谷）上，它是地形的高点，而在近似垂直的另一方向（山脊）上，它又是地形的低点。图 4.61（c）中，中间像元在南北方向上是顶点，而在东西方向上是低点。在栅格 DEM 中，往往通过寻找山脊线与山谷线的交点来确定鞍部的位置。

2）地形特征线要素的提取

山脊线与山谷线是最为典型的地形特征线，它们构成了地形起伏变化的分界线（骨架线），因此它们对于地形地貌研究具有重要意义。山脊与山谷反映了地形在水平方向上的凹凸变化情况。图 4.61（d）中，在南北方向上，像元的高程由北向南降低，而其两侧像元的高程均低于中部像元，因而存在一个向南凸出的山脊。山脊中心位置的连线为山脊线。图 4.61（e）中，在南北方向上，像元的高程由北向南降低，而其两侧像元的高程均高于中部像元，因而存在一个向北凹进的山谷。山谷中心位置的连线为山谷线。

山脊线与山谷线的提取主要有以下三种方法。

一是基于坡向变率的提取方法。该方法的主要思想在于山脊线与山谷线所在位置的坡面方向有较大的变化。如图 4.61（d）中，坡向从山脊线左侧的西南方向快速过渡至右侧的东南方向。图 4.61（e）中，坡向从山谷线左侧的东南方向快速过渡至右侧的西南方向。坡面上，坡向的变化很小。因此，可以通过考察坡向变率的大小确定山脊线与山谷线的存在。因为坡度是考察地表高程变化快慢的一个指标，所以借助这一思路，对坡向数据求取坡度（slope of aspect，SOA），即可衡量坡向的变率大小。虽然山脊与山谷的坡向变率 SOA 很大，但山脊位于正地形（局域的高处，邻域高程均值小于像元本身的高程），而山谷位于负地形（局域的低处，邻域高程均值大于像元本身的高程），所以可以将坡向变率与正负地形相结合，确定山脊线与山谷线。

二是基于平面曲率的提取方法。在地形图上，平面曲率表现为等高线的弯曲状况。在山脊线与山谷线的所在地，等高线弯曲程度最高，平面曲率最大。因此，可以采用计算平面曲率的方法提取山脊线与山谷线（平面曲率的计算见 4.2.5 节）。该方法利用 DEM 数据提取地面的平面曲率及地面的正负地形，通过叠加求取正地形上平面曲率较大的值，其连线即为山脊线；负地形上平面曲率较大的值，其连线即为山谷线。在实际应用中，往往采用坡向变率（SOA）来表达平面曲率，因此本方法与前一种方法本质上是一样的。

三是基于水流汇集量的提取方法。从水文特征上看，山脊线是分水线，山谷线是汇水线。山脊线所在位置的水都会流出，不会流入，因此汇流量为 0（关于汇流累积量的计算参见 4.7 节水文分析）。因为山谷线是反地形中的山脊线，所以可以先用某一值（如区域的最大高程值）与 DEM 相减，将地形翻转而得到反地形，再对反地形求取山脊（汇流量为 0），得到山谷线。

除以上三种方法外，还有基于数字图像处理技术的提取方法、基于地形表面几何形态分析的方法等。前者主要采用各种滤波算子进行边缘提取而实现，后者主要采用断面极值法来获取。

地形特征线要素中的山麓线、沟沿线、阶地线等，往往是地表坡度变化较大的地方，因此可以通过计算坡度变率（SOS）或剖面曲率的方法来提取。

3）*地形特征面要素的提取*

地形特征面要素的提取有两种模式：一种是先采用特征线提取的方法，生成面要素的边界线，然后由线生成面。例如，河流阶地的提取，可以先找出阶地边沿线和山麓线，其所围起来的区域即为河流阶地。另一种是通过面要素的地形指标来确定。表 4.1 是中国陆地基本地貌形态类型的划分表。通过对海拔的判断，可以将地貌划分为低、中、高、极高等四种海拔类型；根据地表起伏度，可以分为平原、台地、丘陵、山地等类型。例如，表 4.1 中的低海拔台地，即是海拔低于 1000m，起伏度大于 30m 且小于 200m 的区域。这种面域的提取，可先分别对 DEM 数据和起伏度数据进行重分类，分别找出低海拔区和台地区，再将两个区域进行空间叠加（局域运算）获得。

表 4.1　中国陆地基本地貌形态类型

海拔 / 起伏度	低海拔（<1000m）	中海拔（1000~3500m）	高海拔（3500~5000m）	极高海拔（>5000m）
平原（一般<30m）	低海拔平原	中海拔平原	高海拔平原	极高海拔平原
台地（一般>30m）	低海拔台地	中海拔台地	高海拔台地	极高海拔台地
丘陵（一般<200m）	低海拔丘陵	中海拔丘陵	高海拔丘陵	极高海拔丘陵
小起伏山地（200~500m）	小起伏低山	小起伏中山	小起伏高山	小起伏极高山
中起伏山地（500~1000m）	中起伏低山	中起伏中山	中起伏高山	中起伏极高山
大起伏山地（1000~2500m）	—	大起伏中山	大起伏高山	大起伏极高山
极大起伏山地（>2500m）	—	—	极大起伏高山	极大起伏极高山

4.3　距 离 分 析

距离反映事物或现象之间的差距。这种差距可以是在空间、时间或其他方面的，相应有空间距离、时间距离、思想距离等。以下主要探讨自然距离（Nature Distance）、成本距离（Cost Distance）和路径距离（Path Distance）。

4.3.1　自然距离

自然距离，也称直线距离（Straight-line Distance）、欧几里得（欧氏）距离（Euclidean Distance），它测量的是从一个像元中心至另一个像元中心在欧氏平面上的直线距离。

自然距离可以采取两种方式进行计算：一种是基于像元坐标来计算，即先求取待计算的两个像元的真实坐标，然后采用两点距离公式直接计算；另一种是基于行列数来计算，即先以两个像元的行列数作为坐标，用两点距离公式算出行列距离值后，再乘以像元大小间接计算而得到真实距离。

距离分析必须基于源（Source）。源是距离分析中的目标或起点（Distance to 或 Assign

to），在空间上它是一些相互离散的点、线或面，如学校、银行、道路、公园等。源可以采用栅格数据，也可以采用矢量数据，但在运算前需要转换为栅格数据。源往往不止一个，距离的计算实际上是求取每一栅格像元至与其最近的源的距离。图 4.62（a）中，有 1、2 两个源，每个像元分别计算至这两个源的距离，取其中的较小值作为该像元的距离值[图 4.62（b）]。若这两个源是两个学校，则计算结果显示的是各地（像元）至最近的那所学校的距离。

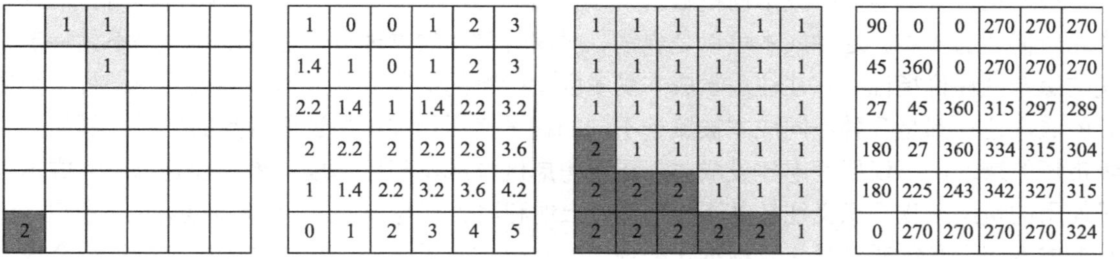

(a) 源(Source)　(b) 自然距离(Distance)　(c) 区域配置(Allocation)　(d) 方向(Direction)

图 4.62　自然距离分析示意图

当自然距离栅格数据采用分级显示时，它十分类似于矢量数据的多级缓冲区。多级缓冲区也称缓冲区环，它是离散数据，同一个环内不再考虑距离差异。距离栅格数据是连续数据，距离不同的各栅格像元，其值是不同的。当缓冲区环的环距缩小至像元大小时，其结果与自然距离栅格十分接近。因此，可以认为自然距离与多级缓冲区在本质上是一致的。

距离分析中，除了计算距离本身外，往往还需要进行区域配置（Allocation）及方向（Direction）的计算。区域配置确定每一个像元属于哪一个最近源，像元值与所对应的源相同[图 4.62（c）]。它的实质是确定至各个源最近的区域，类似于泰森多边形。至多个源的距离相同时，该像元可以配置给任一源。方向栅格中的像元值为该像元至最近源的方向。方向值常以度为单位，以正北为起点顺时针 360°。90°、180°、270°、360°分别为东、南、西、北的正方向，0°为源像元预留值[图 4.62（d）]。

自然距离可以应用于诸如空气污染、噪声影响、地价分析等方面。但自然距离只考虑空间要素或现象之间的距离本身，而不考虑地表特性，因此它是一种比较理想的状态。事实上，地理要素在空间上的移动往往并不是沿直线的，它要受很多障碍因素的影响，如河流、陡坡等，因此在实际应用中，自然距离往往很受限制，这时就需要考虑使用下文所述的成本距离和路径距离来获得更加真实的结果。

4.3.2　成本距离

基于栅格数据的距离量测必须考虑栅格像元之间的连通性。连通性是指从某个像元开始，一个像元接一个像元地进行离散的转移。因为不同像元之间有不同的摩擦系数，而这种摩擦系数直接关系着研究对象如何在表面上进行移动，所以，在考虑连通性之前，需要生成一个摩擦表面。也就是说，在移动之前，必须对每个像元的 8 个邻近像元进行测试，以发现阻力（成本）最小的方向或最容易移动的方向（如坡面上某一点的水流方向）。若栅格像元在处理过程还涉及其他测量参数的选择，像元的属性在经过每个像元的时候就会被累积起来。

如果把这个累积值与测量的自然距离联合起来，那么就有可能找出表面中两点之间的最佳路径。

1. 成本与成本栅格

成本距离（Cost Distance）也称耗费距离。它的基本思想是，地理事象的移动，不仅与距离本身有关，还与地面本身的特性有关。这些地面特性直接影响通过该像元的开销，即成本。例如，翻山到达目的地也许距离最近，但由于坡度、地表植被等的影响，绕过山到达目的地可能更快，即时间成本更低。

成本距离分析需要有成本栅格数据。该数据中的像元值是指对某一分析目标而言通过该像元所需要的成本。这种成本可以是金钱、时间等常用的物理量，也可以是一些不具特定意义的综合性评价指标。它往往用于成本受多因素影响的情况，其成本栅格数据中，每一个像元的成本往往都是几种不同成本被赋予不同的权重值后相乘再相加所得到的结果。例如，超级市场的选址，不仅要考虑建设成本，还要考虑区位成本和运作成本等。因为每一个成本因子使用的量纲或物理意义往往并不相同（如土地利用类型与坡度），不能直接对比，所以，所有的成本因子必须通过量化及标准化处理（如重分类）后，采用相同的尺度来进行综合成本的计算。

图 4.63 和图 4.64 中，分别将土地利用数据和坡度数据进行重分类，根据不同土地类型、不同坡度对成本的影响大小，赋值 1~10 用以表示单因子成本的高低；然后将两个成本因子分别赋予不同的权重，通过加权求和，得到两个成本因子共同影响下的成本栅格数据（图 4.65）。在 ArcGIS 中，前一过程可通过重分类工具（Reclassify）完成，后一过程可以通过栅格计算器（Raster Calculator）实现。

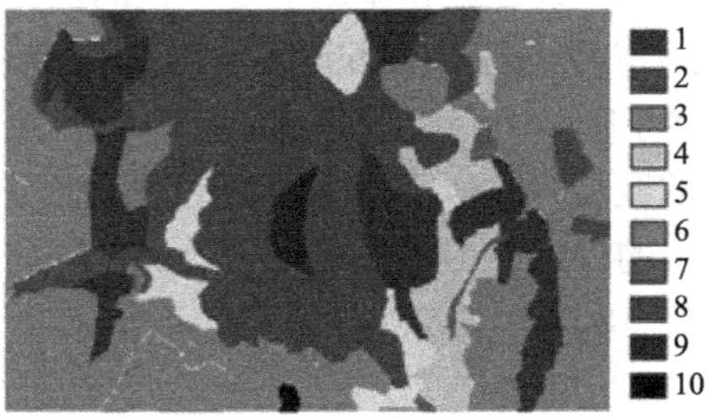

图 4.63　土地利用成本分级图

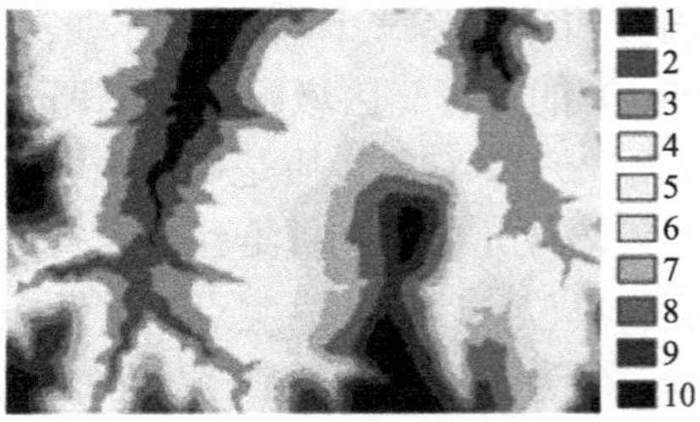

图 4.64　坡度成本分级图

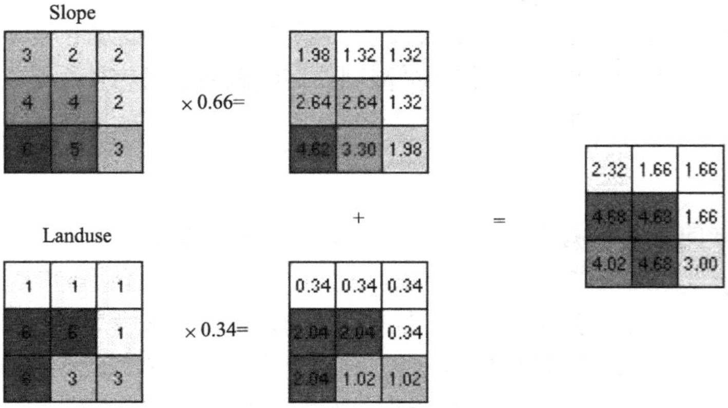

图 4.65　成本栅格的计算示意图

2. 成本距离加权

成本距离加权计算的是每一个像元到距离最近、成本最低的源的最少累积成本（Accumulative Cost）。

累积成本必须考虑相邻像元之间的连接路径。横向或纵向连接的相邻 2 个像元之间的成本距离为它们成本的平均值（图 4.66 中 a_1）；斜向连接的相邻像元间的成本距离是平均成本乘以 1.4142（图 4.66 中 a_2）。

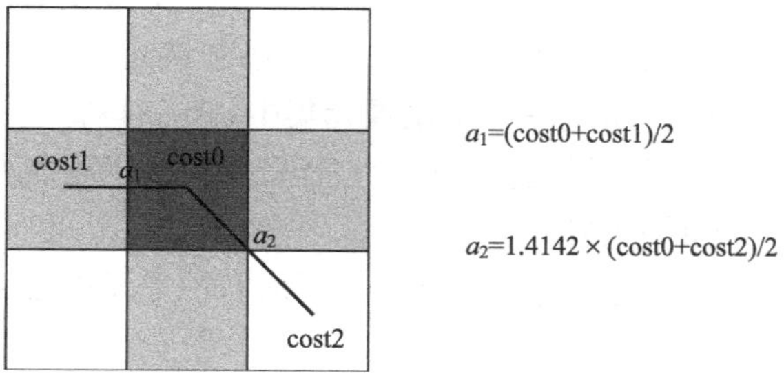

图 4.66　不同连接路径的成本距离

图 4.67（a）是一个具有两个源的栅格数据，图 4.67（b）是该区域的成本栅格数据。根据这两个数据计算累积最小成本栅格，需要一个基于 Dijkstra 算法的从源像元开始的迭代过程，其基本步骤如下（图 4.67）。

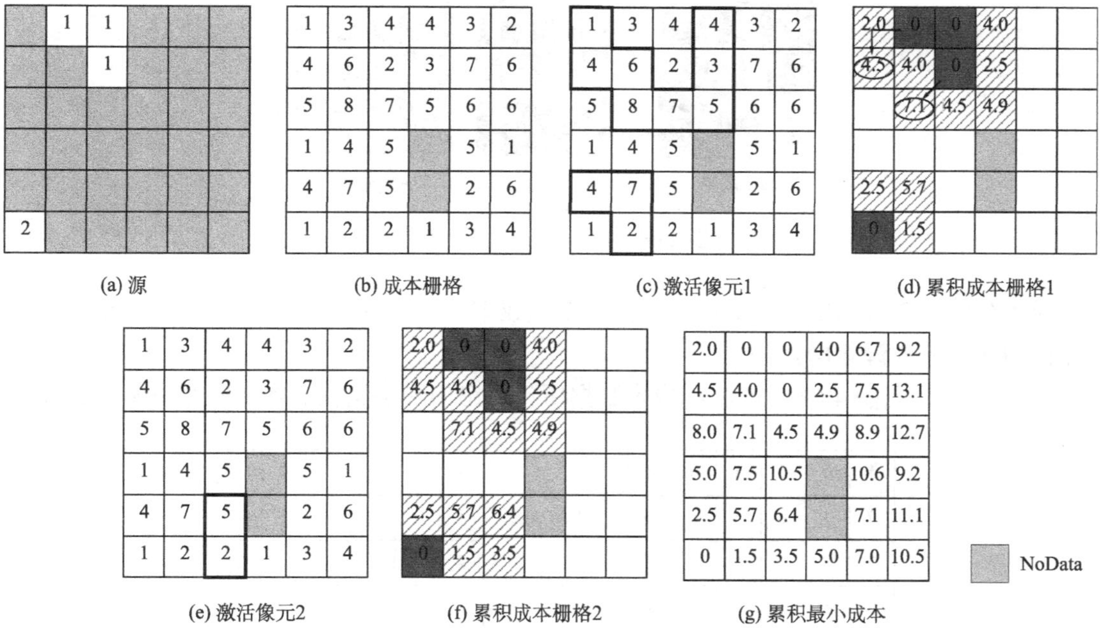

图 4.67　累积最小成本的计算过程

步骤 1：将源像元的累积成本赋值为 0，并激活与源像元相邻接的像元，组成累积成本活动像元集[图 4.67（c）中粗线框里的像元]，根据连接状况及其成本计算方法，计算每个活动像元的最低累积成本值。

每个活动像元至源像元的成本路径有多种，它可以在相邻的八个方向上直接连接，也可以通过其他活动像元进行连接。因为在所有可能的连接中，只取其中累积成本最低的连接，所以在计算最低累积成本时往往需要进行多路径比较。以图 4.67（d）中椭圆框里的 4.5 和 7.1 这两个像元为例，4.5 所在像元可以在右上方与源直接相连，其成本为 1.4142×（4 + 3）/ 2 = 4.9，也可以通过其正上方的像元与源间接相连，其累积成本为 2 +（1 + 4）/ 2 = 4.5。可见间接连接的成本低于直接连接，因此取值为 4.5 而不是 4.9。7.1 所在的像元，其与右上方直接连接的成本低于通过上方或右方像元间接连接的成本，因而取值为 7.1。

步骤 2：选出上一步活动像元集中累积成本值最小的像元（1.5），先将其值赋予输出的成本栅格数据中同位置的像元，并将它从活动像元集中剔除，再将它的相邻像元[图 4.67（e）中粗线框里的像元 5、2]补充进入活动像元集中，计算其最低累积成本[1.5+（2+2）/2=3.5，1.5+1.4142×（2+5）/2 =6.4][图 4.67（f）]。

步骤 3：重复步骤 2，不断进行循环迭代，直至所有的像元均已赋予最低累积成本值[图 4.67（g）]。

3. 成本方向与成本配置

成本方向（Cost Direction，Cost Back Link）：根据累计最低成本栅格数据，确定每一个像元沿最低成本路径，回到最近邻源的方向。ArcGIS 中，像元的最低成本路径方向采用 0~8 的数字编码（图 4.68），0 为像元本身，1~8 分别表示从正东方向开始顺时针的 8 个相邻像元的方向。例如，当值为 3 时，为正南方向；值为 4 时，为西南方向。

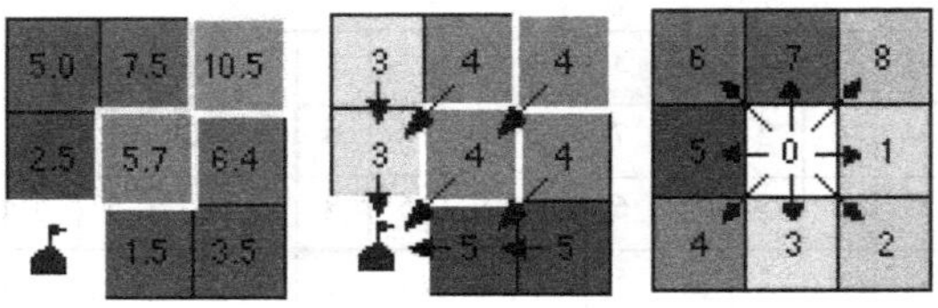

加权成本　　成本方向　　方向编码

图 4.68　成本方向数据说明图

成本分配（Cost Allocation）：基于最低累积成本，确定每一个像元属于哪一个最近源，像元值与所对应的源相同。

图 4.69 是根据图 4.67 中的源和成本数据所计算出的最小累积成本方向和成本配置数据。

1	0	0	5	4	5
7	1	0	5	5	6
3	8	7	6	6	3
3	5	7		3	4
3	4	4		4	5
0	5	5	5	5	5

(a) 成本方向

1	1	1	1	1	1
1	1	1	1	1	1
2	1	1	1	1	2
2	2	1		2	2
2	2	2		2	2
2	2	2	2	2	2

(b) 成本配置

图 4.69　成本方向与成本配置

4. 成本路径

成本路径（Cost Path）：计算从指定目标（Destination）出发，到达累积成本最低的源的路径。目标数据可以是点、线、面等矢量要素，也可以是栅格数据。ArcGIS 中提供了三种最低成本路径算法。

（1）Each Cell：为目标数据中每个像元寻找一条成本最小的路径。

（2）Each Zone：为每个目标数据寻找一条成本最小的路径，同一目标中所有像元共享同一条路径。

（3）Best Single：为所有目标寻找一条成本最小的路径，只有一个目标与一个累积成本最低的源相连。

图 4.70 是 ArcGIS 中的成本路径分析工具 Cost Path（【ArcToolbox】→【Spatial Analyst Tools】→【Surface】→【Cost Path】）。从该图中可以看出，求算最低成本路径，需要设置三个关键内容：一是目标数据；二是成本距离数据；三是成本方向数据。由此可知，在 ArcGIS 中进行最低成本路径分析时必须先进行成本距离和成本方向的计算。

图 4.71 是 ArcGIS 中的距离分析工具集。它除了能够执行前述的自然距离分析和成本距离分析外，还可以进行路径距离分析（Path Distance）。

成本距离分析常常用于选址分析、路径分析等应用之中，如学校、连锁商场、银行网点的合理布设、购物中心的选择、公路规划选线、旅游线路的设计、事故救援路线的确定等。

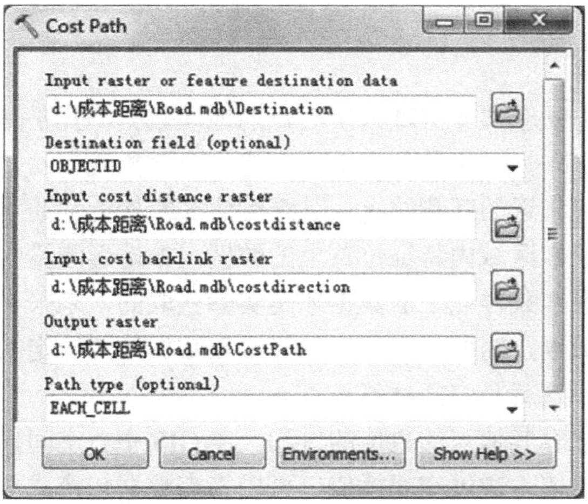

图 4.70　成本路径工具

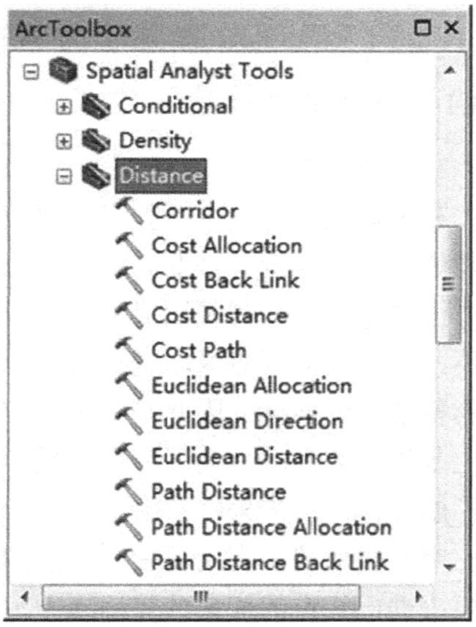

图 4.71　ArcGIS 中的距离分析工具

4.3.3　路径距离

路径距离（Path Distance）是对成本距离的改进。成本距离在自然距离的基础上，考虑了像元之间的连接成本，其分析结果虽然比自然距离的结果更加贴近实际，但其距离部分的影响程度对周边 8 个像元来说是一致的（直边 4 个像元为 1，斜角 4 个像元为 1.4142），无法体现地表高程、坡度、方向等方面所产生的成本距离的差异。为了能够更加贴近实际，准确体现通过变化地形的成本，许多学者对成本距离方法进行了改进，提出若干新的变量。这些变量主要有三个：一是表面距离。它可以由 DEM 生成，用于量测从一个像元至另一个像元所经过的地面实际距离。像元之间高差或坡度越大，其表面距离也越大。因此，表面距离能够比平面距离更加真实地反映相邻像元之间的距离关系。二是垂直因子。它决定了像元间移动要克服垂直因素（如上坡和下坡）的难易程度。三是水平因子。它决定了像元间移动要克服水平因素（如侧风）的难易程度。

ArcGIS 中的路径距离工具，采用表面距离、垂直因子和水平因子三个参数来改进成本距离。

对于直边的 4 个相邻像元来说，其与中心像元的成本距离采用以下方式计算（a、b 为相邻像元）：成本距离={[（成本 a×水平因子 a）+（成本 b×水平因子 b）]/2}×表面距离 ab×垂直因子 ab。

对于斜角的 4 个相邻像元来说：成本距离={[（成本 a×水平因子 a）+（成本 b×水平因子 b）]/2}×1.4142×表面距离 ab×垂直因子 ab。

上式中的表面距离由高程栅格数据计算，垂直因子和水平因子是可选项（Optional），可以由用户自己定义。路径距离分析可以认为是成本距离分析的升级，它改进了成本距离的计算方式，其成本累积过程与成本距离分析中的类似。与成本距离分析一样，路径距离分析也可以计算方向数据（Path Distance Back Link）与配置数据（Path Distance Allocation）。

4.4 空 间 插 值

4.4.1 空间插值概述

1. 空间插值

在地理观测过程中，如果想要按照常规方法获取某区域内所有点的地理数据，几乎是不可能的，并且也没有必要。例如，在气象观测中，不可能每个地方都建一个气象观测站，这一方面要考虑建站和观测成本；另一方面距离很近的观测站上，其观测值非常接近。通常情况下，人们只需要对区域进行采样，观察和获取区域内特征位置上的数据，如地形测量中的地形特征点的坐标。因此在整个区域上，只有在采样点上的数据才是实际获取的，未采样的点上是没有数据的。为了获得未采样点上的数据，需要将已获取的样本点数据按照一定的法则扩展开来，给未采样点赋予一个合理的值，这就是空间插值。

空间插值就是利用已知样本点的数据来估算其他点的数值的过程。在 GIS 中，空间插值需要根据已知点的值来估算栅格中每个像元的值。通过空间插值，可以将点数据转换成面数据，形成一个栅格表面以用于空间分析或建模。例如，对地形测量数据、气象观测数据进行空间插值，可以生成地形、气温、降水等有形或无形的表面。

空间插值的理论源于地理学上的一个基本定律——相近相似或相近相关，也有人称为地理学第一定律，即在空间位置上越接近的点，具有越相似的特征，反之相似性越低。这一现象不仅存在于自然地理环境中（如相近的区域，其气象条件、水文状况、地表特征、植被特征、土壤特征等也比较相近），也存在于各类人文和社会经济环境中（如相近区域的土地价格、民风、生活习性、饮食习惯、甚至人们的思想行为等都具有相似特征）。

进行空间插值有两个必不可少的条件：控制点和插值方法。

2. 控制点

控制点是用于空间插值中的已知数值的点，也叫观测点、样本点。控制点的获取是进行空间插值的必要前提。控制点的数目和分布对空间插值精度的影响是巨大的。为了获得更好的插值效果，控制点的选取应尽量合理。一般来说，控制点需要尽可能多，而且分布均匀，最重要的是它们能够反映要素空间分布的主要轮廓特征，所以有时也称为特征点，如山顶点、鞍部点、山脊（谷）点、坡面与平面的结合点等，点与点之间的变化最好是线性的。然而这种对控制点的要求仅是理想中的状态，研究区内出现数据贫乏的区域也是很常见的，如全国气象观测站在青藏高原上的分布就非常稀疏。控制点过少、过于稀疏的地区，插值效果往往都不甚理想。通过合理布设控制点，可以实现用尽可能少的观测点数据达到最好的插值效果。

3. 空间插值的方法及分类

1）空间插值的常用方法

空间插值的方法很多，包括反距离权重法、样条函数法、克里金插值法、自然邻域法、趋势面法、径向基函数法等。许多方法因为其参数或条件的不一样，又可细分为多种具体的插值方法。

2）空间插值的方法分类

（1）确定性插值和随机性插值。确定性插值方法以研究区域内部的相似性或平滑度为基础，根据已知样本点的值，采用特定的数学函数进行插值生成预测表面，如反距离权重法、径向基函数法等。这些方法不提供预测值的误差检验。随机性插值方法利用样本点的统计属性，对样本点之间的空间自相关进行量化，并考虑预测位置周围的采样点的空间配置，通过变异估计来评估预测误差。克里金插值就是一种随机性的插值方法。

（2）全局拟合插值和局部拟合插值。全局拟合插值以整个研究区的样本点数据为基础，通过构建一个数学函数来对表面进行拟合从而估算未知点的值，常用于估算表面的总体趋势。全局拟合中，区域内任意单个点的变化也会影响插值结果，极值对结果的影响非常明显，只有当插值区域的表面比较平滑或数据集存在长期变化趋势、全局趋势时才可用全局拟合插值。局部拟合插值则是利用邻近的部分已知样点的数据来估算未知点的值，用来估算局部或短程的变化。多数情况下，在估算某个点的未知数值时，局部插值法更有效。全局多项式插值（Global Polynomial Interpolation，GPI）采用的是全局拟合法，而反距离权重、局部多项式插值（Local Polynomial Interpolation，LPI）、径向基函数、核平滑和扩散核等采用的是局部拟合法。

（3）精确性插值和非精确性插值。如图 4.72 所示，对于某个已知点，精确性插值在该点位置的估算值与该点已知值相同。也就是说，精确性插值所生成的表面通过所有的已知点，

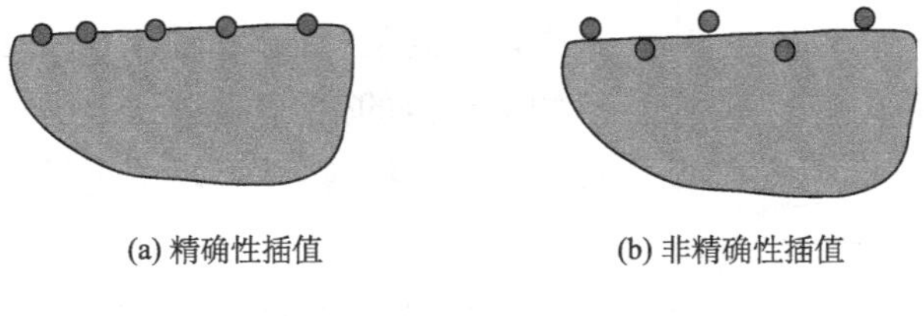

(a) 精确性插值　　　　(b) 非精确性插值

图 4.72　精确性插值和非精确性插值中表面与已知点的关系对比

而非精确性插值的表面则不一定通过已知点。非精确性插值可以有效避免输出表面中出现明显的凸起或凹陷。反距离权重法和径向基函数法是精确性插值器；全局多项式、局部多项式、含障碍的核插值及含障碍的扩散插值是非精确性插值。

3）ArcGIS 中的空间插值工具

ArcGIS 中用于空间插值的工具主要有两个部分：一是空间分析工具集中的各类插值工具（Interpolation），它提供了反距离权重（Inverse Distance Weighted，IDW）、克里金、自然邻域（Natural Neighborhood）、样条函数（Spline）、趋势面（Trend）等插值方法（图 4.73）；二是地统计分析扩展模块，它在 ArcToolbox 中有地统计分析工具集，并在 ArcMap 中有地统计分析工具条用于空间插值（图 4.74）。以下主要介绍反距离权重法、自然邻域法、样条函数法、趋势面法、局部多项式法、径向基函数（Radial Basis Function，RBF）法等插值方法，克里金插值法将在下一节的地统计分析中进行介绍。

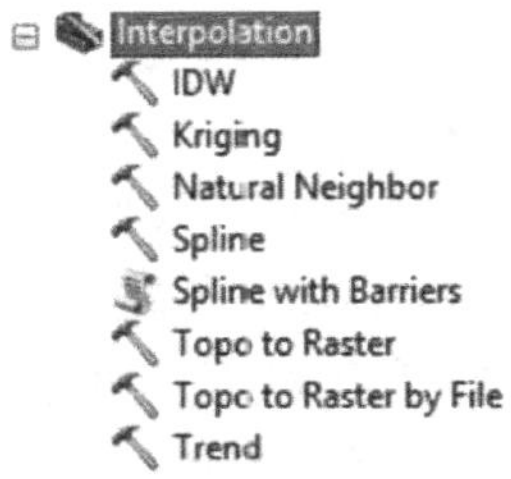

图 4.73　ArcGIS 空间分析工具集中的插值方法

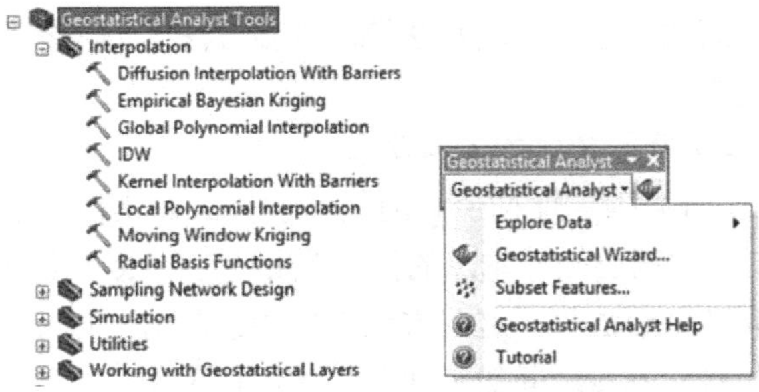

图 4.74　ArcGIS 地统计分析工具箱与工具条

4.4.2　反距离权重法

反距离权重法（IDW），又称为距离反比加权法，它以待插值点与若干邻近样本之间的距离倒数为权重，采用加权平均的方式计算待插值点的值，属于确定性的内插方法，也是一种局部拟合方法。反距离权重法基于相近相关的原理，认为距离越近的点对待插值点具有越大的影响，而距离越远的点对待插值点的影响越小（即作用的大小与距离的大小成反比）。该方法假设各已知采样点对待插值点的预测值都有局部影响，其影响随着距离的增加而减小，离待插值点近的已知采样点在预测过程中所占的权重大于离待插值点远的已知采样点的权重。其一般公式为

$$Z=\sum_{i=1}^{n}(1/d_i^p)\ Z_i\Big/\sum_{i=1}^{n}(1/d_i^p) \qquad (4.32)$$

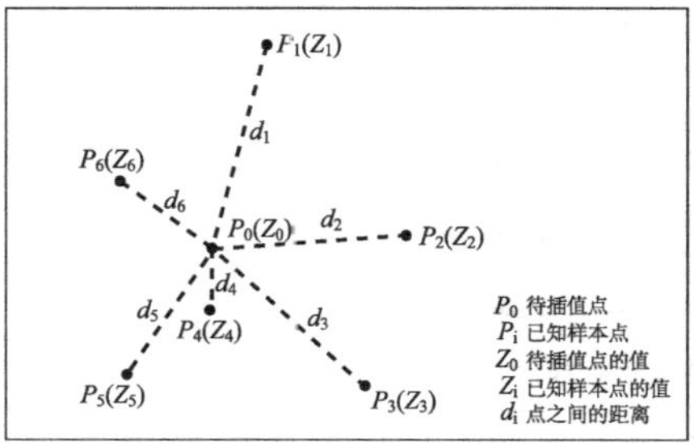

图 4.75　反距离权重插值法示意图

式中，Z 为某待插点的值；Z_i 为第 i（i=1,2,…，n）个已知采样点的值；d_i 为第 i 个已知采样点与待插点的距离；p 为幂指数。图 4.75 是反距离权重法的插值原理示意图。

反距离权重法计算出的表面受幂值 p 和邻域搜索策略的影响很大。

p 值用于控制权重值的降低速度，其大小对插值结果有显著的影响（图 4.76）。如果 $p=0$，则表示不产生距离衰减，因此每个权重均相同，预测值将是搜索邻域内的所有样本点数据值的算术平均值。p 值较小，远处的样本点对待插值点也有一定的影响，拟合的表面较为光滑；随着 p 值的增大，较远样本点的权重将迅速减小，近处样本点的权重比例迅速增加，拟合的表面不够光滑，有更多的细节。如果 p 值极大（如 10 以上），则只有最邻近的数据点会对预测产生影响。如何确定最佳 p 值呢？一般来说，可以采用插值精度的交叉验证模式来评估。在某一 p 值下，依次假定每一样本点的值是未知的，用周围样本点的值进行插值估算，通过计算所有样本点的实测值与估算值的误差，确定插值结果的均方根预测误差（RMSPE），绘制 p 值与 RMSPE 的散点图，拟合一条曲线（如二次多项式），然后以该曲线上最小 RMSPE 对应的 p 值作为最佳值（图 4.77）。

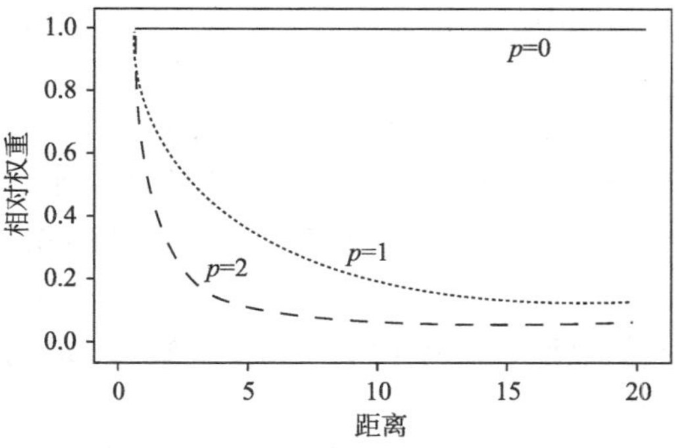

图 4.76　反距离权重插值中的权重衰减

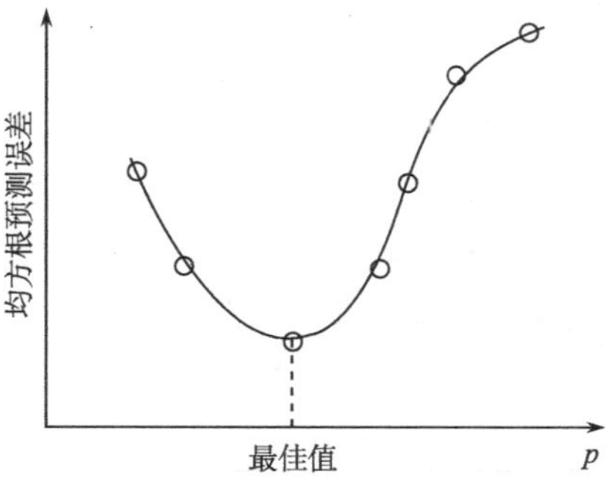

图 4.77　最佳 p 值的确定

如何搜索用于插值的邻近样本点，是反距离权重插值中另一个重要问题。它有两种处理模式：一是指定近邻点的数量 n，将最近的 n 个点用于插值。有时样本点较为稀疏，需要在很远的距离上才能搜索到最近的 n 个点，此时样本点的距离则可能超过了要素相互作用的最大影响距离，因此可以通过设定最大搜索距离，限制最邻近采样点个数，若指定采样点个数超过了最大搜索距离的要求，则会选取较少采样点进行插值。二是设置搜索的邻域范围来确定样本点。搜索范围的确立，受输入的样本点数量和拟建立表面的影响。如果各已知样本点对数据的权重没有方向性的影响，就可以认为在各个方向上包含的点的数量相等。为此，可以将相邻搜索区域的形状设为圆形。如果有关数据受到方向性的影响，如盛行风，那么就要改变邻近搜索区域的形状，将其调整为一个平行于风向的椭圆。一旦确定了邻近区域的形状，就可以限定该区域内能用于预测点计算的样本点的位置，进而确定要使用点的数量的最大值和最小值，还可以将这个邻近区域划分成多个扇区，设定各个扇区内使用点的数量的最大值和最小值。实际插值时，采用多少个样本点或采用什么范围内的样本点，往往需要对数据进行分析，了解要素的作用范围、方向等信息后，通过不断试验才能确定。

反距离权重法是一种精确性插值方法，生成的表面通过所有样本点，且表面内的最大值和最小值只能出现在采样点处。该方法假定插值的对象会受到局部变化的影响，而局部变化可以通过定义合适的搜索邻域进行捕获。反距离权重法便于理解，易于计算，是一种最常用的空间插值方法，在样本点分布较为密集且分布较为均匀，足以反映表面的局部变化时，可以得到较好的插值效果。该方法主要的不足在于没有充分考虑样本点的空间分布，在样本点分布较为稀疏的地点插值结果会产生较大的偏差，并且当待插值点附近的样本点数据很大或很小时，待插值点的结果容易受极值的影响而产生明显的“牛眼”现象。

4.4.3　自然邻域法

自然邻域法插值与 IDW 法类似，都是采用与待插值点相邻的样本点进行加权平均而估算，其计算公式为

$$Z = \sum_{i=1}^{n} W_i Z_i / \sum_{i=1}^{n} W_i \tag{4.33}$$

式中，W_i 为第 i 个相邻样本点的权重。

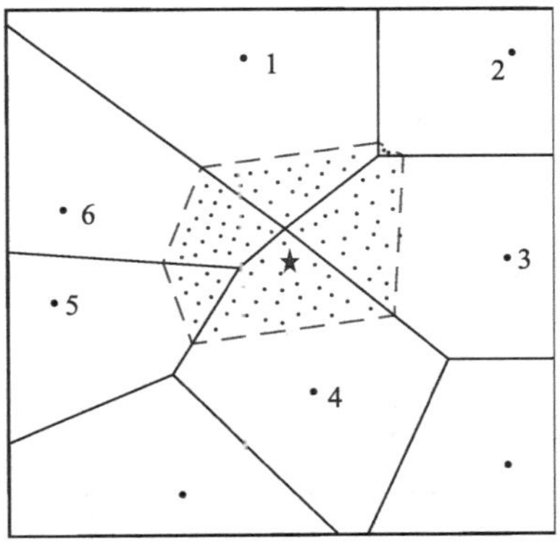

图 4.78　自然邻域插值中点与权重的确定

自然邻域法插值的基本过程如下（图 4.78）：①用所有已知样本点（图中的小黑点）构建泰森多边形（图中的黑色粗线）；②用待插值点（五角星）与周边的已知样本点重新构建一个新的泰森多边形（图中的虚线）；③将与新泰森多边形相邻的点用于插值（图中编号的 6 个点）；④计算新泰森多边形在每个原泰森多边形中的面积比例（重叠比例），作为相邻样本点的权重（如图 4.78 中，最北点和东北点的权重分别为 19.12%和 0.38%）；⑤计算相邻点的加权平均值。

可以看出，自然邻域法插值与 IDW 不同的是，用于插值的相邻样本点的选择方法及权重的计算方法不同。图 4.78 中最北点和东北点具有相近的距离，若采用 IDW 插值，则它们的权重将会相近，但采用自然邻域法插值时，它们的权重相差很大。

自然邻域法又称为“Sibson”（Sibson 最先提出）或“区域占用（area-stealing）”法，该方法仅使用待插值点周围的样本点，根据输入数据的结构（泰森多边形）局部调整点的位置和数量，无需用户指定搜索半径、搜索区域形状、样本个数等信息，插值结果能够反映要素的局部特征，因此属于局部拟合法。该插值方法能够保证插值结果表面在所使用的样本值范围之内，并且通过所有已知样本点，是一种精确性插值方法。该方法不会推断趋势且不会生成输入样本中尚未表示的山峰、凹地、山脊或山谷等，插值所得的表面比较光滑，除输入样本点之外的其他所有位置都是平滑的，生成的等值线也往往都是封闭的。在输入样本不多且比较分散或分布不均的情况下，得到的结果比克里金插值法拟合度要稍高一些。

4.4.4　样条函数法

样条函数法是利用最小化表面总曲率的数学函数来估值，生成恰好经过样本点的平滑表面，同时保证了由样本点连接形成的所有表面斜度变化最小。基本思想就是采用分段多项式逼近已知数据点，同时保证在各段交接的地方有一定的光滑性。形象地说，样条函数插值就类似在拉伸一片橡皮膜，使之通过所有的样本点并保证曲率最小。样条函数插值适合于模拟高程、气温、降水、污染物浓度等空间连续变化并且较为光滑的表面。

样条函数的近似表达为

$$Z=\sum_{i=1}^{n}A_i d_i^2 \log d_i + a + bX + cY \tag{4.34}$$

式中，X,Y 为待插值的点的坐标值；样条函数包括两个部分，（$a+bX+cY$）为局部趋势函数，它与线性或一阶趋势面具有相同的形式；$d_i^2\log d_i$ 为基础函数，目的是用来生成最小曲率的表面；A_i、a、b、c 为方程系数，可由以下四个线性方程组求解得到：

$$\sum_{j=1,j\neq i}^{n}A_j d_j^2 \log d_j + a + bX_i + cY_i = Z_i \tag{4.35}$$

$$\sum_{i=1}^{n}A_i = 0\,,\quad \sum_{i=1}^{n}A_i X_i = 0\,,\quad \sum_{i=1}^{n}A_i Y_i = 0 \tag{4.36}$$

式中，Z_i 为第 i 个样本点的值；n 为样本点的数目；X_i,Y_i 为第 i 个样本点的坐标值；d_j 为第 j 个样本点与第 i 个样本点之间的距离；系数的估算需要 $n+3$ 个方程求解而得。

样条函数是分段函数，进行一次拟合只用少数邻近点，同时保证曲线段在连接处为平滑连续曲线。这就意味着样条函数只需修改曲线的某一段，而不用重新计算整条曲线，这是其他方法做不到的。当一次样条曲线的一个点位置变化时，只需要重新计算两段曲线；当二次样条曲线的一个点位置变化时，只需要重新计算四段曲线（图 4.79）。这样使得样条函数插值速度提高，保留了微地物的特征，在视觉上达到了满意的效果。

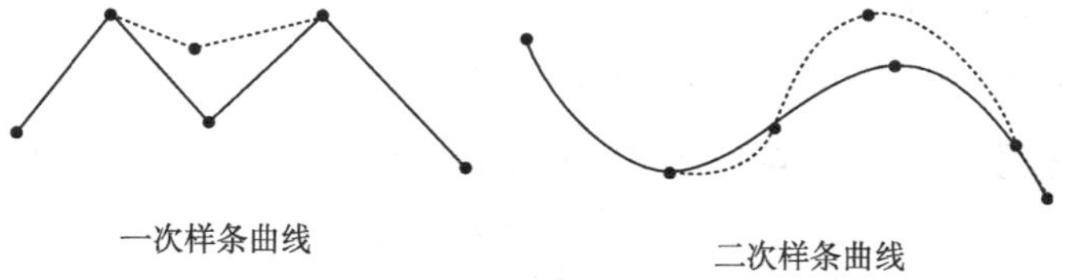

图 4.79　点位置的变化引起的曲线重算

样条函数插值的结果主要受插值类型和权重的影响。插值的类型主要有两种：规则样条函数（Regularized）和张力样条函数（Tension）。规则样条函数生成一个平滑、渐变的表面，且插值的结果可能会超过采样点数据范围，其权重值控制着表面的平滑度，权重越大表面越平滑，典型值有 0、0.001、0.01、0.1、0.5 等；张力样条函数可以根据建模现象的特征来生成一个相对不太平滑的表面，但内插值更接近采样点数据的值域范围，其权重值控制着表面的弹性值，权重越大，表面越粗糙，其典型值有 0、1、5、10 等。需要注意的是，在样本点微小邻域内，无论采用哪种样条插值方法和权重，样条插值均比较稳定，差异较小。而在其他区域，尤其在样本点比较稀疏的地方，插值方法和权重的影响都比较大。

与 IDW 相比，样条函数也属于精确性插值，生成的表面通过所有已知样本点，但该表面更为平滑，其内插值并不局限于控制点的最大值与最小值范围内，一般不适用于短距离内属性有较大变化的地区，在样点稀疏的地方拟合结果会出现较大的偏离问题。

4.4.5 趋势面法

趋势面法插值是一种全局多项式插值（GPI）方法，它根据样本点的属性值和空间坐标的关系，对整个区域的样本点采用全局多项式、基于最小二乘法进行拟合，生成一个反映要

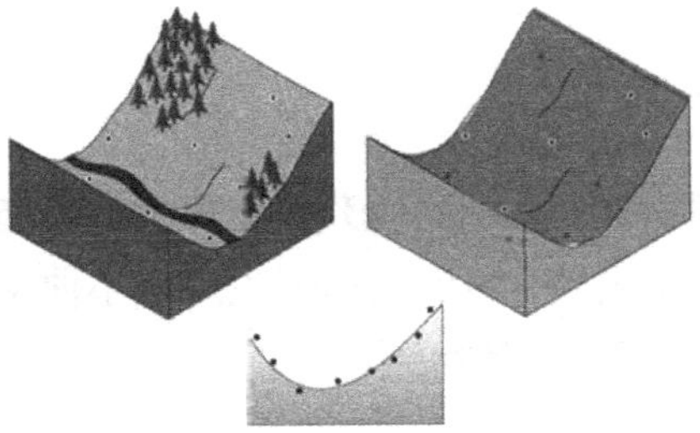

图 4.80　趋势面插值示意图

素整体渐变趋势的平滑表面。在概念上，趋势法插值类似于取一张纸，将其插入各凸起点之间，实际情况下，平整的纸张是无法完全模拟包含山谷的地表的，将纸张略微弯曲，模拟效果将会更好。平面是一个一阶多项式（线性），二阶多项式允许 1 次弯曲，三阶多项式允许 2 次弯曲，以此类推。图 4.80 是在概念上展示出的一个与山谷拟合的二阶多项式。由于纸张几乎无法穿过实际测量点，趋势法插值成为不精确的插值方法，有些点位于纸张上方，有些则位于下方。但是如果上、下方的点与纸张之间的平方差最小（均方根误差最小，符合最小二乘法原理），则插值表面越能代表各输入点。

趋势面法将样本点的实测值分解为三个部分：全局趋势、局部变异、随机干扰。因为空间数据不具备重复抽样条件，所以通常将后两项合并成一项，即拟合残差，可表示为

$$Z_i = \widehat{Z_i} + \varepsilon_i \tag{4.37}$$

趋势面插值中常用二元一次、二元二次、二元三次方程等进行拟合，其方程分别如下：

$$\hat{Z} = b_0 + b_1 X + b_2 Y \tag{4.38}$$

$$\hat{Z} = b_0 + b_1 X + b_2 Y + b_3 X^2 + b_4 XY + b_5 Y^2 \tag{4.39}$$

$$\hat{Z} = b_0 + b_1 X + b_2 Y + b_3 X^2 + b_4 XY + b_5 Y^2 + b_6 X^3 + b_7 X^2 Y + b_8 XY^2 + b_9 Y^3 \tag{4.40}$$

式中，$\hat{Z}$ 为趋势值；b_i（$0 \leqslant i \leqslant 9$）为多项式系数；$X, Y$ 为样本点的坐标。根据最小二乘法原理，计算多项式系数，得到趋势面方程，利用该方程可计算趋势面中任意一点的估算值。为求取多项式系数，一次、二次、三次多项式分别需要至少 3 个、5 个、9 个样本点数据。

拟合表面多项式的次数越低，拟合的表面越粗糙，拟合效果越差，仅能反映区域的宏观趋势。次数越高，拟合面越光滑，拟合结果越接近于实际表面。但是，插值中并非次数越高越好，次数过高使得计算量增加而精度提高不大，一般选择二次或三次即可。

趋势面法适用于对整个区域而不是对具体的某一个地区进行插值，虽然拟合结果不一定在局部很符合输入的样本点，但是在总体上是非常符合的。此外，它还可用于检查或排除长期或全局趋势的影响。趋势面法插值容易受极值点的影响，尤其是在研究区的边沿地带。此外，它对样本点的要求很高，若样本点不能真实反映要素变化的重要因素（如周期性和趋势），则内插不能取得很好的效果。

趋势面法插值的回归类型有两种：线性趋势（Linear）和逻辑性趋势（Logistic）。前者适用于连续型数据，创建浮点型栅格；后者适用于预测空间中给定的一组位置处某种现象存在与否（以概率形式表达，如某物种存在与否）。

4.4.6　局部多项式法

全局多项式插值用一个多项式来拟合整个表面，当表面具有多种复杂的形状时，如绵延起伏的地表，仅使用一个全局多项式拟合表面很难达到精度的要求，而多个多项式则能够更加准确地拟合真实表面，这就是局部多项式插值（LPI）。它将一个复杂的表面分解为很多部分，每个部分利用该局域范围内的已知样本点，采用一个多项式来进行拟合，这样整个表面

将由多个多项式拟合而成。每个多项式只在特定重叠的邻近区域内有效，可以通过设定搜索半径和方向来定义一个以待插值点为中心的邻域，还可以通过设定参与待插值点估算的样本点数最大值和最小值来定义邻域。由此可见，局部多项式插值能够很好拟合表面中的短程变异，体现表面中的局部特征，从而产生一个更为准确、真实的表面（图 4.81）。

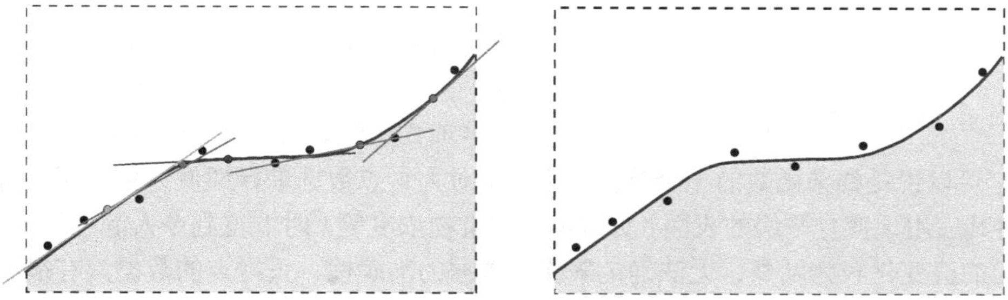

图 4.81　局部多项式表面拟合

局部多项式插值法依赖以下假设：①在格网上采样（即样本的间距相等）；②搜索邻域内的数据值呈正态分布。事实上，大多数数据集都不符合上述假设，在此类情况下，预测值将受到影响，但误差不会像预测标准误差那样大。

局部多项式插值法的实质是一种局部加权最小二乘方法，它有以下四个基本步骤。

（1）选择插值函数。最简单的插值函数是多项式，最常用的是一次、二次和三次多项式。在多数情况下，二次多项式就已经能够满足研究需要。

（2）确定搜索的相邻样本点。用于局部拟合的样本点离待插值点最远是多远？基于相近相关原理，首先选择的一定是最近的点，但多远的点才不具备相关性，才不能用于插值呢？一般可以根据经验或专业背景找出一个阈值，作为邻近点的搜索半径。若要素的空间分布是无关方向的，即各向同性，则可以采用圆作为搜索区域；若各向异性（如受盛行风向影响），需要考虑方向，采用椭圆作为搜索区域，甚至划分扇区。此外，也可以规定用于插值的最小样本数量和最大样本数量。

（3）参数设置。常用的参数包括核函数和权重。设置参数的目的是使均方根预测误差达到最小。

（4）计算。根据最小二乘法原理求解多项式，根据多项式及相关参数，计算待插值点的值。

与全局多项式插值创建平滑表面及标识长期趋势不同，局部多项式插值更能体现变量的短程变化。当数据集显示出短程变化，并且人们对这种短程变化更感兴趣时，可采用局部多项式插值来捕获这种变化。局部多项式插值法对邻域距离很敏感，搜索邻域设置太小可能会在预测表面内创建空值区域，在输出最终表面前通过预览表面来检查空值区域是否存在。

4.4.7　径向基函数法

径向基函数（RBF）又称为径向基神经网络，是人工神经网络方法中的一种。它包括以下五种不同的基本函数：平面样条函数（Thin Plate Spline）、张力样条函数（Spline with Tension）、完全规则样条函数（Completely Regularized Spline）、高次曲面函数（Multiquadric Spline）、反高次曲面函数（Inverse Multiquadric Spline）。采用不同的基本函数决定了插值时

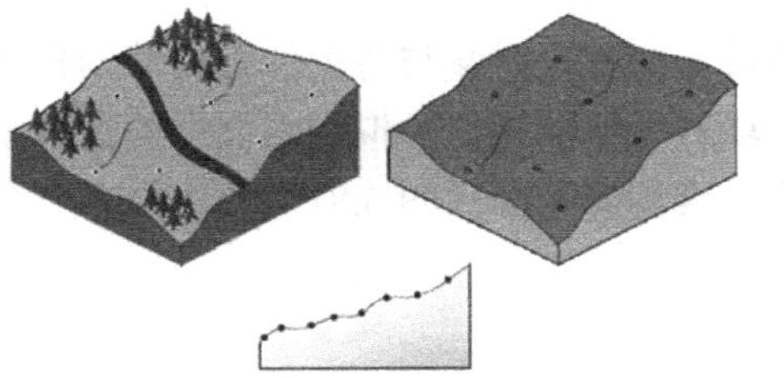

图 4.82　径向基函数插值示意图

将以不同的方式使表面通过所有的已知样本点，从而也得到不同的插值表面。径向基函数插值得到的表面不仅能够反映整体趋势，还能反映局部变化。

径向基函数法是一种精确性的插值方法，拟合的表面必须通过每一个已知的样点（图 4.82），在这一点上，它与趋势面法（全局多项式法）和局部多项式法的非精确性插值都有所不同。

RBF 可以说是样条函数的一个特例，适用于对大量点数据进行插值计算从而获得平滑表面，在将其应用于变化平缓的表面（如高程、污染物浓度等）时能得到令人满意的插值效果。但在表面的值变化较为剧烈、无法确定采样点数据的准确性、采样点的数据具有很大的不确定性等情况下，不适宜采用本方法。

与 IDW 相比，RBF 更加灵活，有更多的参数设置，可以预测比采样点高或低的未知点的值，而 IDW 无法计算高于或低于采样点的预测点的值。

4.4.8　插值结果的验证

插值结果是否能很好模拟要素表面，需要进行验证。验证的方法主要有两种，即交叉验证（Cross Validation）和实际验证。交叉验证法首先假定每一样本点的要素值是未知的，采用周围样本点的值来估算（即待评估的样本点不参与插值），然后计算所有样本点实际观测值与内插值的误差，以此来评判估值方法的优劣。实际验证法将已知的样本点分为两部分，一部分作为“训练数据集”（如随机选择 85%的数据），用于空间插值；另一部分作为“验证数据集”，不参与插值计算。将基于训练数据集的插值结果与验证数据集中的值进行对比，从而确定插值效果。

验证插值结果的具体指标包括：①标准平均值预测误差（Mean Standardized Error，MSE）接近于 0；②均方根预测误差（Root-Mean-Square Prediction Error，RMSPE）较小；③平均标准误差（Average Standard Error，ASE）与均方根预测误差接近；④标准均方根预测误差（Root-Mean-Square Standardized Prediction Error，RMSSPE）接近于 1；⑤平均误差（Mean Error，ME）、平均相对误差（Mean Relative Error，MRE）和平均绝对误差（Mean Absolute Error，MAE）较小；⑥标准均方根误差（Normalized Root Mean Square Error，NRMSE）越小，插值的精度越高，误差越小。

4.4.9　插值实例

对我国某年 6 月 685 个气象站的降水观测数据，采用上述 6 种方法进行空间插值生成降水表面（图 4.83）。观察插值结果图可知，反距离权重法的所有预测值都介于最大值与最小值之间，产生的等值线较小且封闭，存在许多孤立点的数据高于其周围的数值。自然邻域法插值结果反映要素的局部特征，插值结果在所使用的样本值范围之内，并且通过所有已知样本点，插值所得的表面比较光滑。与 IDW 和自然邻域法相比，样条函数法生成的插值结果更加平滑。趋势面法明显反映了降水量由东南向西北减少的宏观变化趋势，几乎没有体现降水的短程变化和局部特征。局部多项式插值的结果较好体现了降水量的局部变化，同时形成的降水表面也较为平滑。径向基函数产生的降水插值结果也比较平滑，对降水的整体趋势和局部变化特征的表现都比较好，表面虽然都通过样本点，但其极值均超过样本点的极值。

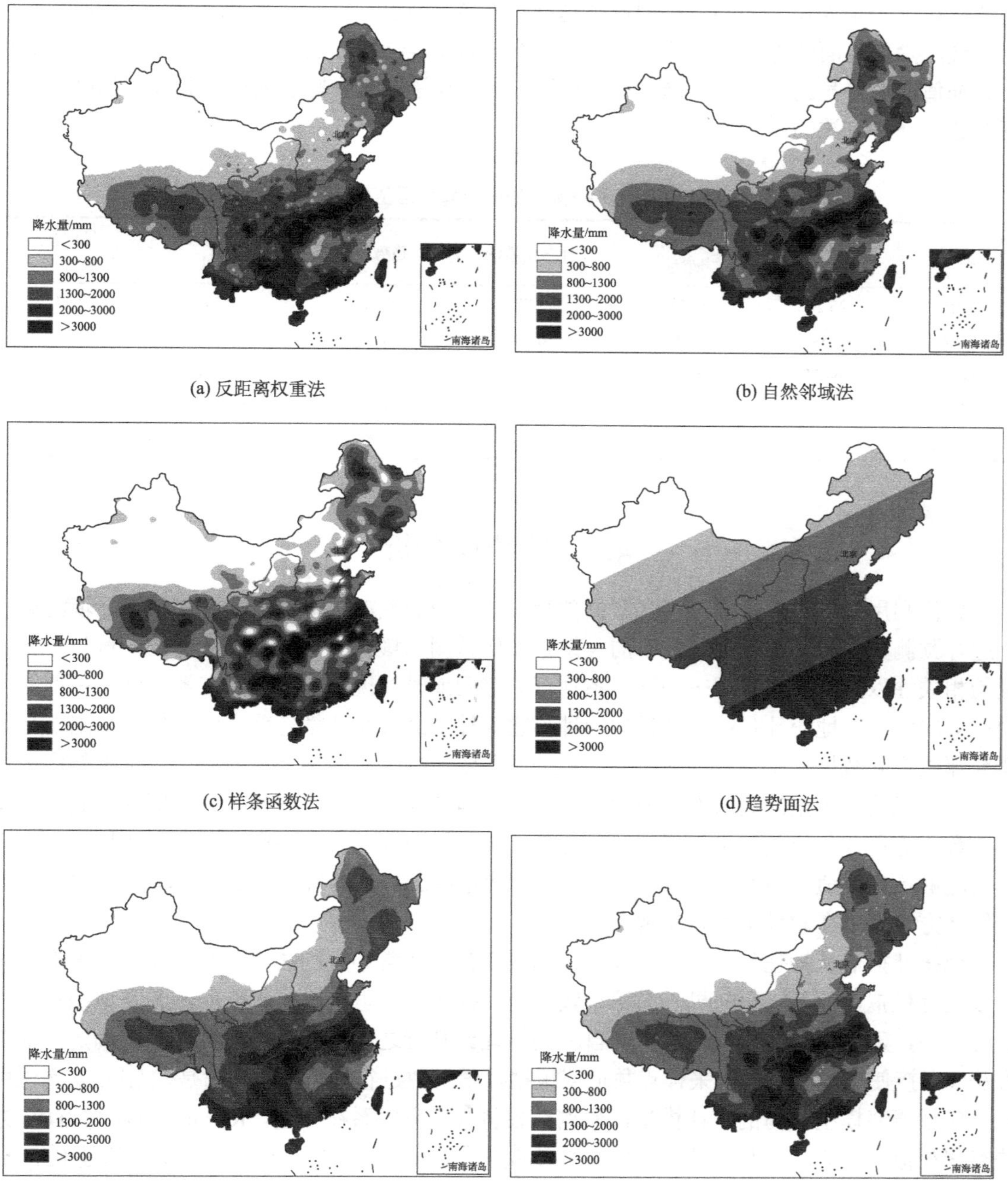

(a) 反距离权重法　　(b) 自然邻域法

(c) 样条函数法　　(d) 趋势面法

(e) 局部多项式法　　(f) 径向基函数法

图 4.83　不同方法的降水插值结果

经过实际验证对以上 6 种插值方法所得的结果进行误差分析，具体方法为抽取样本点的 85%作为训练样本进行插值，用剩余 15%的样本点进行验证。采用的评价指标为平均误差

ME、平均相对误差 MRE、平均绝对误差 MAE、均方根预测误差 RMSPE 及标准均方根误差 NRMSE。ME 反映估测误差的整体分布情况，MRE 反映估计值对于实测值的准确度，MAE 反映估测值的误差范围，RMSPE 反映模拟值与监测值的偏离程度，NRMSE 反映插值精度的高低。这 5 个值越小表明插值模型选择越好。表 4.2 列出了年均降水量的验证结果，从中可以发现，除趋势面法外，其余各种方法都有不同的误差特征。实际工作时，可根据插值的目标、插值方法自身的特点，选择不同的插值方法，在进行交叉验证或实际验证的基础上，选择合适的插值方法。

表 4.2　6 种空间插值方法进行降水插值的验证结果

类型	反距离权重法	自然邻域法	样条函数法	趋势面法	局部多项式法	径向基函数法
ME	25.27	35.98	8.82	35.71	−0.74	27.3
MRE	0.53	0.48	0.60	1.67	0.46	0.52
MAE	364.78	367.06	483.35	591.42	387.28	370.86
RMSPE	396.1	502.99	622.04	760.07	521.76	507.56
NRMSE	0.29	0.36	0.45	0.55	0.38	0.37

4.5　地统计分析

如何利用采样点的气温、降水数据预测研究区域的气温、降水情况？如何对环境污染水平进行预测并分析其与癌症发病率的关系？如何预测土壤养分含量并分析作物产量与养分含量的相关性以进行精确施肥……这一系列有关空间或时空现象的问题，在地统计学中都能得到有效的解决。地统计是统计分析的一种，它弥补了经典统计学忽略空间方位的缺陷，凡是研究那些空间数据的结构性和随机性、相关性和依赖性、空间格局与变异、最优无偏内插估计，或模拟这些数据的离散性、波动性，均可用地统计学的相关理论或方法解决。通过对变异函数、克里金估计及随机模拟方法的深入扩展，地统计已经成为空间统计学的核心内容，不仅能够提供插值，还可以衡量插值结果的不确定性。ArcGIS 中的地统计模块，使得复杂的地统计方法可以在软件中得以实现。

地统计插值认为任何在空间连续变化的属性都是非常不规则的，不能用简单的平滑数学函数进行模拟，但可以用随机表面给予较恰当的描述。克里金插值（Kriging）是地统计学方法的一种，建立在统计模型包含空间自相关等理论基础之上。与 IDW、Spline 等确定性插值方法（直接使用预测点周围采样点数值或根据数学函数进行插值）不同的是，Kriging 方法引入了包括概率模型在内的统计模型，预测结果将与概率联系在一起。Kriging 方法与 IDW 方法有些相似，两者都采用对周围采样点加权的方法对预测点进行插值计算，不同的是 Kriging 方法的权重值不仅需要考虑预测点与周围采样点数据的空间距离关系，还要考虑已知点的位置及已知点的整体空间分布和排列，揭示数据的空间自相关关系。

4.5.1　地统计与数理统计

1. 地统计

地统计学（geostatistics）也称地质统计学，形成于 20 世纪 50 年代，60 年代发展成为一门新的统计学分支。它以区域化变量理论为基础，以变异函数为主要工具，研究那些在空间分布上既有随机性又有结构性，或空间相关性和依赖性的自然现象。通过对描述空间模式和插值方法的改进，其不仅能够生成预测面，还能给出预测值的误差。它是一种分析空间位置相关地学信息的经验性方法，通过分析样本间的内在分布规律，探究合适的模型对区域范围内的采样值进行估计并给出其不确定性。对地统计的研究主要包括区域化变量、变异分析和空间估值几个方面。这里先介绍区域化变量和变异分析，空间估值将在 4.5.3 节中进行介绍。

1）区域化变量

在生态学、土壤学和地质学中，许多研究的变量不是一般的随机变量，而是与位置有关的随机变量。因此，当一个变量呈现出空间分布时，称为“区域化”，将这个变量称为“区域化变量”，这种变量常常反映某种空间现象的特征。用区域化变量描述的现象，称为区域化现象。Matheron（1963）将区域化变量定义为：以空间点 x 的三个直角坐标（x_v，x_u，x_w）为自变量的随机场 $Z(x_v,x_u,x_w)=Z(x)$，反映某种空间现象的特征。它具有两方面的含义，即观测前是一个随机变量，观测后是一个空间三元函数值或空间点函数值，具有显著的随机性与结构性，其随机性体现在它是一般的随机函数，结构性体现在它的函数值 $Z(x)$ 与 $Z(x+h)$ 存在某种程度的自相关。对某一具体的区域化变量而言，它还具有空间的局限性、不同程度的连续性、不同类型的各向异性等属性。

首先，区域化变量的空间局限性表现在：区域化变量被限制于一定空间范围，这一空间范围称为区域化的几何域，如某一林分类型、树木种子等的散布范围，在几何域或空间范围内，该变量分布明显，在几何域或空间范围之外，该变量表现不明显或几乎为零。

其次，区域化变量的连续性表现在：不同的区域化变量具有不同程度的连续性，这种连续性通过区域化变量的半变异函数来描述。例如，土壤厚度具有较强的连续性，土壤某元素的含量在平均意义下存在连续性。

最后，区域化变量的各向异性表现在：当区域化变量在各个方向上具有相同性质时称各向同性，否则称为各向异性。对各向同性或各向异性的分析，主要考虑区域化变量在一定范围内样本点之间的自相关程度，超出这一范围之后，相关性变弱甚至消失。

因此，基于区域化变量的特殊性，G.Matheron 在 20 世纪 60 年代提出了空间协方差函数和变异函数，用于研究区域化变量的随机性与结构性。

2）变异分析

a. 协方差函数

协方差又称半方差，表示两随机变量之间的差异。在随机函数中，当只有一个自变量 x 时称为随机过程，随机过程 $Z(x)$ 在时间 t_1 和 t_2 处的随机变量 $Z(t_1)$、$Z(t_2)$ 的二阶混合中心距定义为随机过程的协方差函数，记为 $\mathrm{Cov}\{Z(t_1),Z(t_2)\}$，即

$$\mathrm{Cov}\{Z(t_1),Z(t_2)\}=E\{[Z(t_1)-E(Z(t_1))][Z(t_2)-E(Z(t_2))]\} \tag{4.41}$$

当随机函数依赖于多个自变量时，$Z(x)=Z(x_v,x_u,x_w)$ 称为随机场，而随机场 $Z(x)$ 在空间点 x 和 $x+h$ 处的两个随机变量 $Z(x)$ 和 $Z(x+h)$ 的二阶混合中心距定义为随机场 $Z(x)$ 的协方差函数，即

$$\mathrm{Cov}\{Z(x),Z(x+h)\}=E\{[Z(x)-E(Z(x))][Z(x+h)-E(Z(x+h))]\} \tag{4.42}$$

b. 变异函数

变异函数又称变差函数或变异距，是地统计分析的特有函数。当空间点 x 在一维 x 轴上变化时，区域化变量 $Z(x)$ 在点 x 和 $x+h$ 处的值 $Z(x)$ 与 $Z(x+h)$ 的方差的一半称为区域化变量 $Z(x)$ 在 x 轴方向上的变异函数，记为 $r(x,h)$。

根据定义有

$$r(x,h)=\frac{1}{2}\mathrm{Var}\left[Z(x)-Z(x+h)\right]^2 \tag{4.43}$$

即

$$r(x,h)=\frac{1}{2}E\left[Z(x)-Z(x+h)\right]^2-\frac{1}{2}\left\{E\left[Z(x)\right]-E\left[Z(x+h)\right]\right\}^2 \tag{4.44}$$

因为区域化变量 $Z(x)$ 满足二阶平稳假设，所以有 $E\left[Z(x+h)\right]=E\left[Z(x)\right]$，于是

$$r(x,h)=\frac{1}{2}E\left[Z(x)-Z(x+h)\right]^2 \tag{4.45}$$

当变异函数 $r(x,h)$ 仅依赖于 h 而与位置 x 无关时，$r(x,h)$ 可改写成 $r(h)$，即

$$r(h)=\frac{1}{2}E\left[Z(x)-Z(x+h)\right]^2=\frac{1}{2n}\sum_{i=1}^{n}\left[Z(x_i)-Z(x_i+h)\right]^2 \tag{4.46}$$

有时也将 $r(h)$ 称为“半变异函数”，而将 $2r(h)$ 称为“变异函数”。

协方差函数和半变异函数是地统计学中以区域化变量理论为基础建立起来的两个最基本的函数，直观来看，$Z(x)$ 和 $Z(x+h)$ 之间存在的相互关系并不取决于它们的具体位置，而依赖于两点间的距离。估计变异函数的值，需要若干对 $Z(x)$ 和 $Z(x+h)$ 的值，但是，在地统计学中，空间抽样只能得到一对这样的数值，为了能够使用变异函数，区域化变量 $Z(x)$ 必须满足二阶平稳假设和本征假设。

平稳性随机函数是指那些不因位移而改变的随机函数 $Z(x)$，它要求 $Z(x)$ 的各阶矩均存在，但这种假设实际上很难得到满足。在线性地统计学研究中，主要研究方差，只需假设其一、二阶矩存在且平稳就够了，即二阶平稳假设。区域化变量的二阶平稳是指那些在整个研究区中，区域化变量 $Z(x)$ 的数学期望对任意 x 存在且等于常数，且区域化变量的协方差对任意 x 和 h 存在且平稳；而本征假设实际上是一种弱二阶平稳，它只需满足在整个研究区中，区域化变量 $Z(x)$ 的增量的数学期望对任意 x 和 h 存在且等于零，且区域化变量的增量的协方差对任意 x 和 h 存在且平稳即可。二阶平稳假设包含本征假设，但反之不成立。在地统计学中，经常遇到一些区域化变量 $Z(x)$ 在有限大小的邻域内，是满足二阶平稳假设和本征假设的，此时，称其为准二阶平稳和准本征。然而，这个尺度总是可以不断缩小至合适的邻域大小，因此，在地统计学中，为了保证有足够的数据，并保持平稳，在以后的地统计学中所讨论的区域化变量，都假设其满足准二阶平稳假设和准本征假设。

协方差函数和变异函数实质上都是用于估计误差的函数，协方差函数图和变异函数图都是误差的曲线分布图。地统计中常用的两个非常有效的工具就是估计方差和离散方差，著名的克里克（Krige）关系式就是在离散方差的基础上建立起来的。如图 4.84 和图 4.85 所示，变异函数与协方差函数表现了两事物间的空间相关性，当两事物之间的距离较小时，也就是当两事物间的距离满足 $|h|\leqslant a$ 时，区域化变量是空间自相关的，而超出此范围后自相关不存

在，这里的间距 a 就是变程（Range），它反映了区域化变量 $Z(x)$ 空间变异尺度或空间自相关尺度。当空间自相关消失（即 $|h| \geqslant a$）时，变异函数 $r(h)$ 趋于一个极限值，这个极限值也就是基台值（Sill），基台值是系统或系统属性中最大的变异。除此之外，变异函数还具有块金效应与各向异性。理论上，在采样点间的距离为 0 时，半变异函数应为 0，但由于测量误差和内部变异的存在，半变异函数并不为 0，而等于一个常数 C，这种现象在地统计学中被称为块金（Nugget）效应，常数 C 也就是块金常数或块金方差。例如，在土壤有机氮含量的测定分析中，对同一个地方的两次取样结果就会存在一定的或较大的差异。偏基台值（Partial Sill）就是基台值与块金值的差值。在区域化二阶平稳性条件下，协方差函数和变异函数满足 $C(h) = \text{Sill} - r(h)$。

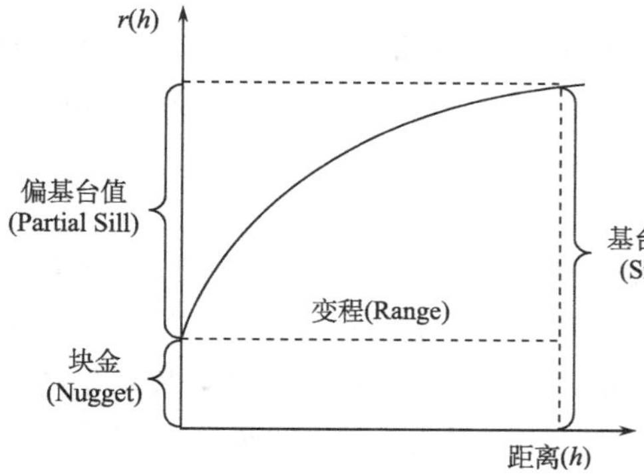

图 4.84　半变异函数

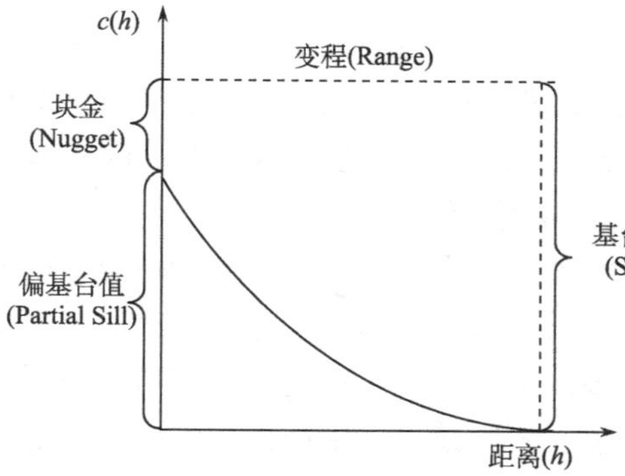

图 4.85　协方差函数

对于区域化变量，变异函数$r(h)$不仅与间距h有关，还与方向有关。如果空间相关具有方向性，那么某一方向上的变异就比其他方向上的变化更快，可以用各向异性来描述空间相关的方向差异。通常，如果一区域化变量在任意两个方向上的变异函数之比等于或接近于 1，则空间异质性为各向同性，否则为各向异性。生态学、土壤学中的许多区域化变量都是各向异性的。变异函数常用于研究系统或系统属性空间分布格局和空间异质性。空间异质性用来描述系统或系统属性在空间上的复杂性和变异性。常用各向异性、基台值、块金值和分维数D对其进行描述。分维数表示的是变异函数曲线的曲率，可以作为随机变量的量度，分维数D越大，表明空间自相关部分引起的空间异质性越高；各向异性越高，空间异质性程度越高；块金值与基台值之比越高，说明随机部分引起的空间异质性程度越高，如果比值接近于 1，则该变量在整个尺度上具有恒定的变异。同时，在不同尺度上，同一景观的某一变量的自相关程度也相差甚大，在景观生态学中这种尺度的确定有助于区别不同的景观格局所对应的生态学过程。

3）ArcGIS 中的地统计

ArcGIS 中的地统计分析扩展模块（Geostatistics Analysis）是一种运用地统计分析方法创建连续表面的工具集，为空间数据探测、确定数据异常、优化预测、评价预测的不确定性和生成数据面等工作提供了多种多样的工具，能够完成探究数据可变性、查找不合理数据、检查数据的整体变化趋势、分析空间自相关及多数据集之间的相互关系，以及利用各种地统计模型和工具来做预报、预报标准误差、计算大于某一阈值的概率、分位数图绘制等工作。它由三大工具组成，包括探索性数据分析工具、地统计向导和一组地理处理工具。克里金插值是地统计分析工具里的主要插值方法，它是建立在统计模型之上的包含空间自相关等理论的一种插值方法，是在变异函数理论和结构分析基础之上，在有限区域内对区域化变量进行无偏最优估计的一种方法。该方法不仅考虑了待预测点与邻近样本点数据的空间距离关系，还考虑了各参与预测的样本点之间的位置关系，充分利用了各样本点数据的空间分布结构特征，是对未知样本点进行的一种线性无偏最优估计。采用克里金方法进行插值一般分为两步：第一步是对采样点进行空间结构量化分析，即在半变异函数分析的前提下，为样本点数据拟合一个空间独立模型；第二步是利用第一步拟合的半变异函数、采样点数据的空间分布及样本点数据值对未知点进行预测。ArcGIS 中的克里金插值方法分为普通克里金插值（Ordinary Kriging)、简单克里金插值（Simple Kriging)、泛克里金插值（Universal Kriging)、概率克里金插值（Probability Kriging)、析取克里金插值（Disjunctive Kriging)、协同克里金插值（Co-Kriging)、指示克里金插值（Indicator Kriging）和对数正态克里金插值（Logistic Normal Kriging)。4.5.3 节将会对这些方法做具体的介绍。

2. 数理统计

数理统计是一种以概率论为基础、研究随机现象的统计方法，它要求统计变量是绝对的随机变量，每个样本必须保持独立。它采用频率分布图来研究样本的各种数字特征，即使进行无限次重复试验，该变量的取值仍按照某种概率分布而变化。例如，考察某高校新生的身高体重、研究某工厂生产的灯泡的寿命等，这种统计表现出的仅是一种数字特征，算术平均数、中位数、众数等可以反映数据分布的集中情况，标准差、方差、极差和变异系数等可以反映数据分布的离散情况，偏态数、峰态数等可以反映数据分布的形态，通过回归分析和相关分析可以分析两个样本之间的相关关系。地统计学是在此基础上，分析变量与空间位置相关关系的一门科学，其研究的变量并不能保证每个变量间是绝对的独立，且不可进行重复试验，每个区域化变量的取值仅有一次，这也是地统计学与传统统计学的主要区别。

4.5.2　空间数据探索

探索性空间数据分析（exploratory spatial data analysis，ESDA）是一种用定量分析探索空间数据，让数据说明其本身特征的分析技术。ArcGIS 中提供了一系列图形工具和适用于数据的插值方法，可以探索空间数据的属性、分布、总体或局部异常值、总体趋势或局部变化和空间相关性等特征，以便让用户更深入了解数据，认识研究对象，从而对与数据相关的问题做出更好的决策。在 ArcMap 中可以通过 Geostatistics Analyst 工具条下拉菜单中的 Explore Data 下的多种工具进行相应的数据探索。以下介绍一些在 ArcGIS 地统计分析中常用的空间数据探索方法。

1. 刷光与链接

刷光（Brush）指在 ArcMap 数据视图或某个 ESDA 工具中选取对象，被选择的对象高亮度显示。链接（Link）指在 ArcMap 数据视图或某个 ESDA 视图中选取对象的操作。在所有视图中被选取对象均会执行刷光操作。当在某些 ESDA 工具中执行刷光时，ArcMap 数据视图中相应的样本点会被高亮度显示。当在半变异函数/协方差云中刷光时，ArcMap 数据视图中相应的样本点对及每对之间的连线均被高亮显示。反之，当样本点对在 ArcMap 数据视图中被选中，在半变异函数/协方差云中相应的点也将高亮度显示。如在图 4.86 的直方图中，通过选中图中的变异值（最右侧两个直方），则可以在对应的地图中看到它。通过刷光和链接可以将 ArcMap 数据视图中的对象和 ESDA 工具中的对象同时高亮显示，便于进行对比分析。

2. 直方图

直方图（Histogram）工具提供了一种对数据中单变量的描述，能够得到感兴趣数据集的频率分布特征及一些概括性的统计指标。它可以用于对大量样本点数据进行整理加工，找出其统计规律，分析数据的分布形态，以便对其总体分布特征进行推断，如图 4.86 表示数据呈钟型分布、图 4.87 表示数据呈偏态分布、图 4.88 表示数据呈正态分布等。

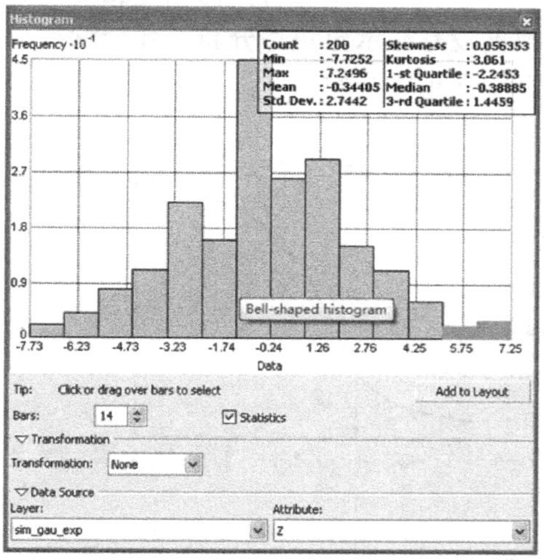

图 4.86　钟型分布直方图

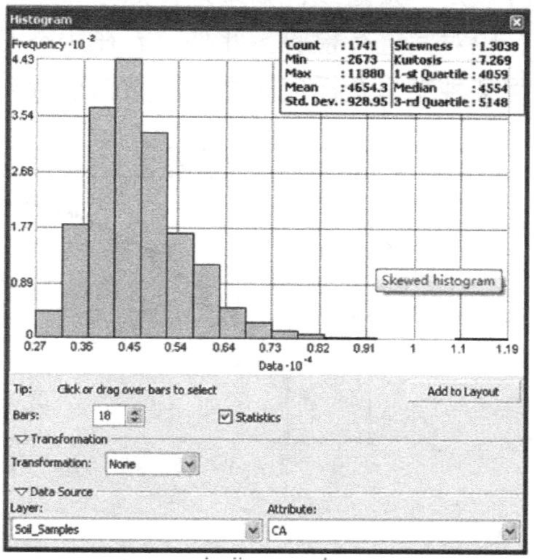

图 4.87　偏态分布直方图

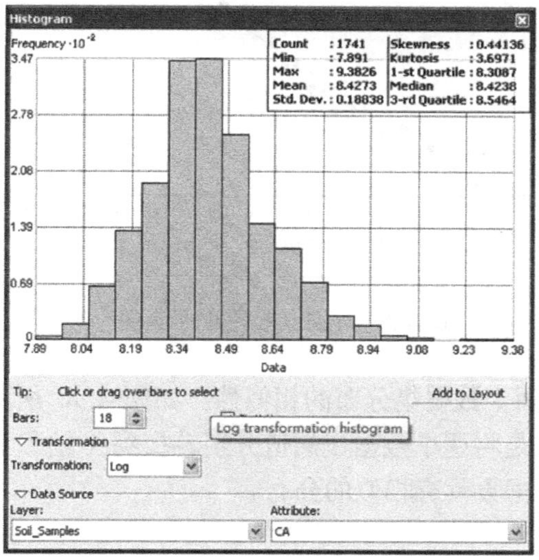

图 4.88　正态分布直方图

3. 分位数图

分位数图（Quantile-quantile plots，QQ 图）也是一种用来检验样本点数据分布的统计图。利用 QQ 图，可以将现有数据的分布与标准正态分布对比，如果数据越接近一条直线，则代表它越接近于正态分布。ArcMap 中的 QQ 概率图分为两种类型：正态 QQ 图(Normal QQ Plot）和普通 QQ 图（General QQ Plot）。

正态 QQ 图主要用来评估具有 N 个值的单变量样本数据是否服从正态分布。如图 4.89 所示，正态 QQ 图是通过将数据集中的分位数值绘制到 Y 轴，将标准正态分布的分位数值绘制到 X 轴，通过比较点集的分布，确定其是否服从正态分布的。如果服从正态分布，则采样点分布应该是一条直线；如果采样点分布不是一条直线，那么这些偏高的采样点可能是一些异常点，应对其进行检验。此外，若在正态 QQ 图中数据没有显示出正态分布，那么就有必要在应用某种克里金插值法之前将数据进行转换，使之服从正态分布。

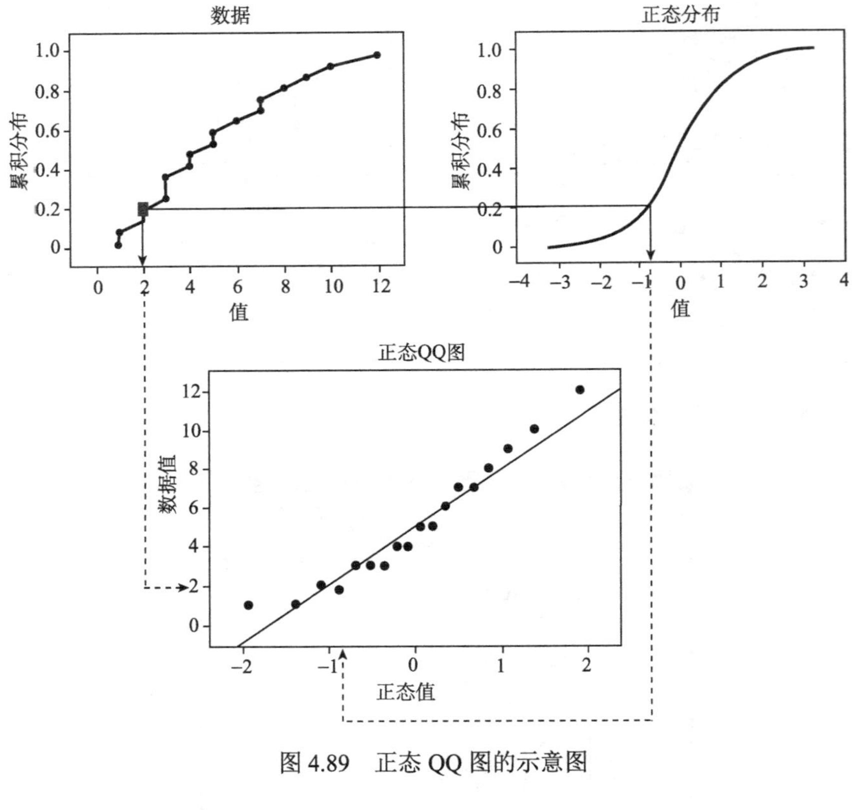

图 4.89　正态 QQ 图的示意图

普通 QQ 图用来评估两个数据集分布的相似性。如图 4.90 所示，它的创建过程与正态 QQ 图类似，不同的是，它是将两个数据集的值分别转换到 X 轴和 Y 轴上，若分布曲线接近于 45°直线，则说明两个数据集具有相似的分布。

4. 泰森多边形图

泰森多边形图（Voronoi 图）由在样本点周围形成的一系列多边形组成，通过这些多边形可以了解每个采样点控制的区域范围，也可以体现出每个采样点对区域内插的重要性。其基本原理是：多边形内任何位置距这一样本点的距离都比到其他样本点的距离要近。通过这种邻域定义，可以完成局部变化的统计。例如，通过计算相邻多边形内采样点的平均值可得到

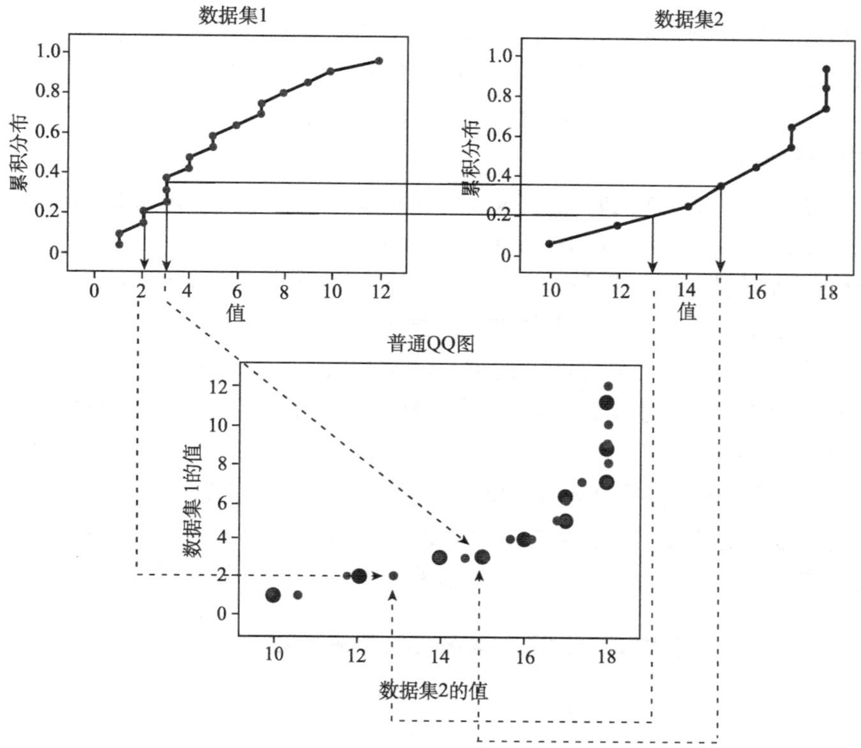

图 4.90　普通 QQ 图的示意图

该区域的局部平均值，且这种方式可以在所有的多边形邻域范围内重复计算，最后得到区域高低值的可视化比较。ArcGIS 中的 Voronoi 图中提供了多种分配和计算多边形值的方法，包括简单（Simple）、平均值（Mean）、模式（Mode）、聚类（Cluster）、熵（Entropy）、中位数（Median）、标准差（StDev）、四分位距（IQR）。利用 Voronoi 图可以找出一些对区域内插作用不大但可能影响内插精度的采样点值，并将其剔除。例如，根据相近相似原理，用聚类或熵的方法生成的 Voronoi 图可识别可能的离群值。

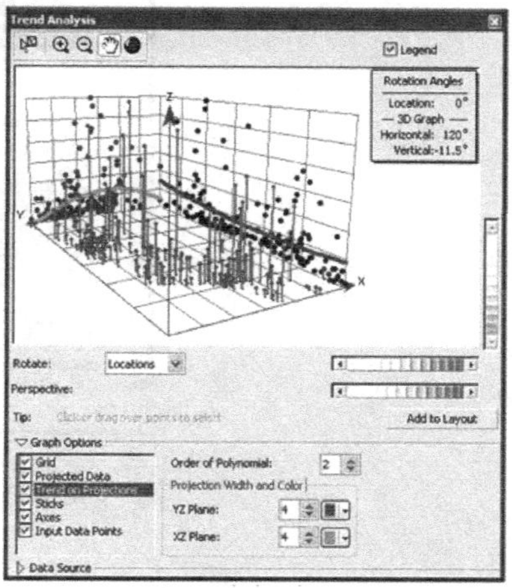

图 4.91　ArcGIS 中的趋势分析工具

5. 趋势分析

趋势分析（Trend Analysis）是根据空间抽样数据，拟合一个数学曲面，用该数学曲面来反映空间分布的变化情况。趋势分析工具在观察一个物体的空间分布时具有简单、直观的优势，还可以找出拟合最好的多项式对区域中的散点进行内插，得到趋势面。进行趋势分析的关键在于选择合适的角度，ArcGIS 中的趋势分析工具允许用户从三维视角分析采样数据集的全局趋势。如果能够准确识别和量化全局趋势，那么在 ArcGIS 地统计建模中就可以方便地剔除全局趋势，从而准确地模拟短程随机变异。图 4.91 是 ArcGIS 中进行趋势分析的工具，它将采样点的位置绘制到（X-Y）平面上，将采样点的值通过树根状图形显示在 Z 方向上。在进行趋势分析时，

它将 *Z* 轴数据分别投影到（*X-Z*）平面和（*Y-Z*）平面制作散点图，然后用多项式来拟合投影平面上的散点图，从而观察其在特定方向上存在的趋势。如果投影后的曲线是平直的，则表明没有趋势。此外，趋势分析还可以通过旋转来隔离特定方向上的趋势。

6. 方差变异分析

方差变异分析包括半变异/协方差函数云（The Semivariogram/Covariance Cloud tool）和正交协方差函数云（The Crosscovariance Cloud tool）。

半变异/协方差函数显示了数据集中所有成对样点位置的半变异值和协方差值，并把它们用两点间距离函数图来表示。半变异/协方差函数云图可用来检查空间相关性的局部特征，并寻找局部离群数据。一般，半变异函数值越小，就越相似。图 4.92 是 ArcGIS 中进行半变异/协方差函数云分析的结果。图 4.93 是半变异云图，表示与距离相关的半变异值，可通过选择点将其链接显示到地图上，且可通过数学函数或模型来进行拟合，ArcGIS 的 Geotatistical Anayast 提供了 10 余个模型，并可通过交叉验证选择合适的插值模型，一般均方根误差（RMS）越小，标准均方根接近于 1，则插值方法效果越好。图 4.94 表示可通过选择方向搜索来浏览半变异函数云在某个方向上的子集，研究那些具有方向性的空间变异。

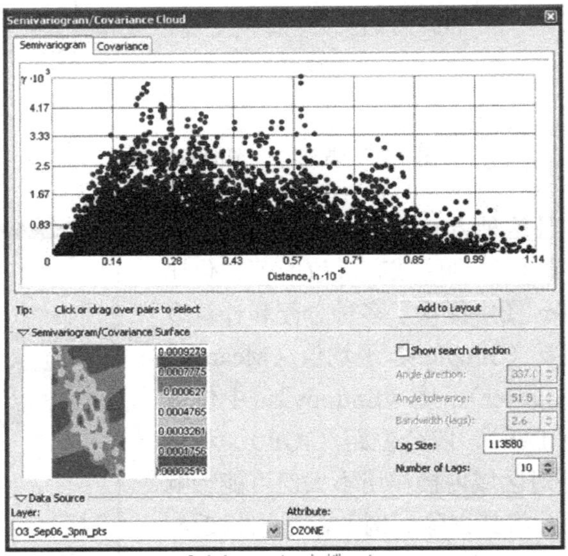

图 4.92　ArcGIS 中的半变异/协方差函数云分析

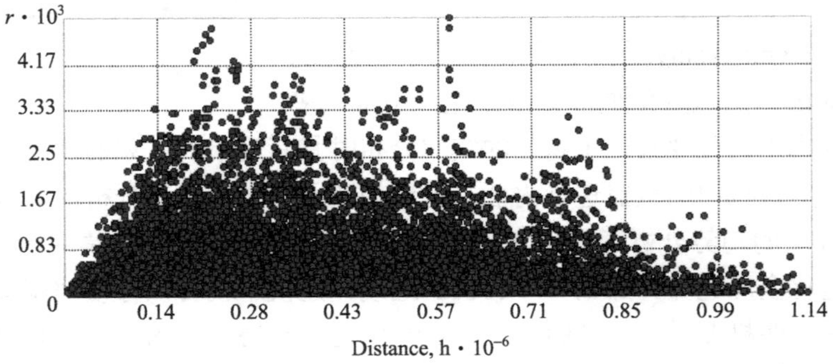

图 4.93　半变异云图

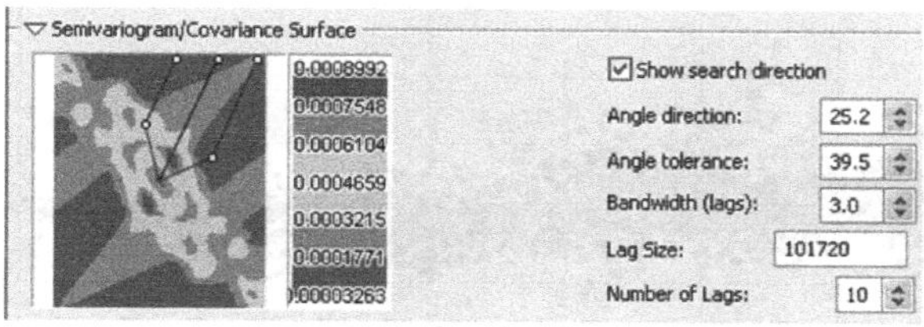

图 4.94　半变异云图表面方向搜索

正交协方差云图表示的是两个数据集中所有样点对的理论正交协方差，把它们用两点间距离的函数来表示，并以此函数作图，称正交协方差函数云图。它可以用来检验两个数据集的空间关联性的局部特征，并寻找两个数据集间的空间相关性的变化情况。协同克里金插值分析就是利用这种相关特征增强建模效果。图 4.95 是 ArcGIS 中进行正交协方差云分析的结果。图 4.96 表示与距离相关的半变异值，可通过选择点将其显示到地图上。图 4.97 表示可通过选择“显示搜索方向”（Show search direction）来浏览正交协方差云在某个方向上的子集，研究那些具有方向性的空间变异。同样，通过选择每个点集可观察其对应在 ArcMap 中的地图。

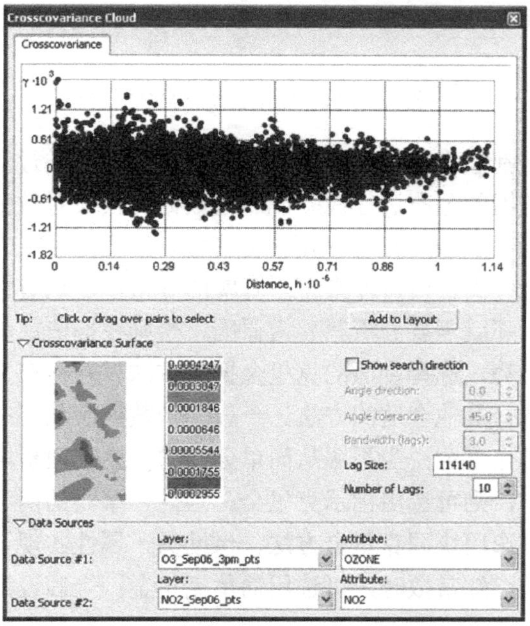

图 4.95　ArcGIS 中的正交协方差云分析

4.5.3　克里金插值

1. 克里金插值基础

克里金插值又称空间局部插值法，是以空间自相关性为基础，利用原始数据和协方差函数的结构性，对区域化变量的未知点进行无偏估值的插值方法。在地统计分析里，克里金方法是建立在平稳假设的基础之上的，它要求数据值具有各向同性，如普通克里金法、简

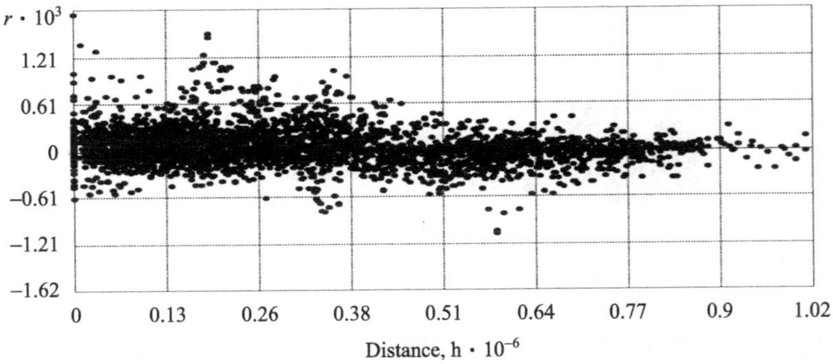

图 4.96　正交协方差云图

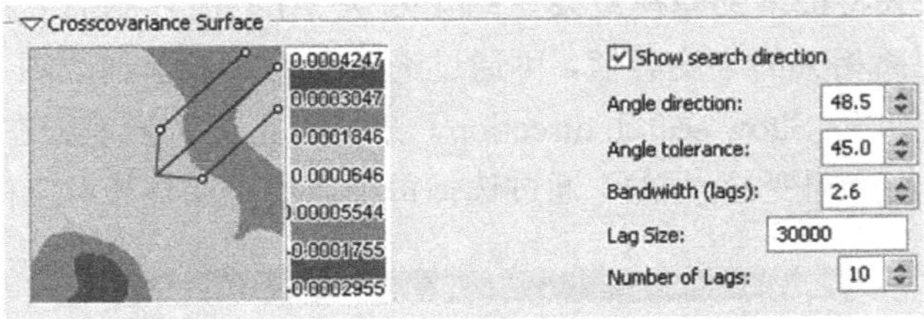

图 4.97　正交协方差云图表面方向搜索

单克里金法和泛克里金法都假设数据服从正态分布。因此，在进行克里金插值前，首先采用直方图法和 QQ 图法对数据的分布进行检验或通过数据变换（对数变化、幂变换和反正弦变换等），使其服从正态分布。其次，还需采用直方图法、半变异/协方差函数云或 Voronoi 法查找数据集中的离群值，这些离群值可能来自于真实的异常值，也有可能来自测量误差或记录误差。若为真实异常值，那就需要分析其异常原因，否则在插值前就需要删除这些异常值。最后，分析其是否存在趋势，选择合适的克里金插值方法。若存在主导趋势则采用泛克里金法，否则根据数据情况选择其他合适的方法。一般，当数据服从正态分布，且服从对数正态分布时，则选用对数正态克里金；当不服从简单分布时，则选用析取克里金；当只需了解属性值是否超过某一阈值时，则可选用指示克里金；当同一事物的两种属性存在相关关系，且一种属性不易获取时，可选用协同克里金方法，借助另一属性实现该属性的空间插值；当假设属性值的期望值为某一已知常数时，可选用简单克里金；当假设属性值的期望值未知时，可选用普通克里金。

2. 普通克里金插值

普通克里金是区域化变量的线性估计，它假设数据变化呈正态分布，认为区域化变量 Z 的期望值是未知的常量。插值过程类似于加权滑动平均，权重值的确定来自于空间数据分析。普通克里金法是最常用的方法，它不仅考虑了样本点的空间相关性，还给出了估算值的精度误差。其不足之处在于协方差计算量大，且需要依靠经验选择协方差理论函数模型。进行普通克里金插值分析需要注意的是，对不服从正态分布的数据集要选择合适的转换模型进行数据变换，对存在趋势的数据集要在 Order of trend removal 中选择去除趋势的阶数，消除趋势影响，同时要注意协方差/半变异函数模型的合理选取和搜索邻域的设置。ArcGIS 进行普通克里金插值时，在 Output Type 中可以选择 4 种输出图：预测图（Pridiction Map）、分位数图（Quantile Map）、概率图（Probability Map）、标准误差预测图（Prediction Standard Error Map）。其中，标准误差预测图提供了预测值的不确定性，数据贫乏地区的标准差较高；概率图是在确定一个阈值后，预测区域内大于该阈值的概率；分位数图是在确定概率值后，对整个预测区域生成的分位图。

3. 简单克里金插值

简单克里金也是区域化变量的线性估计，它假设数据变化呈正态分布，认为区域化变量 *Z* 的期望值为已知的某一常量。简单克里金法可通过半变异/协方差云模型来检验数据的空间相关性，对数据进行转换使其服从正态分布，并得到估算值的预测误差。相比普通克里金法，简单克里金法进行自相关分析的效果自然好得多。在 ArcGIS 中，简单克里金插值提供了转换前的去聚功能（Decluster Before Transformation），通过单元去聚法或面方法调整那些采样点密度较高的区域，使用简单克里金插值也可以创建预测图、分位数图、概率图和标准误差预测图。

4. 泛克里金插值

泛克里金法的引入突破了区域化变量必须满足二阶平稳假设或本征假设的局限性，其假设数据中存在主导趋势，且该趋势可以用一个确定的函数或多项式来拟合。在进行泛克里金分析时，首先要分析数据中存在的变化趋势，获得拟合模型；其次，对残差数据进行克里金分析；最后，将趋势面分析和残差分析的克里金结果加和，从而得到最终结果。由此可见，克里金方法明显优于趋势面分析，泛克里金的结果也优于普通克里金的结果。在 ArcGIS 中进行插值时需要注意进行趋势分析、转换模型的选择、协方差/半变异方差模型的选择及搜索邻域设置。ArcGIS 中使用泛克里金插值也可以创建预测图、分位数图、概率图和标准误差预测图。

5. 指示克里金插值

指示克里金是一种非参数方法，无需了解数据的分布类型，可减小异常值对插值结果的影响。在 ArcGIS 中，指示克里金通过设定阈值，将连续变量转为 0 或 1 的二进制变量进行分析，其插值结果在 0~1，这些结果可以解释成变量的预测值为 1 的概率。使用二进制变量时的指示克里金法的预测精度超过了普通克里金法。需要注意的是，在进行指示克里金分析时，需要设定合适的阈值（这将决定哪些预测值为 0，哪些预测值为 1）、选择合适的协方差/半变异模型和搜索邻域。ArcGIS 中使用指示克里金插值可以创建概率图和标准误差指示图（Standard Error of Indicators）。

6. 概率克里金插值

概率克里金是指示克里金的改进，不仅具有指示克里金非参数和无分布的特点，还减小了估计方差，提高了插值精度，降低了指示克里金的平滑作用，可用于分析那些空间分布连续的现象，如气温或空气质量的插值分析等。在 ArcGIS 中使用概率克里金插值可以创建概率图和标准误差指示图。

7. 析取克里金插值

析取克里金对数据要求较为严格，如果原始数据不服从简单分布（高斯或对数正态等），则可选用析取克里金法，它可以提供非线性估值方法。虽说析取克里金较普通克里金具有较好的预测效果，但其计算过程也较复杂，它要求所用的数据是具有空间连续性的点数据，且服从双变量正态分布。指示克里金可以看成是析取克里金法的一个特例。在 ArcGIS 中使用析取克里金插值可以创建预测图、概率图、标准误差预测图和标准误差指示图。

8. 协同克里金插值

当同一空间位置样本的多个属性之间存在某个属性的空间分布和其他属性密切相关，且某些属性获得不易，而另一些属性易于获取时，可以考虑选用协同克里金法。协同克里金法把区域化变量的最佳估值方法从单一属性发展到两个以上的协同区域化属性。但它在计算中要用到两属性各自的半方差函数和交叉半方差函数，比较复杂，预测结果精度往往与工作量不相称，所以该种方法用的相对较少。协同克里金包括很多具体的方法，如简单协同克里金法、泛协同克里金法、指示协同克里金法、概率协同克里金法及析取协同克里金法等，均是由前面介绍的各种克里金法在处理多种数据集的情况下生成的。

9. 含障碍的核插值

含障碍的核插值法（Kernel Smoothing）和含障碍的扩散插值法（Diffusion Kernel）是 ArcGIS10 后新增的插值方法。含障碍的核插值类似于局部多项式插值，但有两点不同，一是它考虑研究区域中的障碍，在类似于地形中的陡坎等位置可以获得较为精确的估计。核插值是一阶局部多项式插值法的一个变形，为了防止在计算过程中出现不稳定性，该方法使用一种类似于岭回归中的方法来估算回归系数。当评估值仅存在较小偏差且比无偏差评估值更加精确时，可以将其作为首选评估值。二是核插值模型使用两点间的最短距离。因此，位于指定的不透明（绝对）障碍的侧面上的点会通过一系列直线相连。

10. 含障碍的扩散插值

含障碍的扩散插值法是另一种可在研究区域中考虑障碍的插值方法。它可以使用不同的成本表面修改插值（扩散）过程，以便更精确地表达研究对象的空间表面模型。扩散插值涉及热方程的基本解，该方程描述热或粒子如何在同类介质中随着时间扩散。使用此方法得到的预测结果缓慢地在障碍周围流动。在没有障碍的情况下，通过扩散插值得到的预测结果与通过高斯核插值法得到的预测结果大致相同。

扩散插值是一个常用栅格函数，用于计算从一个栅格像元到另一个栅格像元的行程成本。扩散插值为自动选择的格网（像元）生成预测结果，而 Geostatistical Analyst 中的所有其他模型使用大小可变的三角形。如果未指定成本面，相邻像元中心之间的距离为欧氏距离。如果已经指定成本面，则使用以下公式之一定义成本面像元之间的距离。

（1）附加障碍：相邻像元的平均成本值×像元中心间的距离。

（2）累加障碍：相邻像元的成本值之差+像元中心间的距离。

（3）流动障碍：指示符[至相邻像元（to neighboring cell）的成本值>自相邻像元（from neighboring cell）的成本值] ×（至相邻像元的成本值−自相邻像元的成本值）+像元中心间的距离。指示符内的条件为真时指示符取值 1，否则取 0。

4.6　三 维 分 析

现实空间中绝大多数地理分析都与三维分析相关联。随着 GIS 应用的深入，并伴随着科学技术，特别是计算机科学和计算机图形学等技术的迅猛发展，人们越来越不满足于长期以来的二维数据分析，更多地要求从三维空间来处理问题。通过三维可视化技术可以将计算结果用逼真的图形或者三维模型直观地进行展现，从而使许多抽象的、难以理解的原理和规律变得容易理解。

GIS 三维分析以地形三维重建最为常见，需要使用数字地面模型（DTM）。数字地面模型是 20 世纪中叶以后出现的一种数字地面表达技术，它采用数字的形式模拟地表特征表面，可以对坡度、坡向、山体阴影、地表曲率、地表侵蚀与堆积、可视性、表面积与体积、地表剖面等地形参数进行计算和提取，并进行三维可视化表达与分析，从而使现实世界的三维特征能够得到充分且真实的再现，在军事、娱乐、道路选址、土地规划等领域有着广泛的应用。

ArcGIS 中，三维分析是一个扩展模块（3D Analyst），除了 ArcMap 中的三维分析工具条（3D Analyst）、ArcToolbox 中的三维分析工具集（3D Analyst Tools）可用于三维分析以外，还添加了两个专用的三维可视化应用程序 ArcScene 和 ArcGlobe，从而扩展了 ArcGIS 的三维分析功能。ArcGlobe 以一个三维地球的表现形式呈现在用户面前，提供在标准计算机硬件上对巨型三维栅格、地形和矢量数据集进行实时漫游和缩放；ArcScene 允许用户制作具有透视效果的场景，在这个场景中可以对 GIS 数据进行浏览和交互，用户可以在表面上叠加栅格和矢量数据，并从矢量数据源创建线、面和体，用户也可以使用 ArcScene 中的三维分析工具创建和分析表面。

4.6.1　三维要素的构建

传统的二维点、线、面数据只含有平面 x，y 坐标，而三维要素则在二维要素的基础上添加了一个维度（z 坐标），用来表示特定空间位置的属性值。三维要素数据中每个 x，y 坐标可对应多个不同的 z 值。例如，一条垂线上的两个不同折点的 x，y 坐标相同，但 z 值不同；飞机在飞行时，不同时刻其位置的 x，y 和 z 值均不同。在三维系统中，一定范围内无数具有不同 z 值的点集拟合而成了连续的表面，表面模型是三维空间连续要素的数字表达形式。例如，在分析某一区域的地形时，z 值可表示地形表面的高程值；在分析某一区域的污染程度时，z 值可表示污染物质的浓度。

1. 基于空间插值的三维表面创建

因为三维空间中的表面数据包含了无数个点数据，在应用中很难对所有点进行度量和记录，所以栅格表面可以由散布于整个研究区的采样点的采样值生成，这种由点数据生成面数据的表面创建方法称为空间插值法。例如，某一地区的温度、降水量栅格表面可以通过该区域散布的气象观测站的观测值来创建。插值的方法有很多，包括反距离权重法、自然邻域法、克里金法和样条函数法等。插值方法的详细介绍见 4.4 节和 4.5 节中的空间插值和地统计分析。图 4.98 是采用华北 6 省市的空气质量指数，通过空间插值建立的三维表面模型，其中的黑点为城市空气质量监测点。

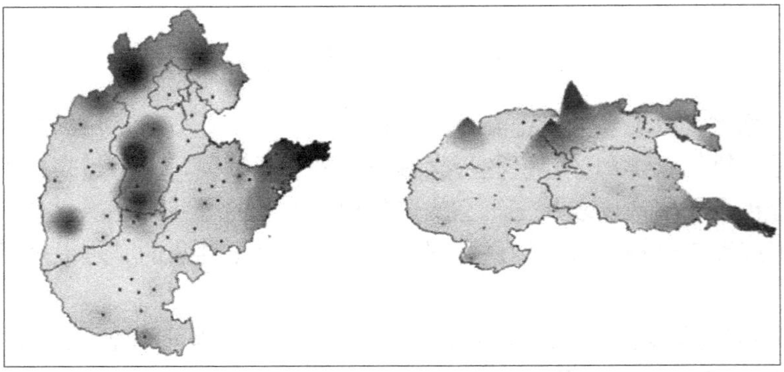

图 4.98　插值生成的空气质量三维表面模型

2. 基于 TIN 模型的三维表面创建

创建表面除了插值法以外，还有三角测量法，即通过不规则三角网（TIN）模型的形式来创建表面。TIN 由一系列具有 *x*、*y* 和 *z* 值的数据点组成，每两个点构成边，并由边将地理空间分割为若干个不重叠的相连三角形，每个三角形的结点都具有 *x*、*y* 坐标和一个 *z* 坐标值可用于获取表面的信息，如坡度、坡向、表面积和表面长度等。TIN 将整组三角形作为整体则可以获取表面的其他信息，如体积、表面轮廓和可视性分析。TIN 表面通常用在一些工程项目中对地形表面进行表达，因为数据点是不规则分布的，可以根据地形复杂程度的不同生成不同分辨率的数据，所以能够很好地表达变化较为复杂的地形表面。

1）使用矢量数据创建 TIN

TIN 可以根据一个或多个矢量数据源来创建，也可以对已创建的 TIN 添加其他数据使其表达更加完善。这些矢量数据可以是点、线、多边形要素或是混合的数据，并且这些要素要求具有 *Z* 值，即要求有类似高度这样的地面信息。已经生成的 TIN 表面也可以继续加入一些要素或特征，以改变或提高 TIN 的表面及精度。TIN 模型可以从大量的点、隔断线和多边形中生成。

（1）点集（mass points）。大量的点用来提供高程，它们是生成的三角网中的结点，是构成 TIN 的基本要素，定义了 TIN 表面模型的基本形状（图 4.99）。在表面变化较大的地方，使用较多的点，而比较平坦的地方使用较少的点。

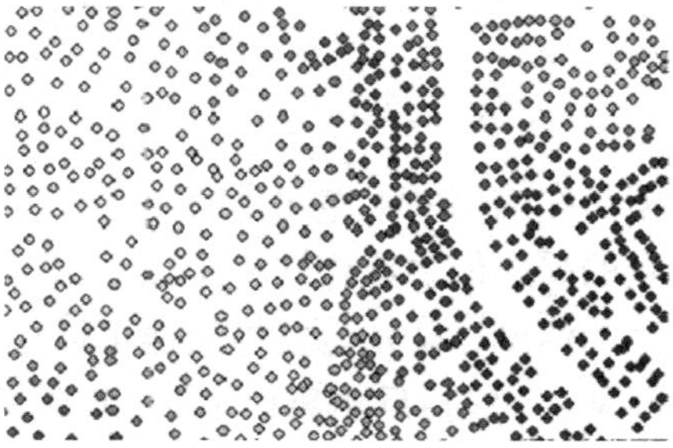

图 4.99　创建 TIN 的点集

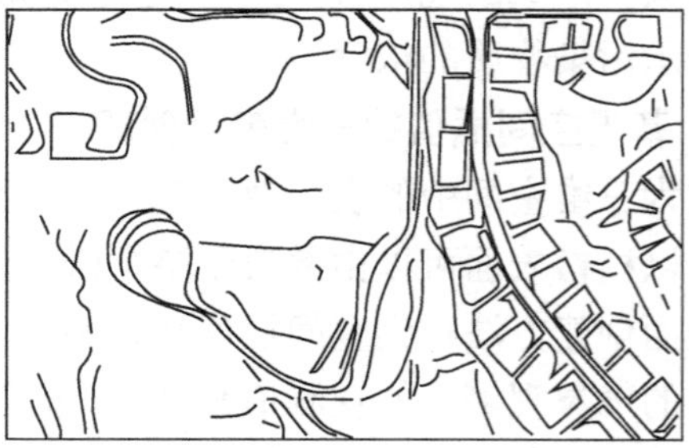

图 4.100　创建 TIN 的隔断线

（2）隔断线。隔断线在 TIN 中构成一条或多条多边形的边序列。隔断线既可以表示自然要素，如山脊线、溪流等，又可以用来表示人工建筑要素，如道路、城墙等（图 4.100）。

隔断线有两种类型：硬线条（Hard Line）和软线条（Soft Line）。硬线条可以用来表示表面坡度的不连续性，如山脊线、溪流和道路等，能够捕获表面的突变并改进 TIN 的显示和分析质量；软线条添加在 TIN 表面上用以表示线性要素，但并不改变表面坡度等属性。例如，要标出当前分析区域的边界，可以在 TIN 表面上用软线条表示出来，不会影响表面的形状。

（3）多边形。多边形用来表示具有一定面积的表面要素，如湖泊、水体、房屋等，也可以用来表示边界。多边形要素有裁剪（Clip）、擦除（Erase）、替换（Replace）和填充多边形（Value Fill）四种处理方式。裁剪多边形用来定义插值边界，处于裁切多边形之外的输入数据不参与插值与分析操作；擦除多边形与裁剪多边形相反，它也用来定义插值边界，只是位于多边形以内的输入数据不参与插值与分析操作；替换多边形可以将边界和内部高度设置为相同值，如将湖泊设为同样高度、将斜坡区域平整为一个水平面等；填充多边形可以对落在填充多边形里面的所有三角形赋予整数属性值，不影响表面高度也不进行裁剪或擦除。以上四种方式均具有软、硬两种形式。与软硬隔断线类似，软多边形不影响表面的形状，硬多边形限制插值的计算（图 4.101）。

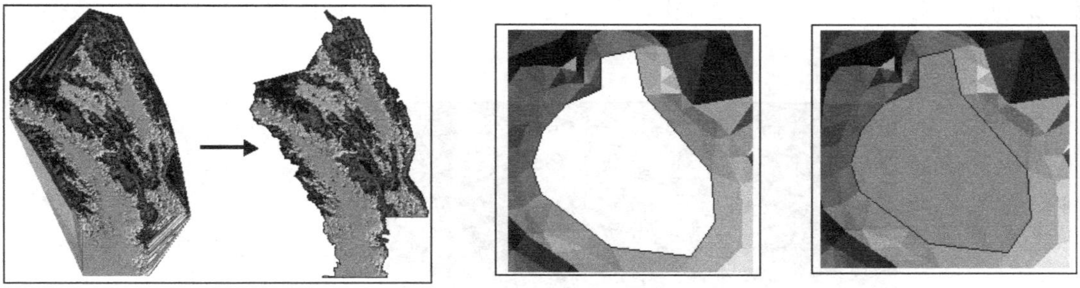

(a) 裁剪多边形　　(b) 擦除多边形　　(c) 替换多边形

图 4.101　TIN 创建中多边形的几种处理方式

在创建 TIN 表面中使用隔断线和多边形，可以更好地控制 TIN 表面的形状。图 4.102 为某区域通过点集创建的 TIN，图 4.103 为同一区域根据点集、隔断线和多边形共同创建的 TIN，通过对比两图可以看出，隔断线和多边形的引入，使三维地表更接近实际。

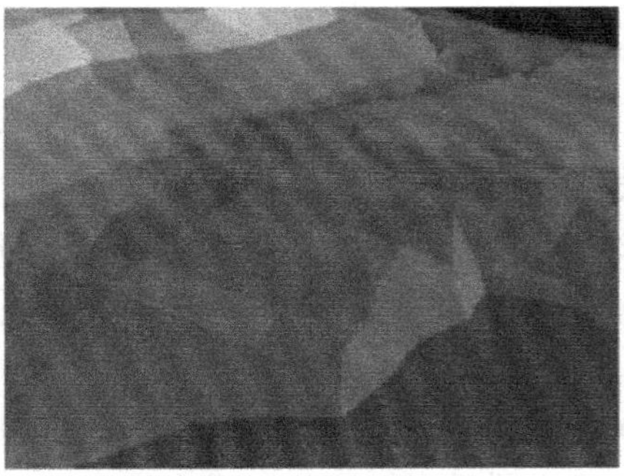

图 4.102　点集创建的 TIN

图 4.103　点集、隔断线和多边形共同创建的 TIN

（4）ArcScene 中通过矢量数据创建 TIN。在 ArcScene 中，可以通过三维分析模块中的创建 TIN 工具（Create TIN）进行 TIN 的创建和管理（【ArcToolbox】→【3D Analyst Tools】→

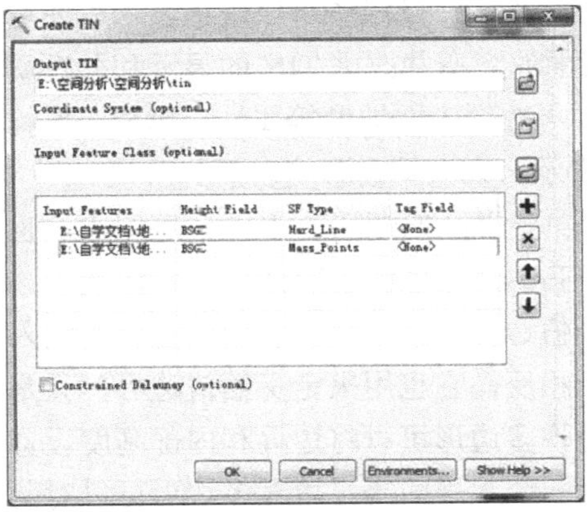

图 4.104　创建 TIN 工具

【Data Management】→【TIN】→【Create TIN】)（图 4.104）。

该工具在设置了输出、输入要素后，需要为每个输入要素设置高程字段（Height Field）、表面要素类型（SF Type）和标记字段（Tag Field）。高程字段用于设置数据源所具有的 Z 值属性（如高程、污染物浓度等）；表面要素类型用于设置数据源以何种方式参与 TIN 的创建。对于点要素来说，只能选择点集方式作为三角网的结点；对于线要素来说，可以选择点集、硬线条、软线条三种方式；对于多边形要素来说，除了具有线要素的三种方式外，还有裁剪、擦除、替换和填充多边形四种。标记字段用于标记输入数据的字段。标记值是存储在结点或三角形中的整数值，可以在后期用来符号化 TIN 或由识别工具对标记值进行一些分析操作。图 4.105 是根据某地的等高线和高程点数据创建的 TIN 表面。

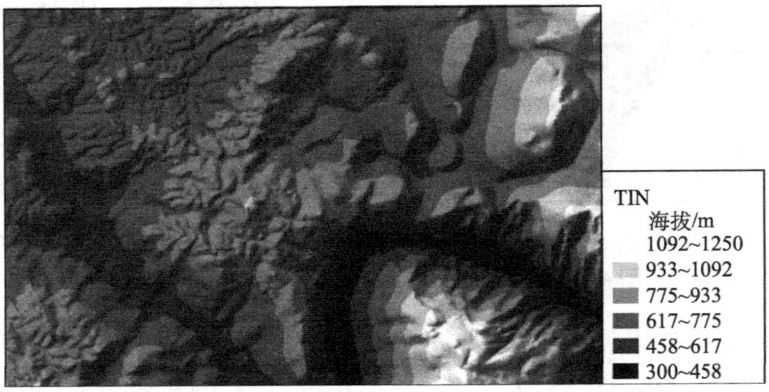

图 4.105　由等高线和高程点创建的 TIN 表面

2）使用栅格数据创建 TIN

在表面建模过程中，有时为了可视化等方面的目的，需要将栅格表面转化为 TIN 表面，但这样做并不一定能产生更好的效果，有时还需要将一些并不包含在原始栅格表面中的辅助数据（如河流和道路等）加入表面中来改善表面的表达精度和效果。由栅格数据生成 TIN 的实质是将栅格像元的中心点作为点集（mass points）来构建 TIN。在转换过程中，需要指定输出 TIN 表面与原始栅格表面之间的垂直精度。

在 ArcScene 中，可以通过三维分析模块中的栅格转 TIN 工具（Raster to TIN）将栅格数据转换为 TIN（图 4.106）。该工具中的 Z Tolerance 用于设置垂直精度值。垂直精度表示了输出 TIN 表面的高度与输入栅格表面像元中心高度的最大允许误差。该值越小，TIN 表面越能精确地表示栅格表面的细节，即精度越高，但是，高精度也意味着 TIN 表面的输出会产生更多结点和三角形，处理时间也会越长。默认的垂直精度值为栅格表面 Z 值极差（最大值与最小值之差）的十分之一。工具中的 Maximum Number of Points 用于设置 TIN 中包含的最大结点数。图 4.107（b）是将（a）的栅格表面转换成 TIN 表面时所得的结果。

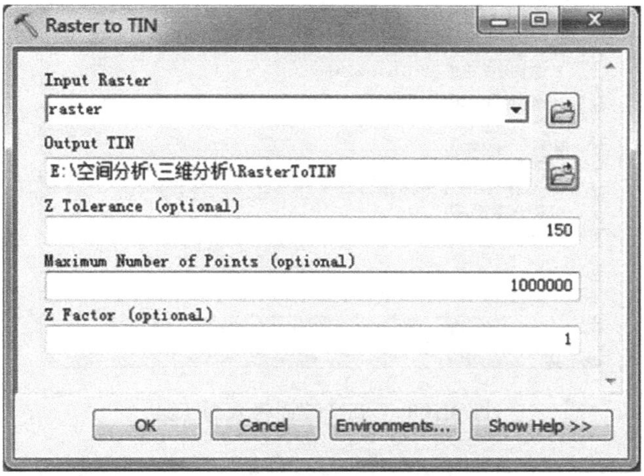

图 4.106　栅格转 TIN 工具

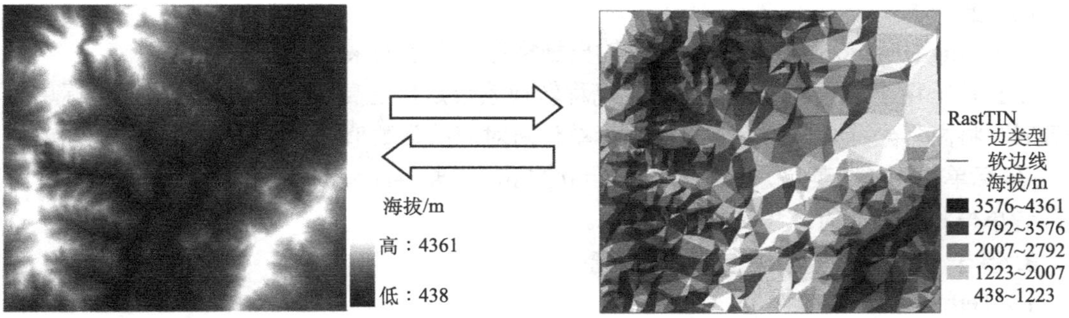

(a)　(b)

图 4.107　栅格表面与 TIN 表面的转换

3）使用 TIN 创建栅格表面

除了以上介绍的通过空间插值生成栅格表面外，有时也经常需要将 TIN 表面转换成栅格表面，以便提高表面的可视化效果，更好地开展地形分析、水文分析等应用研究。转换过程中，栅格表面是通过一定分辨率和采样间隔从输入 TIN 表面像元的 Z 值内插获得的。因为对 TIN 表面进行内插获取栅格表面是通过等间隔采样的，所以不可避免会造成信息损失。栅格表面对 TIN 的表达精度取决于栅格像元的大小和 TIN 表面的变化程度。

在 ArcScene 中，可以通过三维分析模块中的 TIN 转栅格工具（TIN to Raster）将 TIN 模型转为栅格表面（图 4.108）。

该工具的 Output Data Type 可选项用于指定输出栅格的数据类型，有 FLOAT（浮点型）和 INT（整形）两种。

Method 可选项用于确定创建栅格的插值方法，有线性插值法（LINEAR）和自然邻域法（NATURAL_NEIGHBORS）两种。线性插值法通过查找落在二维空间中的三角形并计算像

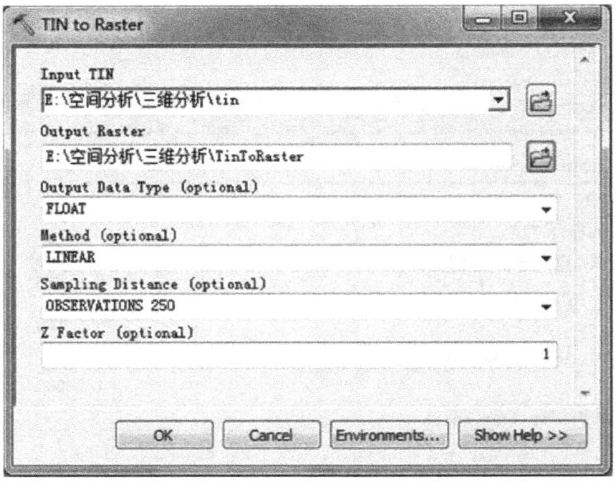

图 4.108　TIN 转栅格表面工具

元中心相对于三角形平面的位置来为每个输出像元指定值；自然邻域法可产生比线性插值更平滑的结果，它在每个输出像元中心周围的所有方向上找到最近的 TIN 结点，从而使用基于区域的权重方案。

Sampling Distance 可选项用于定义输出栅格像元大小的采样方法和距离。

Z Factor 用于设置高程转换系数。高程转换系数是指当高程坐标单位与平面坐标单位不一致时，将高程坐标单位转换到平面坐标单位所对应的常数值。例如，平面 x，y 坐标单位为 m，z 坐标单位为 ft（英尺）时，由于 1ft＝0.34m，需要将高程转换系数设置为 0.34。系统默认两者单位相同，此时高程转换系数为 1。

3. 基于 Terrain 模型的三维表面创建

1）Terrain 数据集的概念

Terrain 数据集是一种基于 TIN 的多分辨率的表面数据结构，其中每个 TIN 都在特定的地图比例尺范围内使用。当地图范围较大时使用粗粒度 TIN（如将比例尺缩小到可以看见整个研究区域），当放大地图比例尺并将视线集中于特定的地图范围时，则使用较多的表面点并提高详细程度（图 4.109），这与人们日常生活中用到的电子地图类似，即地图信息显示的详细程度随比例尺的增大而提高。Terrain 数据集通过存储在地理数据库中的一个或多个要素类中的测量值构建而成，通常 Terrain 数据集利用激光雷达、声呐和摄影测量源进行构建。

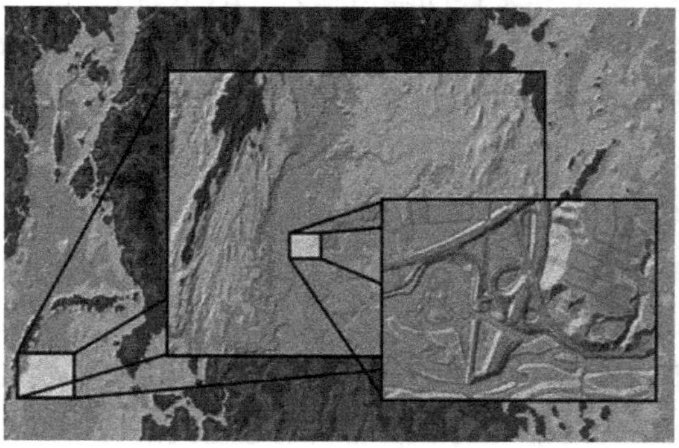

图 4.109　Terrain 数据集的多分辨率结构

与拓扑相似，Terrain 数据集也具有参与构建的要素类和构建规则。用作 Terrain 数据源的要素类包括以下三项（图 4.110）：①利用数据源（激光雷达或声呐）创建的三维离散多点的多点要素类;②在摄影测量工作站使用立体影像创建的三维点和线要素类;③用于定义 Terrain 数据集界限的研究区域边界。

图 4.110　Terrain 数据源

Terrain 数据集的构建规则用于控制要素的使用方式从而定义表面。例如，可以使用硬隔断线来控制某条道路的边缘，以达到在表面上创建线性不连续 Terrain 的预期效果。另外，通过规则可以指示在不同比例尺下要素类的参与方式。例如，与人们常用的电子地图类似，只需要在中到大比例尺制图表达时才需要显示道路的边缘要素，则可通过规则来指定使用小比例时不显示这些要素，从而改善数据集的显示性能。

2）Terrain 数据创建表面的过程

a. 创建 Terrain

创建 Terrain 需要指定 Terrain 的存储位置、参与创建过程的要素类及其参与方式，以及与垂直精度、性能和存储相关的其他信息。新建 Terrain 数据集涉及三个主要步骤，即首先进行数据转换，将参与创建 Terrain 数据集的源数据转换为地理数据库中的要素类；其次生成数据集，其中需要确定各要素类将如何参与 Terrain 数据集的构建；最后进行表面集成，它通过将细节等级（金字塔等级）添加到表面来确定如何显示 Terrain 表面。

在 ArcScene 中，Terrain 数据集的创建有两种方法：一是使用目录树在地理数据库中构建 Terrain 数据集；二是利用三维分析模块中的地理处理工具创建 Terrian 数据集（Create Terrain）。下面以第一种方法为例介绍创建 Terrain 数据集的过程。

（1）新建一个 File Geodatabase，并在其内新建一个 Feature Dataset，为其命名、选择或输入该数据集的坐标系统，并设置坐标容限值。

（2）导入构建 Terrain 的要素数据到新建的要素数据集（Feature Dataset）中，然后在要素数据集中新建 Terrain 数据集（图 4.111）。输入 Terrain 数据集的名称，选择创建 Terrain 数据集的要素数据，并在 Approximate point spacing 中输入离散点的点间距后进入下一步。

（3）确定各要素类参与构建 Terrain 数据集的规则。主要是选择创建 Terrain 数据集的要素的高程字段（Height Source）和表面要素类型（SF Type）的属性值，然后进行下一步。

（4）设置构建 Terrain 数据集的金字塔类型（图 4.112）。Z 容差（Z Tolerance）是根据相关比例范围内数据的总体垂直精度相对于全范围内的分辨率而定义的金字塔等级分辨率。窗口大小（Window Size）是在相关比例范围内根据等级窗口大小定义的金字塔等级分辨率。如果选择窗口大小金字塔类型，则应指定在各个窗口中选择点数据时使用的方法。另外，还可以选择使用二次细化方法（Secondary thinning method）来指定是否需要进行二次点细化，二次细化方法用于进一步细化位于相对平面上的离散多点。

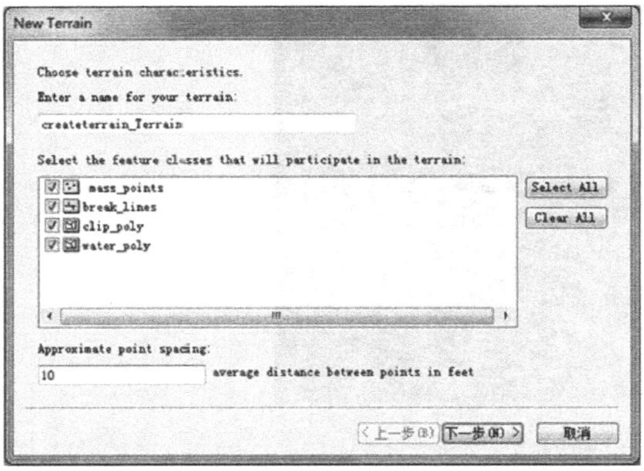

图 4.111　新建 Terrain

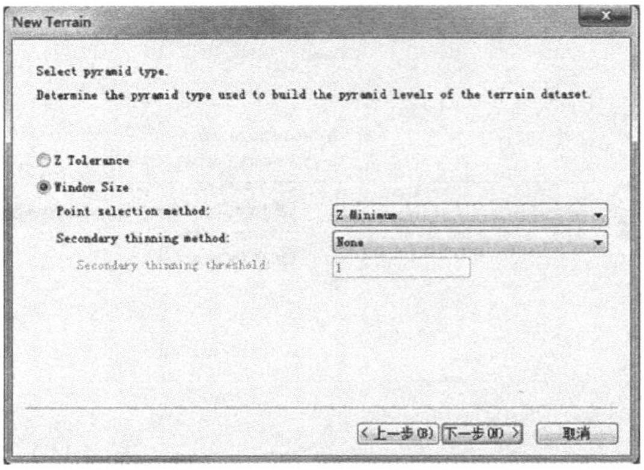

图 4.112　设置构建 Terrain 数据集的金字塔类型

（5）构建 Terrain 数据集的金字塔属性（图 4.113）。计算金字塔属性（Calculate Pyramid Propertites）按钮可将估算的默认值赋予金字塔等级并添加到 Terrain 金字塔等级（Terrain Pyramid Levels）窗口，然后根据对要素数据的判断并对某个值进行修改来优化并更正金字塔等级。

（6）检查所选的 Terrain 设置，如果需要修改则单击【上一步】完成所需的修改，如果检查无误则完成 Terrain 的创建，并可在 ArcCatalog 中浏览创建的 Terrain 数据集。

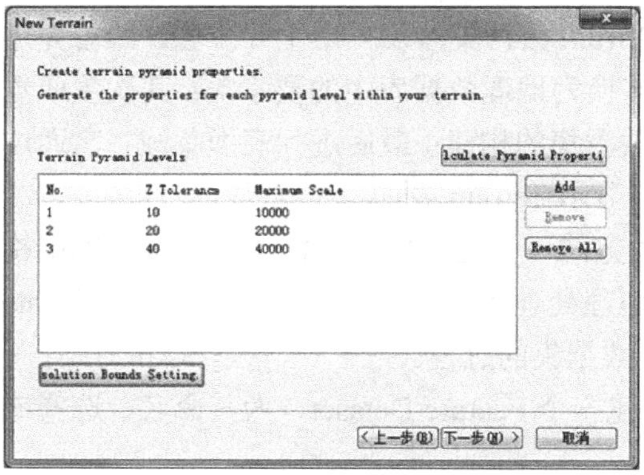

图 4.113　构建 Terrain 数据集的金字塔属性

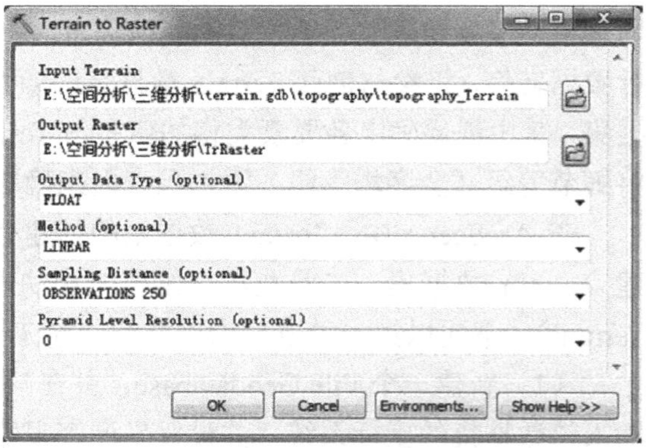

图 4.114　Terrain 转栅格工具

b. 由 Terrain 创建栅格表面

Terrain 数据集可以通过插值的方法转为栅格数据，主要分为线性插值法（LINEAR）和自然邻域法（NATURAL_NEIGHBORS）。在 ArcScene 中，可以通过三维分析模块中的 Terrain 转栅格工具（Terrain to Raster）将 Terrain 数据集转换为栅格表面（图 4.114）。

4.6.2　三维景观的制作

1. 三维可视化的原理和实现过程

三维可视化是随着地理信息系统的出现而逐渐形成的，具有动态化和可交互的特点。它是指在计算机上对数字地面模型（DTM）中的地面特征数据（如地形）进行逼真的三维显示、模拟仿真、简化、多分辨率表达和网络传输等内容的一种技术，涉及计算机图形学、地理信息系统、遥感、虚拟现实技术等众多学科领域，在军事、娱乐、道路选址、土地规划等领域有着广泛的应用。

三维可视化是一种计算机图形生成技术，它首先在计算机中构造显示所需的几何模型，然后根据一定的光照条件，计算各景物表面在显示屏幕上的光线颜色和亮度，使观察者获得身临其境的视觉效果。

电脑显示器是光栅图形显示器，其显示屏幕由一系列显示单元组成，每一个显示单元称为一个像素。生成三维图形时，必须逐个像素地计算画面上相应景物表面区域的颜色。在计算可见景物表面区域的颜色时，必须考虑一定光源（包括环境光）条件下物体表面区域的背向、材料及反射特性等，也就是说，这种计算必须基于一定的光学物理模型，即光照模型。基于场景几何和光照模型生成具有真实感的图形的过程称为绘制（Rendering）。

三维可视化的一般过程可以概括为以下几个步骤（图 4.115）。

（1）数据准备：通过对三维实体（物质）和空间现象进行计算机数值模拟，形成数据文件或数据文件库。文件格式由生成数据的工具或软件来确定，其数据结构对构建模型的人来说是透明的。

（2）数据简化与处理：对于数据量过大的原始空间数据，需要对其进行简化处理，以达到在一定显示精度的前提下尽可能地减少数据量、降低计算负荷、提高显示速度的目的。

（3）可视化映射：这是整个流程的核心，目的是将经过处理的原始数据转换为可绘制的几何图形要素（点、线、面或其组合）并确定其属性，即用可视化要素（形状、光亮度、颜色及其他要素）表示出原始数据中人们感兴趣的性质和特点，在这个过程中需要进行三维建模、纹理映射、选择光照模型等具体工作。

（4）三维图形绘制：按照一定的光照模型将第（3）步产生的几何要素转换为可供计算机显示的图像，基本技术包括视觉变换、光照计算、隐藏面消除等。这个过程可以借助现有的图形软件包（如 OpenGL、Direct3D 等）及图形硬件来完成。

（5）场景显示与交互：将三维场景显示在特定的窗口系统中并完成其他图像操作，如图像的几何变换、图像格式转换及动态输出等。场景显示与交互是三维图形应用系统开发过程中的重要环节，是评价三维可视化图形系统的重要指标。

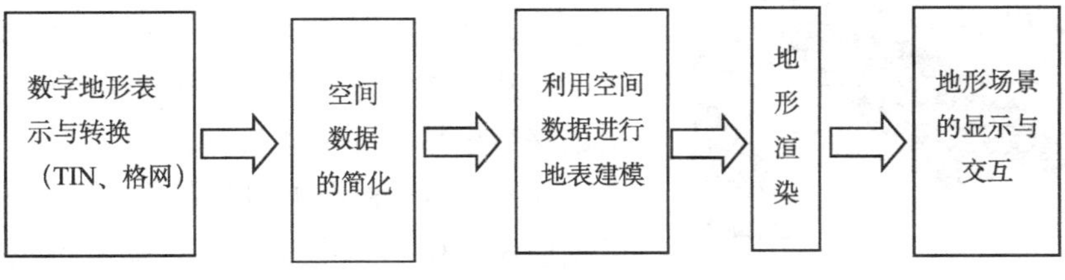

图 4.115　三维可视化的一般过程

2. 在 ArcScene 中创建三维景观

在三维场景中浏览和分析数据往往比在二维场景中给人更直观和真实的感受。例如，在平面上只能通过等值线的方式表达地表的高低起伏，而在三维场景中，山谷和山脊等反映地表起伏状况的要素则可以清晰地分辨出。对三维数据进行可视化还有助于更好地了解以二维形式查看数据时无法呈现的细节。例如，在某地高程表面上叠加卫星影像数据和拉伸矢量要素，并通过三维符号使 GIS 数据的显示效果更加真实（图 4.116）。ArcScene 是 ArcGIS 三维分析扩展模块的核心组件，提供三维可视化环境，允许对三维空间中的三维或者二维数据进行显示、分析和创建动画。在 ArcScene 中可以创建多个透视效果图层的场景，并且可以对不同图层中的场景进行不同的符号化设置来控制图层的全局属性。通过 ArcScene 可以自由浏览场景，或指定浏览器中观察者和观察目标的坐标位置来浏览三维场景。

(a)　　(b)

图 4.116　三维可视化的两个案例

1）图层的三维显示

（1）要素图层的三维显示。在进行三维分析时需要将要素数据在三维场景中以透视图的形式显示出来。要素数据不同于表面数据的是，要素数据表示的往往是离散对象而不是连续现象，而且，要素通常具有几何形状和属性，典型的几何要素包括点、线和面要素。点要素可以表示山峰、电杆或井位等；线要素可以表示道路、河流、输电线等地表可见要素，境界线等地表不可见要素，以及地下河流、城市地下管网等地下要素等；面要素可以表示建筑物、湖泊或行政区等。要素的属性则可用于存储有关要素的高程或高度值。在三维场景中，可以通过叠加（Draping）或拉伸（Extruding）来查看这些要素。某些情况下，要素可能缺少高程值或高度值。如果有该区域的表面模型，则可以使用模型中的值作为要素的 Z 值，即叠加要素。例如，想要显示三维的建筑物要素，可以使用属性如建筑物高度或楼层数来突出显示（图 4.117）。

图 4.117　建筑物二维图形按楼层高度突出

（2）栅格图层的三维显示。在 ArcScene 中，通过图层属性中的基准高程值（Base Heights）的设置可使数据具有三维显示效果。若用于三维显示的栅格图层为 DEM 数据，则可以根据本图层中像元的高程值来进行显示，从而获得地形表面的三维效果。依托地形表面的其他数据，如遥感影像、公路、河流、建筑物等，也可以从当地的 DEM 中获取高程，从而将该要素表现在地形表面上。若是其他属性的栅格表面数据（如降水表面、气温表面等），则只能利用本身像元值来反映专题属性的高低分布。图 4.116（b）显示的是 ArcScene 中从栅格 DEM 数据获取基准高程后的遥感影像，可以看出具有高程的遥感影像能够更加直观地反映地表景观。图 4.118 为某地地形三维显示前后的对照图，从中可以看出，三维显示之后，地表的高低起伏特征更加明显[图 4.118（b）]。为增强三维效果，还可将三维地形以彩色显示，并透明叠加山体阴影[图 4.118（c）]。

(a) 原始DEM数据　　(b) DEM的三维效果　　(c) 色彩化与叠加阴影后的三维效果

图 4.118　地形三维立体显示效果对比图

2）场景属性的设置

在要素数据的三维显示过程中，可以通过多种场景视角的变换或采用阴影、透明化等手法改变图层属性来浏览三维场景，还可以通过各种场景属性设置来控制 ArcScene 在每次启动时的工作方式和状态。一般可以进行场景的以下属性设置：垂直拉伸、背景颜色、动画旋转、坐标系统、场景范围、光照等。这些属性设置都是在场景图层（Scene Layers）的场景属性（Scene Properties）对话框中完成的。其中，垂直拉伸、背景颜色、动画旋转是在场景属性对话框的 General 选项卡中进行设置（图 4.119），坐标系统在 Coordinate System 选项卡中进行设置，场景范围在 Extent 选项卡中进行设置，光照在 Illumination 选项卡中进行设置（图 4.120）。

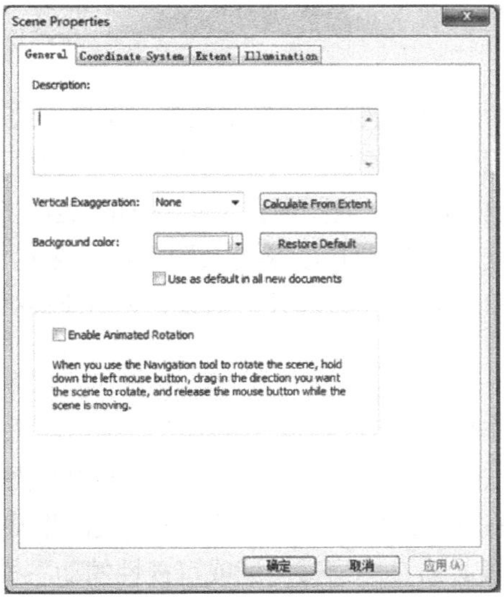

图 4.119　场景属性设置的 General 选项卡

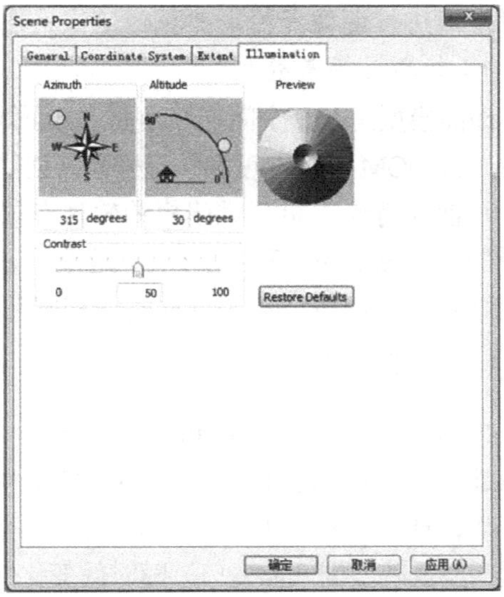

图 4.120　场景属性设置的 Illumination 选项卡

3. 利用无人机创建三维景观

三维地形景观是基于 DEM 与 DOM 数据对地形地貌的一种近似真实地呈现，而传统的数据获取方式是基于卫星和航空遥感，存在影像分辨率低、响应时间较长的问题。随着信息技术的不断进步，无人机（Drone）低空倾斜摄影测量技术越来越成熟，已经能够达到实际应用水平。无人机航测遥感系统具有响应快速、机动灵活、影像分辨率高等特点，在小区域和飞行困难地区尤其是山区、灾区等地区的高分辨率影像快速获取方面具有明显优势。将无人机倾斜摄影测量技术应用于三维地形景观制作过程中，一方面能够加密出高精度的 DOM 和 DEM 数据，并通过真实世界的纹理进行渲染，生成逼真的三维景观；另一方面能够在低成本情况下大大提高数据的现势性。无人机三维建模的优势使其在应急救灾、建筑土方量测算、旅游景观展示等方面均有较大的应用前景。

无人机三维建模的一般流程如下。

1）无人机航线设计

无人机平台在低空飞行情况下，受到外界阻力较大，飞行的姿态变化较大，这对影像数据的质量有较大影响。为提高空中三角测量加密的精度，一方面可增加影像的重叠度，一般设置航向重叠度为 80%~90%，旁向重叠度为 40%~60%；另一方面，可为航飞设计架构线路，一般采用纵横垂直的架构线路。

2）空中三角（空三）测量

无人机低空摄影测量空三加密中多采用光束法。光束法区域网平差是以一幅影像所组成的一束光线作为平差的基本单元，以中心投影的共线方程作为平差基础方程，能够很好地修正影像系统误差的影响。

3）DEM 和 DOM 的生成

在区域网空三解算完成后，可创建立体模型。具体实现过程如下：采用摄影测量工作站和高性能计算机提取空三加密模型表面点云，提取后在点云处理软件中进行交互式编辑修整，去除建筑物、树木和公路等构造物，得到真实地表点，编辑后的地表点云采用某种插值方法后得到栅格 DEM 数据，插值方法可采用反距离权重、克里金法、样条函数等。利用 DEM 分别对像对进行逐像元投影改正、镶嵌、图幅裁剪，生成数字正射影像（DOM）数据集。

4）纹理渲染与叠加

地面模型是一个空间连续曲面，曲面体可通过多个地面点来表示。在生成的三维地面透视曲面后，将 DOM 上的灰度和纹理信息映射到三维地面模型相应位置，就能够形成三维地形景观。

目前支持无人机三维建模的软件有很多，如瑞士的 Pix4d、俄罗斯的 Photoscan、美国 ESRI 公司的 Drone2Map 等。图 4.121 是采用 Pix4d 对西南大学地理科学学院及附近区域采用无人机三维建模的相机姿态（包括航线和照片重叠图）和生成的三维点云，图 4.122 为建模效果。

4.6.3　三维动画

在 GIS 中，动画（Animation）是指一个或多个对象（如图层）属性变化的可视化表达。动画通过多帧画面的连续播放，使视角的变化、场景属性的变化、要素在时间和空间上的变化等变得生动、逼真。动画的这种视觉动态，有助于人们理解数据随时间和空间变化的模式，并模拟其过程，如反映数据（如人口）随时间变化的动画、场景导航、图层透明度或可视性的动态模拟、沿路径移动图层、沿路径改变地图视图、动态改变场景的背景色、光照或垂直拉伸等。

图 4.121　无人机相机姿态

图 4.122　无人机地表三维建模

1. 三维动画的应用

1）以动画形式呈现地表上的运动或沿路径移动的对象

通过创建动画可以呈现视野或地表上方对象的移动，首先捕获某对象的视图；然后更改其位置并继续捕获视图，通过在两点之间插入移动轨迹可以创建对象的移动动画；最后通过移动视点便可以了解对象移动过的环境。例如，通过创建汽车和飞机的运动路径轨迹变化来创建动画，则汽车可以沿“汽车”轨迹移动，而飞机可以沿“飞行”轨迹移动（图 4.123）。

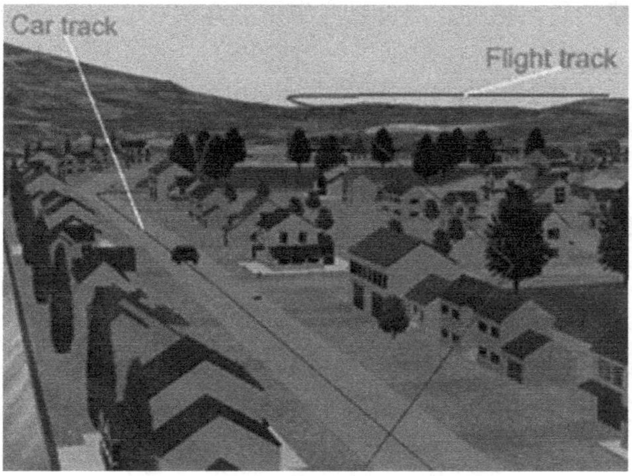

图 4.123　汽车和飞机沿路径移动动画

2）以动画形式呈现图层透明度和可见性的变化

通过在动画中应用透明度并更改图层可见性，可查看多个图层中的信息。例如，在高程表面上方逐渐淡入航空摄影，可以设置动画画面向前推进过程中图层的可见性，并从全局视角进行放大逐步显示所含信息更为详细的图层，使图层逐渐显示或消失（图 4.124）。

3）以动画形式呈现随时间变化的数据

可以创建可视化的时间动画，通过观察数据随着时间推移而逐渐呈现出的模式或趋势，从而分析随时间推移而生成的时态数据。例如，可以对海水温度随时间推移而变化的情形进行可视化，或观察随时间推移的人口增长模式。

图 4.124　以动画形式呈现某水库图层透明度和可见性的变化

4）*以动画形式呈现场景属性的变化*

可以将场景的属性作为动画的一部分进行更改，从而实现可视化场景的变化。例如，更改场景的背景颜色，可以以动画形式呈现天空颜色从白天到夜晚的变化过程；更改场景的光照，可以以动画形式呈现表面光照随太阳的昼间移动而发生的变化；更改场景的垂直转换系数，使地表起伏在动画期间的显著程度发生变化。

2. 构建三维动画

构建三维动画的方法有多种。最简单的方法是捕获透视图，这种方法不仅速度快，而且可以通过任何类型的数据来操作。创建动画的一个更复杂的方法是从所选择的线要素或者图形要素中的路径来创建动画，这种方法可以产生更加真实、吸引人的动画，但需要在场景中指定数据类型。

ArcScene 中的动画效果都是通过 Animation 动画工具产生的。在 ArcScene 的任一工具栏上单击右键选择【Animation】，即可打开 Animation 动画工具条（图 4.125）。以下介绍 ArcScene 中几种常用的动画生成方法。

1）*捕获视图创建动画*

通过捕获视图工具可以捕捉三维场景中的视图，系统将这些视图保存为动画关键帧（Keyframe）组成轨道，并经过平滑处理来生成动画。

（1）将场景要素通过 Tools 工具条（图 4.126）上的导航、放大、缩小、漫游等工具定位至感兴趣的视图，点击 Animation 工具条上的捕获视图按钮，捕获当前视图作为相机类型的关键帧。

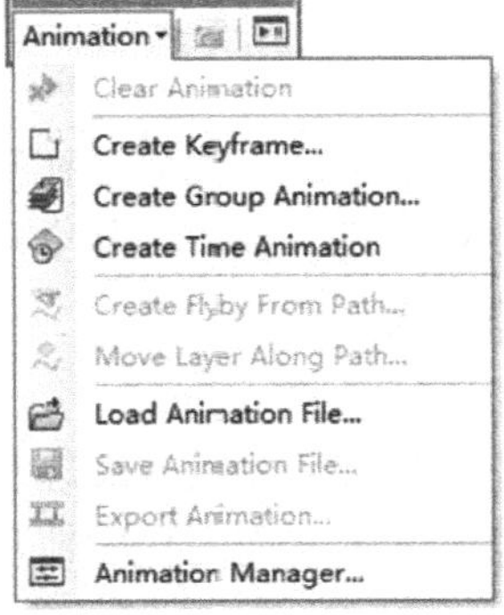

图 4.125　动画工具条及其下拉菜单

图 4.126　ArcScene 的 Tools 工具条

（2）通过以上工具逐步调整视角，改变视图，不断重复上一步操作捕获更多的关键帧。

（3）点击 Animation 工具条上的动画控制器按钮，打开动画控制器（图 4.127），点击其上的播放按钮，即可对以上捕获的关键帧所组成的轨道进行播放。

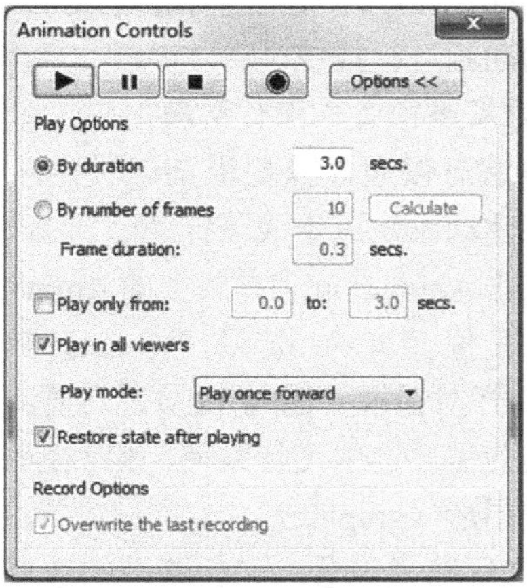

图 4.127　动画控制器

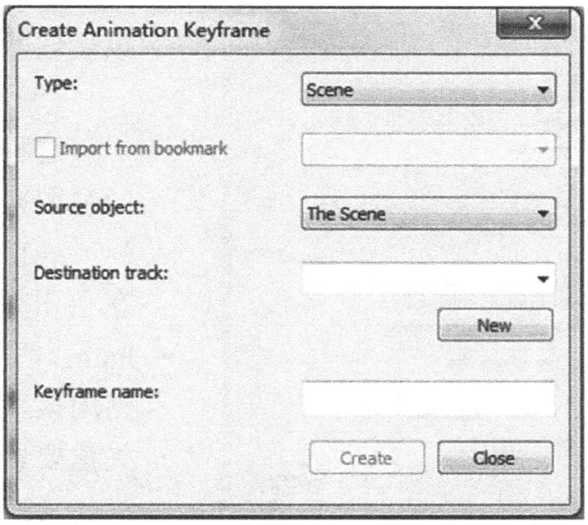

图 4.128　创建动画关键帧对话框

2）录制视图创建动画

通过动画控制器中的录制工具，将视图的变化情况进行录像以创建关键帧从而生成动画。

（1）点击动画控制器（图 4.127）中的录制按钮开始录制。

（2）使用 Tools 工具条（图 4.126）上的导航、飞行、放大、缩小、漫游等工具不断进行视角调整操作。其中，飞行工具是一个重要的工具，它可以对场景进行飞行浏览。点击该工具，鼠标指针将变为一只栖息的小鸟，再次单击鼠标，小鸟将展翅飞翔，这时，可以控制鼠标沿一定速度和路线在场景中飞行，单击左键加速、右键减速，飞行途中可以按键盘 ESC 键或鼠标滚轮（中间键）暂停飞行。

（3）视图调整完毕，点击动画控制器上的停止按钮结束录制。

（4）点击动画控制器上的播放按钮，即可对以上录制的视图进行动画播放。

3）创建动画关键帧生成动画

关键帧是动画最基本的元素，一系列的关键帧可以组装成轨迹，这种方法可以直接创建基于一般要素图层、场景、照相机视角和包含时间属性图层的四种动画关键帧来生成动画。例如，要模拟某一场景从白天到黑夜的变化过程就可以采用改变场景背景色和光照的方法来产生场景动画的效果。以下以场景动画为例介绍其实现步骤（创建其他类型的关键帧可以采用类似方法）。

（1）点击 Animation 工具条上的 Animation 按钮，在弹出的下拉菜单中选择“Create Keyframe…”，打开创建动画关键帧对话框（图 4.128）。

（2）选择创建动画的类型（Type）为场（Scene）。

（3）选择动画对象源。对于场景动画来说即当前场景。

（4）点击【New】按钮新建一个目标轨道，并设置轨道名。

（5）点击【Create】按钮创建一个当前场景属性状态下的动画帧，可以指定动画帧名称。

（6）改变场景属性，如背景色、垂直拉伸或光照等（可以不关闭创建动画帧对话框），再次点击【Create】按钮，创建一个在新的场景属性状态下的动画帧。重复以上过程直至所有的关键帧生成完毕，点击【Close】按钮完成场景动画创建。

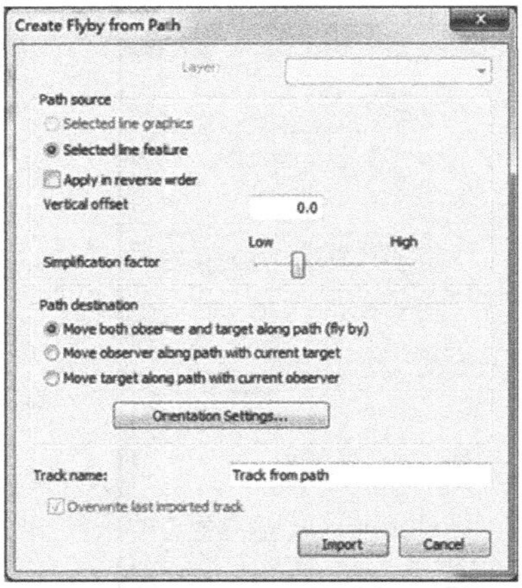

图 4.129　沿指定路径创建飞行动画对话框

（7）点击动画控制器上的播放按钮，即可对以上创建的动画进行播放。

4）沿设定路径生成飞行动画

这种方法可以通过捕捉沿某一设定路径上运动的视图来创建动画轨道生成飞行动画。

（1）点击 Animation 工具条上的 Animation 按钮，在弹出的下拉菜单中选择“Create Flyby from Path...”，打开对话框（图 4.129）。需要注意的是，使用该工具前需要选中飞行路径，该路径可以是线形矢量要素或图形（graphic）。

（2）飞行路径设置：包括路径的选择、路线的方向、飞行物体相对于路径的偏移高度（Vertical offset）、简化系数（Simplification factor）等。其中，简化系数设置越高，飞行动画会越精细、平滑。

（3）设置路径目的地（Path destination）。有三种方式：沿指定路径同时移动摄像机和目标地物、沿指定路径围绕目标地物移动摄像机、目标地物沿指定路径围绕摄像机移动。

（4）设置轨道名称，点击【Import】按钮，完成飞行动画创建。

（5）点击动画控制器上的播放按钮，即可对以上创建的动画进行播放。

以上几种方式的动画创建好后，可以点击动画控制器中的【Options】按钮进行播放设置（图 4.127）；可以点击 Animation 菜单下的【Clear Animation】按钮清除创建好的动画；还可以通过该菜单下的动画管理工具 Animation Manager 编辑修改动画。最后，将动画保存为 ArcScene 的动画格式以便下次加载使用或将动画输出为视频文件，以便能够采用其他视频播放器进行播放。

4.7　水 文 分 析

4.7.1　水文分析概述

运用栅格 DEM 开展水文分析可以获取与地表水流相关的众多信息。DEM 生成的集水流域和水流网络，成为大多数地表水文分析模型的主要输入数据。表面水文分析模型可用于研究与地表水流有关的各种自然现象，如分析洪水水位及泛滥情况、划定受污染源影响的区域、预测某一地区的地貌改变对整个地区水文造成的影响等，因而在城市和区域规划、农业及森林、道路交通等诸多领域有着广泛的应用。此外，该模型对增强对地球表面形状的理解也具有十分重要的意义，因为这些领域往往需要知道水流怎样流经某一地区，以及这个地区地貌的改变会以什么样的方式影响水流的流动。

基于 DEM 的地表水文分析的主要内容是利用水文分析工具提取地表水流径流模型的水流方向、汇流累积量、水流长度、河流网络（包括河流网络的分级等）及对研究区的流域进行分割等。通过对这些基本水文因子的提取和水文分析，可以在 DEM 表面上再现水流的流动过程，分析水文过程产生的影响。

ArcGIS 中的水文分析工具有两个：一是 Hydrology，它作为子工具集成于 Spatial Analyst Tools 里。如图 4.130 所示，它主要包括洼地填充、水流方向计算、汇流累积、沟谷网络、流域和集水区域等工具；二是 Arc Hydro，它是由 ESRI 和 CRWR（德克萨斯大学奥斯汀分校水资源研究中心）共同开发的一个扩展插件，需要单独下载安装，安装完成之后会在 ArcToolbox 里出现 ArcHydro Tools 和 ArcHydroPartialTerrain Update 两个工具集，可以用于专门的水文分析建模与分析。与 Hydrology 工具集相比，它的水文分析功能更全，专业性更强。本节主要介绍 Hydrology 工具集中的水文分析工具及其应用。

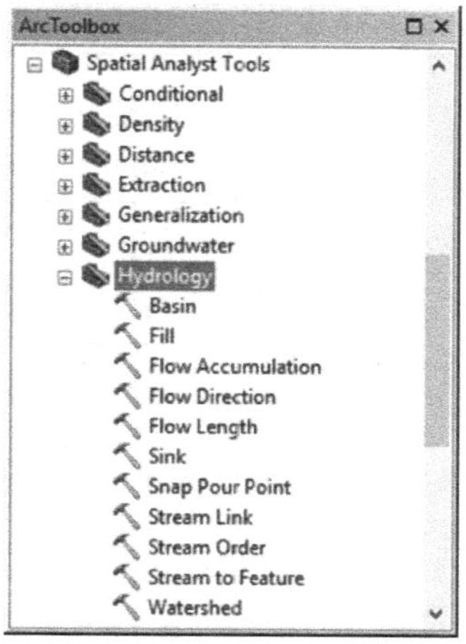

图 4.130 ArcGIS 中的水文分析工具集 Hydrology

以下是 ArcGIS 中水文分析工具集 Hydrology 中的工具。

（1）流域盆地（Basin）：创建描绘所有流域盆地的栅格。

（2）填洼（Fill）：通过填充表面栅格中的汇，以清除数据中的洼地。

（3）汇流累积（Flow Accumulation）：创建每个像元累积流量的栅格，可选择降水等栅格数据作为权重，生成更为真实的汇流量。

（4）流向（Flow Direction）：创建从每个像元到其最陡下坡相邻点的流向的栅格。

（5）水流长度（Flow Length）：计算沿每个像元的水流路径的上游（或下游）距离或加权距离。

（6）汇（Sink）：创建识别所有汇或内流水系区域的栅格。

（7）捕捉出水点（Snap Pour Point）：将出水点捕捉到指定范围内累积流量最大的像元。

（8）河网链接（Stream Link）：向各交汇点之间的栅格线状网络的各部分分配唯一值以标记河网各部分之间的连接关系。

（9）河网分级（Stream Order）：为表示线状网络分支的栅格线段指定数值顺序。

（10）栅格河网矢量化（Stream to Feature）：将表示线状网络的栅格转换为表示线状网络的要素。

（11）流域（Watershed）：确定栅格中一组像元之上的汇流区域，即集水区域。

ArcGIS 中通过 DEM 数据提取水文信息进行水文分析的一般流程如图 4.131 所示。

4.7.2 洼地填充与无洼地 DEM 的生成

洼地是指低于周围栅格的区域，分为伪洼地和自然洼地。伪洼地在栅格 DEM 中普遍存在，主要源自输入数据的错误、不合适的插值方法和栅格大小等方面。大多数研究者假定所有的洼地都是伪洼地。自然洼地则是实际中存在的洼地，一般远少于伪洼地，如坑塘、水库，以及喀斯特地区的溶斗或落水洞等。

无洼地的 DEM 数据是进行流域水文分析的数据基础。DEM 数据中不能存在小平原、洼地等地形，且所有的复杂地形都必须由斜坡构成，否则，将导致所提取的水系通道产生不连续的现象。实际提取过程中，必须将洼地进行填充，使小平原和洼地成为斜坡的延伸部分，

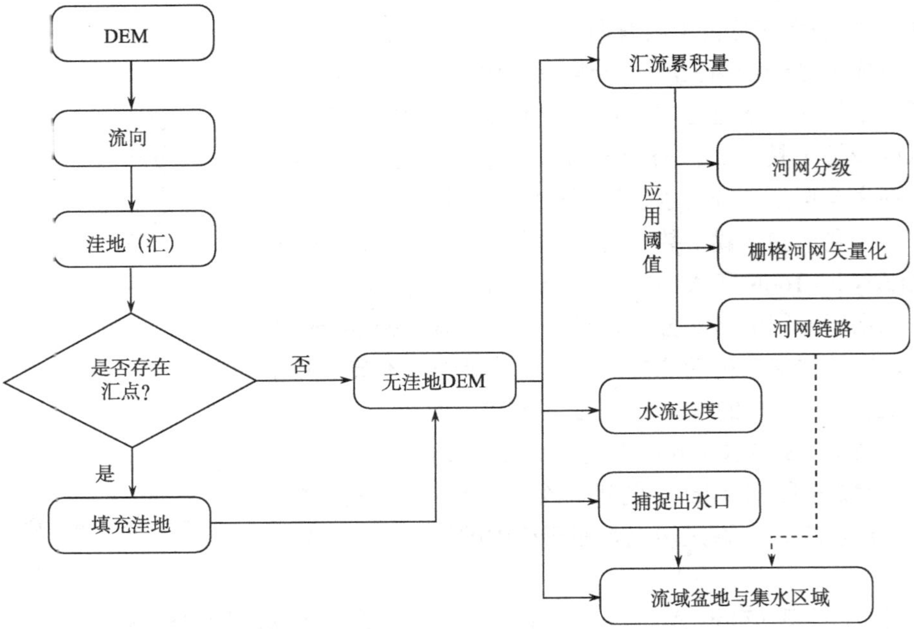

图 4.131　水文分析流程

经过这样的数据处理后，DEM 数据中的所有地形均由斜坡构成，这样才能确保从 DEM 数据中提取的水系是连续的。

洼地填充的基本过程是先利用水流方向数据计算出 DEM 数据中的洼地区域，然后计算出这些洼地区域的深度，最后以这些洼地深度为参考设定填充阈值进行洼地填充。

1. 流向提取

地表径流在流域内总是从地势高处流向地势低处，最后经流域出口排出流域。基于无洼地的 DEM 数据进行径流方向计算是实现其他流域特征分析的关键步骤。

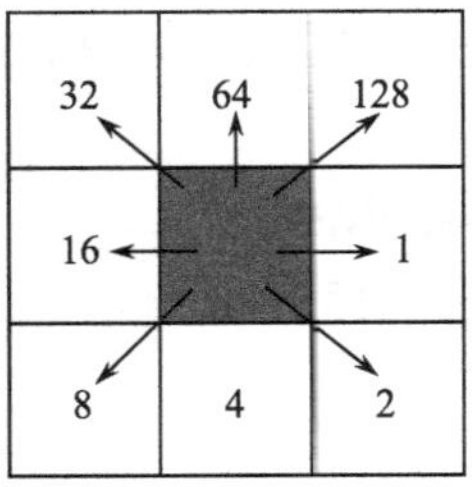

图 4.132　水流方向编码

流向栅格显示水流离开每一个已填洼高程栅格单元时的方向。确定流向的方法有单流向和多流向方法。D8（8 方向法）是广泛使用的单流向方法，对中心栅格的 8 个邻域栅格编码（图 4.132），中心栅格的水流方向便可由其中的某一值来确定。输出的方向值以 2 的幂值指定，当存在栅格水流方向不能确定的情况时，可以将数个方向值相加，这样在后续处理时从相加结果中便可以确定中心栅格的邻域栅格状况。

例如，在图 4.133 中，通过计算中心像元与其每个邻域像元的距离权重坡度，确定中心像元的流向。因为栅格的距离与其方向有关，所以，对于 4 个直角方向的邻接像元，坡度的计算是将中心像元与邻接点的高程差除以 1，对于 4 个斜角方向的邻接像元，坡度的计算是用高程差除以 $\sqrt{2}$ 。计算结果显示最陡的坡度是从中心像元到其右侧像元，以此作为中心像元的流向。根据水流方向编码规则，向东流动方向编码为 1。

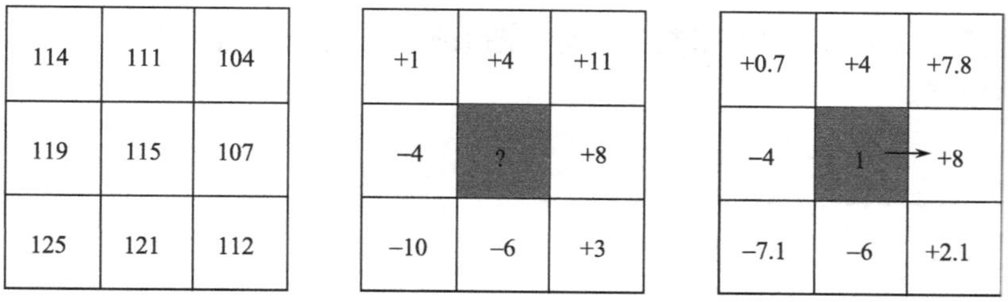

(a) 原始DEM　　(b) 高程差　　(c) 中心像元流向

图 4.133　D8 水流方向计算

单流向法对于带有汇聚型河流的多山地形能生成较好的结果，但因为其趋向于沿主方向生成平行河流，所以不能充分表示陡坡和脊线上的发散河流，且不能很好地用于含泛滥平原和湿地的多变地形。

多流向方法允许流向扩散，如 D∞（D 无穷大）方法，该方法首先将中心像元与其周围 8 个像元的中心连接起来，生成 8 个三角面，计算每个三角面的坡度；然后选择坡度最大的三角面作为流向所在的三角面，根据三点之间的高程计算流向；最后以流向切分三角形顶角的反比例，作为与三角面相交的两个相邻像元接收的水流比例（图 4.134）。

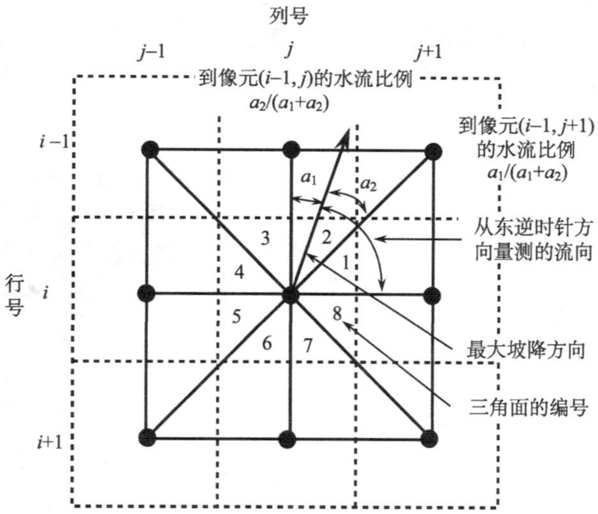

图 4.134　D∞水流方向计算

在 ArcGIS 中，可以通过流向（Flow Direction）工具（图 4.135），采用 D8 法生成水流方向栅格数据（可命名为 FlowDir_dem）。另外，作为可选项生成的 drop raster 数据是指在水流方向上该栅格与其临近的栅格之间的高程差与距离的比值，它反映整个区域中最大坡降的分布情况。若生成的流向数据中，方向值不只有以上规定的 8 个方向，则说明有洼地的存在，需要进行洼地计算和填洼处理。

2. 洼地计算

洼地区域一般是水流方向不合理的地方，常可以通过水流方向来判断哪些地方是洼地，并进行填充。而原始 DEM 中既有伪洼地，也有真实洼地。因此，在进行洼地填充之前还需要计算出洼地深度，并结合已有资料，如地形图数据，设定一个合理阈值，有选择地对 DEM 数据进行洼地填充。

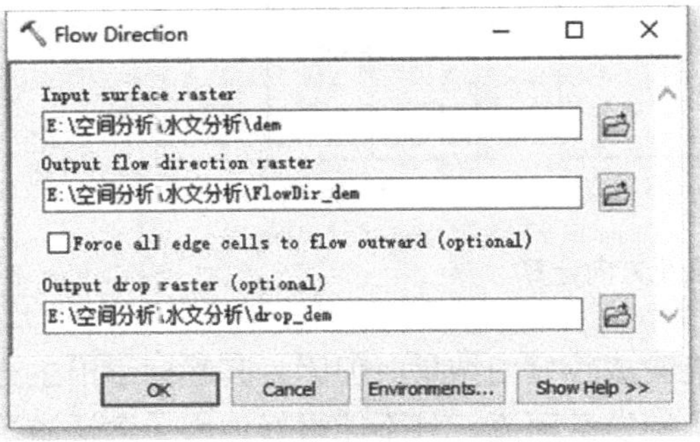

图 4.135　流向计算工具 Flow Direction

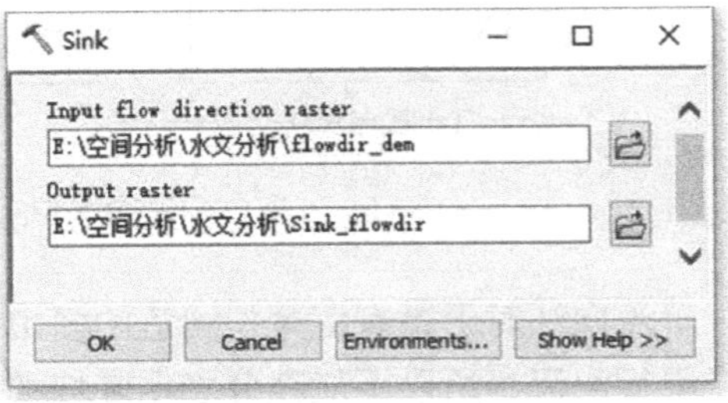

图 4.136　洼地计算工具 Sink

洼地计算过程如下。

（1）洼地的提取。洼地是指有水流流入但无水流流出的栅格像元区域，也称汇。基于流向栅格数据，通过 Sink 工具可以提取原始 DEM 中存在的洼地（图 4.136）。

（2）洼地贡献区域的提取。洼地贡献区域是指水流流向洼地的所有栅格像元组成的区域。通过 Watershed 工具，基于流向数据和洼地数据可以计算出洼地的贡献区域（图 4.137）。图 4.138 是根据前述 DEM 数据计算出的洼地贡献区域，每个区域中的小黑点即为洼地所在位置。

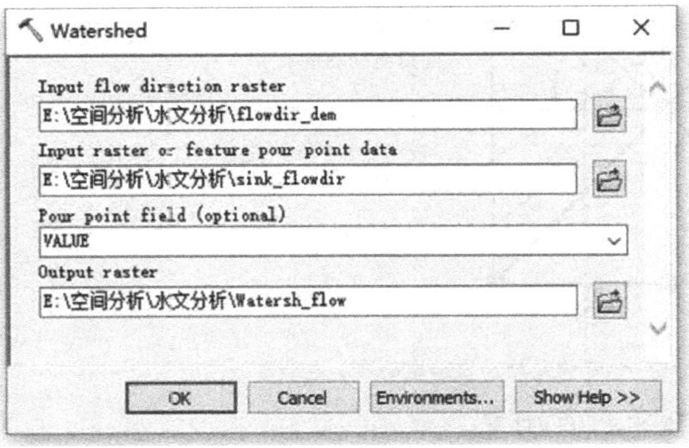

图 4.137　洼地贡献区域的计算工具 Watershed

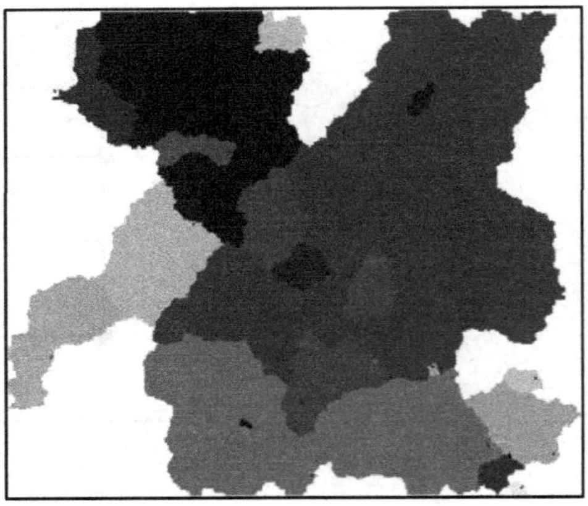

图 4.138　洼地贡献区域

（3）计算每个洼地所形成的贡献区域的最低高程值。通过 Zonal Statistic 工具，以洼地贡献区数据为分区数据，以 DEM 数据为被统计数据，选择 MINIMUM（最小值）作为统计类型，则将洼地贡献区的最低高程值赋予贡献区的每个像元。

（4）计算每个洼地贡献区域边界线上的最低高程，即洼地出水口高程。通过 Zonal Fill 工具，以洼地贡献区数据为分区数据，以 DEM 数据为权重数据，则将洼地出水口高程值赋予贡献区的每个像元。

（5）计算洼地深度。将前两个数据相减，即可获取洼地的深度。打开栅格计算器（Raster

Calculator），在其表达式窗口中将两个栅格数据相减，可得到出水口与洼底之间的高程差，即洼地的深度数据。分析洼地深度，发现有些洼地很浅，可以认为是数据误差引起的；深度较大的洼地，需要根据 DEM 数据，甚至结合实地调查核实其为自然洼地或是伪洼地。

3. 洼地填充

流向提取解决了 DEM 上是否有洼地的问题，而洼地计算则解决了洼地在哪里和洼地有多深的问题，它为填充阈值的设定以确定哪些洼地需要进行填充提供了依据。

采用 Hydrology 工具集中的 Fill 工具，以原始 DEM 作为输入数据，设置输出文件路径和名称后，可以设置洼地的填充阈值（Z Limit）。阈值是根据前述的洼地深度数据进行分析后确定的，用以区分自然洼地和伪洼地，深度小于该阈值的洼地将被填充。若不设置填充阈值，则所有洼地都将被填充。

洼地填充是一个反复的过程。当一个洼地区域被填平之后，这个区域与附近区域再进行洼地计算，可能会形成新的洼地，所以，洼地填充可能会不断反复进行，直至所有的洼地都被填平，新的洼地不再产生。因此，当数据量很大时，这个过程会持续较长时间。判断是否还有洼地存在的一个主要指标是水流方向是否只有 1、2、4、…、64、128 这 8 个值。

4.7.3　汇流累积量

在地表径流模拟过程中，汇流累积量是基于水流方向数据计算得到的（图 4.139）。计算汇流累积量的基本思想是：以规则格网表示的数字高程模型每点处为一个单位的水量，按照自然水流从高处流往低处的自然规律，根据区域地形的水流方向数据计算每点处所流过的水量数值，便得到了该点的汇流累积量。汇流累积量可用两种方式解释：①高累积值的像元一般对应于河道，而 0 累积值的像元通常位于山脊线；②如果像元值乘以像元面积，所得值等于集水面积。

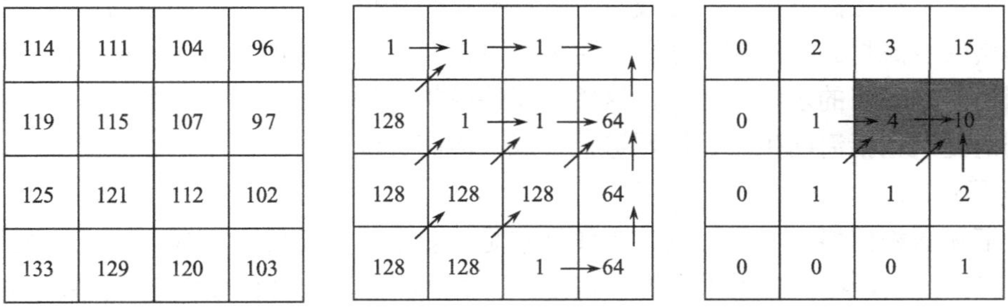

(a) 无洼地DEM　　(b) 流向栅格　　(c) 汇流累积量

图 4.139　汇流累积量的计算原理

图 4.139（b）是根据图 4.139（a）中的无洼地 DEM 数据，采用 D8 最大坡降法计算的流向数据（箭头表示）。图 4.139（c）是根据流向数据生成的汇流累积量数据，图中两个阴影像元的流量累积值分别是 4 和 10。左边的阴影像元接收来自其左方和左下方像元承接的水流（1、1）及两个像元自身的水流，右边的阴影栅格接收来自其左方、左下方、下方像元承接的水流（4、1、2）及三个像元自身的水流。最右上角像元为该数据仅有的一个出水口，表明该数据中的水系为单一流域体系。

在 ArcGIS 的水文分析工具集中可应用汇流累积量计算工具 Flow Accumulation（图

4.140），根据已获得的流向栅格数据，计算出流域的汇流累积栅格图（图 4.141）。若有必要，计算时可以输入权重栅格数据。权重数据一般用于表示如降水、土壤、植被等因空间分布不均而对径流产生影响的因素，它能更详细模拟该区域地表特征的分布差异。如果未指定权重数据，系统默认所有的栅格配有相同的权重值 1，则每个像元的汇流累积值表明该像元上游的来水像元数量。

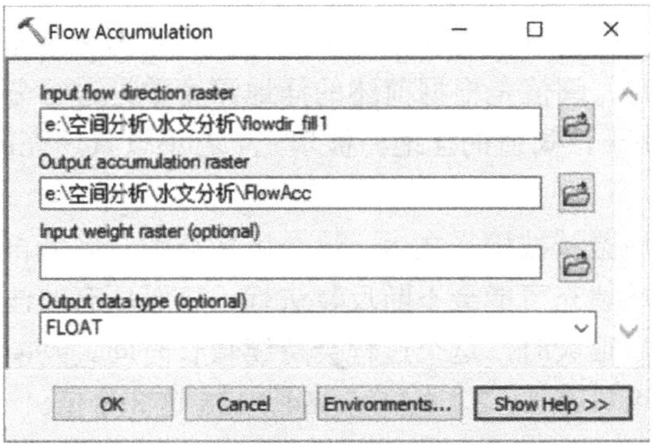

图 4.140　汇流累积量计算

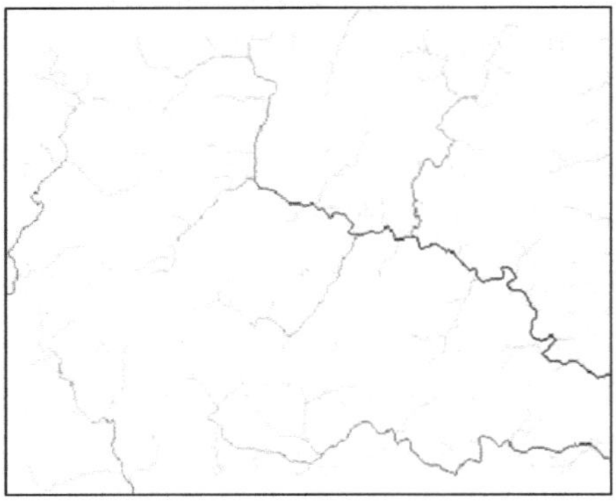

图 4.141　汇流累积量（经黑白反转）

4.7.4　河网的提取

提取地表河流网络是 DEM 水文分析的主要内容之一，河网生成的准确性将直接影响水文模型模拟的精度，因此，所生成的河网应尽可能真实地反映区域地形的影响。

目前，常用的河网提取方法是地表径流漫流模型：首先在无洼地 DEM 上利用最大坡降法得到每一个栅格的水流方向；然后利用水流方向栅格数据计算出每一个栅格在水流方向上累积的栅格数，即汇流累积量。假设每一个栅格携带一份水流，那么栅格的汇流累积量就代表着该栅格的水流量。当汇流量达到一定值的时候，就会产生地表水流，所有汇流量大于临界值的栅格就是潜在的水流路径，由这些水流路径构成的网络，就是河网。

河网的提取包括河网生成、河网链接生成与河网分级。

1. 河网生成

基于汇流累积栅格可导出河网，具体做法是：基于河道初始值，提取汇流量大于初始值的像元。初始值表示维持河道水头的集水量，以贡献的像元数替代集水量。如图 4.142 所示，假设临界值为 1100，意味着河流网络的每个像元至少有 1100 个像元的贡献，提取汇流量大于 1100 的栅格即可生成河网。

在 ArcGIS 中，有三种方法可以提取河网：一是利用 Con 工具或者 Setnull 工具（【ArcToolbox】→【Spatial Analyst Tools】→【Conditional】）按设定的条件进行像元值的转换或设置从而得到栅格河网。其思想是根据所设定的阈值对整个区域进行判断，将汇流量大于阈值的栅格的属性值赋为 1，而小于或者等于阈值的栅格设置为 NoData（空值）。二是采用重分类工具（Reclassify），将大于阈值的设为 1，其余设为空值。三是直接利用地图代数工具集（Map Algebra）中的 Raster Calculator 工具，其具体步骤如下（以前述图 4.140 中的数据为例）：①生成汇流累积量数据。此处直接采用前面生成的汇流量累积栅格 FlowAcc。②确定阈值。经过多次实验，此处设置阈值为 300，提取的河网密度较为合理。③栅格河网的形成。

1040	1037	981	1018	1041
1230	1235	1011	986	1052
1005	998	1251	1360	1426
1187	1201	1238	1310	1032
976	1027	1013	978	1092

(a) 汇流累积栅格

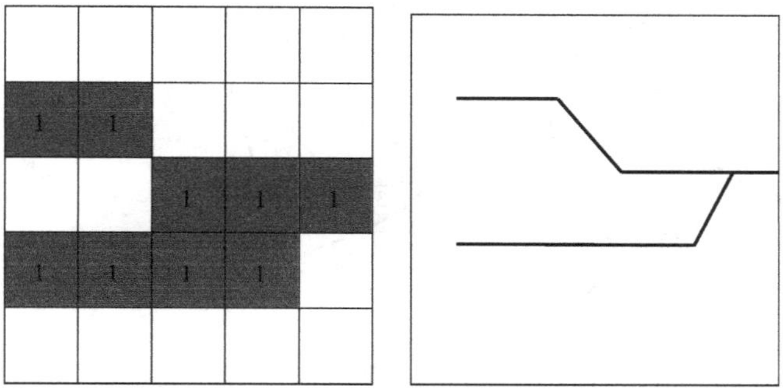

(b) 栅格河网提取　　(c) 栅格河网矢量化

图 4.142　河网计算

打开 Raster Calculator，在文本框中输入计算式 Con（"flowacc" > 300,1），输出文件命名为 streamraster。④栅格河网的矢量化。打开 Stream to Feature 工具，输入栅格河网 streamraster 和流向栅格 Flowdir_fill1，输出文件命名为 Stream，得到河网的矢量数据（图 4.143）。

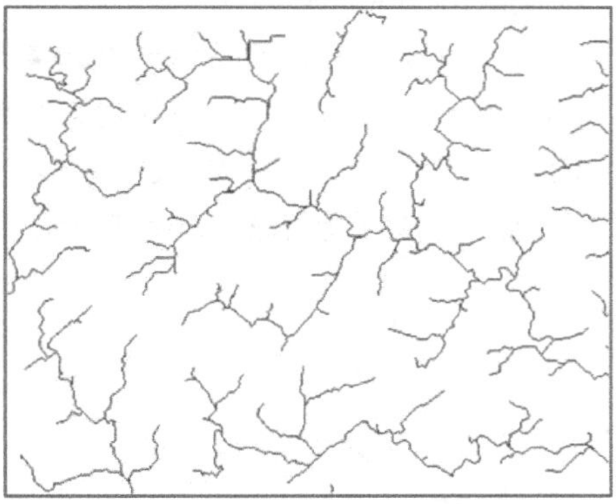

图 4.143　矢量河网提取

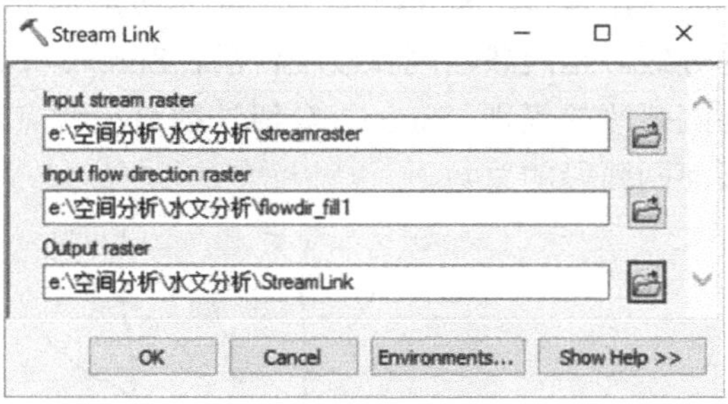

图 4.144　河网链接计算

2. 河网链接生成

由流量累积栅格生成河网后，通过河网链接工具（Stream Link），以栅格河网和水流方向栅格数据为输入数据，可向各交汇点之间的每一栅格线状网络分配一个唯一值（图 4.144）。河网链接记录了河网结点之间的连接信息，即河网的起始点和终止点，以及该汇水区域的出水点。因此，河网链接栅格就像基于拓扑的河流图层，交叉点或交汇点就像结点，交汇点之间的河流区段就像弧段或河段（图 4.145）。

3. 河网分级

根据河网结构，可以将各条河流按一定的次序排列成序列，并以序号逐一命名，以区别干支流。河网分级就是对一个线性的河流网络用数字标识的形式划分级别。在地貌、水文等学科中，河流的分级通常依据河流的流量、形态等因素进行分割。不同级别的河网所代表的汇流累积量不同，级别越高的河网，其汇流累积量越大，一般是主流，而级别较低的河网汇流量较小，一般是支流。

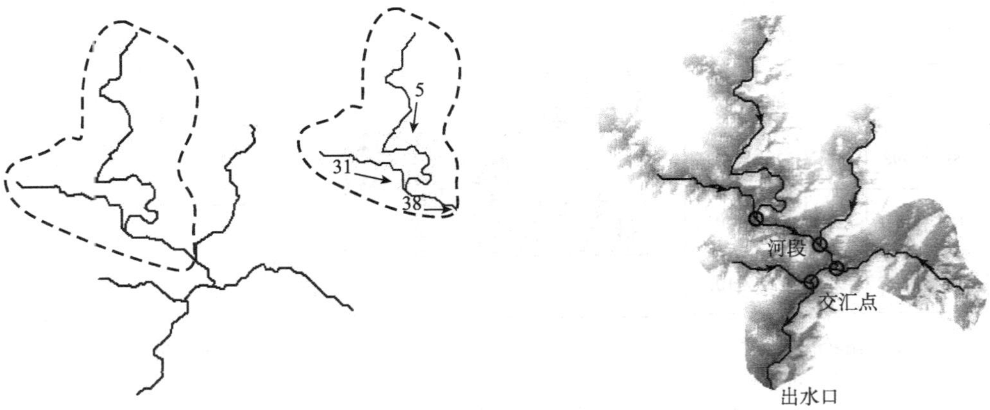

图 4.145　河网链接结构（栅格河段唯一值、流向、交汇点）

在 ArcGIS 提供的水文分析工具中，有两种常用的河网分级方法：Strahler 分级法和 Shreve 分级法（图 4.146）。Strahler 分级法中，先将所有河网弧段中没有支流河网的弧段设为第一级；然后在汇流时，若交汇前的两条河网弧段级别相同，则交汇后的河网弧段级别上升一级，若级别不同，则交汇后的河网弧段级别采用交汇前两条河网弧段级别中的较高者。以此类推，直到河网出水口。Shreve 分级的第一级河网定义与 Strahler 分级相同，所不同的是第一级以后的分级。当两条河网弧段交汇后，Shreve 分级法将两条河网弧段的级别数相加，作为交汇后河网弧段的级别。Shreve 分级法的最大特点是，每个河网弧段的级别数，都是其上游所有一级河网弧段的总数。

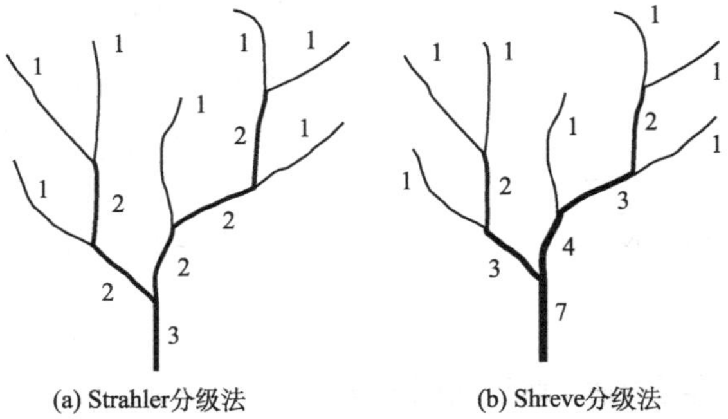

图 4.146　两种河网分级方法

采用 ArcGIS 水文分析工具集中的河网分级工具 Stream Order，以河网栅格、流向栅格为输入数据，设置输出栅格后，选择河网分级方法 STRAHLER 或 SHREVE，即可生成分级后的河网（图 4.147）。图 4.148 是采用以上两种方法进行河网分级的结果（局部放大图）。

4.7.5　水流长度

水流长度通常是指地面上一点沿水流方向到其流向起点（终点）间的最大地面距离在水平面上的投影长度（图 4.149）。水流长度是水土保持分析的重要因子之一，当其他条件相同时，水力侵蚀的强度以坡面的长度来决定，坡面越长，汇聚的流量越大，其侵蚀力就越强。水流长度直接影响地面径流的速度，从而影响对地面土壤的侵蚀力。因此，对水流长度的提取和分析，在水土保持工作中有很重要的作用。

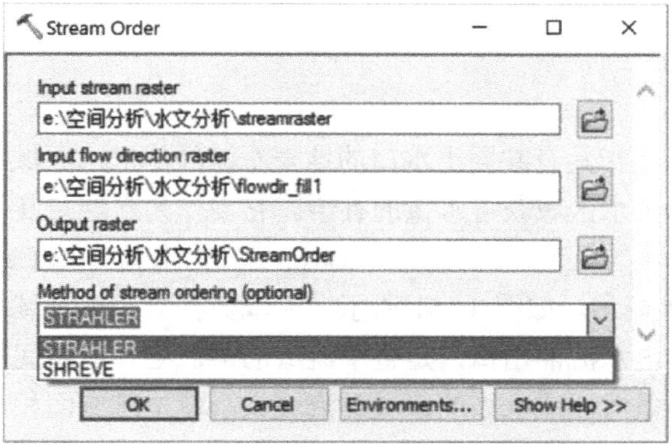

图 4.147　河网分级工具

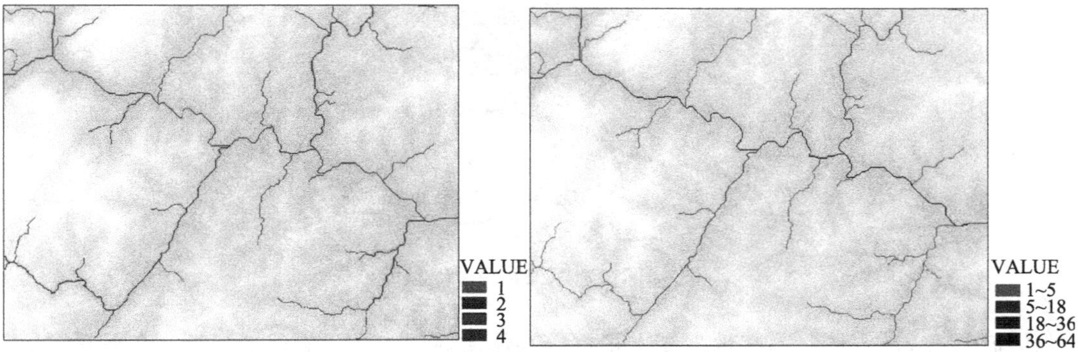

(a) STRAHLER 分级　　　　(b) SHREVE分级

图 4.148　两种河网分级方法的结果对比

目前，水流长度的提取方式主要有两种：一种是顺流计算；一种是溯流计算。顺流计算是计算地面上每一点沿水流方向到该点所在流域出水口最大地面距离的水平投影；溯流计算则是计算地面上每一点沿水流方向到其流向起点间的最大地面距离的水平投影。

采用 ArcGIS 水文分析工具集中的水流长度工具 Flow Length，以流向栅格为输入数据，设置输出栅格后，选择测量方式 DOWNSTREAM（顺流）或 UPSTREAM（溯流），即可计算出水流长度数据。若有必要，可输入权重栅格（图 4.150）。

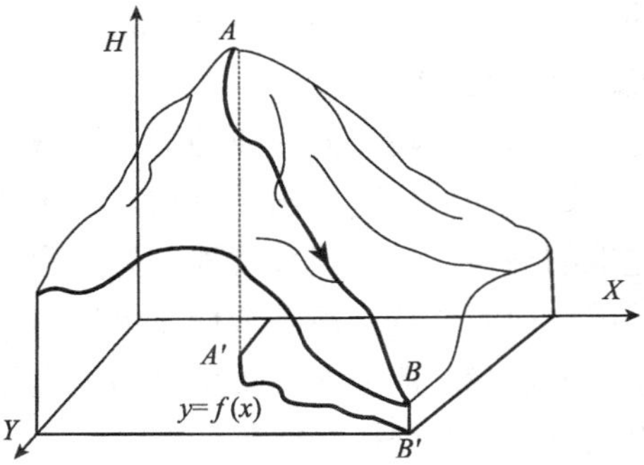

图 4.149　水流长度示意图

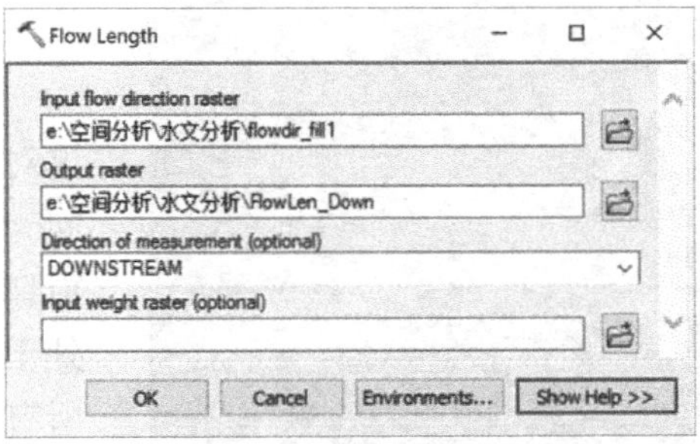

图 4.150　水流长度计算工具

4.7.6　流域分割

1. 流域

流域（Watershed）是指具有共同出水口的地表水流经的汇水区域，即一条河流或水系的集水区域，河流从这个集水区域获得水量的补给。它常作为水域及其他资源管理和规划的区域单元。用来描述流域的还有流域盆地（Basin）、集水盆地（Catchment）或水流区域（Contributing Area）等概念。如图 4.151 所示，流域数据显示了区域内每个汇水区域的位置和大小。出水口即流域内水流的出口，是整个流域的最低处。流域间的分界线即分水岭。分水岭包围的区域称为一条河流或水系的流域，流域大小就是流域面积。

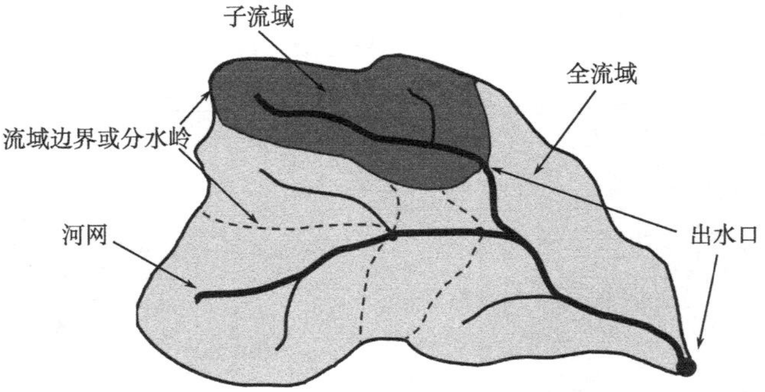

图 4.151　流域要素组成示意图

传统的流域边界绘制是在地形图上根据等高线所体现出的山脊线通过手工勾绘的，需要较高的专业技能，并且比较耗时耗力。在 ArcGIS 中，基于 DEM 数据提取地形要素特征即可自动生成流域。同时，可以在不同空间尺度上生成流域边界。较大的流域可能覆盖整个河流系统，称为全流域；而在流域内，还有更小的流域，称为子流域。子流域对应于河流系统的一条支流。

流域的生成可基于区域也可基于点。基于区域的方法是将研究区划分成一系列的流域，每个流域对应一个河段。基于点的方法是用所选的点生成流域，选择的点可能是出水口、水文站或水坝。

与河网分级原则类似，流域也可以分级（分割）。例如，一级河流的汇水范围称为一级流域，其余类推，最高级别河流的汇水范围即为全流域，流域的级即是流域中最高级河流的级。

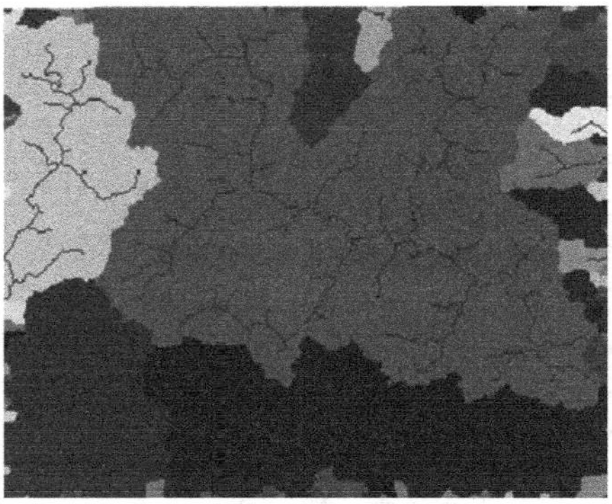

图 4.152　流域盆地

2. 流域盆地的生成

流域盆地是由分水岭分割而成的汇水区域，是通过对水流方向数据的分析确定出所有相互连接并处于同一流域盆地的栅格。生成流域盆地首先要确定分析窗口边缘的出水口的位置，所有流域盆地的出水口均处于分析窗口的边缘。流域盆地集水区的确定是找出所有流入出水口的上游栅格的位置。

利用 ArcGIS 中的 Basin 工具，以流向栅格数据为输入数据，即可计算出流域盆地数据（图 4.152）。从

图 4.152 中可以看出，每一个水系都生成了一个流域盆地。

3. 集水流域的生成

任何一个天然的河网，都是由大小不等、形状不一的水道所联合组成的，而每一个水道都有自己的特征、自己的汇水范围，即自己的流域面积，较大的流域往往是由若干较小的流域联合组成的。前述采用 Basin 工具计算出的是每一水系的全流域。但在很多的水文分析中，常常需要采用次级或更小的流域为单元进行分析，此时应对流域进行分割。

分割流域就是要确定每个集水流域，其基本思想是：先确定出水口（Pour Points），即该集水流域的最低点；然后结合水流方向数据，搜索出该出水口上游所有流过该出水口的像元，直到搜索到流域的边界，即分水岭的位置为止。这些像元组成的区域就是基于该出水口的集水流域。

分割流域有两种方式：一是全流域的分割；二是基于兴趣点的分割。

（1）全流域的分割。需要确定每个支流的出水口，这在流域规模较小的情况下可以逐个确定，但流域规模较大时则存在一定困难，不但工作量大而且点位不一定准确。事实上，在进行全流域分割时，常常采用河网链接（Stream Link）数据作为出水口数据。因为该数据中隐含着河网中每一条弧段的起点和终点等连接信息，而终点可视为该汇水区域的出水口位置。图 4.153 是采用 Watershed 工具，以流向栅格（FlowDir_fill1）为方向数据、以河网链接数据（StreamLink）为出水口数据，计算出的全流域集水区域分割数据。分析该数据可以发现，它为每一条河段都生成了一个子流域。

图 4.153　全流域集水流域分割

（2）基于兴趣点的分割。在实际研究中有时并不需要为各个河段生成流域，而是基于兴趣点来确定特定流域。这些兴趣点可能是河流的水文站、水坝或水质监测站，其在水文分析中也称为泄流点。基于兴趣点的单个流域的生成与全流域分割的生成步骤相同，唯一的差别在于，前者用点栅格替代河网链路栅格。在点栅格中，代表一个兴趣点的像元必须位于河流链路的像元之上。如果兴趣点不直接位于河流链路上，则将生成偏小的、不完整的集水流域。

利用 ArcGIS 水文分析工具集中的捕捉出水口工具 Snap Pour Point，在自定义的搜索范围内可以将兴趣点接合到汇流累积量值最高的像元。Snap Pour Point 操作可以看做是确定基于点的流域这一数据处理过程的一部分。多数情况下，兴趣点可以由屏幕数字化方式生成，或从带有 x、y 坐标的表格转换而来，或从已有数据集中选取。但这些点很少直接落在计算机生成的河道上，偏差原因可能是兴趣点的数据质量、计算机生成的河道不够精确或者两者兼有。

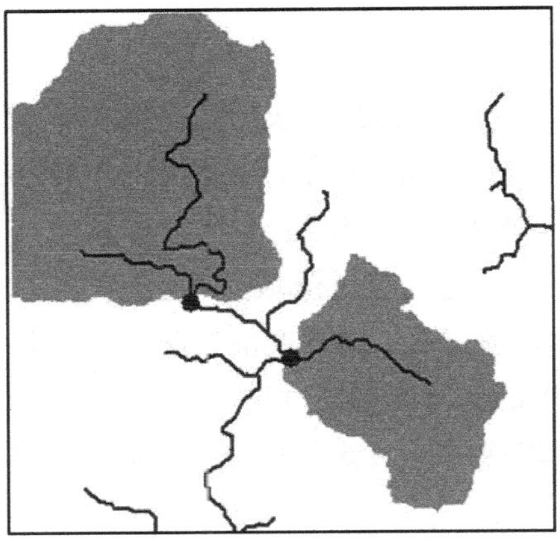

图 4.154　基于兴趣点的集水流域分割

兴趣点距离河网的相对位置决定了基于该点的流域大小。如果兴趣点位于交汇点，那么从交汇点起的上游流域被合并为兴趣点的流域。如果兴趣点位于两个交汇点之间，则两个交汇点之间河段的流域分为以兴趣点为中心的上下游两个部分。然后，该流域的上游部分与更上游的流域合并，形成该兴趣点的流域。

图 4.154 是一个基于兴趣点的集水流域生成结果。它首先采用 Snap Pour Point 工具，以两个并未准确位于河道上的点组成的矢量文件作为出水口原始数据，并结合汇流累积栅格数据，以 200m 为搜索半径，捕捉该范围内的汇流累积量值最高的像元作为出水口。然后采用 Watershed 工具，以流向栅格数据和上一步生成的出水口数据为输入数据，计算得到两个兴趣点的集水流域。

复习思考题

1. 栅格运算有哪几种模式？各有何特点？
2. 比较像元统计、邻域统计与分区统计之间的差异。
3. 举例说明重分类方法可以执行哪些类型的数据处理。
4. 什么是 DTM 和 DEM？它们之间有什么不同？
5. 可以从哪些途径获取 DEM 数据？
6. DEM 有哪些表达模型？请对比分析各种表达模型的优缺点。
7. 举例说明 DEM 的应用领域。
8. 表面创建的方法有哪些？
9. 分别采用 Ritter、Sharpnack、Horn 等 3 种算法，计算以下 3×3 窗口中心像元的坡度值和坡向值（图中数值为海拔，单位为 m，像元大小为 30m）。

256	252	249
251	245	238
242	233	226

10. 地表曲率和地表起伏度有什么作用？
11. 根据本书所附数据 Exe4-2 文件夹里提供的等高线和高程点数据，生成 TIN 和栅格 DEM，提取 900m 以上区域，并计算该区域的平面面积、表面面积和体积。
12. 根据第 11 题中的 DEM 数据，计算坡度与坡向，找出坡度大于 25°且坡向为南坡的区域。
13. 在土地利用调查中，需要确定每个地块的平均坡度，请根据第 11 题生成的 DEM 数据和 Exe4-2 文件夹中的土地利用数据（地类图斑），计算各个地块的平均坡度，统计各类土地的平均坡度。
14. 利用第 11 题中的 DEM 数据，制作地貌晕渲图。
15. 什么是通视性分析和视域分析？它们的原理是什么？
16. 某部门拟在山顶（本书所附数据 Exe4-2 文件夹里的观察点）建立一个高 50m 的观察塔，用于监测该点南部地区（方位角 135°~225°）的森林火灾，请采用视域分析方法计算其可见区域。

17. 简述山顶点、山脊线和山谷线等地形特征要素提取的原理与方法。
18. 什么是成本栅格、成本距离、成本方向、成本配置、成本路径？
19. 简述成本路径计算的基本原理和过程。
20. 根据下图的信息，写出最小累积成本栅格的计算过程，并计算成本方向和成本配置栅格。

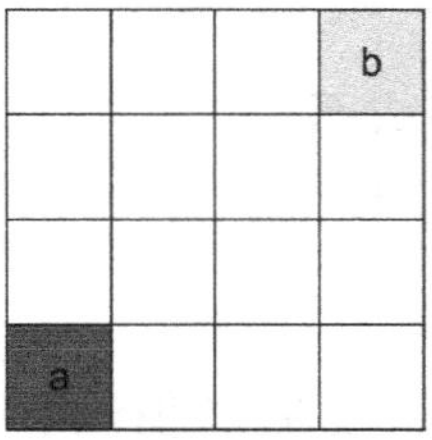

(a) 源(Source)

1	2	2	1
1	4	5	1
2	3	7	6
1	3	4	4

(b) 成本(Cost)

21. 什么是确定性插值和随机性插值、全局拟合插值和局部拟合插值、精确性插值和非确性插值？
22. 常用的空间插值方法有哪些？各有何特点？
23. 采用反距离权重法对点 *A* 进行插值时，采用的邻近样本点有 5 个，其值分别为 230、160、95、44、56，它们与点 *A* 的距离分别为 16km、11km、9km、5km、2km，设幂值为 2，请计算待插值点 *A* 的值。分别将幂值修改为 0.2 和 5，重新计算点 *A* 的值，观察其与最近邻点的值的差异，分析其原因。计算过程可以在 Excel 中完成。
24. 根据本书所附数据 Exe4-4 文件夹里的降水数据，采用多种方法进行空间插值，分析不同方法所得结果之间的差异。
25. 常见的空间数据探索方法有哪些？各有何作用？
26. 克里金插值的基本原理是什么？有哪些常见的克里金插值方法？各有何特点？
27. 三维表面的创建有哪几种方法？各有什么特点？
28. 什么是三维可视化？简述三维可视化的一般过程。
29. 简述三维景观图的制作方法。
30. ArcScene 中有哪些方法可以创建三维动画？
31. 根据本书所附数据 Exe4-6 文件夹里提供的 DEM 数据，分别采用二维、三维的形式，分析圣海伦火山喷发前后地表高程的变化情况。
32. 如何进行洼地的识别及洼地深度的计算？
33. 简述根据 DEM 数据进行河网提取的一般过程。
34. Strahler 和 Shreve 两种河网分级方法有何不同？

第 5 章　空间分析建模与应用

5.1　空间分析建模

空间分析建模是 GIS 空间分析的一个重要组成部分。一个完善的空间分析模型可以展现出空间数据集内部或数据集之间新的或未曾明确的关系，帮助用户解决空间决策问题。

5.1.1　模型与模型分类

模型的本质是构成与表现，是在人的意识形态支配和思维构成影响下，对现实世界的实体或现象中最重要的构成及相互关系进行抽象或简化后的表达。模型的建立，不仅可以将思维过程简约化，还可以使复杂的问题一般化，便于用户抓住待解决问题的要害，揭示待研究对象的本质。此外，模型的可操作性强、可靠性高、适用面广，而且通过模型实验可以节约成本，实现地理过程的模拟和预测预报。

根据建立方式的不同，模型可以分为三种类型：一是应用数学分析方法建立起来的数学表达式，反映事物或现象的理化规律，称为理论模型；二是通过大量的观测实验和数理统计方法建立起来的，反映变量之间的统计关系的模型，称为经验模型；三是基于原理和经验的混合模型，这类模型中既有基于理论原理的确定性变量，也有应用经验加以确定的不确定性变量。根据模型表现方式的不同，模型还可以分为概念模型、数学模型、图解模型、实物模型等。

5.1.2　空间分析模型

在模拟空间分析过程中建成的模型就是空间分析模型。它可以模拟现实地理世界中各种自然要素、社会经济要素的空间分异特征及其随时间变化的过程和相互关系，以解决各类空间问题。

空间分析模型有四个特征：①位置特征。空间定位是空间分析模型特有的特征，构成空间分析模型的空间目标（点、弧段、网络、面域、复杂地物等）的多样性决定了空间分析模型建立的复杂性。②关系特征。空间关系是空间分析模型重要的特性，空间层次关系、相邻关系及空间目标的拓扑关系决定了空间分析模型建立的特殊性。③图形特征。因为空间数据（坐标、高程、属性及时序特征等）极其庞大且通常用图形的方式表示，所以由空间数据构成的空间分析模型具有可视化的图形特征。④综合特征。空间分析模型不是一个独立的模型实体，它和广义模型中抽象模型的定义是交叉的，具有综合性。

从应用的角度看，空间分析模型包括适宜性分析模型、发展预测模型、位置选择模型、交通规划模型、地学模拟模型（如土壤侵蚀模型、水文模型）等。从内容特征来看，空间分析模型可以分为空间分布模型、空间关系模型、空间相关模型及预测、评价与决策模型。

（1）空间分布模型。主要用于分析地理对象的空间分布特征，包括：对空间分布格局参数的确定（如分布中心、集聚度、离散度、均衡度等模型）；对空间分布类型的确定[如连续分布与离散分布、沿线（边、海）分布、点状（线状、面状）分布等]；对空间分布形态的分析（如分维数模型、曲率与弯曲度模型、形状指数模型等）；对分布格局的确定（如趋势面与全局多项式模型、克里金插值模型等）；对空间聚类的分析（如时空聚类模型）等。

（2）空间关系模型。主要用于分析地理对象内部各要素之间、不同地理对象之间的相互位置和属性关系[如距离关系、方位关系、拓扑关系（邻接、关联、连通、包含等）、可视关系等]，包括邻近性分析模型、空间叠加模型、空间网络分析模型、视域分析模型等。

（3）空间相关模型。主要用于分析空间要素之间的相互联系、相互作用和影响关系，如土壤与植被的相关、地形与水文的相关、交通与经济发展之间的相关等。包括相关分析和回归分析模型、主成分分析模型、土壤侵蚀模型、水土流失模型、农作物估产模型等。

（4）预测、评价与决策模型。预测模型主要基于时间轴线，在分析过去要素相互作用机理的基础上，预测未来的发展和变化。评价模型主要用于分析相对于目标选择而言的符合程度，如选址的适宜性模型、土地分等定级模型、作物的气候适宜性模型、地质灾害稳定性和易发性模型等。决策模型主要用于解决空间决策支持问题，如最佳路径模型、最低成本路径模型、洪涝风险评估模型、森林火灾防控模型等。

5.1.3　空间分析建模

空间分析建模是指将空间问题的分析与处理采用模型的方式来表达的过程。其中，运用数学分析方法建立表达式从而模拟地理现象形成过程的模型称为过程模型（处理模型）。以下是几种常见的空间分析建模：①适宜性建模，如选址分析、土地分等定级、农作物种植区划等，多采用多因素加权叠加模型；②水文建模，如水流的渗流运动、都市雨水排水排污等，多采用空间过程模型；③表面建模，如地形表面重建、城镇区域污染程度等，多采用空间分布模型；④距离建模，如最低成本路径、最短路径选择等，多采用空间关系模型。

空间分析建模一般需要经过以下阶段（图 5.1）。

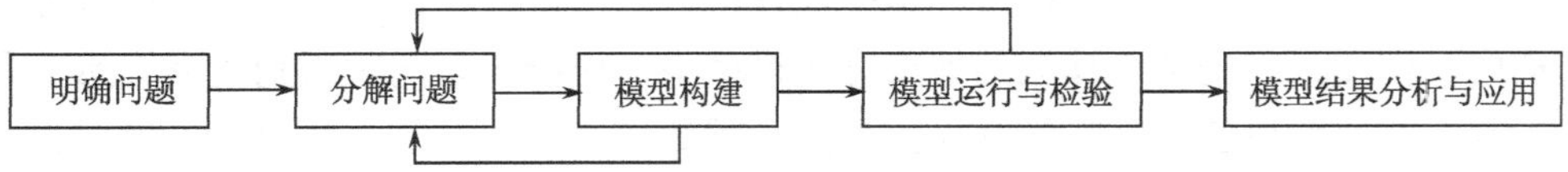

图 5.1　空间分析建模的一般过程

（1）明确问题。结合实际背景，明确解决的问题和拟达到的目标，分析解决问题的途径，寻找解决方案，搜集所需数据。

（2）分解问题。对问题进行分解、简化，找出主要因素，确定模型中需要的参数；整理相关数据。

（3）模型构建。根据各因素之间的关系，运用数学知识和 GIS 空间分析工具描述变量间的关系。

（4）模型运行与检验。运行模型，通过对模型结果的解释或对比来检验模型。若模型结果能够合理解释，或与实际观测结果能较好吻合，表明模型可行；反之，则表明模型存在问题，需要进行检验。检验中，若确认在模型构建阶段（图形要素、参数设置等）无误，则需返回问题分解阶段，检查问题的分解是否合理，即模型本身、模型参数、模型所用数据等是否正确，调整后再次运行模型，直至模型可行。

（5）模型结果分析与应用。分析模型运行的结果，归纳总结其中所包含的信息，并将这些信息应用到具体的实践中（如空间决策支持等）。

5.1.4　图解建模

1. 概述

图解建模是指用直观的图形语言表达一个具体的过程模型。它可以为复杂的 GIS 任务建立固定有序的处理过程。在图解模型中，分别定义不同的图形代表输入数据、输出数据和空间处理工具，并将这些图形以流程图的形式进行组合。

在 ArcGIS 中，模型构建器（Model Builder）是构造地理处理工作流程和脚本的图形化建模工具，主要由输入数据、输出数据、空间处理工具及它们之间的连接关系四个部分组成。其中，输入数据和输出数据可以是矢量数据集，也可以是栅格数据集，还可以是数据库中的要素类和表格等；空间处理工具主要是 ArcToolbox 中的各类工具集中的工具，也可以是已有的模型（Models）、由脚本（Scripts）定制的工具或其他工具箱（Toolbox）中的工具；连接指定了数据与操作之间的关系，即只有符合条件的要素才能被连接。四者之间的有机组合，组成了完整的图解模型。

2. 图解模型的分类

一个图解模型可以由一个或多个过程组成。每个过程都有共同的基本结构：输入→函数→输出，不同模型所包含的输入、函数、输出的数量可以不同，但整体的结构保持不变。同时，在模型运行前，所有的组成部分必须彼此连接。

按照模型中所包含的过程的数量，可以分为单过程模型和多过程模型。单过程模型只有一个过程，较为简单；多过程模型包含多个过程，且第一个过程所产生的输出数据往往作为第二个过程中的输入数据。

按照模型中所包含的过程的种类，可以分为单一处理工具模型和复杂处理工具模型。单一处理工具模型的空间处理工具仅含一种空间分析工具；复杂处理工具模型则由多种空间处理工具构成。例如，在为某地建立的地形分析模型中，可能需要同时用到数据转换工具、数据管理工具、空间分析工具、三维分析工具等，因此该模型就是复杂处理工具模型。

3. 图解建模的基本过程

下面以公路建设用地分析为例，结合 ArcGIS 的图解建模工具 ModelBuilder，介绍建立图解模型的基本过程。该例中有两个核心过程：一是将道路（Roads）按指定距离（BufferDistance）生成缓冲区（RoadsBuffer）；二是将缓冲区与土地利用数据（Landuse）进行识别叠加，生成道路用地数据（RoadsLand）。

（1）打开模型构建器。在 ArcCatalog（Catalog）中右键点击目标文件夹，新建一个工具箱（Toolbox）；右键点击该工具箱，新建一个 Model，即可启动模型构建器。也可以在 ArcMap 或 ArcCatalog 的 Standard 工具条上，直接点击 ModelBuilder 按钮，打开模型构建器。

（2）添加空间处理工具。本例中需要用到缓冲工具 Buffer 和叠加工具 Identity。打开 ArcToolbox，找到这两个工具，依次分别将其拖入 ModelBuilder 窗口中（图 5.2）。也可以通过搜索窗口，搜索到该工具后再加入模型中。

（3）添加连接。点击模型构建器工具栏上的连接按钮，把 Buffer 工具的输出与 Identity 工具连接起来，作为 Identity 的输入要素（Input Features）。

（4）设置变量。右键点击 Buffer 工具，选择【Make Variable】→【From Parameter】→【Input Features】，为缓冲区工具设置输入要素变量。同样的方法，为 Buffer 工具输入 Distance 变量，用于设置缓冲距离；为 Identity 工具输入 Identity Features 变量，用于设置叠加要素。

（5）设置参数。依次右键点击 Input Features、Distance、Identity Features、Output Feature Class（2），在弹出的菜单中选择 Model Parameter，将这四个变量设置为模型参数，变量的右上方将出现字母 P（图 5.2）。右键点击这些变量，还可以对其进行重命名。

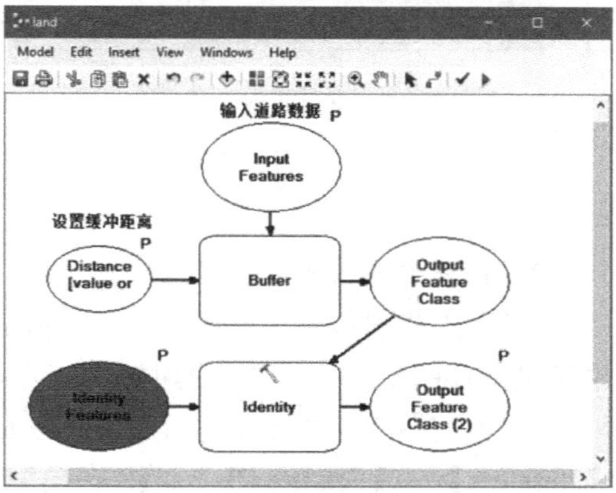

图 5.2　构建图解模型

（6）添加标签。右键点击模型或工具，选择【Create Label】，将标签拖到工具或变量上方的合适位置，修改标签文本。添加标签可以增强模型的可读性。

（7）添加输入数据。模型中的变量可以在模型运行前预设，也可以在模型运行时由用户设定。图 5.2 中，通过双击或拖拽等方式，为 Identity Features 变量输入预设值 Landuse 数据（此时，变量会由无色变为蓝色），其余变量在模型运行时由用户输入。

（8）保存模型。在菜单中点击【Model】→【Save As…】，或直接点击工具条上的【Save】按钮，即可保存模型（可命名为 land）。

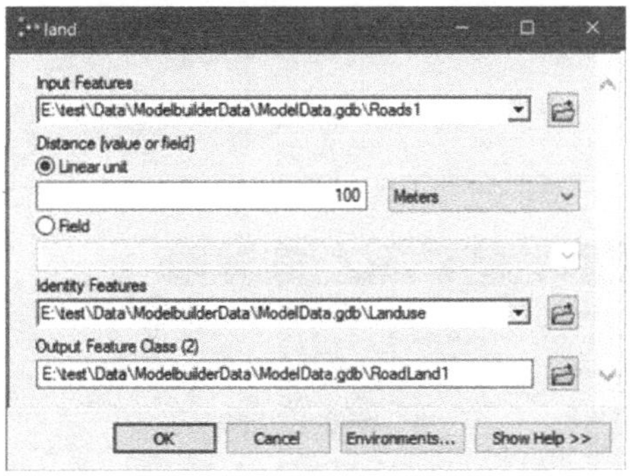

图 5.3　运行图解模型

（9）运行模型。双击工具箱中的模型，在打开的模型对话框中，可以看到设置的 4 个参数出现在窗口中，分别为其输入数据，点击【OK】运行模型（图 5.3）。运行完毕，浏览数据，检查模型是否正确。

4. 模型的批处理

图解模型可以将数据处理与分析的过程以类似于“工厂的生产流水线”的方式组织在一起，将用户的主要精力集中在输入、输出数据及少数参数的设置上，极大地简化了空间处理与分析操作，提高了工作效率。但是，它只能一个一个地处理和分析数据，当需要对多个数据进行相同或相似的处理时，则应运用批量处理的方法来操作。批量处理主要有以下三种基本方法。

1）直接利用模型的批量处理工具

在 ArcCatalog（Catalog）中右键点击模型，在弹出的菜单中选择【Batch…】，打开该模型的批量处理窗口，窗口中的每一行就是一个单次模型过程。图 5.4 是前文中公路建设用地分析模型的批量处理窗口，它将完成三次模型过程的运行。这种批量处理模式非常直观，由用户为每一过程设置参数，但当需要处理的数据很多时，则比较烦琐，因此它仅适用于少量数据的批处理。

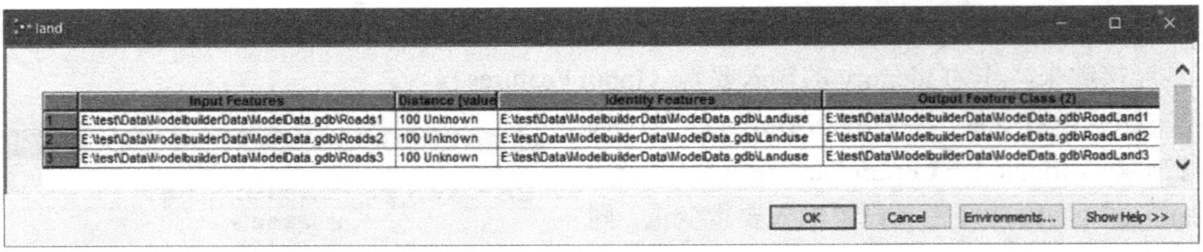

图 5.4　图解模型的批量处理

2）使用迭代器进行批量处理

（1）迭代器能够根据通配符（Wildcard）及数据类型等条件，将某一工作空间或数据集中满足条件的数据放入迭代器中逐次参与模型运算，从而实现数据批量处理。

（2）将图 5.2 中的模型另存为 landbatch，删除其中的 Input Features，点击菜单【Insert】→【Iterators】→【Feature Classes】，在模型窗口中添加一个要素类迭代器，将其放于 Buffer 工具上方，为其设置输入变量 Workspace or Feature Dataset，用于指定批量处理的数据所在位置，将该变量设置为参数，并将迭代器的输出变量与 Buffer 工具连接（在弹出的窗口中选择【Input Features】（图 5.5）。双击迭代器，设置通配符（Wildcard）为“Road*”，设置要素类型为“Line”。迭代时，将把位于指定位置、文件名以 Road 开头的线文件进行迭代运算。因为有多个输出结果数据产生，所以需要为输出数据指定存储位置和名称，如 E:\test\Data\ModelbuilderData\ModelData.gdb \%Name%_land，其中的%Name%为行内变量替换，它将输入数据的名称置入输出数据的名称之中，从而避免输出数据重名。

（3）右键点击工具箱中的该模型，选择【Properties…】，在属性窗口的参数标签中，调整变量 Workspace or Feature Dataset 的顺序至最上方。

（4）保存并运行模型，执行批量处理（图 5.6）。

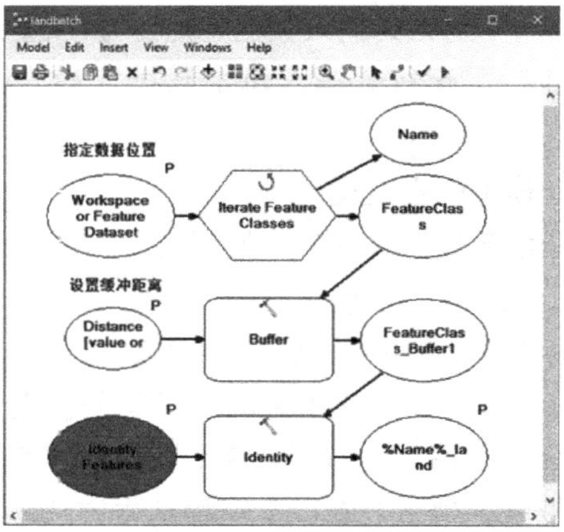

图 5.5　引入迭代器的图解模型

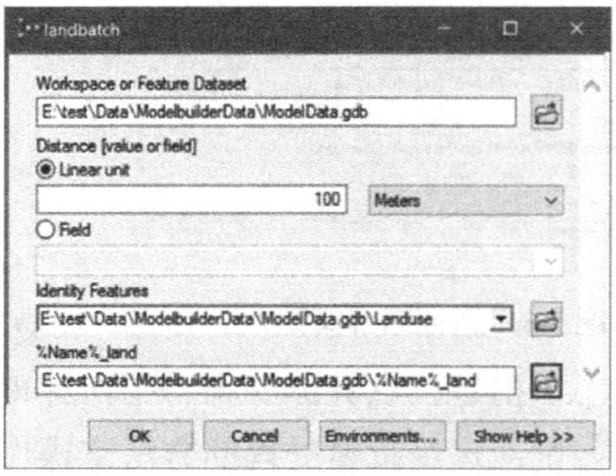

图 5.6　使用迭代器的模型批量处理

3）使用脚本进行批量处理

将图解模型输出为脚本文件，在脚本中添加循环语句，实现自动的循环读入和处理数据。有关的内容将在后文的脚本部分进行详细介绍。

5. 子模型与模型调用

在一些复杂的 GIS 数据分析中，存在许多的数据处理和分析过程，需要使用大量的工具，变量与工具之间的关系也可能相当复杂，从而造成模型非常庞大，不利于维护和使用。为此，可以将模型分解为不同的板块，每一板块作为子模型完成特定的任务，再由主模型调用各子模型并将其连接起来，从而完成复杂的分析工作。这种组织方式将使模型结构清晰，板块之间分工协作，使用和维护起来都非常方便。例如，可以将图 5.2 中的模型作为子模型，则图 5.5 中的 Buffer 和 Identity 工具可以用该子模型来代替，从而使图 5.5 中的模型成为由迭代器和子模型构成的主模型。

5.1.5 脚本

1. 脚本概述

脚本（Script）是指通过记事本程序或其他文本编辑器创建，并保存为特定扩展名（如*.py、*.vbs、*.js 等）的文本文件。脚本可以通过运行应用程序或工具规则和相关语法来表达指令，以控制应用程序中各元素的反应，也可以通过简单的控制结构（如循环语句、条件语句等）对数据进行处理。

脚本语言又称动态语言，是一种编译语言，是用来控制软件的应用程序。该语言是类似 DOS 批处理、UNIX shell 程序的语言，常见的脚本语言包括 Python、VBScript、JavaScript、Perl、Rudy 等。同 VB、C 语言等相比，脚本语言最主要的特点在于其语法规则较简单，易掌握，对开发人员的基础要求不高。该语言不需要每次编译再执行，并且在执行中可以很容易地访问正在运行的程序，甚至可以动态地修改正在运行的程序，适用于快速地开发及完成一些简单的任务。大多数脚本语言都能够随时部署，不需要耗时的打包过程。此外，脚本还与应用程序密切相关，可以包含应用程序的某些功能。

空间数据的处理常常是复杂而费时的，而且其过程具有很强的重复性，各类应用程序的空间处理与分析工具往往是针对单一数据、单一进程，这极大程度地限制了其处理数据的能力，所以提高数据处理的自动化水平显得尤为必要——脚本是解决这一问题的最有效方式。在脚本文件中，可以采用一个或多个工具来处理简单或复杂的数据，也可以加入循环语句实现对数据的自动批量处理。在 ArcGIS 中，脚本的高效性还体现在它可以脱离 ArcGIS 的桌面环境独立运行，相比模型只能依托于 ArcGIS 而言，它更有优势。

2. Python 脚本语言

Python 是一种面向对象、跨平台、开源、解释型的计算机程序设计语言，它继承了传统编译语言的强大性和通用性，又借鉴了简单脚本的易用性，其语法简洁而清晰，具有丰富和强大的类库。Python 为用户提供了非常完善的基础代码库，覆盖了网络、文件、GUI、数据库、文本等大量内容，被形象地称为“内置电池”。用 Python 开发，许多功能无须从零编写，直接使用现成的即可。除了内置的库外，Python 还有大量的第三方库供用户直接使用。

Python 简洁的语法和对动态输入的支持，再加上解释性语言的本质，使得它在大多数平台上的众多领域内都是一个理想的脚本语言，特别适用于应用程序的快速开发。它也常被昵称为“胶水语言”，即能够把用其他语言制作的各种模块（尤其是 C/C++）很轻松地联结在一起。常见的一种应用情形是，使用 Python 快速生成程序的原型（有时甚至是程序的最终界面），然后对其中有特别要求的部分，用更合适的语言改写。

近年来，随着 Python 技术的相对成熟，ArcGIS 减少了对 VBScript、JavaScript 等的支持力度，加大了对 Python 的支持。ArcGIS 引入 ArcPy，从而使 Python 广泛延伸到 ArcGIS 中。ArcPy 是一个以 ArcGISScripting 模块为基础并继承了其功能而构建的站点包。通过它可以采用 Python 高效执行地理数据分析、数据转换、数据管理和地图自动化创建。ArcPy 提供了丰富的 Python 体验，具有代码自动完成功能（输入关键字和点即可获得该关键字所支持的属性和方法的弹出列表；然后从中选择一个属性或方法即可将其插入），并针对每个函数、模块和类提供了参考文档。由于 Python 的通用性，用 ArcPy 编写的 ArcGIS 应用程序，可以使用来自许多不同领域的 GIS 专业人员和程序员组成的众多 Python 群体开发的附加模块。

ArcGIS 中，ArcPy 有三种使用方式：一是命令行窗口；二是脚本文件；三是 ArcPy 工具。命令行窗口又有两种：一种是 ArcGIS 安装程序列表(开始—程序—ArcGIS)中的 IDLE(Python GUI）窗口或 Python（command line）窗口；另一种是内嵌到 ArcMap 和 ArcCatalog 里的命令行窗口（点击标准工具条 Standard 上的 Python 按钮打开）。在这些窗口中，输入相应的命令行及对应的参数，即可执行简单的 ArcGIS 的功能调用。用户在熟悉 ArcGIS 的各种功能对应的命令后，还可以将简单的命令行组合起来，形成新的命令，从而可以以命令形式启动相对较为复杂的 GIS 应用。通过脚本文件使用 ArcPy 是最方便的方式，也弥补了在 ArcMap 和 ArcCatalog 中使用命令行存在的一些不足。ArcGIS 中工具的大部分功能都集中在 ArcPy 库，该库涵盖了 ArcGIS 几乎所有的界面程序对应的脚本程序，用户只要通过 import 语句调入该程序包，即可通过 Python 语言的点语法访问 ArcPy 包中的所有功能，在使用时用户可以自行调入该包（import ArcPy）。对于相对复杂的模型和新用户而言，一般可以先使用图解建模工具生成相应的模型及对应的参数，然后将其转换成 Python 脚本，只需要对脚本中相应的参数、流程控制等方面做少量修改即可生成新的 ArcGIS 应用模型。

3. 创建脚本工具

创建脚本工具的一般过程是：编写脚本文件—添加脚本并设置参数—运行脚本工具。

下面以坡地提取为例详细说明脚本工具创建的过程。该脚本工具主要实现两个过程：一是根据 DEM 生成坡度；二是将坡度中大于某值（如 25°）的区域提取出来。

1）编写脚本文件

采用 IDLE（Python GUI）或 PyCharm（一种 Python 的 IDE，专门用于 Python 语言开发的软件）新建一个文件，也可采用任何文本编辑器（如 Notepad）新建一个文本文件，文件命名为 Slope25.py。打开此文件，并输入以下内容：

```
# Import arcpy module
import arcpy
# Script arguments
InputDEM = arcpy.GetParameterAsText（0）
SlopeValue = arcpy.GetParameterAsText（1）
Slope25 = arcpy.GetParameterAsText（2）
# Local variables:
DEMSlope = "E:\\test\\ScriptData.gdb\\DEMSlope"
# Process: Slope
arcpy.gp.Slope_sa（InputDEM, DEMSlope, "DEGREE", "1"）
```

```
# Process: Greater Than
arcpy.gp.GreaterThan_sa（DEMSlope, SlopeValue, Slope25）
```

输入完毕，保存该脚本文件。需要注意的是，上述文本中用“#”标注的行为注释行，行中的内容建议使用英文而不是中文，否则会出现错误。如果确实需要在 Python 中使用中文，则需要把文件按 UTF-8 格式进行编码。ArcGIS 支持 Python2，如果要在 Python2 的 py 文件里面写中文，则必须要添加一行声明文件编码的注释，否则 Python2 会默认使用 ASCII 编码。编码注释一般放在脚本文件中的第一行，格式为：# -*- coding: utf-8 -*-。

2）添加脚本并设置参数

（1）在 ArcCatalog 中，右键点击存放脚本的文件夹，选择【New】→【Toolbox】，新建一个工具箱，并为该工具箱命名（如 Slope.tbx）。

（2）右键点击新建的工具箱，选择【Add】→【Script...】，为脚本工具输入名称（坡度提取）和标签（坡度提取计算）。

（3）点击【下一步】，选择脚本文件 Slope25.py。

（4）点击【下一步】，为脚本工具设置参数（图 5.7）。在 Display Name 下依次输出三个参数的名称：输入 DEM 数据、输入坡度阈值、输出数据（注意：三个参数的顺序应与脚本文件中的一致）。在 Data Type 下，分别为这三个参数设置数据类型：Raster Layer、Any value、Raster Layer。选中参数“输出数据”，在下方的 Direction 中，选择 Output，将其设置为输出数据类型。点击【Finish】按钮，完成对脚本工具的设置。

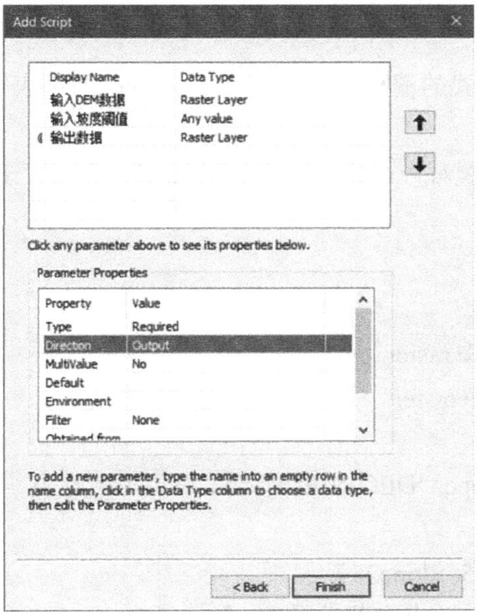

图 5.7　设置脚本工具的参数

图 5.8　运行脚本工具

3）运行脚本工具

双击上一步生成的脚本工具，可以看到工具对话框中出现了上一步设置的三个参数，分别为其输入数据，点击【OK】运行脚本工具（图 5.8）。

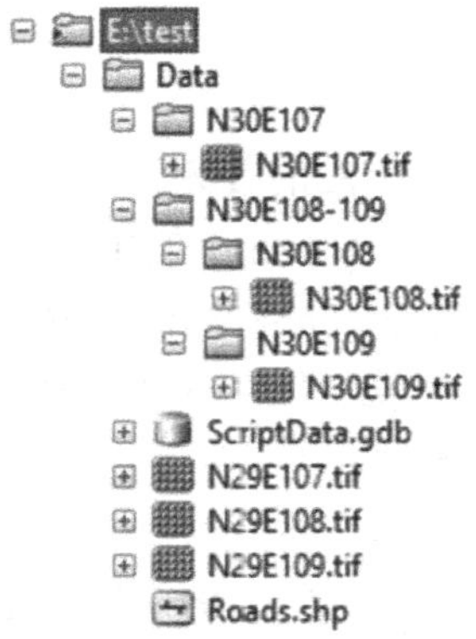

图 5.9　批量处理 DEM 数据示例

4. 利用脚本进行批处理

利用脚本文件生成脚本工具后，可以像其他工具一样进行批量处理（Batch）。事实上，对于多个数据的批量处理，直接在脚本文件中引入循环，可以更为自动和高效地进行数据的批量处理和分析。以图 5.9 中所示的文件为例，文件夹 E:\test\data 中有多个 tif 格式的 DEM 数据，且其下各级子文件夹中也包含这类数据。在 IDLE 中输入以下脚本，即可实现对该文件夹中所有以“N”开头的 tif 格式数据进行坡度计算和坡地（坡度大于 25°）提取的操作。需要注意以下脚本中第一行的文件编码注释行，该行声明了文件采用 UTF-8 格式编码，从而可以在脚本中使用英文以外的其他文字（如中文）。

```
# -*- coding: utf-8 -*-
#导入模块并检索特定扩展模块许可
import arcpy
from arcpy import env
import os
#搜寻每个子目录，并将其设为工作空间，对每个工作空间中指定的数据进行处理
for root, dirs,files in os.walk（"e:/test/Data"）:
  #以子目录作为工作空间
  env.workspace = root
  #获取工作空间中所有以"N"开头的 tif 格式的栅格数据，存放到 rasters 数据表中
  rasters = arcpy.ListRasters（"N*.tif", "tif"）
  #利用 For 循环遍历 rasters 数据表，每次对一个栅格数据计算坡度并提取大于 25°的区域
  for raster in rasters:
    InputDEM= env.workspace+"/"+raster
    DEMSlope=env.workspace+"/"+"Slope_"+raster
    Slope25=env.workspace+"/"+"Slope25_"+raster
    #Process: Slope
    arcpy.gp.Slope_sa（InputDEM, DEMSlope, "DEGREE", "1"）
    #Process: Greater Than
    arcpy.gp.GreaterThan_sa（DEMSlope, 25, Slope25）
```

脚本在 IDLE 中输入完毕后，保存脚本文件，点击菜单【Run】→【Run Module】或按 F5 即可直接运行脚本，无需再根据脚本文件生成脚本工具。

在脚本中除了加入循环可以实现批量处理外，也可以使用迭代器更为方便实现数据的批量处理。例如，以上的处理即可采用栅格数据迭代器来实现，如 arcpy.IterateRasters_mb（Workspace_or_Raster_Catalog, "N*.tif", "TIF", "RECURSIVE"）。

5. 模型与脚本的结合应用

对于一般用户而言，采用脚本编程的方式要求用户具有一定的程序设计能力，这给脚本

的应用带来一定的障碍，为此，ArcGIS 提供图形和程序的混合编程，为普通用户提供了较好的解决方案。

图解模型中的每一个图标代表一段对应的代码，其中的椭圆框表示数据，方形框表示对应的处理，图形框之间的箭头代表数据的流向。每一种图形框和相应的操作，都有一段对应的脚本代码，ArcGIS 可以将图解模型输出为脚本文件，用户通过修改脚本文件的输入输出，建立各种应用逻辑单元即可扩展图解建模应用。以下是将模型与脚本结合的基本过程。

（1）构建模型。利用 ArcGIS 中的模型构建器（ModelBuilder）建立模型，并设置好相应的参数。这里采用图 5.2 中的图解模型。

（2）将图解模型导出为 Python 脚本。在模型构建器中依次点击【Model】→【Export】→【To Python Script…】，设置脚本输出的路径和名称并保存。

（3）修改脚本。在 IDLE 中打开上一步生成的脚本，并对脚本做必要的修改。如图 5.10 所示，对脚本进行增加、删除或修改。变化的部分包括模型的引入、脚本参数的删除、局域变量的增加、循环的添加等。需要注意的是，Python 对循环内部的行退格有严格的要求，因此添加循环后，循环中的各行前务必添加两个空格。

```
Python 2.7.8: RoadLand.py - E:\test\Data\RoadLand.py
File Edit Format Run Options Windows Help
# -*- coding: utf-8 -*-
# Set the necessary product code
# import arcinfo
# Import arcpy module
import arcpy
from arcpy import env   #新增
env.workspace="E:/test/Data/ModelbuilderData/ModelData.gdb"  #新增
# Script arguments
#Input_Features = arcpy.GetParameterAsText(0)                #删除
#Distance__value_or_field_ = arcpy.GetParameterAsText(1)     #删除
#Identity_Features = arcpy.GetParameterAsText(2)             #删除
#if Identity_Features == '#' or not Identity_Features:       #删除
#    Identity_Features = "E:\\test\\Data\\ModelbuilderData\\ModelData.gdb\\Landuse" # 删除
#Output_Feature_Class__2_ = arcpy.GetParameterAsText(3)      #删除
#添加循环
for fc in arcpy.ListFeatureClasses("Road*","polyline"):
  # Local variables:
  Input_Features = fc  #新增
  Output_Feature_Class = env.workspace + "/" + fc + "_Buffer"   #修改
  Distance__value_or_field_ = 100   #新增
  Identity_Features = "E:/test/Data/ModelbuilderData/ModelData.gdb/Landuse"   #新增
  Output_Feature_Class__2_ = env.workspace + "/" + fc + "_Land"   #新增
  # Process: Buffer
  arcpy.Buffer_analysis(Input_Features, Output_Feature_Class, Distance__value_or_field_, "FULL", "ROUND", "NONE", "", "PLANAR")
  # Process: Identity
  arcpy.Identity_analysis(Output_Feature_Class, Identity_Features, Output_Feature_Class__2_, "ALL", "", "NO_RELATIONSHIPS")
Ln: 26 Col: 123
```

图 5.10　修改后的脚本

（4）运行脚本。点击 F5 或【Run】→【Run Module】，运行脚本。若脚本中设置有参数，则需要生成脚本工具后（添加脚本并设置脚本参数）再运行。

从上述实例不难发现，利用图解模型生成脚本能够提供许多便利，用户不再需要逐条编辑代码，只需要添加必要的循环语句即可。

5.2　空间选址分析

5.2.1　空间选址问题

选址问题是一个非常复杂的综合性决策过程，在生产生活、经济发展及军事中都有着非常广泛的应用，如超市、银行、学校、工厂、物流中心、导弹仓库等的空间位置决策问题都属于空间选址的研究范畴，它涉及经济学、社会学、政治学、地理学、工程学、心理学、系统论、运筹学等多个学科。不同类型的设施有不同的选址原则，如工业选址注重劳动力成本和运输成本、零售业选址注重客流量等。选址的好坏直接关系服务的方式、质量、效率和成本等，好的选址会方便人们生活，降低企业成本，扩大利润和市场份额，提高市场效率和竞争力，而差的选址往往带来诸多不便和损失。

古代，人们通常以经验或制度作为选址的依据，缺乏科学性。17 世纪，Fermat 提出了一个著名的问题：已知一个三角形，求一点使其到三个顶点距离之和最小（称为 1-中值问题），相当于空间问题中求到三个点的距离最小的点的选址问题。1909 年，经济学家 Weber 研究了在平面上确定一个仓库的位置，使得仓库与多个顾客之间的总距离最小（称为 Weber 问题），自此正式开始了空间选址问题的研究。在空间选址发展的百余年历史中，大概经历了三个发展阶段：一是零散研究阶段（20 世纪初~60 年代），主要是经济学者解决生产生活中的实际问题，内容较为零散；二是系统研究阶段（20 世纪 60~80 年代），选址问题具有了多目标属性，开始了多目标选址研究；三是不确定性问题和竞争问题研究阶段（20 世纪 80 年代至今），静态、确定性的选址模型与方法已不能适应选址研究的发展，随机选址问题和竞争选址问题成为众多学者关注的焦点。

空间选址就是指在一定地理区域内为一个或多个选址对象选定位置，使某一指标或综合指标达到最优的过程。它具有重大的经济、社会、政治和军事意义。在方法层面上，它既要定性考虑，又需要定量分析。GIS 为空间选址问题的解决提供了有效的手段和科学的途径。例如，利用缓冲分析与叠加分析可以解决基于矢量数据的选址问题，利用距离分析与加权叠加可解决基于栅格数据的选址问题，利用网络分析可以解决选址与空间配置等问题。从空间选址的决策过程和实施步骤来看，进行空间选址分析一般需要通过以下过程。

（1）确定进行选址分析的评价指标体系，即确定影响选址对象的因素，包括自然因素（如地形、地质、水文、植被、土壤、光照等）、社会经济因素（如人口、经济、交通等）、政治因素（如政治稳定性、民主法制水平等）等各方面的信息。每个因素层下，还可细分为因子层，每个因子都需要一个或多个具体的对应指标。

（2）确定指标体系中各因素因子的权重，即确定各影响因素相对于目标的重要性。例如，对超市的选址来说，客流量具有相对重要性；对物流中心选址来说，低成本具有相对重要性等。

（3）对各评价指标进行量化和标准化处理，即消除量纲，将各指标量化为能够进行统一计算的数值。

（4）对各指标进行综合评价，确定选址对象的空间位置。

随着社会经济的发展，影响选址的因素越来越错综复杂，各因素的重要程度也各不相同，因此，科学地确定选址对象的空间位置越来越重要，难度也越来越大。GIS 依靠其强大的空间分析和可视化功能使选址更具直观性、科学性和有效性。主要体现在以下几个方面：第一，决策者可以直观地看到各选址要素的信息；第二，GIS 可以对各选址要素进行灵活、迅速、直观的综合分析；第三，通过对图层的设置和符号化，可以帮助决策者做出合理的决定；第四，GIS 可以实现数据的实时更新，使选址更能适应实际情况的变化。

5.2.2 选址的指标体系构建

在评价一个事物的好坏时，常常需要通过一系列的指标对它进行评判，当所有指标和综合指标都达到最优的时候，也就选出了那个最理想的结果。合理的评价指标体系是科学评价的前提，在选择指标的过程中也需要遵循一定的原则：①综合性原则。为了达到最优选址的目的，应尽可能全面、客观地选择评价指标，避免遗漏或缺失，从而体现评价对象的整体效益，有利于提高主要指标抽取的准确性。②代表性原则，即在影响因素较多，各影响因素间的作用程度、作用效益、作用方式及相互作用不一的前提下，应选择最具代表性、最能直接反映对象本质特征或明显影响其发生变化的指标，从而简化指标的数量，在不失准确度的基础上提高研究效率。③稳定性原则，即在选择评价指标的过程中尽可能地保证评价指标在时间序列上的相对稳定性，保证研究结果的长期有效，使研究结果得到较好的应用。④可操作性原则，即应在评价指标数量较多、关系复杂，且有些指标存在自有规律或相互影响的情况下，在考虑数据易于判定和可获取的基础上，合理选择指标，保证评价结果的准确性。

例如，在大型商场竞争选址的过程中，需要进行消费需求分析、便利性分析（道路和停车场），以及竞争分析等。只有通过人口需求分析，才能了解如何从经济上争取更多的顾客消费，并最大限度地利用城市的各种基础设施；通过便利性分析以了解消费者购物所需的距离成本和时间成本，方便购物；通过竞争分析以了解未来可能出现的威胁。除此之外，还可以进行城市规划分析以了解周边的发展变化，进行商业繁荣度分析以了解顾客对该地区的商业认同度等。表 5.1 是某大型商场竞争选址中构建的指标体系。

表 5.1　某大型商场竞争选址指标体系

目标层	因素层	因子层
大型商场竞争选址	地形因素	坡度
		起伏度
	区位因素	消费者购物便利性
		交通便利度
		基础设施辐射半径
		其他商场竞争辐射半径
	城市规划分析	是否预留为非建设用地
	商业繁荣度	顾客对该地区的商业认同度

5.2.3 选址因子权重的确定

在空间选址分析中，评价指标体系中的各个指标具有不同的影响程度，即评价指标的权重大小不同。权重用来描述评价指标对评价对象的影响程度或贡献率，一般介于（0，1），所有评价指标的权重和为 1。权重的确定是整个评价过程中不可缺少的环节，权重的客观与否直接关系评价结果的好坏。如果每个影响因子具有相同的重要性，那仅需要对各因子进行合并即可。但在实际问题中，不同影响因素的重要程度不同。例如，在超市选址的过程中，人口密度、地理位置等相较于区域经济水平、环境状况等因素而言，对超市的收益具有更为重要的作用，因此在其选址的指标体系中，人口密度和区位因素等应占有较大的权重。

定量评估各因素（子）指标的作用大小，需要确定各指标的权重值。确定权重的方法有很多，如特尔菲（Delphi）法、因素成对比较法、层次分析（AHP）法、主成分分析法、因子分析法、灰色关联法、回归系数法、熵权系数法、变异系数法、均方差法、离差最大化法、负相关系数法等。依据其赋权的主客观性，这些方法又分为主观赋权法和客观赋权法。主观赋权法充分考虑了决策者、专家等的意向，如 Delphi 法、因素成对比较法和 AHP 法是最为常用的主观赋权法。客观赋权法（包括主成分分析法、因子分析法、灰色关联法等）是利用指标值之间的差异信息，通过度量差异信息之间的离散程度进行赋权。这些方法具有较强的数学理论基础，但其不足之处在于无法对一些定性表达的因素进行差异分析。因此，为了综合各赋权方法的优缺点，组合赋权的方式应运而生，通过主客观综合赋权的方式，使分析结果既包含主观信息，又包含客观信息。式（5.1）就是一种较为常用的组合赋权方法：

$$W_i = Q_i E_i \Big/ \sum_{i=1}^{n} Q_i E_i \tag{5.1}$$

式中，W_i 为综合权重；Q_i 为主观赋权法得到的权重；E_i 为客观赋权法得到的权重；n 为指标数量。

以下简要介绍几种常用的主观赋权法。

1）特尔菲法

该方法也称专家打分法，它依托多位专家对各因素进行多轮次打分得到，其实施过程如下。

（1）选择专家：专家应是熟悉该领域的有关行业的技术、管理专家及高层次决策者，专家总体权威程度较高、覆盖的面较广、具有相对独立性，人数为 10~40 人。

（2）专家打分：向专家发放打分的背景材料和打分说明，专家根据这些材料，在不协商的情况下对各因素按权重调查表的格式独立打分（百分制）；在某些行业应用中，某些行业标准、国家标准，对因素的选择和权重的确定都有明确的范围界定，例如，在我国的《城镇土地分等定级规程》（GBT 18507—2014）中，对因素的选择与权重区间进行了明确的要求（表 5.2），此时需要为专家提供此类材料，让专家在规定的范围内对权重打分。

表 5.2　商业用地土地定级因素表

名称	繁华程度	交通条件			基本设施状况	人口状况
定级因素	商服繁华影响度	道路通达度	公交便捷度	对外交通便利度（客运）	基础设施完善度	人口密度
选择性	必选	至少一种必选			必选	备选
重要性顺序	1	2 或 3			3 或 2	4
权重范围	0.25~0.45	0.05~0.25			0.05~0.25	0.1~0.2

（3）打分结果统计：统计各因素权重得分的平均值和标准差（表 5.3）。

（4）第二轮打分：将统计结果及专家上一轮打分表格一起返还给各专家，让专家参考上一轮打分的统计情况再次对各因素的权重进行打分。

（5）多轮打分：重复以上第（3）、（4）步，直到打分结果较为一致（标准差小于规定的值）；打分轮次一般需要 2~3 轮。

表 5.3　指标权重调查表（百分制）

因素	A	B	C	D	E	F	G
上轮平均分							
上轮标准差							
重要性排序							
权重值							

（6）确定权重：取各因素权重的平均值作为最终的权重值（分值除以 100）。必要时应作适当调整，以使因素或因子层的权重值之和为 1（求各因素权重占权重总和的比例）。

2）因素成对比较法

它通过构建判断矩阵，将因素集合中的两两因素进行比较。因素成对比较在实施过程中有“两个前提，一个要求”，即因素集合中的两两因素之间能够根据主观判断确定彼此的重要性，因素比较具有可转移性（即若 A 比 B 重要，B 比 C 重要，则 A 比 C 重要），它要求对因素所赋的值应在 0~1，同时两个因素之和等于 1。在具体实施过程中，其比较结果有以下三种：若 A 比 B 重要，则 A 赋值为 1，B 为 0；若 A 与 B 同等重要，则 A 和 B 均为 0.5；若 B 比 A 重要，则 A 为 0，B 为 1。用公式表示为

$$V_{ij}=\begin{cases}1 & i\text{比}j\text{重要}\\0.5 & i\text{与}j\text{同等重要}\\0 & i\text{比}j\text{不重要}\end{cases} \tag{5.2}$$

在实际计算中，为避免最不重要因素权重为 0 的情况，通常增设一组虚拟因素，将其设为最不重要因素，最后通过加和求比[式（5.3）]的方式计算权重（表 5.4）：

$$W_i=\sum_{i=1}^{n+1}V_{ij}\Bigg/\sum_{i=1}^{n+1}\sum_{j=1,\,j\neq i}^{n+1}V_{ij} \tag{5.3}$$

表 5.4　因素成对比较法计算权重

因素或因子	V_1	V_2	V_3	V_4	V_5	求和	权重
V_1	—	1	1	1	1	4	0.4
V_2	0	—	0.5	1	1	2.5	0.25
V_3	0	0.5	—	1	0	1.5	0.15
V_4	0	0	1	—	1	2	0.2
V_5	0	0	0	0	—	0	0

以上的因素成对法赋值比较粗糙，有时为了细化重要程度，也采用多级赋值法，如同等重要（0.5，0.5）、稍重要（0.6，0.4）、明显重要（0.7，0.3）、重要得多（0.8，0.2）、特别重要（0.9，0.1）等。本书 3.2 节中的表 3.5 对因素的成对比较采用了更为细化的 1~9 标度法。有时为了使成对比较法的结果更为精确，避免个人主观影响过大，可结合采用特尔菲法，让专家们对因素重要性做出判断后，再将结果整理，用于因素成对比较中，但这样操作起来工作量相对较大。

3）*层次分析法*

它是系统分析的常用方法，首先将一个复杂的目标分解成多个层次（包括目标层、准则层和方案层等）；然后依据该领域内各专家的经验对各影响因素的两两相对重要性给出判断，构建判断矩阵；最后通过计算特征根得到权重。它依托于各专家的知识、智慧、经验、信息和价值观，能够对大量非技术性的无法定量分析的因素做出概率估算。层次分析法确定权重的详细过程见 3.2.2 节中的相关内容。

5.2.4　选址因子的空间化、量化和标准化处理

空间选址分析中，往往需要多种不同的数据。为了能够将这些数据在同一框架下统一起来进行分析，需要对数据进行空间化、量化和标准化处理。

数据的空间化，也就是对数据的空间分布化，它是基于一定的数据，采用一定的空间分布模型或计算算法，反演数据在特定时间、特定空间的地理分布状态，达到对数据的模拟或再现的过程，其实质就是创建区域范围内的连续表面。例如，商场选址中所获得的停车场、已有超市、居民点、道路等数据，农作物适宜性选址中的降水观测数据等，它们是以点或线的形式存在的，不是面数据，需要通过距离分析、缓冲区分析、空间插值等方法，将其影响或作用扩展到研究区的整个面域。又如，在很多的研究中需要用到人口密度数据，但人口数据通常以行政区划为单元进行统计，且各行政单元内的人口并不是均匀分布的，这时可能要通过对土地利用、海拔、道路、河流等影响人口空间分布的影响因子建立模拟模型，生成区域内的人口密度数据。

数据的量化和标准化，是将不同来源、无法比较的定性或定量数据通过简单的数学变换进行量化和无量纲化，换算到统一标度并能进行综合计算的过程。对于定性指标而言，如在土地质量评价中，需要将土壤质地（包括砂土、壤土、黏土）纳入评价体系，但这种定性的指标无法用于综合评价，此时，就需要按照统一的标准对这些定性数据进行量化，换算成能够用于比较计算的定量数据；对于定量指标而言，如大型商场的空间选址要求距离主要交通道路和停车场较近，同时尽可能地远离其他超市，那么，距离分析可以帮助获取每个点到主要交通道路、停车场和已有超市的距离，这里的距离都是由具体的数值表示的，但是因其数值范围不一，难以进行综合比较。例如，对道路数据和停车场数据进行距离分析后的范围分别为 0~1500 和 0~2000，这里的 1500 和 2000 都同时表示最远距离，在进行加权叠加时，如果将 1500 和 2000 代入计算势必会影响加权结果。此时就需要对数据进行量化和标准化处理，这里的量化和标准化是指采用一定的数学方法将不同量纲、不同范围的数据变换到无量纲的同一标度，利用同一标度对数据进行综合计算和分析。

数据标准化处理方法有多种，常用的包括极差变换、线型比例变换法、向量归一法、标准样本变换法、归一化法、取倒数法等。具体方法的选择要考虑指标的特性。一般而言，指标的特性依评价目标取向可以分为“越大越好（正向）”“越小越好（逆向）”和“适中型”（如气温等）三种，根据其变化方向采用不同的标准化方法，可以将逆向指标转化为正向指标。表 5.5 列举了几种常用的数据标准化方法。

极差变换法、线性比例变换法和取倒数法可将逆向指标化为正向指标，线性比例变换法、向量归一法考虑了指标的差异性。此外，还有数理分析法、离差化法、相对化法、指数型变换法、幂函数变换法及对数化变换法等。

表 5.5　常用的数据标准化方法

标准化方法		公式
极差变换	正向	$y=(x-x_{\min})/(x_{\max}-x_{\min})$
	逆向	$y=(x_{\max}-x)/(x_{\max}-x_{\min})$
线性比例变换	正向	$y=x/x_{\max}(x_{\max}\neq 0)$
	逆向	$y=x_{\min}/x(x\neq 0)$
向量归一法		$y=x/\sqrt{\sum x^2}$
标准样本变换法		$y=(x-\hat{x})/s;\quad s=\sqrt{(x-\hat{x})^2/(m-1)}$
归一化法		$y=1/(\sum x)$
取倒数法		$y=1/x$

5.2.5　选址综合评价

效用函数综合评价法是一种常用的选址综合评价方法，它是依据一定的合成模型对量化和标准化后的数据进行加权求和，其合成模型主要包括幂平均合成（算术平均合成、几何平均合成及平方平均合成等）和特殊合成（混合合成、代换合成及二次合成等）。

幂函数合成的一般定义是：先对变量进行 k 次变换，再计算其加权算术平均值，然后开 k 次方根，即

$$F=\sqrt[k]{\sum(wy^k)/\sum w} \tag{5.4}$$

式中，当 $k=1$ 时，该式变为最为普通的加权算术平均模型 $F=\sum(wy)/\sum w$。

混合合成法就是在一个综合评价指标体系中，采用两种或两种以上的合成模型进行合成的方法（图 5.11）。最常见的就是乘法合成（几何平均）与加法合成（算术平均）的混合。

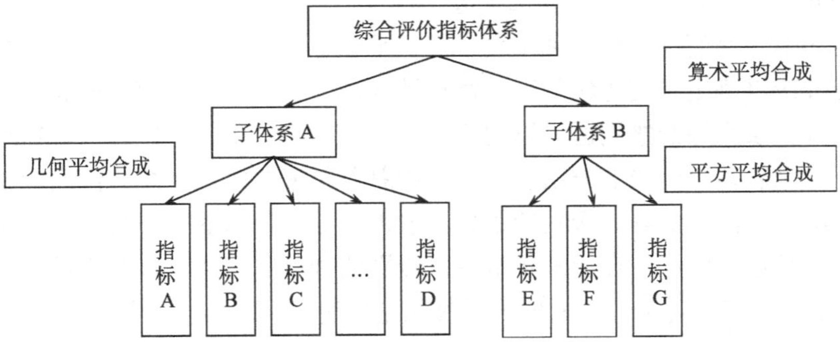

图 5.11　混合合成法示意图

代换合成法的本质是先对变量做一次“倒扣式逆变换”，采用幂函数合成法进行加权求和，再做一次“倒扣式逆变换”[式（5.5）]：

$$F=U-\sqrt[k]{\sum(w(U-y)^k)/\sum w} \tag{5.5}$$

式中，U 为单项指标最高评分值。

二次合成是在前述无量纲数据的基础上，考虑最大值与最小值进行二次综合，计算与理想点之间的贴近度的合成方法。逼近理想解排序法（technique for order preference by similarity to ideal solution，TOPSIS）就是一种典型的二次合成法，它基于归一化后的原始数据矩阵，找出最优方案和最劣方案，通过计算评价对象与最优方案和最劣方案的距离，获得评价对象与最优方案的接近程度，以此评价各对象的优劣。其基本过程是：

（1）对原始数据进行归一化处理（如表 5.5 中的向量归一法），构建初始决策矩阵$\{x_{ij}\}$，确定权重w_j（i为评价对象的编号，i=1，2，…，m；j为指标编号，j =1，2，…，n）。

（2）计算规范化加权决策矩阵 $\boldsymbol{y} = x \times w$，并确定正负理想点 S^+ 和 S^-： $S_j^+ = \max\limits_{1 \leqslant i \leqslant m}\{y\}$，$S_j^- = \min\limits_{1 \leqslant i \leqslant m}\{y\}$。

（3）计算每一点与正负理想点的联系向量距离：$d_i^+ = \sqrt{\sum(y - s^+)^2}$，$d_i^- = \sqrt{\sum(y - s^-)^2}$ 。

（4）计算各评价对象的相对贴近度：$t_i = d_i^- / (d_i^+ + d_i^-)$。$t_i$ 越大，则代表该对象的综合评价越好，在选址中越应成为选择对象。

5.2.6 选址的确定

1. 综合评价选址的确定

综合评价可以给出各评价对象（位置）相对于选址目标而言的适宜性程度。一般来说，根据综合评价的得分或排序情况，选择得分较高或排序靠前的区域作为选址区域。但这通常面临两个主要问题：一是选择什么样的阈值作为选址的标准；二是选择出的区域可能在面积或形状等方面达不到要求。阈值太高，则可能只有少数区域符合选址要求；反之，阈值太低，则可能面积过大，不能作为选址区域。因此，阈值的选择往往要根据选址目标不断调整测试，直到满足需要为止。此外，在某些阈值下，虽然选址的总面积符合要求，但地块可能非常破碎、形状也极不规则。此时，可以适当降低选址的综合得分阈值，并结合数据平滑方法，从而选出一些具有一定规模的区域。例如，在进行休闲旅游地产项目的选址中，若地块小于 1hm^2，则开发价值不大，不适宜作为选址区。

在很多情况下，空间选址分析并不要求提供唯一方案，即只分为选址区和非选址区。它往往需要通过分级以确定不同等级的适宜性选址区域。例如，在城镇土地定级的过程中，其最终要求是划分城镇土地的级别区，以明确各级土地的空间范围，因此对城镇土地定级的评估结果应进行分级表达。分级的方法有很多，如总分频率曲线法、总分剖面图法、总分数轴法、自然断点法、等间距法等。级别的划分一般需要根据数据的分布特征来确定并结合必要的资料进行级别验证。例如，在土地定级中，级别的划分需要通过级差收益法测算和市场交易价格法进行验证，若不同级别间的地价或收益差异明显，则可以认为级别的划分较为合理。

2. 条件选址

条件选址是按照一定的条件，直接将同时满足多个选址条件的区域作为选址区域。与综合评价选址相比，条件选址要简单得多，它往往并不需要知道条件要素的权重，只需要先将满足每个条件的区域选择或生成出来，然后将多个条件的区域进行空间叠加（相交），即查找到满足所有条件的区域。例如，在退耕还林的选址中，只需要分别找出耕地和陡坡地（坡度大于 25°），两者相交即可得到既是耕地又是陡坡的区域，即退耕还林区。

稍复杂的条件选址也可分级表示，即找出所有条件都不满足、满足一个、满足两个、…、满足所有条件的区域。基于矢量数据的分级条件选址，往往要采用 Union 叠加方法，结合属性值的运算来确定；基于栅格数据的分级条件选址，可以采用像元叠加与组合分析方法，结合空值、掩膜等的使用，必要时利用栅格计算器来完成。

5.2.7　空间选址案例分析

GIS 因其强大的空间分析功能，在空间选址方面得到了很好的应用，是 GIS 最具价值的应用之一，如确定某事件发生在什么地方、某超市最适合建在什么地方、银行网点怎么布置最有效等典型的选址问题。根据选址目的的不同，可分为工程选址、商业选址等多种类型。

一般来说，位置的选择需要基于一定的条件，如污水处理厂的选址应考虑位于河流的下游、居住区应位于工业区的上风方向、银行选址应考虑商业繁华程度等。在 GIS 中通过对这些条件或因素的收集、整理或集成，并运用适当的模型，采用叠加分析等多种空间分析方法，找出最适宜的选址方案，并以图表等形式呈现选址结果。

以下以超市选址为例，说明空间选址的一般过程。

某一大型连锁超市拟在城区新开几家超市，要求新开的超市符合以下要求：附近人流密集，离居住区较近；离生活型的道路较近，交通便利；为方便较远处的居民前来购物，选址的地方离公交车站越近越好；为避免或减少同业竞争的影响，新开超市离已有超市越远越好。此外，考虑超市长远发展，新开超市不能位于城市规划中的拟拆迁区域。

（1）明确问题与方法。分析以上问题的背景材料可以看出，问题的核心是要找出在哪里新开超市，因此它属于空间选址问题。具体来看，它要求“较近”“越近（远）越好”等，因此该问题属于适宜性选址分析，宜采用综合评价的方法来进行。

（2）收集地理信息，建立指标体系，明确需要的数据。背景材料中体现了五个方面的地理信息要求：人口密集、交通便捷、公交便利、同业竞争小、避开禁建区。采用前四个因素建立评估指标体系，以最后一个作为排除因素。人口方面可以采用居住小区位置数据，交通方面采用生活型道路数据，公交方面应收集公交站点数据，同业竞争方面应收集已有同类超市的数据，禁建区方面应收集拆迁区数据。

（3）确定各因素指标的权重。由于各因素对选址的重要性不一样，需要采用特尔菲法、因素成对比较法、层次分析法等某一种或几种方法，确定各因素的权重。

（4）收集数据，对数据进行空间化、量化和标准化处理。人口、交通、公交、竞争等四个因素的作用都与距离有关，因此需要先采用距离计算等方式确定每个点（栅格像元）到这些要素的空间距离；再根据距离远近直接进行数据量化和标准化处理，或采用一定的距离衰减模式间接计算，从而确定每个要素对各像元的作用分。

（5）综合评估。采用简单得多因素加权叠加模型或其他综合评价模型，确定综合评价得分。

（6）确定选址位置。根据综合评估结果，剔除拆迁区域，选择合适的阈值划定选址区域，必要时可结合对选址位置形状、面积等方面的要求进行阈值调整。

（7）选址成果制作。制作选址专题图件和表格、编制选址方案报告等。

以上案例的具体实施过程可参见本书配套实验教程实验十七的内容。

5.3 动态变化分析

动态变化分析属于地理过程研究的范畴，强调地理事物的位置、属性及空间格局等随时间的变化。它包括两个方面的内容：一是研究一定时间内地理事象的依时行为，从而发现地理事象的变化规律；二是对未来可能发生的地理行为进行模拟和预测，这是动态变化分析研究的最高层次，也是地理学科学性与实用性的集中体现。

5.3.1 空间动态变化

按照人类参与的程度可将空间动态变化分为自然动态变化和人文动态变化两大类。自然动态变化主要涉及地球运动、热力环流、大气运动、水循环、地壳的物质循环、自然环境的整体性和差异性等；人文动态变化主要包括人口空间过程（人口迁移）、经济空间过程（经济活动的聚集与扩散）、基础设施过程（基础设施网络的空间拓展，如交通建设）和社会文化空间过程（宗教、文化等的传播与扩散），其他还包括人口增长类型变化、城市化、人地协调等。越来越多的新技术应用于研究空间动态变化，如通过卫星遥感监测土地利用变化、环境污染、生物迁移和人口扩散规律等。以下以土地利用、生物种群的动态变化为例，探讨如何开展空间要素的动态变化分析。

5.3.2 土地利用动态变化分析

土地是人类赖以生存和发展的最基本的自然资源和物质基础，土地利用变化是全球变化中的重要组成部分，是一定时期内人类活动对自然环境施加影响的显著表现，体现了人类利用土地的目的和意图。

土地利用动态变化包括土地资源的数量、质量随时间的变化，也包括土地利用的空间变化及土地利用类型组合方式的变化，同时包括未来土地资源需求量的变化。深入了解土地利用动态变化规律，更好地阐明土地利用变化与自然和社会经济等方面的驱动因子之间的关系，模拟与预测未来土地利用变化状况，可以为土地利用规划及政策的制定提供可靠的依据。

土地利用动态变化分析的一般流程为：首先，利用遥感手段获取研究区两个（或更多）时期的影像，并进行现状分类及分类后处理，得到研究区两期土地利用分类数据。其次，利用 GIS 技术对两期土地利用分类结果进行叠加分析和统计，得到两个时期内研究区的土地利用转移矩阵。该矩阵反映了研究区土地利用类型在数量上的变化及各土地利用类型之间的相互转换关系，对比较土地利用变化的区域差异和预测未来土地利用变化趋势具有重要的作用。最后，在转移矩阵的基础上结合相关预测模型，如马尔科夫（Markov）模型，CLUE-S 模型、线性回归模型、元胞自动机（cellular automata，CA）模型等，对未来土地利用变化的趋势进行预测。

1. 数据准备

1）分类体系的确定

土地分类是指在研究、分析各类土地的特点及它们之间的相同性和差异性的基础上划分土地类型，以如实地反映研究区土地利用现状，为科学管理土地资源提供依据。分类体系的确定是进行土地利用动态变化的基础，是遥感影像数据进行分类的前提。在实际应用中，若有国家标准或行业标准，应遵从这些标准的要求；若没有相关标准，应参照国家和行业的其他类似标准，根据土地资源调查的目标和要求，结合研究区土地资源的覆被特征、经营特点、利用方式及动态监测的需要，对研究区进行合理的土地利用类型划分。

一般来说，基于不同的调查目的、不同的调查尺度，在不同的时间、不同的国家或地区，往往有不同的土地分类体系。我国在不同时间也有不同的土地利用分类体系。2017 年 11 月 1 日，由国土资源部组织修订的国家标准《土地利用现状分类》（GB/T 21010—2017）发布并实施。新版标准规定了土地利用的类型、含义，将土地利用类型分为耕地、园地、林地、草地、商服用地、工矿仓储用地、住宅用地、公共管理与公共服务用地、特殊用地、交通运输用地、水域及水利设施用地、其他用地等 12 个一级类、72 个二级类，适用于土地调查、规划、审批、供应、整治、执法、评价、统计、登记及信息化管理等。新版标准秉持满足生态用地保护需求、明确新兴产业用地类型、兼顾监管部门管理需求的思路，完善了地类含义，细化了二级类划分，调整了地类名称，增加了湿地归类，将在第三次全国土地调查中全面应用。

2）数据的获取与处理

土地利用动态变化分析的实质就是利用两个时期的数据来研究某一区域土地利用类型的变化幅度及不同土地利用类型之间的相互转换关系。因为遥感影像能储存丰富的地理信息，真实地反映各地物的空间分布特征，所以，它是研究土地利用变化的一个重要数据源。此外，还可利用已有的土地利用变更数据来研究目标区的土地动态变化情况。

（1）遥感影像数据。为保证土地利用变化研究的准确性，应选取夏季天气晴朗，云量不影响结果，图像质量相对较高的不同时期的遥感影像。但获取的遥感影像常会受到太阳位置、云雾等大气条件及其他因素的影响而发生畸变和失真，如受到大气中的分子和气溶胶的散射与吸收的影响，卫星传感器记录的影像数据与地表实际情况不相符。因此在进行土地利用变化分析之前，应首先对遥感影像进行预处理，如几何校正、辐射校正、影像融合、波段组合等，以得到清晰度高、对比度强的遥感影像，从而提高目标信息提取的准确度。其次，基于研究区矢量数据对校正好的遥感影像进行镶嵌裁剪从而获取研究区范围内的数据。再次，根据研究区土地利用特征及参照国家相关行业标准，设定合理的土地利用分类体系。最后，基于遥感软件对研究区影像进行监督分类或非监督分类及分类后处理，得到同一区域不同时期土地利用现状分类结果。

（2）土地利用变更调查数据。土地利用现状调查是一项宏大的系统工程，耗资大、时间长，短的 1~2 年，长的 3~5 年，最后形成的数据、图件等成果资料与实际情况已有较大距离。特别是近几年，经济高速发展，国家、集体、个人建设用地大量增加，农业结构调整，生态环境建设，自然灾害频繁发生，使土地利用状况变化极大。因此，为保证土地详查成果的现势性、适用性，需要开展土地利用变更调查。目前，我国国土管理部门已建立了 1∶1 万土地利用现状数据库，并且每年都要开展土地利用变更调查。

土地变更调查是指在完成土地利用现状调查的基础上，国家每年对土地的权属和用途发生变化的土地进行连续调查，获取变化的地类图斑、土地权属（宗地）、行政区划数据，从而生成增量数据包及统计报表，实时对土地利用数据库进行更新和上报。对已有的土地利用现状基础数据和土地利用变更数据进行分析就可以得到一定时期内研究区的土地利用动态变化情况。总的来说，现状调查是整个土地资源调查的开端，变更调查是进一步的延续。开展变更调查是更新上一次调查成果，实现土地资源数据的现势性、同步性的一项重要工作。

2. 叠加分析

利用 GIS 的空间叠加分析工具对前后两个时期的土地利用数据进行叠加切割后，产生新的图斑，这些新的图斑不仅生成了新的空间关系，还综合了参与叠加运算图层的所有属性数据，通过比较叠加生成的数据中前后土地类型是否一致，即可判断该地块是否发生用途转变。

对于通过遥感解译得到的前后两个时期的土地利用结果，可直接进行叠加分析。而对于土地利用变更调查数据，可首先利用 ArcGIS 中的更新工具 Update（【ArcToolbox】→【Analysis tools】→【Overlay】→【Update】）更新土地利用现状基础数据，得到更新后的土地利用现状结果，然后对更新前和更新后的土地利用现状数据进行叠加分析。

3. 统计分析

利用 ArcGIS 空间统计分析功能，对叠加后的属性数据进行统计运算，研究土地利用的数量变化和结构变化特点。

1）土地利用的数量变化

土地利用数量变化是指不同土地利用类型在面积总量上的变化。它反映了土地利用变化总的态势及人类对土地资源利用变化的强弱程度。采用 ArcGIS 中的频数统计（Frequency）工具可以统计各类土地面积（土地利用中的现状地物、零星地物、田坎等需要单独统计），将两个时期的各类用地面积填入同一张表格中，可以分析土地利用的数量变化特征。

2）土地利用的结构变化

土地利用结构变化是区域土地利用变化的重要方面，反映不同土地利用类型相互转化的幅度和速度，从而可以揭示土地利用变化过程和变化趋势，为土地资源的可持续利用提供数据基础。土地利用结构变化常常用土地利用动态度来衡量。土地利用动态度是对土地利用类型动态变化的量化，包括单一土地利用动态度和综合土地利用动态度，它反映了局部土地利用变化的程度，简化了复杂的土地利用过程，对于比较不同地区土地利用变化的差异和区域未来土地利用变化趋势预测具有积极的作用。

（1）单一土地利用动态度。面积变化率可较为直观地体现单一土地利用类型的动态度。它反映了一定时期内各个土地类型变化的幅度和速率，通过分析不同土地类型的变化差异可进一步探寻土地利用变化机制。其计算公式如下：

$$K_1=\left(U_b-U_a\right)/U_a\times(1/T)\times 100\% \tag{5.6}$$

$$K_2=\left(\Delta U_1+\Delta U_2\right)/U_a\times(1/T)\times 100\% \tag{5.7}$$

式中，K_1 为反映土地利用类型变化绝对量的动态度；K_2 为反映转入和转出变化过程的动态度；U_a、U_b 分别为研究期初、研究期末某一土地利用类型的面积；T 为研究时段间隔年数；ΔU_1、ΔU_2 分别为 T 年内增加、减少的某一土地利用类型面积的绝对值。

K_1 反映了研究时段内从期初到期末土地利用结构类型面积变化的绝对差值情况，掩盖了某一土地利用类型转出和转入的双向变化过程，不能很好地从数量上刻画土地利用结构动态变化过程，忽略了土地利用空间区位的固定性及相关属性，不能很好地反映土地利用动态变化的空间转移过程。在研究时段内，当流入面积和流出面积相等时，这种空间区位及相关属性的变化过程不能得到较好的反映。修正后的动态度 K_2 为转入与转出面积变化速率的和，克服了传统单一土地利用类型动态度 K_1 的缺陷，可更为准确和精细地测算单一土地利用类型转移量的动态变化程度。

（2）综合土地利用动态度。综合土地利用动态度反映的是研究区域在一定时间内土地利用数量的总体变化情况，其计算式为

$$K = \frac{\sum_{i=1}^{n}\left(\left|M_{ai} - M_{bi}\right|\right)}{S} \times (1/T) \times 100\% \tag{5.8}$$

式中，K 为综合土地利用动态度；T 为时间间隔年；M_{ai}、M_{bi} 分别表示研究期初 a 时刻、研究期末 b 时刻区域内土地利用类型 i 的面积；S 为研究区总面积。

4. 转移矩阵的制作与分析

在土地利用的动态变化研究中，土地利用转移矩阵将土地利用变化的类型转移面积以矩阵的形式加以列出，作为用地结构与变化方向分析的基础，可细致地反映各地类之间的相互转化关系，进而了解转移前后各地类的结构特征，在土地利用变化分析和地类模拟方面具有重要作用。

土地利用转移矩阵包括：一是研究时段内由一种土地利用类型转变为其他土地利用类型的面积，即转出的面积；二是研究时段内由其他土地利用类型转变为该土地利用类型的面积，即转入面积。根据土地利用类型的转移矩阵，可分析研究期内各种土地利用类型的转移状况。

1）矢量数据转移矩阵的制作

若前后两个时期的土地利用数据是矢量数据，可采用以下过程来制作转移矩阵。

（1）叠加。利用叠加分析工具（如 Union、Intersect、Identity 等），对前后两个时期的土地利用多边形数据进行叠加，生成新的数据。新数据对原有的数据进行了切割，并继承了叠加前数据的属性信息。

（2）面积重算。叠加切割图形后，多边形的面积发生改变，需要确认这种改变。若叠加后的数据采用 GDB 格式，则会在 Shape_Area 字段中自动重算新的面积；若采用的是 Shapefile 等格式，则需要重新建立一个面积字段，采用几何计算工具 Calculate Geometry 对面积进行重算。

（3）分类汇总与填表。利用频数统计工具 Frequency 对上一步生成的数据，按前后两个数据中的地类编码或地类名称字段，对面积进行分类汇总，并将数据对应填入表 5.6 所示的土地利用转移矩阵表中。利用 Excel 中的数据透视表，也可方便地对分类汇总数据进行转移面积统计与制表。必要时需要进行面积单位换算。

（4）转移矩阵统计与分析。表 5.6 中，T_1 和 T_2 分别为期初和期末的时间；A_i 为各种土地利用类型；S_{ij} 表示 i 类土地转换为 j 类土地的面积，当 $i = j$ 时，S_{ij} 表示该类土地未发生转换（未变化）的面积；D_i^- 和 D_i^+ 分别为 i 类土地期内减少和增加的面积，$D_i^- = \sum_{j=1, j\neq i}^{n} S_{ij}$，$D_j^+ = \sum_{i=1, i\neq j}^{n} S_{ij}$；$N_i$ 为 i 类土地在期内的净增减，$N_i = D_j^+ - D_i^-$；X_i 和 Y_i 分别为 i 类土地在期初和期末的面积，$Y_i = X_i + N_i$。转移矩阵全面细致地反映了地类之间的相互转化关系，能够分析出期内土地利用的变化特征。例如，分析这些转换，也许会发现，随着城市化进程的推进，城镇工矿和交通等建设用地增加迅速，而耕地被大量占用。

表 5.6　土地利用转移矩阵表

项目		T_2					减少面积	期初面积
		A_1	A_2	A_3	…	A_n		
	A_1	S_{11}	S_{12}	S_{13}	…	S_{1n}	D_1^-	X_1
	A_2	S_{21}	S_{22}	S_{23}	…	S_{2n}	D_2^-	X_2
T_1	A_3	S_{31}	S_{32}	S_{33}	…	S_{3n}	D_3^-	X_3
	⋮	⋮	⋮	⋮	⋮	⋮	⋮	⋮
	A_n	S_{n1}	S_{n2}	S_{n3}	…	S_{nn}	D_n^-	X_n
增加面积		D_1^+	D_2^+	D_3^+	…	D_n^+	—	—
净增减		N_1	N_2	N_3	…	N_4	—	—
期末面积		Y_1	Y_2	Y_3	…	Y_n	—	—

2）栅格数据转移矩阵的制作

某些时候，土地利用数据是以栅格数据形式存在的，特别是直接通过遥感影像以非监督分类获取的土地利用数据。根据栅格土地利用数据建立土地利用转移矩阵的方法较为简单。它可以通过组合运算（Combine）或面积制表（Tabulate Area）工具，对前后两个时期的土地利用数据进行运算，根据生成结果数据属性表中的地类组合情况及相应的像元数量，即可制作土地利用转移矩阵表。

（1）组合运算。如表 5.7 所示，组合运算将前后两个时期的土地类型进行组合，同一个组合给定一个唯一值，并记录这种组合的像元数量。组合运算工具的原理可参见图 4.3。组合关系体现了前后两个时期的土地类型，根据像元数量及每个像元的大小即可计算每种组合的面积。

表 5.7　栅格组合运算属性表

值（Value）	数量（Count）	期初类型（Inraster1）	期末类型（Inraster2）
1		A_1	A_1
2		A_1	A_2
3		A_1	A_3
⋮	⋮	⋮	⋮
n		A_1	A_n
$n+1$		A_2	A_1
⋮		⋮	⋮
$2n$		A_2	A_n
⋮		⋮	⋮
n^2		A_n	A_n

（2）面积制表。如图 5.12 所示，面积制表用来统计分区数据（ZoneRas）的每一个类型区内，被统计数据（ClassRas）中的每个类型的像元数量，并将结果以表格（Tabareal. dbf）的形式输出。若采用面积制表工具，将期初土地利用数据作为分区数据，期末的土地利用数据作为被统计数据，以地类编码字段（DLBM）作为分区或类别字段，也可以获得各类土地转换为其他土地（或不变化）的情况。例如，图 5.12 中表格的第一行表示：值为 0 的土地类型，在期内转换为 10、11、12、13 的像元数量分别为 3、1、1、0。分析图 5.12 中的输出表格，可以发现它其实是表 5.7 的另一种表现形式，其本质是一样的，都能反映两个数据之间的转换情况。

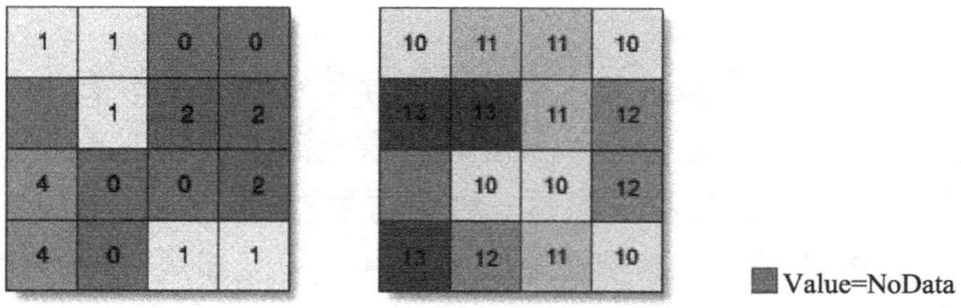

ZoneRas　　ClassRas

Tabareal. dbf

=

VALUE	VALUE_10	VALUE_11	VALUE_12	VALUE_13
0	3	1	1	0
1	2	2	0	1
2	0	1	2	0
4	0	0	0	1

TabulateArea(ZoneRas, "VALUE", ClassRas, "VALUE", Tabarea1.dbf, 1)

图 5.12　面积制表示意图

5.3.3　生物种群迁移分析

动态变化分析不仅用来研究与人类活动有关的地理现象，还常用来研究生物种群在时间和空间上的变化规律，如鸟类季节性的迁徙，哺乳动物如牛、羚羊、鲸鱼等长距离的迁移，这些研究对维护生态环境、保护珍稀野生动物具有重要意义。下面以藏羚羊的迁移为例简要介绍生物种群迁移的动态变化分析。

藏羚羊是国家一级保护动物，主要分布在青藏高原上的藏北羌塘、青海可可西里及新疆阿尔金山一带的“生命禁区”。藏羚羊的迁移是世界上最为恢弘的 3 种有蹄类动物大迁徙之一。每年夏季来临时，雌性藏羚羊成群结队迁徙至水草丰美的地区产羔，7 月母羊率羊羔返回原栖息地与雄羊合群。

藏羚羊迁移空间分析研究的主要内容包括以下几个方面：实时获取和监测其位置变化信息；研究迁移的原因；盗猎的风险防范；分析迁移线路的年际变化；研究自然及人类活动对其迁移的影响；模拟环境变化对藏羚羊迁移的影响，预测迁移线路等。具体来讲，通过卫星导航系统（GPS、北斗等），将定位模块绑定在藏羚羊身上，实时准确获取和传输具体位置数据至基站，再通过 GIS 的追踪分析功能，实时显示其迁移的过程，并采用分层抽样、函数模拟等统计技术对迁移的路线、速度等信息进行分析计算，可进一步得出藏羚羊的迁移线路和活动范围等。此外，也可通过无人机遥感技术获取迁移线路。对迁移的路线与地形、气候、草地、水源（湖泊与河流）等信息进行地理相关分析、叠加分析等，研究迁移线路形成的原因；根据迁移线路、盗猎发生位置等信息，为保护人员制定迁移护送方案、防范盗猎风险提供依据；将不同年份的迁移线路进行对比，分析迁移线路的变化，与其他因子进行空间叠加，分析影响迁移线路改变的原因；探讨自然环境的变化（如气温和降水的变化、草场的变化等）、人类活动（如公路、铁路等的建设）对其迁移的影响；在弄清迁移影响机制的情况下，通过建立迁移模型，模拟或预测不同情景下的迁移变化，为合理调控、科学保护藏羚羊提供决策支持。

5.4　自然资源统计与分析

5.4.1　气候资源

气候资源是一种宝贵的自然资源，是人类赖以生存和发展的基本条件，它包括能够被人类经济活动所利用的光能、热量、水分、风能等。气候资源具有以下几个特点。

（1）无限性和有限性并存。气候资源是一种可再生资源，只要开发合理，它将永无止境，但是在技术水平有限的情况下，其资源量和开发利用程度却是有限的。

（2）利弊相生性。气候资源具有巨大潜在价值，同时也会由于开发利用的不合理而产生严重的灾害，因此对于气候资源的利用既要趋利，又要避害。

（3）多样性。气候资源在空间和时间的分布上具有明显的分异特征，气候资源的季节变化和年际变化很大，在不同的地域有不同的气候资源，如西北内陆的太阳能资源丰富、沿海地区的风能资源丰富、热能随着季节的变化而变化等。

气候资源的利用在农业、建筑业、交通运输业、商业、旅游业、医疗业等方面都具有重要意义，在当前国民经济的发展中占据重要地位。以重庆为例，重庆夏季十分炎热，且持续时间较长，每年 6~9 月外出避暑成为市民的迫切需求，周边海拔较高的地区（如武隆的仙女山、石柱的黄水、湖北的利川等），成功利用当地夏季气候凉爽宜人的优势，纷纷开发了休闲旅游度假区。

传统方法对气候资源的时空分布分析已经越来越不能满足农林业生产、精准农业的实施、地质灾害预测、气候资源承载力评估及太阳能、风能等绿色可再生能源开发利用的需求。由于气候资源具有明显的空间属性，GIS 在气候资源的综合评价、统计与分析方面有着显著的优势，目前 GIS 中的空间插值已被广泛应用于温度、降水、气压、湿度、风能资源等空间变量的估计、预测及其时空变化规律等方面的研究中。空间插值一般包括插值方法的选择、空间数据的探索分析、内插方法的验证和评价等过程。随着 3S（GNSS、GIS、RS）技术的发展，特别是 GIS 技术可集数据库、地图制图、空间分析功能于一体，能够实现海量数据的管理和分析，为气候资源的研究提供了强有力的支撑。

案例：某地政府为发展当地特色农业，拟开展优质苹果种植区划，即在分析选择影响苹果品质的气候因子的基础上，确定优质苹果气候资源评价模型，划分区内各地苹果种植的适宜性等级。其空间分析过程如下。

（1）前期分析。为科学、定量地评价区域苹果气候适宜性，可通过文献阅读和经验判断的方法，结合地区实际确定苹果种植区划指标：年均气温、年降水量、夏季平均最低气温、夏季日照百分率等要素。年均气温是对苹果地域分布和品质优劣的一个度量，最适合范围为 10~12℃；年降水量反映水分状况，主要影响苹果的口味，最合适范围为 600~800mm；夏季平均最低气温影响苹果的含糖量和着色，最合适范围为 15~18℃；光照对苹果色泽、硬度、口味影响极大，可用夏季日照百分率反映苹果着色期的光照条件，此时期的光照条件决定苹果的优产率，如果大于等于 50%即为优。

（2）数据准备。根据前期分析结果，需要准备该地区的行政区划数据、地区内各气象监测站点的逐日观测数据，包括气温、降水、日照等数据。

（3）制定分析方法。采用综合评估选址的思路，以多因素加权叠加模型 $P=\sum(x_i)\cdot w_i$ 进行气候区划。式中，P 为综合评价值；(x_i)为第i个因子的气候隶属度；w_i 为 i 因子的权重。采用专家打分法等权重赋值方法，对评价因子赋予权重，本例中 $w=\{0.42,0.28,0.17,0.13\}$。

（4）因子空间化。利用空间插值技术，将气象站点的点状数据转为面状数据。

（5）指标量化和标准化。根据前期分析确定指标量化模型，建立优质苹果气候隶属度函数，对空间化后的各指标进行量化和标准化处理，得到各单因子评估的栅格数据。

$$(x_1)=\begin{cases}1 & 10\leqslant x_1\leqslant 12\\ \dfrac{x_1-7}{3},\dfrac{16-x_1}{4} & 7\leqslant x_1<10,12<x_1\leqslant 16\\ 0 & x_1<7或x_1>16\end{cases} \tag{5.9}$$

$$(x_2)=\begin{cases}1 & 600\leqslant x_2\leqslant 800\\ \dfrac{x_2-300}{300},\dfrac{1000-x_2}{200} & 300\leqslant x_2<600,800<x_2\leqslant 1000\\ 0 & x_2<300或x_2>1000\end{cases} \tag{5.10}$$

$$(x_3)=\begin{cases}1 & 15\leqslant x_3\leqslant 18\\ \dfrac{x_3-11}{4},\dfrac{20-x_3}{2} & 11\leqslant x_3<15,18<x_3\leqslant 20\\ 0 & x_3<11或x_3>20\end{cases} \tag{5.11}$$

$$(x_4)=\begin{cases}1 & x_4\geqslant 50\\ 0 & x_4<50\end{cases} \tag{5.12}$$

式中，x_1、x_2、x_3、x_4 分别为年均气温、年降水量、夏季平均最低气温、夏季日照百分率。

（6）综合评估。根据单因子评价栅格图层，结合因子权重进行加权叠加，得到多因子综合评价分值数据。

（7）级别划分。根据综合得分进行适宜性程度的级别划分（如$P\geqslant 0.9$为优质；$0.7\leqslant P<0.9$为适宜；$0.5\leqslant P<0.7$为次适宜；$P<0.5$为不适宜），制作苹果种植气候区划图，撰写分析报告。

5.4.2 土地资源

土地资源指已经被人类利用和可预见的未来能被人类利用的土地。土地资源既包括自然范畴（即土地的自然属性），也包括经济范畴（即土地的社会属性，是人类的生产资料和劳动对象）。土地资源的分类有多种方法，在中国较普遍的是采用地形分类和土地利用类型分类两大体系。

（1）按地形类型，土地资源可分为高原、山地、丘陵、平原、盆地。这种分类展示了土地利用的自然基础，一般而言，山地宜发展林牧业，平原、盆地宜发展耕作业。

（2）按土地利用类型，土地资源可分为已利用土地，包括耕地、林地、草地、工矿、交通、居民点用地等；宜开发利用土地，包括宜垦荒地、宜林荒地、宜牧荒地、沼泽滩涂水域等；暂时难利用土地，包括戈壁、沙漠、高寒山地等。这种分类着眼于土地的开发、利用和土地利用所带来的社会效益、经济效益和生态环境效益。

我国国土部门在进行第二次土地调查时，采用的是《土地利用现状分类》（GB/T 21010—2007）。该标准将土地分为 12 个一级类、57 个二级类。一级类采用两位阿拉伯数字编码，二级类采用一位阿拉伯数字编码，从左到右依次代表一级、二级。该标准同时规定了在开展农村土地调查时，可将其中的部分一级类和二级类归并到一个新的类型，即“城镇村及工矿用地”。为了与土地管理法、土地规划中的三大类（农用地、建设用地、未利用地）衔接，该标准还建立了与之对应的转换关系表。土地利用总体规划前，必须根据这种转换关系完成“规划基数”转换。第三次全国土地调查采用 2017 年 11 月新修订的《土地利用现状分类》（GB/T 21010—2017），该标准将 12 个一级类细分为了 72 个二级类。

空间分析在土地资源管理中的应用，主要体现在以下两个方面。

（1）土地资源调查与动态变化分析。土地资源调查包括土地详查和变更调查。土地详查的目的是全面查清某一区域内的土地利用状况，掌握真实的土地基础数据，建立和完善土地调查、统计和登记制度，实现土地资源信息的社会化服务，满足经济社会发展及国土资源管理的需要。它包括城镇土地调查和农村土地调查。变更调查是在土地详查的基础上，定期或不定期对发生变化的区域进行变更，获取土地增量数据包，更新相应的数据库、图表和登记册等。在土地调查的基础上，通过统计分析、量算分析、叠加分析等空间分析手段，可以了解土地资源的权属状况、土地资源的数量和结构、空间分布特征、土地利用中存在的主要问题、土地利用的动态变化等。

（2）土地利用规划。它包括土地利用总体规划和土地利用专项规划，前者用于一个区域的土地利用总体安排和布局，后者是为了落实总体规划而制定的子规划，包括基本农田保护规划、土地整治规划、城镇工矿用地规划等。在规划编制阶段，为了落实城镇工矿用地、农村居民点用地等的规划位置和范围，需要进行建设用地适宜性分析；为了划定基本农田保护区，需要根据划定条件（如地形、土壤、交通、水资源、集中连片程度等）进行选址分析；为了确定生态保护用地安排，需要协调生态用地与建设用地、耕地之间的关系；为了确定土地整治规划中土地平整工程、道路工程、水利工程等的布局，也需要进行适宜性分析和选址分析。所有这些空间位置的规划，都需要依据一定的条件，通过空间分析方法开展适宜性综合评估来确定。在规划实施阶段，确定项目选址是否符合土地利用规划（拟用地）、已建项目是否是违法用地（已用地）等，都需要将用地范围与规划数据进行空间叠加分析和统计分析。

5.4.3　矿产资源

矿产资源指经过地质成矿作用而形成的，天然赋存于地壳内部或地表、埋藏于地下或出露于地表，呈固态、液态或气态的，并具有开发利用价值的矿物或有用元素的集合体。矿产资源有多种分类方法，根据矿产的物质组成和结构特点，分为无机矿产和有机矿产；根据矿产的产出状态，分为固体矿产、液体矿产和气体矿产；根据矿产特性及其主要用途，分为能源矿产、金属矿产、非金属矿产和水气矿产。能源矿产指可以提供或者产生能量物质的矿物，如石油、天然气、页岩气、煤、核能、地热等；金属矿产指质地属性为金属性的矿物，如黑色金属、有色金属、贵金属、稀有金属、稀土金属矿产等；非金属矿产包括石灰岩、白云岩、花岗岩、大理岩、黏土等；水气矿产包括矿泉水、地下水、二氧化碳气等。

矿产资源属于非可再生资源，其储量是有限的。它是进行社会生产发展的重要物质基础，开发利用矿产资源是现代化建设的必然要求，特别是在经济快速发展阶段，矿产资源的勘查和开发工作尤为重要。我国非常重视矿产资源的开发，先后出台了一系列文件，从地质勘查、矿产开发、资源节约、循环经济、环境保护、土地管理、安全生产、境外资源开发利用及煤炭工业发展等方面，对矿产资源的开发利用工作做了全面部署。

空间分析技术很早就用于矿产资源的研究中。事实上，空间分析中最具特色也最为重要的一个工具——地统计分析工具，其最初即为了地质找矿。在矿产资源的调查与评价、深部盲矿体找矿预测、矿产资源开发的环境影响评价、三维矿产资源潜力分析中，空间分析方法中的数据处理、叠加分析、缓冲区分析、查询分析、插值分析、距离分析等常常得到很好的应用。

例如，在矿产资源的调查与评价中，GIS 空间分析技术可以完成多源数据的综合，包括成矿有利信息的分析、提取、定位，以及资源潜力的定性、定量评价等。它可以将处于同一空间区域内的各类数据图层（如控矿因素的地球物理场图层、地球化学图层及遥感影像等）在已知成矿规律或成矿模型的指导下，通过 GIS 系统中的查询、检索功能，将有利于成矿的控矿因素、成矿条件、成矿信息标志检索出来，进行空间叠加和综合，确定有利信息组合区域并开展评价。其具体过程如下。

（1）建立基础数据库。收集研究区内与成矿有关的地质、矿产、构造、地球化学、航磁、重力、遥感等资料，将图件进行数字化、分层、统一坐标系统等处理，结果存入图形库中，将属性数据分类、编码，并与图形特征数据相连接，建立地学基础数据库。

（2）针对特定的预测目标和区域成矿特点，研究预测区的成矿规律，定性地确定影响成矿的主要因子。

（3）进行专题提取和生成操作，确定评价因子。利用 GIS 的空间分析方法，如缓冲区分析、叠加分析、统计分析等生成新的专题信息。利用 GIS 的空间查询功能检索出满足条件的空间信息进行专题提取。

（4）建立评价数据库。将提取评价因子生成的专题图层进行属性分类、编码等，作为模型分析的主要信息源。

（5）建立矿产资源评价模型。利用层次分析等方法确定各因子图层的权重，建立基于层级权重叠加的靶区预测模型。

（6）定位预测。定位对成矿有利的靶区，并进行靶区的优选。

（7）对优选靶区进行资源量估算。估算方法可以采用统计分析方法或其他建模方法。

5.4.4　森林资源

森林资源是林地及其所生长的森林有机体的总称，包括森林、林木、林地及依托森林、林木、林地生存的野生动物、植物和微生物。森林资源是地球上最重要的资源之一，是生物多样化的基础，它不仅能够为生产和生活提供多种宝贵的木材和原材料，为人类经济生活提供多种物品，还能够调节气候，保持水土，防止和减轻旱涝、风沙、冰雹等自然灾害的影响，以及净化空气、消除噪声等。此外，森林还是天然的动植物园，哺育着各种飞禽走兽，生长着多种珍贵林木及药材。

森林作为陆地生态系统的主体和重要的可再生资源，在人类发展历史中发挥着不可替代的基础保障和支撑作用。随着我国社会经济发展和人口增长，越来越多的森林资源被开发和利用，使森林资源面临着数量减少和质量下降的压力。实现林业可持续发展是社会可持续发展的重要方面，及时、准确地获取森林资源现状及其变化信息对森林资源的保护及可持续利用具有重要意义。

有关森林资源的数据多种多样，如林地使用状况、植被分布特征、立地条件、社会经济等数据，这些数据既有空间数据又有属性数据，对这些数据进行综合分析与管理，借用传统方法不是一件容易的事，而借助 GIS 技术可以节约大量的人力物力。通过 GIS 可以高效地将森林资源的空间数据和属性数据融合在一起，及时更新、长期储存森林资源的空间数据和属性数据；可以加快大批量森林资源数据的处理速度、存取速度和分析能力；可以给森林资源分析增添更强的功能，如任意挑选、合并、分解森林地域，迅速分析数据的空间特征及快速地查询某林地的特定属性；利用 GIS 强大的空间分析能力，通过空间叠加和空间统计可以完成森林资源变化的动态分析。

例如，某地林业部门为合理利用森林资源，需要分析当地某片林场 2000~2010 年这 10 年内林业种类的变化情况，了解各类林地的面积增减状况，掌握森林结构和林分结构的变化。本案例可分为以下几个步骤进行。

（1）数据采集和处理。收集当地 2000 年和 2010 年的林相图（1∶10000）和地形图（1∶10000）作为工作底图，利用 GIS 工具采用“扫描→跟踪数字化→坐标变换→建立空间拓扑关系→编辑→属性输入→图件生成”的工作步骤，对林相图中的所有信息进行数字化，建立点、线、面图层；或者通过两个时相的遥感影像，利用分类方法提取出各类林地，并对其进行矢量化，添加属性字段并录入图斑属性信息，包括地类、林分类型、权属单位等。必要时还可能需要进行数据的裁切与拼接。

（2）叠加分析。在同一坐标系下，将该地区两个时期的矢量空间数据层进行叠加（如 Union、Intersect、Identity 等），叠加后图斑相互切割并继承参与叠加的数据的属性，即新生成数据中的每个图斑，将同时具有两个时期的属性信息。

（3）统计分析。利用统计分析工具（如 Frequency 统计、Summary 统计）分别按地类、龄组、林种对新图层进行统计，即可得到林地变化图表及林地的转换矩阵。

（4）结果分析。根据统计结果可以分析林地的面积变化、林分结构变化、林龄结构变化，以及它们的变化方向与速度，制作分析图表和报告，从而为林业部门开展森林资源管理提供决策支持。

5.4.5　水资源

水是自然界的重要组成物质，是环境中最活跃的要素。它不停地运动且积极参与自然环境中一系列物理的、化学的和生物的过程。水资源是指可资利用或有可能被利用的水源，这个水源应具有足够的数量和合适的质量，并满足某一地方在一段时间内具体利用的需求。水资源具有循环性、有限性及时空分布的不均一性等特点。水资源与其他固体资源的本质区别在于其具有流动性，它是在水循环中形成的一种动态资源，具有循环性。在不断的消耗和补充过程中，虽然某种意义上水资源具有“取之不尽”的特点，恢复性强，但实际情况是全球淡水资源的蓄存量十分有限。全球的淡水资源仅占全球总水量的 2.5%，且淡水资源的大部分储存在极地冰帽和冰川中，真正能够被人类直接利用的淡水资源仅占全球总水量的 0.796%。因此，水循环过程虽然是无限的，但水资源的蓄存量是有限的，并非用之不尽，取之不竭。水资源在自然界中的时间和空间分布不均匀，加剧了全球部分地区、部分时段中水资源的严重短缺情况。

就我国来说，虽然水资源总量很大，达 2.8 万亿 m^3，但由于人口众多，人均水资源占有量仅为世界人均水平的 28%。从时空分布来看，整体上东南地区多、西北地区少，夏季多，冬季少。近年来随着城市人口剧增、生态环境恶化、工农业用水技术落后，导致水资源严重浪费，水源受到污染，使原本贫乏的水问题“雪上加霜”，成为国家经济建设发展的重要制约因素。在全国 600 多座城市中，已有 400 多个城市存在供水不足问题，其中缺水比较严重的城市达 110 个。因此，加强水资源的调查、水质监测和水资源的有效利用具有深远的现实意义。

在水资源日趋枯竭和水危机越来越严重的形势下，水资源相关数据的快速与准确获取、空间信息的分析、图形图像的处理、时空分布规律的研究等变得十分迫切。GIS 的空间分析能力及其对海量数据的处理、管理能力，决定了 GIS 在水资源问题的诸多领域，如水循环过程研究、水资源调查、水资源数量与质量状况评价、水资源短缺风险评估、水质监测与水资源污染防治、水资源综合利用、地表水与地下水调度、水源涵养、水资源时空调配与调水工程、海绵城市建设等方面，都可以发挥重要作用。

例如，南方某县为商品粮基地，在区域发展中，随着用水需求的增加，水资源成为了制约当地经济特别是农业可持续发展的重要因素。当地政府为合理配置水资源，需要对区域内水资源的脆弱性进行评价。其实施过程如下。

（1）前期分析。根据水资源脆弱性的内涵，可从自然脆弱性和人为脆弱性两方面选取指标建立水资源系统脆弱性评价指标体系。本案例中选取多年平均降水量、少雨期干旱指数、坡度指数、土壤蓄水能力指数等 4 个自然脆弱性指标，选取植被覆盖率、土地利用指数、水源可获性指数等 3 个人为脆弱性指标，并确定这 7 个指标的权重。

（2）数据获取。根据前期分析结果，需要获取该地区的行政区划数据、地区内及邻近区域各气象监测站点的观测数据（包括降水与蒸发数据）、DEM 数据、土壤类型数据、土壤蓄水能力数据、植被覆盖率数据、土地利用类型数据、水系分布数据。

（3）数据处理与空间化。

多年平均降水量和少雨期干旱指数图层：将多年平均降水量和少雨期干旱指数数据，通过站点编号，与气象站点数据进行属性连接（Join），输入属性值，并以行政区数据为插值范围和掩膜，利用空间插值技术形成覆盖研究区的降水量和干旱指数栅格数据。

坡度指数图层：利用 DEM 数据生成坡度栅格图层，根据坡度计算坡度指数。

土壤蓄水量指数图层：对该县的土壤类型图（纸质）进行扫描、坐标配准、矢量化、土壤类型属性输入，并根据土壤蓄水能力数据，对不同的土壤类型赋予相应的土壤蓄水能力值，最终得到土壤蓄水能力图层，最后将其转换为栅格数据。

植被覆盖率图层：根据该县的遥感影像反演出 NDVI 值，根据 NDVI 计算出植被覆盖率。

土地利用指数图层：可通过专家打分法或层次分析法确定不同土地利用类型的水资源脆弱度指数。

水源可获性指数：以区域的水系数据为基础，采用距离分析的方法，计算各点距水系的最近距离，以此为基础再计算水源可获性指数。

（4）数据的量化和标准化处理。采用极值标准化等适宜的模式，通过重分类或属性计算等方法，将以上 7 个专题栅格数据图层进行量化和标准化处理。

（5）计算水资源脆弱度。对以上 7 个数据进行栅格加权叠加，计算水资源脆弱度综合指数，并对数据进行分级。

（6）成果制作。结合河流、交通、行政区等底图要素，制作水资源脆弱度空间分布图，撰写分析报告。

5.5　元胞自动机及其应用

元胞自动机（CA）是一种时间、空间、状态都为离散，空间相互作用和时间因果关系都为局部的网格动力学模型。它是地理学、物理学、计算机和系统科学等多学科交叉的边缘领域，是复杂系统的重要研究方法之一。元胞自动机“自下而上”的研究思路、强大的复杂计算功能、固有的并行计算能力和时空动态特征，使得它在模拟空间复杂系统的时空动态演变方面具有很强的能力，因而广泛地应用于地理建模研究中，如城市扩展、土地利用变化、疾病扩散、火灾蔓延、沙漠化、洪水淹没、人口迁移、交通控制、紧急事件的地理疏散、环境资源管理、生态安全、公共设施动态选址、城市规划及可持续发展等众多领域。

5.5.1　元胞自动机

1. 元胞自动机的概念

元胞自动机是在一个具有离散、有限状态的元胞组成的元胞空间上，按照一定的局部规则在离散的时间维上演化的动力学系统。具体来讲，构成元胞自动机的部件称为“元胞”，每个元胞具有一个状态，这个状态只能取某个有限状态集中的一个，如“生”或“死”，或者是 256 种颜色中的一种等。这些元胞规则地排列在被称为“元胞空间”的空间格网上，它们各自的状态随着时间变化，并且根据一个局部规则来进行更新，即一个元胞在某时刻的状态仅仅取决于上一时刻该元胞的状态及该元胞的所有邻居元胞的状态；元胞空间内的元胞依照这样的局部规则进行同步的状态更新，整个元胞空间则表现为在离散的时间维上的演化。

2. 元胞自动机的构成

元胞自动机包括四个基本要素（图 5.13）：元胞（Cell）及元胞状态（States of cell）、元胞空间（Lattice）、邻域（Neighbor）、转换规则（Rules）。

根据图 5.13 可知，元胞自动机是由一个元胞空间和定义于该空间的变换函数所组成的。其数学表达式为 $CA=(L_d, S, N, f)$。其中，L 为一个规则划分的网格空间，每个网格空间就是一个元胞；d 为 L 的维数，通常为一维或二维空间，理论上可以是一个任意正整数维的规则空间；S 为一个离散的有限集合，用来表示各个元胞的状态；N 为元胞的邻居集合；f 为演化规则。

（1）元胞及元胞状态。元胞是元胞自动机的最基本和最小的组成部分，其分布在离散的一维、二维或多维的欧几里得空间的网格点上。对于土地利用相关研究来说，元胞即为一定面积的土地单元。

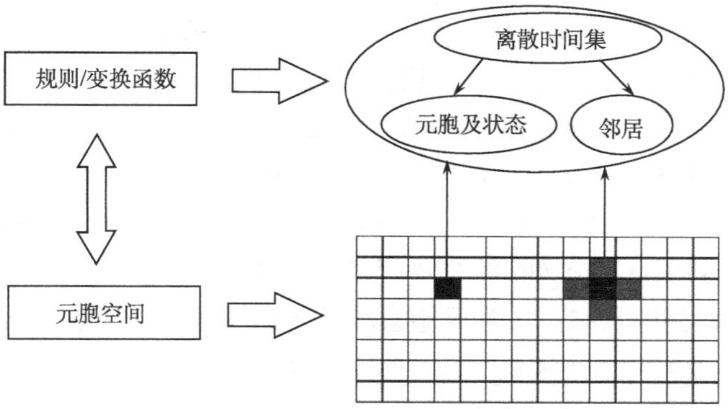

图 5.13　元胞自动机的构成

元胞状态是元胞的主要属性，可以用{0，1}的二进制形式表示，也可以是{S_0，S_1，S_2，…，S_K}整数形式的离散集。严格来讲，一个元胞只能存在一种状态，但在实际应用中常常扩展到多个状态。

（2）元胞空间。元胞空间是指元胞所分布的空间网格点的集合。从理论上讲，元胞空间可以是任意维数的欧几里得空间规则划分，对于一维的 CA 元胞空间划分只有一种形式，而多维 CA 的元胞空间可能有多种划分形式。用于城市用地扩展模拟研究的元胞自动机通常为二维，其元胞空间的划分形式可以分为三角形、正方形或正六边形三种，而其中正方形的元胞空间划分方式最为常用（图 5.14）。

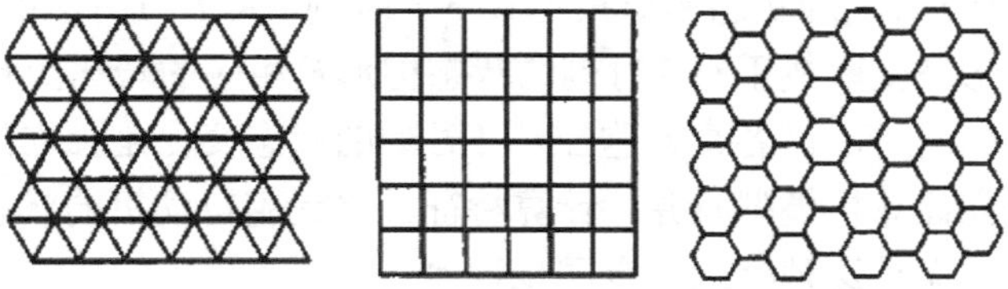

(a) 三角形网格　(b) 正方形网格　(c) 正六边形网格

图 5.14　二维元胞自动机的三种网格划分

（3）元胞邻域。邻域是元胞空间内在某种规定下与某元胞相邻的元胞。不同维数的元胞自动机可以有不同的邻域元胞定义方式，如一维元胞自动机的元胞邻域通常用半径 r 来确定，而二维元胞自动机的邻域定义则相对复杂，以正方形网格元胞空间为例，其元胞邻域的定义可以有三种形式：冯 • 诺依曼型、摩尔型和扩展摩尔型（图 5.15）。图中，黑色元胞为中

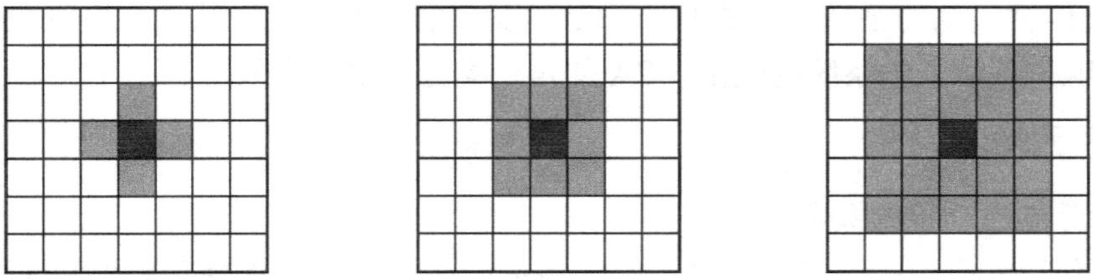

(a) 冯 · 诺依曼型　(b) 摩尔型　(c) 扩展摩尔型

图 5.15　二维元胞自动机的三种邻域类型

心元胞，灰色元胞为其邻域元胞，中心元胞自身的状态与邻域元胞的状态共同决定了中心元胞下一时刻的状态，这正体现了元胞自动机模型的动态性。

（4）规则。演化规则是CA模型的核心，也是人们利用元胞自动机研究复杂系统过程中最为关注的方面。元胞状态转换规则是根据元胞在当前状态及其邻域元胞的影响下确定下一时刻该元胞状态的动力学函数，用于表示被模拟对象的逻辑关系，用数学语言可以表示为 $f:S_i^{t+1}=f(S_i^t,S_N^t)$。其中，$S_i^t$ 为 t 时刻元胞 i 的状态；S_N^t 为 t 时刻元胞 i 的邻域元胞状态组合；S_i^{t+1} 为元胞 i 在 $t+1$ 时刻的状态；f 为元胞自动机局部规则的局部映射。

由于元胞自动机是一个动态系统，因而除以上基本组成部分以外，时间也是元胞自动机的一个重要概念。元胞自动机在时间维上的变化是离散的，即时间 t 是一个整数值，而且是连续等间距的。假设时间间距为1，若 $t=0$ 为初始时刻，那么 $t=1$ 为其下一时刻。在标准CA模型中，一个元胞在 t 时刻的状态只取决于上一时刻其自身和邻域元胞的状态。

3. 元胞自动机的一般特征

从CA的构成和转换规则等来看，标准CA具有如下基本特征。

（1）同质性与齐性。同质性指在元胞空间内的每个元胞的变化都服从相同的规律，即遵循相同的转换规则；齐性是指元胞的分布方式、元胞大小和形状均相同，空间分布规则整齐。

（2）空间离散性和时间离散性。空间离散性是指元胞分布在按照一定规则划分的离散的元胞空间上。时间离散性是指系统的演化是按照等间隔时间分布进行的，时间变量 t 只能取等步长的时刻点，而 t 时刻的状态构形只对其下一时刻，即 $t+1$ 时刻的状态构形产生影响，而 $t+2$ 时刻的状态构形完全取决于 $t+1$ 时刻的状态构形及相应的转化函数。

（3）同步计算（并行性）。各个元胞在 $t+1$ 时刻的状态变化是独立的行为，相互没有任何影响，这适合于建立计算机模型和并行计算特征，将元胞自动机的状态变化看成是对数据或信息的计算或处理，而且这种处理具有同步性。

（4）时空局部性。每一个元胞的下一时刻 $t+1$ 的状态，取决于其周围半径为 r 的邻域中的元胞的当前时刻 t 的状态，即时间、空间的局部性。从信息传输的角度上来看，元胞自动机中信息的传递速度是有限的。

（5）开放性与灵活性。CA是一个遵循“自下而上”建模原则的模型框架，可以根据不同的研究领域建立不同的应用模型，这符合人们认识复杂事物的思维模式。同时，CA模型只提供了一个行为空间，时空测度可由转换规则来实现，因而CA模型可以用于不同尺度演变过程的研究。

（6）高维性。动力系统中的维数一般是指变量的个数，所以从动力系统角度看，每个元胞的状态就是该动力学系统的变量，CA便是一类无穷维动力系统。

5.5.2　地理元胞自动机

1. 地理元胞自动机的概念

地理元胞自动机（geo cellular automata，GeoCA）是将复杂的地理现象和CA进行结合研究的专题应用模型，是针对复杂地理系统而对元胞自动机模型的扩展和“地理化”，是复杂地理系统研究的有效手段（图5.16）。

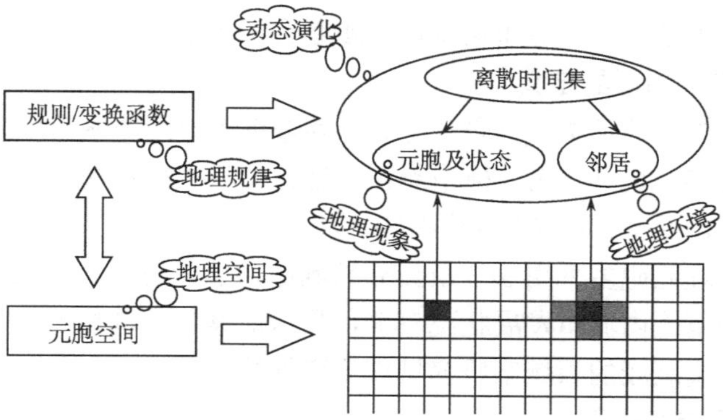

图 5.16　地理元胞自动机的构成

在地理元胞自动机中，元胞空间的概念可以很自然地转变为笛卡儿坐标系下的地理空间。在数据模型层次上，常用的二维元胞空间可用栅格（Grid）数据模型来表示。因此，在地理元胞自动机模型中，元胞空间被赋予了空间尺度的概念，元胞的大小对应于空间分辨率。不同的元胞空间尺度会影响地理元胞自动机模型的其他方面，如转换规则等。

2. 地理元胞自动机的转换规则

在地理元胞自动机模型中，转换规则通常由三部分组成。

（1）全局转换概率。全局转换概率是在整个元胞空间起作用的元胞转换概率。在空间上，它对整个元胞空间内的每一个元胞都是相同的；在时间上，它在整个模拟过程中都不会发生变化。

（2）邻域影响概率。邻域影响概率是指邻域元胞对中心元胞转换概率的影响，通常用邻域函数来表示。在元胞自动机模型的运行过程中，元胞空间内所有元胞的状态都有可能发生改变，因而，对某一个元胞而言，其邻域元胞的状态在整个模拟过程中有可能会不断变化，所以该元胞的邻域影响概率也是不断变化的。此外，元胞空间内的每一个元胞的邻域影响概率仅受到其邻域元胞的影响，因而影响范围比较小。

（3）单元约束条件。单元约束条件是针对某一个具体的元胞而言的。它是指元胞本身在转换过程中，由元胞自身的属性决定而受到的限制性条件，通常可以理解为元胞对某一种状态的适宜性程度，在地理元胞自动机模型中可以用适宜性评价结果来表示。此外，为了在地理元胞自动机模型中引入政策等不确定性因素对地理现象演变的影响，往往在地理元胞自动机模型的转换规则中引入随机因子。

5.5.3　城市动态演化模拟的 GeoCA 模型

城市扩展空间格局演变研究一直是城市化研究的重点。近年来，随着我国城市化进程的加快，城市建设用地扩展引发了一系列生态环境和社会问题，非健康快速城市化的弊端在城市群中逐步显现。因此在城市化高速发展的背景下，研究城市扩展空间格局演化情况，进而预测城市空间发展方向具有重要的理论和现实意义。

城市的发展受到各方面的综合影响，大致可以分为以下三个层次：一是宏观因素，包括城市整体可持续发展、地势及城市的规划等，这些因素能直接决定某元胞点是否能发展为城市；二是中观因素，如交通环境及离城中心的距离等，这些因素作为城市发展的驱动力影响城市的发展方向及速度；三是微观因素，考虑某中心元胞本身的状态及周边邻域的城市密度和遗传效应等，这种因素往往能对短期城市扩张起到很大的作用。

1. 城市元胞状态及邻域的定义

为研究城市向外扩张的模型，将研究区域分为城市用地和非城市用地两类，分别用 1、0 表示，即元胞状态为 $S=\{0,1\}$。为使模型能正常运行，将数据用栅格图显示，栅格图中的每个像元代表一个元胞，元胞的状态即为城市化的状态。

以往的模型中地理元胞多采用 3×3 Moore 邻域作为邻域的研究对象，但由于城市发展不只与其周边一个元胞范围内城市发展状况有关，只考虑摩尔邻域显然与实际不相符，因而常采用圆形邻域或随距离衰减的邻域来研究城市演变规律。

2. 约束性条件及转换规则

地理系统具有的非线性和开放性等特征决定了其复杂的本质属性，其作用方式包括生物及非生物等多种因素，以及各地理要素与周围环境不断的物质、能量、信息交换。城市系统也是如此，它由社会、经济、环境等因素共同作用，且由于因素本身的开放性，决定了对城市发展的扩张预测具有相当的复杂性。

在不考虑城市衰退的情况下，若一个元胞已经发展为城市，则下一时刻继续保持；若一个元胞为非城市状态，下一时刻的状态受到很多条件的约束，包括所属位置是否为水域、坡度大小、地质稳定程度等，将此类条件统称为约束性条件。为了量化不同约束条件对城市发展不同的作用方式，以下分 5 种进行说明。

（1）绝对约束。直接决定元胞是否能转换为城市用地的条件，如元胞本身状态是否为非水域，其作用方式可简单地用公式描述为

$$C_i=\begin{cases}1 & \text{符合条件}\\ 0 & \text{不符合条件}\end{cases} \tag{5.13}$$

（2）相对约束。指能对城市发展起到约束但不能直接决定的条件，如坡度、与交通网的距离等，可以用特定函数将其范围控制在 0 和 1 之间。对于坡度条件，可用负指数衰减的隶属度函数描述：

$$V_i=\begin{cases}1 & \text{坡度}\leqslant a\\ \exp\left(-k\dfrac{s-a}{b}\right) & a<\text{坡度}\leqslant b\\ 0 & \text{坡度}>b\end{cases} \tag{5.14}$$

式中，k 为调整参数；s 为元胞位置的坡度；a 和 b 为控制坡度大小的阈值，$>b$ 则不适宜发展为城市用地。

对于元胞的交通条件——离交通网的距离，其作用方式可以通过距离衰减函数来量化，用公式表示为

$$V_i=\begin{cases}1-d_x/d_{\max} & d_x\leqslant d_{\max}\\ 0 & d_x>d_{\max}\end{cases} \tag{5.15}$$

式中，d_x 为元胞离最近交通网的距离；$d_{\max}$ 为最大的有效距离。

（3）邻域影响。元胞邻域作用，通过密度来表示，用公式表示为

$$V_i=\frac{1}{N}\sum_{1}^{N}C(x,y) \tag{5.16}$$

式中，V_i 为元胞点 (x,y) 邻域中城市用地密度；$C(x,y)$ 为 (x,y) 点的邻域元胞状态，取值为 0 时表示该地块为非城市用地，取值为 1 时表示该地块为城市用地。

（4）政府规划。在城市发展中政策因素难以规避，有时甚至起决定性作用，但由于其量化难度大，在传统的 CA 城市扩张模型中未将此类因素考虑入内。例如，可以将土地利用总体规划中土地利用管制分区图作为单独的约束图层引入模型约束条件中。对于规划中城镇允许建设区和其他用地区赋予不同权重来将政策因子进行考虑。用公式表示为

$$V_i = \begin{cases} h & h \in (0,1] \text{允许建设区} \\ 1-h & \text{非允许建设区} \end{cases} \tag{5.17}$$

（5）随机因素。由于城市在发展过程中除上述因素影响之外，还会受到一系列随机因素的影响，如个人行为、商业开发及城市发展速度限制等，这些因素难以用一般的驱动力去量化预测，所以在本模型中可加入随机扰动因子 R_1 来模拟这些随机因素的作用。

最后，通过耦合所有因素计算下一时刻元胞发展为城市的概率 P，记为

$$P = \prod C_i \times (\sum W_i V_i) + R_1 \tag{5.18}$$

式中，W 为各约束条件的权重，且满足 $\sum W_i = 1$。

3. 案例分析——武汉市城市扩张模拟

武汉市是湖北省省会，位于长江中游，地处江汉平原东部，是我国中部地区的中心城市，也是全国重要的工业基地、科教基地和综合交通枢纽。为模拟武汉市未来城市扩张的方向，采用地理元胞自动机模型，按图 5.17 的技术路线开展工作。所用的遥感影像为 Landsat 卫星

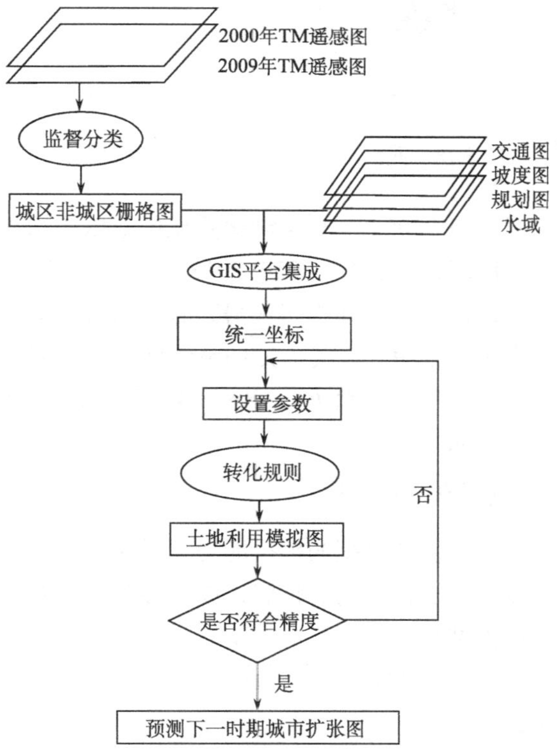

图 5.17　地理元胞自动机模拟武汉城市扩张的技术路线

的 TM 影像，空间分辨率为 30m，采用 5、4、3 波段合成假彩色图，配准校正后进行最大似然监督分类，最终提取武汉市 2000 年和 2009 年城镇建设用地和非城镇用地。收集整理武汉市城市规划、道路交通网、水域及坡度数据，在 ArcGIS 平台上统一集成为 CA 待用的空间约束及驱动数据，并以栅格图的形式输出。

以 2000 年作为基期年，结合空间约束数据，按照上述模型进行建模。对于模型中涉及的参数，以 2009 年城市用地图作为参照来校准。实验表明，以 0.5 年为时间间隔单位模拟效果最佳，通过不断实验调整得到最优模型参数，模拟 2009 年的武汉市城市用地，与解译的 2009 年城市用地数据对比分析，Kappa 系数达到 0.59，说明 CA 模型能很好地模拟城市扩张趋势。另外，若不考虑城镇规划约束，模拟得到的城市用地 Kappa 系数为 0.55，可见政策因子在城市扩张中起到不可忽视的作用。最后以调整好的参数作为参考，再以 2009 年为基期年，按 CA 扩展邻域模型预测 2018 年武汉市城市用地情况（图 5.18）。

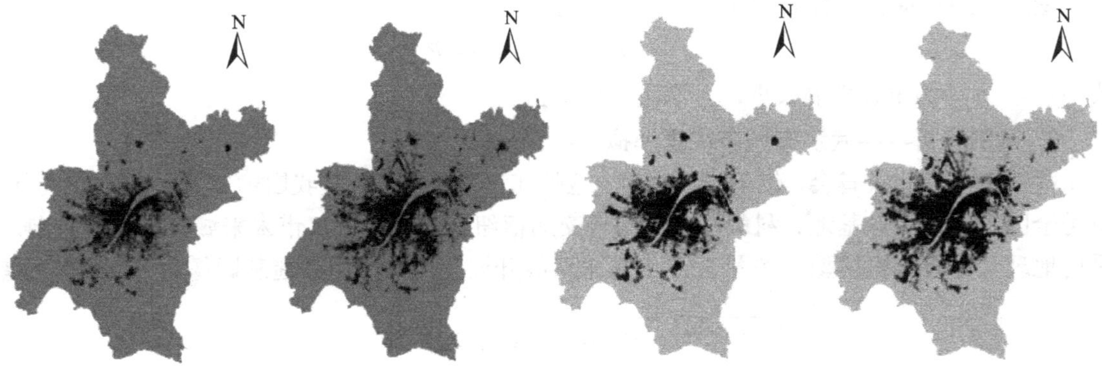

(a) 2000年城市用地　(b) 2009年城市用地　(c) 2009年模拟城市用地　(d) 2018年模拟城市用地

图 5.18　武汉市城市扩张的元胞自动机模拟

经过计算可以得到，武汉市 2000~2009 年城镇建设用地以平均每年 29km^2 的速度增加，结合模拟出的 2018 年武汉市城镇用地图，2009~2018 年的模拟增长速度为 31.6km^2/a，增速提高了 2.6 km^2/a。从模拟预测图中的空间扩张趋势来看，武汉市中心城区建筑饱和度不断加大，这一方面与城区不断完善规划相关；另一方面从侧面体现了城区建设用地过密可能引起中心城区交通过度拥堵问题。模拟分析表明，2009 年以后武汉市建设用地向周边扩张显著，在绕城公路周边的地区尤为明显。

5.5.4　元胞自动机在其他领域的应用

元胞自动机具有强大的空间复杂系统的模拟能力和灵活扩展能力，允许建模者在模型的框架下，对模型的各个组成部分进行灵活的扩展，如用各领域的专业知识和规律来构建转换规则、集成已有的各种专业模型等。上一节已经阐述了 CA 在城市扩张模拟中的原理，本节主要介绍 CA 在交通、森林火灾、景观、火山灰流等其他地学领域的一些应用。

1. CA 在交通领域的应用

21 世纪的中国，北京、上海、广州和深圳等大城市，交通拥挤问题正发展成为严重影响社会运行效率的“顽症”之一。上海市的航测资料表明：交通高峰期，车辆平均速度不到

15km/h，最低速度仅为 4km/h，低于步行速度；德国每年的交通阻塞造成的经济损失在 1000 亿左右。因此，交通流的研究不仅关乎区域社会经济的健康发展，也对市民的日常出行具有指导作用。

交通流是个复杂系统，一般情况下很难得到精确的解析结果，CA 作为模拟非线性复杂系统的一种有效的离散动力系统，由于其简单性和计算的并行性，已广泛应用于交通流的研究。用 CA 模拟交通流的模型中：①汽车为元胞单元，道路则以一系列元胞单元组成的一维链表示；②元胞状态表示道路上某个位置的状态，每个元胞只有两种状态（0 表示此元胞上无车辆，1 表示有一辆车占据该位置），且假设一个元胞内最多仅能被一辆车占据；③定义元胞的邻域半径为 1，即左右各有一个元胞作为中心元胞的邻居。

在此交通流中，设置演化规则为：①车辆的行进方向均一致（如向右），在每一次迭代的时步中，只要某元胞单元其前方（如向右）的紧邻位置为空，元胞单元可且仅可向前移动一个单元格（假设汽车的速度为 1）。②若前方紧邻位置不为空，它就在原地静止不动，即使前方的车辆在同一时步中要向前运动。③为了保持一维链内的车辆数守恒，链的两端采用周期性的边界条件以便在末端驶出车辆，在始端产生新的车辆。

由此可见，在该模型中，某一元胞单元在下一时步的状态（有否车辆占据）完全取决于它本身和其前后两个邻域单元在当前时步中的状态。图 5.19 更加直观地描述了该交通流的演化规则。其中，黑色方块取值为 1，表示有车占据；白色方块取值为 0，表示无车占据。模型的演化方向（车流方向）为自左向右。图中上一行的元胞单元表示 t 时刻中心元胞及其左右元胞的状态；在经过一个迭代时步后，即 t+1 时刻，中心元胞的状态如下一行所示。尽管这一模型的演化规则十分简单，但是它已能够呈现出自由运动相与局部堵车相之间的相变现象。

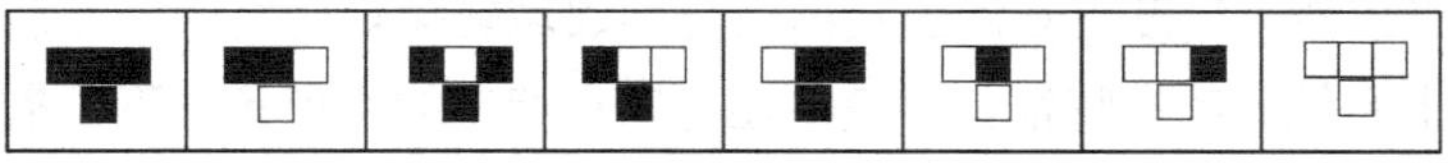

图 5.19　交通流元胞自动机模型

此后，为进一步更真实地模拟城市交通流问题，许多学者对该模型做了大量的改进工作，主要考虑实际的城市道路交通网络总是由一条（或几条）主干道和若干条支道组成，且在主干道和支道的交叉口都设有红绿灯等实际问题。例如，在二维交通网络中，需要考虑各种随机因素对交通流的影响，红绿灯变换周期、绿信比对交通流的影响，非同步交通灯对车流的影响等。

2. CA 在森林火灾模拟中的应用

森林火灾是一种常见的自然灾害，它给社会经济和生态环境带来的损失、对人民生命安全带来的危害都是十分巨大的。森林火灾发生时，快速准确地模拟和预测火势的蔓延和发展，可以为及时部署灭火力量、控制火灾蔓延提供科学的决策依据。

林火的扩散除了与森林树种、森林内部地表组成、森林形状有关外，还与林火发生时的天气状况（如风向、风速、降水状况、大气温度等要素）密切相关。林火在森林中的扩散可利用“林火扩散速度”随时间 t 的变化动态计算得到。随着元胞自动机研究的深入，CA 被越来越多的学者用来模拟和预测森林火灾的扩散。

林火扩散 CA 中，元胞的状态为未燃烧的树、正在燃烧的树或空地。在模型中，元胞的

初始状态 $S_{i,j}^t$ 定义为 $S_{i,j}^t = A_b / A_t$。式中，A_b 为 (i,j) 元胞中已燃烧的面积；A_t 为 (i,j) 元胞的总面积。考虑风速、风向和地形状况对林火扩散的影响，$t+1$ 时刻 (i,j) 元胞的状态按下式计算：

$$\begin{aligned}S_{i,j}^{t+1} = S_{i,j}^t &+ \left(wH_{i-1,j}S_{i-1,j}^t + nH_{i,j-1}S_{i,j-1}^t + sH_{i,j+1}S_{i,j+1}^t + eH_{i+1,j}S_{i+1,j}^t\right) \\ &+ 0.83(nwH_{i-1,j-1}S_{i-1,j-1}^t + swH_{i-1,j+1}S_{i-1,j+1}^t + neH_{i+1,j-1}S_{i+1,j-1}^t + seH_{i+1,j+1}S_{i+1,j+1}^t)\end{aligned} \tag{5.19}$$

式中，w，n，s，e，nw，sw，ne，se 为 8 个不同方向上林火蔓延的速率，用经验公式给出。假如风向从西向东，则不同方向上的权重如下 $n=1$，$w=0.9$，$e=1.1$，$s=1$，$nw=0.96$，$ne=1.04$，$sw=0.96$，$se=1.04$。同时，随着风速方向和强度的变化，在每次迭代中这些权重可动态调整。$H_{k,l}$ 是周边元胞 (k,l) 与中心元胞（i,j）的高度差的函数，即 $H_{k,l} = f(h_{k,l} - h_{i,j})$，式中，函数 f 可为线性函数或非线性函数。

利用上述模型，用模拟数据对林火的扩散进行模拟，模拟结果表明考虑风速、风向和地形后，林火扩散的结果更为复杂。

3. CA 在景观模拟中的应用

景观生态的空间格局和景观的动态模拟研究是现代景观生态学研究的热点之一。景观动态研究涉及许多复杂的自然因素和人为因素，并因此产生更加复杂的景观格局和功能变化过程。现有的景观生态模型大致可以分为空间模型和非空间模型两类。非空间模型在建模过程中不考虑空间属性参数，而空间模型中空间位置信息是必须考虑的变量之一。景观生态学研究的重点是剖析景观空间格局和生态学过程之间的相互关系，空间模型自然成为景观生态学研究的最佳选择，这也是景观模型区别于其他生态学模型最突出的特点。

CA 可以把局部性小尺度上观测的数据结合到邻域转化规则之中，然后通过计算机模拟来研究在大尺度上系统的动态特征。该模型还可以在特定的约束条件下，揭示景观组分的持续增长或减少过程，以及生物行为方式或生态干扰的扩散过程。从数据结构角度看，由于 CA 中的元胞和 GIS 中的栅格数据结构相同，所以该模型容易和 GIS、遥感数据处理系统进行集成。CA 模拟景观生态的动态变化时，元胞格网空间的划分和元胞状态的定义与传统元胞自动机的定义一致，在元胞自动机的转换规则的邻近范围定义中，主要考虑了元胞邻近范围的各类景观斑块的面积和形状指数。

4. CA 在火山灰流模拟中的应用

火山灰流是一种极具破坏性的物质流。它由又干又热的岩石碎块和被过度加热的火山气混合而成，混合物的密度非常大。目前认为火山灰流的形成主要有两种原因：①已被熔化和未被熔化的岩石块在爆炸性喷发时形成；②火山的圆丘部分或整体倒塌形成陡坡时，非爆炸性的喷发也可引起严重的火山灰流。火山灰流中岩石和火山气的温度可以高达 1350K，流速可达 200m/s，是一股可以毁灭一切的可怕力量，树木、房屋在遇到火山灰流时都会在瞬间化为灰烬。为了避免火山灰流给人类带来的危险，很多研究中都需要对其进行模拟，以提前做好防范措施。用 CA 模型来模拟火山灰流的公式可表达为

$$\mathrm{PYR} = \langle R, G, X, S, P, s,. \rangle \tag{5.20}$$

式中，R 为研究区；G 为火山柱开始崩塌产生火山灰区域的元胞集；X 为邻域的定义（包括东、西、南、北四个方向的邻域）；S 为元胞亚状态集，包括元胞所在空间的高度、沉积的

固体颗粒的厚度、元胞中火山灰柱的质心坐标、火山灰柱的高度、火山灰柱的增长速度、在一个时间步长内火山灰流离开元胞的剩余时间等；P 为全局参数，包括元胞的边长、时间步长、火山灰柱中的气体含量和固体颗粒的含量、气体排出的速率和固体颗粒的沉降速率（火山灰柱下降的速率）、与摩擦力相关的参数；s 为转换规则，包含气体的排出和固体颗粒的沉降、火山灰柱的内部转换、流的确定及元胞中流入流出物质的混合等 4 个基本过程和相应的状态转换函数；“. ”为 G 区火山灰物质的输送。

将上述模型用于模拟 1991 年发生在菲律宾群岛的火山灰流（图 5.20）。从模拟现象所涉及的区域和火山灰沉积的厚度来看，模拟的结果均比较理想，展示了 PYR 的强大功能。

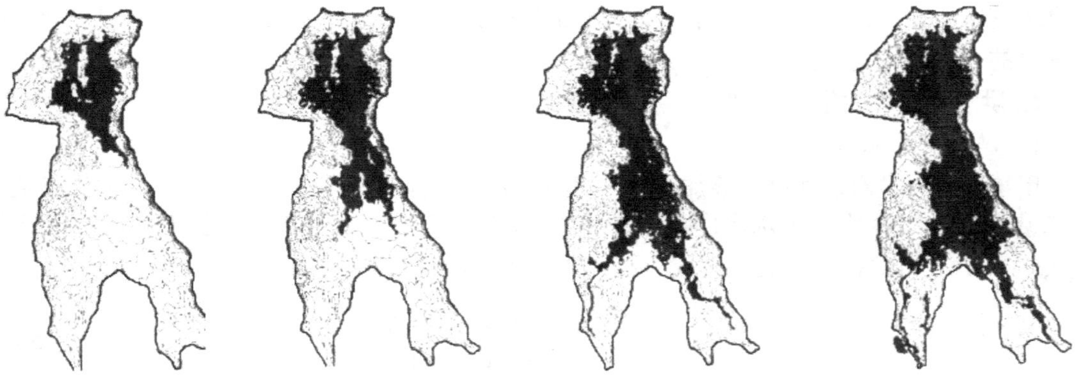

(a) 5s模拟结果　(b) 10s模拟结果　(c) 20s模拟结果　(d) 60s模拟结果

图 5.20　火山灰流的演化过程（CA 模拟）

5.6　灾害评估分析

5.6.1　空间分析与灾害评估

自然灾害指给人类生存带来危害或损害人类生活环境的自然现象，包括干旱、洪涝、台风、冰雹、暴雪、沙尘暴等气象灾害，火山、地震、山体崩塌、滑坡、泥石流等地质灾害，风暴潮、海啸等海洋灾害，森林草原火灾和重大生物灾害等。我国是世界上自然灾害种类众多、损失最大的国家之一。尽管我国近年来在防灾减灾方面做了大量工作，但时至今日，我国自然灾害所造成的经济损失和人员伤亡仍然是巨大的。据估计，我国每年因各种灾害所遭受的直接经济损失占全国国民经济收入的 12%~20%。因此，科学认识各类灾害的发生、发展规律，尽可能减小它们所造成的危害，准确评估这些灾害带来的社会经济损失，具有非常重要的现实意义。

近年来，随着计算机技术的发展和普及，GIS 技术在地球科学领域应用的蓬勃发展，GIS 强大的空间信息管理和分析能力已被广泛应用于自然灾害研究之中，为自然灾害的研究开辟了一个崭新的途径，而空间分析作为地理信息系统的核心功能之一，它特有的地理信息（特别是隐含信息）的提取、表现和传输功能，使其在气象灾害、地质灾害、生物灾害和环境灾害等领域的分析、监测、预防、模拟等方面有着很好的应用效果。

5.6.2　洪水灾害分析

洪水灾害是当今世界的主要自然灾害之一，防治洪水灾害是世界各国普遍关注的问题。在过去相当长的时间内，世界各国的防洪战略主要是依靠水利工程控制洪水，减少洪灾损失，随着社会经济的发展，人类不断扩大对自然资源的开发利用范围，洪水出现频数及其造成的损失也不断增加。人们逐渐认识到，仅仅利用水利工程措施不能完全抵御洪水，尤其是发生特大洪水时，借助水利工程来保障灾区的安全并不那么容易。20 世纪 70 年代，美国首先提出了采用非工程措施的概念，即通过洪水预报、防洪调度、分洪、滞洪、立法、洪水保险、洪泛区管理及造林、水土保持等措施来减缓洪涝灾害，改变损失分摊方法，加强防洪管理，顺应洪水的天然特性，因势利导，以达到防洪减灾的目的。充分利用 GIS 的空间分析功能进行洪水灾害的评估也是一个十分有效的“非工程措施”。以下主要结合空间分析方法，介绍洪水灾害的评估过程。

1. 洪水灾害评估指标

1）洪水淹没范围

用 DEM 与洪水水面高程叠加计算，可以确定洪水淹没范围及水深分布。具体步骤是：用二维数据 $L(x,y)$ 代表洪水水面，$H(x,y)$ 代表地表高程，则洪水淹没区就是所有连通的 $L(x,y)\geqslant H(x,y)$ 的格网构成的区域。设 PFA 代表可能淹没区，则有下式成立：

$$\text{PFA}=\begin{cases}0 & L(x,y)<H(x,y)\\1 & L(x,y)\geqslant H(x,y)\end{cases}\tag{5.21}$$

式中，1 代表淹没区；0 代表非淹没区。淹没区中可能含有一些地面高程小于洪水水位的区域，但受周围地形的影响而未被淹没，即孤岛，则有洪水淹没区=可能淹没区 – 孤岛 – 洪水淹没前水面的面积。

2）洪水深度

洪水淹没水深是度量洪灾严重程度的一个重要指标，也是评估洪水灾害损失的一个重要因子。一般来讲，水深是洪水量级大小和区域下垫面特征（主要是地形）的函数，因此要获取淹没水深，需要高精度的数字高程模型（DEM）支持，用公式表达为

$$H=E_w-E_g(E_w>E_g)\tag{5.22}$$

式中，H 为水深；E_w 为洪水水面高程；E_g 为地表高程。如果得到的地表高程是离散的，则需要采用空间插值技术生成连续的地表高程数据。

3）社会经济因子

洪水在人类社会之前就作为一种自然现象长期存在，对于人类来说，洪水是一种自然灾害，会给经济社会带来损失。例如，某次洪水灾害淹没的土地利用类型中有农林业、渔业、建筑、交通运输等用地时，就会对当地的社会经济产生直接的破坏。同时，洪水灾害也会带来次生灾害，如土地肥力流失、人口健康等问题，还会造成巨大的社会经济损失。

2. 洪水灾害评估的基本过程

利用 GIS 对洪水灾害进行分析时，需要拟合各种社会经济数据和地理空间数据，通过一定的模型来对洪水灾害所造成的损失进行评估。洪水灾害的评估一般需要在明确洪水水位高程的基础上，叠加地形及其他社会经济数据，分析和评估其造成的损失。需要的空间数据主

要包括两类：一是基础地理数据，包括地形地貌、河流水系、土质植被、道路交通、行政区域、人口居民地要素等；二是专题信息数据，包括洪水水位数据、与洪水灾害有关的气象数据、土地利用数据等。

例如，西南某地区由于连续的强降水，河流水位上涨到了 526m，引发了洪水灾害，淹没了很多农田、道路、村庄和城镇等，现有关部门需要评估此次洪水灾害造成的经济损失，为接下来的救灾安置和补偿工作做好准备。解决该问题可按如下的过程实施。

（1）明确问题。根据对问题的分析，需要最终确定的是估算淹没区内经济损失。为解决这一问题，先需要确定淹没区的范围及该范围内的各类土地。

（2）数据准备。主要的数据包括洪水水位高程数据、该地区的 DEM 数据、土地利用现状数据、不同地类受灾损失单价表等。

（3）制定解决方案。①将水位与 DEM 数据相减，并提取其中小于 0 的区域，即为洪水淹没区；②将淹没区范围和土地利用现状数据进行空间叠加；③从叠加后生成的数据中统计淹没范围内所涉及的各种土地类型的面积；④依据不同地类的受灾损失单价表和面积，计算淹没区内的经济损失。

（4）方案的实施。在 GIS 软件的支持下，根据解决方案，采用空间分析方法中的栅格叠加分析、矢量叠加分析、统计分析等方法，依次对数据进行运算，最终得到灾害损失统计表，并制作洪水灾害损失专题图件，撰写分析报告。

5.6.3　地质灾害分析

地质灾害简称“地灾”，是指在自然或者人为因素的作用下形成的，对人类生命财产、环境造成破坏和损失的地质作用或现象。地灾的种类很多，如崩塌、滑坡、泥石流、地面沉降与塌陷、地裂缝，以及地震、火山爆发等突发性地质灾害。广义的地质灾害还包括缓变性的地质灾害，如水土流失、土地沙漠化及沼泽化、土壤盐碱化、黄土湿陷、岩土膨胀、砂土液化、土地冻融等，又称环境地质灾害。

地质灾害都是在一定的动力诱发（破坏）下发生的。诱发地质灾害的动力成因有自然、人为两大类。自然地质灾害发生的地点、规模和频度，受自然地质条件控制，不以人类历史的发展为转移；人为地质灾害受人类工程开发活动制约，常随社会经济发展而日益增多。常见的人为地质灾害诱因包括边坡开挖、采矿不规范、水库与渠道渗漏、采石放炮、堆填加载、乱砍滥伐等。很多地质灾害的发生，往往受自然和人类活动的双重影响。例如，2001 年发生在重庆武隆县城的山体滑坡事故，造成重大的人员和财产损失，事故的直接诱因虽然是降水，但更主要的原因在于房屋建设前的高切坡造成岩体不稳。

在各种灾害中，地质灾害是危害人类生存最大的自然灾害之一，往往在瞬间就造成巨大的劫难。我国是全球大陆地质灾害最多的国家之一，也是地质灾害损失最严重的国家。特别是在近二十几年，我国城市、交通、水利等建设突飞猛进，各种人为因素引起的地质灾害层出不穷，造成巨大的人员和经济损失。GIS 技术，特别是它的空间分析方法，可以在地质灾害危险性区划评价、地质灾害易发程度分区、地质灾害预警技术、地质灾害损失评估等方面发挥重要作用。

（1）地质灾害的危险性区划评价。诱发灾害的地质因素本身具有不确定性，以及在自然环境中各种地质因素相互作用使得其相互关系变得复杂，所以在对地质灾害的危险性进行评价时需要收集大量的基础地质环境资料，然后利用 GIS 对这些基础资料进行有效的处理来提高数据的可靠性，再通过选取合适的评价预测指标，运用恰当的空间分析模型，进行地质灾害危险性等级的划分，从而为地质灾害的管理及防治和预警决策提供依据。

（2）地质灾害易发程度分区。地质灾害防治区划中应用 GIS 技术，是利用其强大的空间数据管理与空间分析模型方面的功能，对地质灾害调查所获取的信息进行处理，实现地质灾害易发程度自动化分区。它首先确定致灾因子，对致灾因子进行易发程度分区赋值；其次求出致灾因子的敏感系数，将各致灾因子图层进行空间叠加；最后将叠加后的图层属性进行加权综合，得出易发程度评价分值，据此可以进行易发程度分区。GIS 空间分析法所得出的地质灾害易发程度分区图，不仅能够反映地质灾害易发程度的现势规律，而且能够实现对区域地质灾害的空间预测。

（3）地质灾害预警技术。地质灾害预警系统包括地质灾害的灾情模拟评价、预测预报和防治。在广泛收集区域地质基础数据及相关数据的基础上，结合地质灾害的影响因素，分析形成地质灾害的各因素之间的相互影响和作用，了解地质灾害系统的过程模式，建立相应的地质灾害预警模型，模拟各因素的变化对地质灾害的发生、发展的影响，并结合气象观测、遥感、测绘等技术监测地质灾害影响因素的变化，通过空间分析模型计算地质灾害可能发生的形式、地点、程度等数据，并及时发出预警信息，提出预防措施。

（4）地质灾害损失评估。目前，地质灾害损失评估中应用较为广泛的有信息量模型、多元统计分析模型、模糊综合评判模型、基于人工神经网络遗传算法模型等。其中，将 GIS 技术与其他模型结合起来应用是进行区域地质灾害危险性分析较为有效的方法。它可以估计一次地质灾害和次生地质灾害带来的社会经济损失，估计可以用金钱衡量和不可用金钱衡量的损失，可以用金钱衡量的损失包括受损建筑的修复和重建、清除垃圾和重新安置等方面的损失，而不可以用金钱衡量的损失包括人员伤亡、精神影响及其他长期或短期的影响等。估算这些损失需要相应的社会经济信息。在地质灾害损失估计中，需要使用多种空间信息，如地质构造、建筑、地形等，因此必须充分利用 GIS 的空间分析功能进行评估。

5.6.4　森林火灾分析

森林火灾是指失去人为控制、在森林内自然蔓延和扩展，给生态系统和人类带来一定危害和损失的森林起火的统称。森林火灾是世界性的自然灾害。每年森林火灾烧毁大量的森林资源，严重破坏了人类赖以生存的自然环境和生态平衡，甚至造成灾难性的损失。这些损失包括降低林分密度、导致土地沙化和水土流失、烧死了土壤中大量的生物和微生物，打破了林区的生态平衡、破坏了野生动植物的生存环境，使得林区及其周围地区的气象和环境变得十分恶劣。森林火灾的发生既有自然条件的影响，又有人为因素的影响。一般包含林区地形状况、林种及其覆盖程度、气象条件、人类活动等多重因素。

以 GIS 空间分析为代表的新技术对森林资源监测、森林火险等级分析与火灾预警、森林救火、灾后评估等方面带来巨大的变革和深远的影响。

（1）森林火险等级分析。火险即某林区在一定时间内发生森林火灾的可能性和危险程度。森林火险等级划分是按照森林立地类型、气象条件等多种指标，将不同危险程度的森林类型划分为不同的火险区域的过程。这种划分可以通过对森林火灾区划因子的动态监测及火险指数的计算得出，等级划分可为森林火灾预报和森林防火决策提供科学依据。进行火险区划时首先要选定火险因子，包括植被因子（如植被类型、郁闭度、树木龄级、历年火灾被害率等）、气象因子（如火险期内月平均气温、月平均相对湿度、月均风速、月均降水等）、地形因子（如坡度、坡向、海拔等）、其他因子（如人口密度、路网密度、水网密度、防火林带等）；其次利用经过数字图像处理的遥感影像，对森林火险因子进行空间数据采集；最后运用 GIS 中叠加分析、空间插值分析、距离分析等技术，选用合适的火险等级模型，在综合分析评价的基础上利用 GIS 划分森林火险等级区。

（2）森林火灾蔓延情况分析。在不考虑风向等因素影响的情况下，基于森林火灾蔓延的各向同性假设，以火源地为目标，运用空间分析中的缓冲区分析工具，根据经验及林区植被状况、空气干燥情况等因素，确定林火蔓延速度，计算不同时间（如 1 小时后、5 小时后）的蔓延距离，以此作为缓冲区距离，划定多环缓冲区作为林火在不同时间后的蔓延范围。这种分析模式较为理想，适用于简单和快速的分析。为更加逼真地模拟火灾的蔓延，也可以采用成本距离的方式，以风向、风速、植被类型、郁闭度、湿度等因素生成综合成本栅格数据，再以火源地为源，计算各地至源的累积最低成本，结合林火蔓延速度即可计算出不同时间后的着火范围。实际应用中使用较多、也较为精确的林火蔓延动态模型是元胞自动机模型，它根据元胞的状态和元胞间的演化规则，计算不同时刻每个元胞被点燃的概率，用蒙特卡洛方法确定元胞状态是否发生转换，从而模拟火灾的蔓延过程。

（3）救火路径分析。根据林区的道路交通网络，采用空间分析中的网络分析工具，以扑火队伍的实际位置和拟到达的目的地位置为起止点，计算出最佳的行进路线、次佳路线及到达目的地所需的时间，在进行多路径比较和综合分析的基础上，以图形和数字的形式提供给救火指挥者，使救火力量得到合理配置并快速部署。对部分林区中缺乏道路网络的，可以采用成本距离分析方法，寻找救火的最低成本路径。

（4）灾后评估。灾后评估是森林火灾分析中的重要内容。例如，美国科罗拉多州某地受持续高温天气的影响，空气湿度低，意外原因引起了森林大火，火灾破坏了大片森林，当地林业部门在火势扑灭后欲评估该次火灾的林业资源受损情况。现已获取的数据有该地区灾后的 EO-1 卫星遥感影像。在卫星影像中，火灾形成的迹地有着明显不同的光谱特征，对影像进行合理的波段组合生成假彩色图像，选择火灾区与非火灾区的训练样本，通过交互式监督分类方法，提取火灾区范围；再将该范围的数据与火灾发生前的森林树种分布数据进行叠加；最后进行分类汇总统计，即可获取受灾的树种分布区域及面积。具体的实施过程可参见本书配套实验教程中的实验二十。

复习思考题

1. 空间分析模型有哪些？它们可以解决哪些空间问题？请举例说明。
2. 结合某一具体的空间问题，说明空间分析建模的基本过程。
3. 图解建模有何优点？在 ArcGIS 中进行空间图解建模需要经过哪些过程？
4. 空间数据的批处理有哪些方法？
5. 建立图解模型，实现基于 DEM 的河网提取（第 4 章中水文分析）。
6. 空间选址的一般过程是怎样的？
7. 除了本书中介绍的空间选址方法，还有哪些方法可以用于空间选址？如何基于矢量数据进行空间选址分析？如何基于网络分析进行空间选址？

8. 现有某一区域 2000 年和 2015 年的土地利用现状数据库，请分析如何确定该区域在这两个时期内的土地转移情况。
9. 举例说明如何开展自然资源方面的空间分析。
10. 元胞自动机有何特点？地理元胞自动机的转换规则由哪几部分组成？
11. 采用元胞自动机模拟城市用地扩张的基本过程是什么？
12. 某地发现森林起火，救火部门需要了解火灾的蔓延趋势，从而为截断火灾提供决策支持。请从 GIS 空间分析的角度制定该问题的研究方案。

主要参考文献

边馥苓. 1996. 地理信息系统原理和方法. 北京: 测绘出版社

边馥苓, 张燕江. 2004. 基于空间查询的历史数据回溯. 测绘与空间地理信息, 27(3): 3-6

巢俊民. 1991. 现代地理统计分析. 北京: 北京师范大学出版社

车家骧, 彭熙, 龙秀琴, 等. 2013. 地表起伏度对农业生态环境的影响. 中国水土保持, (04): 49-51

陈军, 赵仁亮. 1999. GIS 空间关系的基本问题与研究进展. 测绘学报, (2): 95-102

陈俊勇. 2008. 中国现代大地基准——中国大地坐标系统 2000(CGCS2000)及其框架. 测绘学报, 37(3): 269-271

陈述彭. 1998. 地球系统科学. 北京: 中国科学技术出版社

陈述彭, 鲁学军, 周成虎. 1999. 地理信息系统导论. 北京: 科学出版社

陈志泊. 2005. GIS 中栅格数据时空数据模型及其应用的研究. 北京: 北京林业大学

程鹏飞, 文汉江, 成英燕, 等. 2009. 2000 国家大地坐标系椭球参数与 GRS80 和 WGS84 的比较. 测绘学报, 38(3): 189-194

崔爽, 苏鸿, 叶良松. 2001. 一种基于空间对象的缓冲区分析算法. 地理与地理信息科学, 27(1): 38-41

崔铁军. 2015. 地理空间数据获取与处理. 北京: 科学出版社

崔铁军. 2016. 地理空间分析原理. 北京: 科学出版社

崔伟宏. 1995. 空间数据结构研究. 北京: 中国科学技术出版社

戴晓爱, 仲凤呈, 兰燕, 等. 2009. GIS 与层次分析法结合的超市选址研究与实现. 测绘科学, 34(1): 184-186

邓敏, 刘启亮, 吴静. 2015. 空间分析. 北京: 测绘出版社

杜巧玲, 吴秀芹, 张淼. 2005. MapInfo7 中文版入门与提高. 北京: 清华大学出版社

范志坚, 杜仕龙, 付荣. 2010. 过渡期内现行四种常用大地坐标系的分析比较. 测绘科学, 35: 25-27

冯克忠, 万庆, 励惠国, 等. 2004. 时空数据模型及时空地理信息系统功能架构. 地球信息科学学报, 6(1): 49-52

傅伯杰, 陈利顶. 1996. 景观多样性的类型及其生态意义. 地理学报, 51(5): 454-462

傅伯杰, 陈利顶, 马克明, 等. 2001. 景观生态学原理及应用. 北京: 高等教育出版社

高俊. 2000. 地理空间数据的可视化. 测绘工程, 9(3): 1-7

龚健雅. 2001. 地理信息系统基础. 北京: 科学出版社

顾秀梅, 杨斌, 高德政, 等. 2012. ArcGIS 空间数据投影坐标转换方法研究. 测绘科学, 37(4): 164-166

郭芳芳, 杨农, 孟晖, 等. 2008. 地形起伏度和坡度分析在区域滑坡灾害评价中的应用. 中国地质, 35(1): 131-143

郭立华, 郭生练. 2003. 基于 DEM 的数字河网生成方法的探讨. 长江科学院院报, (4): 14-17

郭仁忠. 2001. 空间分析(第二版). 北京: 高等教育出版社

何春阳, 史培军, 陈晋, 等. 2001. 北京地区土地利用/覆盖变化研究. 地理研究, 20(6): 679-687

黄丙湖, 闾国年. 2004. 环境动态监测的 WebGIS 设计与实现. 地球信息科学, 6(4): 11-14

黄丙湖, 王莎莎. 2011. 基于 ArcGIS 追踪分析的研究. 测绘通报, 19(1): 49-56

黄仁涛. 2003. 专题地图编制. 武汉: 武汉大学出版社

黄杏元, 马劲松. 2010. 地理信息系统概论(第三版). 北京: 高等教育出版社

季学武, 王俊. 2008. 水文分析计算与水资源评价. 北京: 中国水利水电出版社

黎夏, 叶嘉安. 1999. 约束性单元自动演化 CA 模型及可持续城市发展形态的模拟. 地理学报, 54(4): 289-298

黎夏, 叶嘉安, 刘小平, 等. 2007. 地理模拟系统: 元胞自动机与多智能体. 北京: 科学出版社
李博, 杨持, 林鹏. 2000. 生态学. 北京: 高等教育出版社
李才伟. 1997. 元胞自动机及复杂系统的时空演化模拟. 武汉: 华中理工大学
李芳, 梅红波, 杨迎东, 等. 2016. 基于 Map2Shp 的 MapGIS 数据到 ArcGIS 数据的转换. 国土资源科技管理, 33(1): 86-92
李纪人, 潘士兵, 张建立, 等. 2009. 中国数字流域. 北京: 电子工业出版社
李建松. 2006. 地理信息系统原理. 武汉: 武汉大学出版社
李俊超, 马倩, 陶钧. 2012. 基于 ArcGIS 的水文流域分析及应用. 地理空间信息, 10(6): 121-124
李玲, 丘小春. 2005. 时态 GIS 数据模型的研究. 南方国土资源, 8(12): 41-43
李美娟, 陈国宏, 陈衍泰. 2004. 综合评价中指标标准化方法研究. 中国管理科学, 12(S1): 45-48
李书娟, 曾辉, 夏洁, 等. 2004. 景观空间动态模型研究现状和应重点解决的问题. 应用生态学报, 15(4): 701-706
李小娟, 尹连旺, 崔伟宏. 2002. 土地利用动态监测中的时空数据模型研究. 遥感学报, 5(5): 353-357
李学伟. 吴金培. 李学岩. 2013. 实用元胞自动机导论. 北京: 北京交通大学出版社
林广发. 2004. 基于事件的时空数据模型. 测绘学报, 33(3): 282
刘爱利, 王培法, 丁园圆. 2012. 地统计学概论. 北京: 科学出版社
刘德, 赵廷华. 2012. 水库工程水文分析及水利计算方法的应用技术. 郑州: 黄河水利出版社
刘桂萍, 石耀霖. 1995. 地震活动的细胞自动机模拟. 西北地震学报, 17(2): 20-25
刘军, 许志华, 刘小阳, 等. 2014. 基于无人机遥感影像拓扑分析的三维重建. 测绘工程, 23(8): 32-35
刘美玲, 卢浩. 2016. GIS 空间分析实验教程. 北京: 科学出版社
刘孟阳. 2012. GIS 数据格式及相互转化分析. 北京工业职业技术学院学报, 11(3): 52-54
刘湘南, 黄方, 王平, 等. 2007. GIS 空间分析原理与方法. 北京: 科学出版社
刘小林, 温成杰, 张江水. 2010. 运用 GIS 进行空间选址分析. 测绘与空间地理信息, 33(4): 19-21
刘小平, 黎夏. 2006. 从高维特征空间中获取元胞自动机的非线性转换规则. 地理学报, 61(6): 663-672
刘耀林. 2004. 地理信息系统. 北京: 中国农业出版社
刘志平, 张素华, 杜启胜, 等. 2009. 基于 ArcGIS 的 DEM 生成方法及应用. 地理空间信息, 7(5): 69-71
陆锋, 李小娟, 周成虎, 等. 2001. 基于特征的时空数据模型: 研究进展与问题探讨. 中国图象图形学报, 6(9): 830-835
陆守一. 2004. 地理信息系统. 北京: 高等教育出版社
马耀峰. 1997. 专题地图符号构成元素的研究. 地理研究, 4(3): 23-31
马耀峰, 胡文亮, 张安定, 等. 2004. 地图学原理. 北京: 科学出版社
毛先成, 黄继先. 2015. 空间分析建模与应用. 北京: 科学出版社
毛赞猷, 朱良, 周占鳌, 等. 2017. 新编地图学教程(第三版). 北京: 高等教育出版社
孟斌, 王劲峰, 张文忠, 等. 2005. 基于空间分析方法的中国区域差异研究. 地理科学, 25(4): 393-400
牟乃夏, 刘文宝, 王海银, 等. 2012. ArcGIS10 地理信息系统教程. 北京: 测绘出版社
牛方曲, 朱德海, 程昌秀. 2006. 改进基于事件的时空数据模型. 地球信息科学, 8(3): 104-108
欧阳霞辉. 2010. ArcGIS 地理信息系统大全. 北京: 希望电子出版社
彭慧, 徐利淼. 2004. 缓冲区分析与生态环境影响评价. 天津师范大学学报(自然科学版), 24(2): 34-38
史舟, 李艳. 2006. 地统计学在土壤学中的应用. 北京: 中国农业出版社
宋震, 华建伟, 王宝军, 等. 2009. GIS 在矿产资源规划环评中的应用. 高校地质学报, 15(2): 218-225
苏姝, 李霖, 刘庆华. 2005. 基于 DEM 对都市流域的水文分析. 武汉理工大学学报, 27(11): 59-62
苏为华. 2001. 多指标综合评价理论与方法研究. 北京: 中国物价出版社
苏维词, 张贵平. 2012. 地表起伏对区域发展成本影响浅析——以贵州为例. 经济研究导刊, (6): 144-146

汤国安, 李发源, 刘学军. 2010. 数字高程模型教程. 北京: 科学出版社
汤国安, 刘学军, 闾国年, 等. 2007. 地理信息系统教程. 北京: 高等教育出版社
汤国安, 杨昕. 2012. ArcGIS 地理信息系统空间分析实验教程(第二版). 北京: 科学出版社
唐新明, 吴岚. 1991. 时空数据库模型和时间地理信息系统框架. 遥感信息, 1(8): 4-8
陶琼, 朱大明. 2008. 三维 GIS 的发展趋势与建模分析. 地矿测绘, 24(4): 35-37
田永中. 2005. 基于栅格的中国陆地生态系统食物供给功能评估. 北京: 中国科学院
田永中, 徐永进, 黎明, 等. 2010. 地理信息系统基础与实验教程. 北京: 科学出版社
汪璇, 吕家恪, 刘洪斌, 等. 2009. 基于 GIS 的重庆农业气候资源空间分布精细模拟研究. 中国农学通报, 25(14): 256-262
王程, 韩新海. 2011. ArcGIS 环境下基于 DEM 的水文特征提取——以县南沟流域为例. 地下水, 33(4): 174-176
王劲峰. 2006. 空间分析. 北京: 科学出版社
王仁铎, 胡光道. 1998. 线性地质统计学. 北京: 地质出版社
王若柔. 2013. GIS 在洪水灾害评估中的应用. 黑龙江科技信息, (31): 126
王晓青, 丁香. 2004. 基于 GIS 的地震现场灾害损失评估系统. 自然灾害学报, 13(1): 118-125
王云, 梁明, 汪桂生. 2012. 基于 ArcGIS 的流域水文特征分析. 西安科技大学学报, 32(5): 581-585
王政权. 1999. 地统计学及在生态学中的应用. 北京: 科学出版社
魏文展, 钟业勋, 黄仁涛, 等. 2002. 地图符号视觉变量数学定义的研究. 武汉大学学报(信息科学版), 27(5): 511-515
邬伦, 刘瑜, 马修军, 等. 2001. 地理信息系统——原理、方法和应用. 北京: 科学出版社
毋河海. 1997. 地理信息系统(GIS)空间数据结构与处理技术. 北京: 测绘出版社
吴正升, 胡艳, 何志新. 2009. 时空数据模型研究进展及其发展方向. 测绘与空间地理信息, 32(6): 15-17
谢正苗, 李静. 2007. GIS 和地统计学及其在环境科学中的应用. 北京: 中国教育文化出版社
徐爱俊, 李清泉. 2003. 基于 GIS 的森林火灾预报预测模型的研究与探讨. 浙江农林大学学报, 20(3): 285-288
徐建华. 2014. 计量地理学(第二版). 北京: 高等教育出版社
徐京华. 2003. 专题地图制作技术与方法探讨. 测绘通报, (3): 46-48
徐卓揆, 刘德钦, 林宗坚. 2008. 基于出行时间的缓冲区分析. 测绘科学, 33(4): 138-140
徐宗学. 2009. 水文模型. 北京: 科学出版社
薛存金, 谢炯. 2010. 时空数据模型的研究现状与展望. 地理与地理信息科学, 6(1): 1-6
闫宏斌. 2002. 时态 GIS 数据模型及基态修正时空数据模型的扩展. 大地纵横, (3): 41-42
杨贵军, 武文波, 陈步尚, 等. 2003. 土地利用动态遥感监测中变化信息的提取方法. 东北测绘, 26(1): 18-21
杨元喜. 2009. 2000 中国的大地坐标系. 科学通报, 54(16): 2271-2276
杨宗波, 郝兰春. 2007. GIS 技术在农业气候资源分析中的应用. 山东农业大学学报(自然科学版), 38(4): 633-638
袁亚东. 2000. GIS 在森林资源现状分析中的应用. 林业勘查设计, (1): 72-73
岳天祥. 2003. 资料环境数学模型手册. 北京: 科学出版社
岳天祥. 2017. 地球表层系统模拟分析原理与方法. 北京: 科学出版社
张超, 杨秉赓. 1991. 计量地理学基础(第二版). 北京: 高等教育出版社
张成才, 秦昆, 卢艳, 等. 2010. GIS 空间分析理论与方法(第二版). 武汉: 武汉大学出版社
张刚, 杨昕, 汤国安. 2013. GIS 软件的空间分析功能比较. 南京师范大学学报(工程技术版), (2): 41-47
张剑清, 潘励, 王树根. 2009. 摄影测量学. 武汉: 武汉大学出版社
张利, 刘彦华. 2001. 地理信息系统中的拓扑数据结构. 森林工程, 17(2): 3-4
张游, 王绍强, 葛全胜, 等. 2011. 基于 GIS 的江西省洪涝灾害风险评估. 长江流域资源与环境, (s1): 166-172

赵永, 王岩松. 2011. 空间分析研究进展. 地理与地理信息科学, 27(5): 1-8
中国科学院可持续发展研究组. 2002. 2002 年中国可持续发展战略报告. 北京: 科学出版社
周成虎, 程维明, 钱金凯, 等. 2009. 数字地貌遥感解析与制图. 北京: 科学出版社
周成虎, 孙战利, 谢一春. 1999. 地理元胞自动机研究. 北京: 科学出版社
朱琳, 郭兆夏, 朱延年. 2005. 基于 GIS 气候资源评价及区划研究——以陕西省苹果气候区划为例. 陕西气象, (3): 23-26
朱长青, 史文中. 2006. 空间分析建模与原理. 北京: 科学出版社
邹亚娟. 2014. 空间统计学研究进展综述. 企业技术开发月刊, (12): 78
Bo Huang, Bin Jiang, Hui Li. 2001. An integration of GIS, virtual reality and the Internet for visualization, analysis and exploration of spatial data. International Journal of Geographical Information Science, 15(5): 439-456
Bolstad. 2016. GIS Fundamentals: A First Text on Geographic Information Systems(Fifth Edition). Ann Arbor: Xan Edu Pubcishing Inc
Burigat S, Chittaro L. 2007. Geographical Data Visualization on Mobile Devices for User's Navigation and Decision Support Activities, Spatial Data on the Web. Berlin: Springer
Burrough P A, Mcdonnel R A. 1998. Principles of Geographical Information Systems - Spatial Information Systems and Geostatistics. Oxford: Oxford University Press
Centeno J S. 1997. Segmentation of Thematic Maps Using Colour and Spatial Attributes, Graphics Recognition Algorithms and Systems. Berlin: Springer
Christopher M. Gold, Alfonso R. 1995. Condal. A spatial data structure integrating GIS and simulation in a marine environment. Marine Geodesy, 18(3): 213-228
Clarke K C. 2011. Getting Started with Geographic Information Systems(Fifth Edition). Upper Saddle River: Pearson Prentice Hall
David M. 1977. Geostatistical Ore Reserve Estimation. Amsterdam: Elsevier Scientific Pub. Co
Demers M N. 2009. Fundamentals of Geographic Information Systems(Fourth Edition). Las Cruces: New Mexico State University
Egenhofer M J, Franzosa R D. 1991. Point-set topological spatial relations. International Journal of Geographical Information Science, 5(2): 161-174
Haining R, Zhang J. 2003. Spatial Data Analysis: Theory and Practice. Cambridge: Cambridge University Press
Iran Heywood, Sarah Cornelius, Steve Carver. 2011. An Introduction to Geographical Information Systems(Fourth Edition). New York: Pearson Education Limited
Kang-tsung Chang. 2014. 地理信息系统导论(第七版). 陈健飞, 连莲译. 北京: 电子工业出版社
Majumdar S, Weinstein R S, Prasad R R. 1993. Application of fractal geometry techniques to the study of trabecular bone. Medical Physics, 20(6): 1611-1619
Pagel B U. 1993. Towards an analysis of range query performance in spatial data structures. Twelfth ACM Sigact-Sigmod-Sigart Symposium on Principles of Database Systems, May 25-28, Washington, DC. DBLP: 214-221
Rees W G. 2008. Comparing the Spatial Content of Thematic Maps. Abingdon: Taylor & Francis, Inc
Shepherd I D H. 2008. Travails in the Third Dimension: A Critical Evaluation of Three-Dimensional Geographical Visualization. Geographic Visualization: Concepts, Tools and Applications. New York: John Wiley & Sons, Ltd
Snyder, Parr J. 2000. Map Projection Transformation. Abingdon: Taylor & Francis, Inc
Webster R. 1985. Quantitative Spatial Analysis of Soil in the Field, Advances in Soil Science. New York: Springer